·高等学校计算机基础教育教材精选·

Visual Basic程序设计

郭秀娟 岳俊华 主编
范小鸥 张勤 副主编

清华大学出版社
北京

内 容 简 介

Visual Basic 语言是高效、开发成本低的强大的开发工具，是许多计算机专业人员和计算机爱好者学习程序设计语言的首选。本书以 Visual Basic 6.0 中文版为语言背景，通过大量实例深入浅出地介绍了 Visual Basic 程序开发环境，Visual Basic 程序设计基础，Visual Basic 可视化编程的概念与方法，顺序结构程序设计，选择结构程序设计，循环结构程序设计，数组，过程，变量与过程的作用域，用户定义类型与枚举类型，图形与图像，菜单、工具栏与对话框，键盘与鼠标事件过程，数据文件，数据库访问技术等内容。本书概念清晰、逻辑性强、层次分明、例题丰富，适用于本专科教学。

本书注重教材的可读性和适用性，对关键知识点进行了详细的说明，并附有大量的图表，使读者能正确、直观地理解问题。同时按照学生的认知规律及学习特点，介绍知识结构和例题，采取逐步深入的方式学习。为帮助初学者正确地掌握 Visual Basic 语言的特点，书后附有一定数量的习题，供学习演练时使用。

本书适用于非计算机专业本科生、高职高专学生，也可作为全国计算机等级考试参考书。

图书在版编目（CIP）数据

Visual Basic 程序设计/郭秀娟，岳俊华主编．—北京：清华大学出版社，2011.9
（高等学校计算机基础教育教材精选）
ISBN 978-7-302-25306-8

Ⅰ．①V…　Ⅱ．①郭…　②岳…　Ⅲ．①BASIC 语言－程序设计－高等学校－教材
Ⅳ．①TP312

中国版本图书馆 CIP 数据核字(2011)第 066446 号

责任编辑：白立军　薛　阳
责任校对：白　蕾
责任印制：王秀菊

出版发行：清华大学出版社
http://www.tup.com.cn
社 总 机：010-62770175
投稿与读者服务：010-62795954，jsjjc@tup.tsinghua.edu.cn
质 量 反 馈：010-62772015，zhiliang@tup.tsinghua.edu.cn
地　　址：北京清华大学学研大厦 A 座
邮　　编：100084
邮　　购：010-62786544
印 刷 者：北京富博印刷有限公司
装 订 者：北京市密云县京文制本装订厂
经　　销：全国新华书店
开　　本：185×260　**印　　张**：24.5　**字　　数**：578 千字
版　　次：2011 年 9 月第 1 版　**印　　次**：2011 年 9 月第 1 次印刷
印　　数：1～3000
定　　价：39.50 元

产品编号：037348-01

前言

“Visual Basic 程序设计”由于具有程序设计语言和可视化界面设计两方面的特性，因此，正在被越来越多的本专科院校作为非计算机专业学生必修的计算机程序设计课程。并且随着计算机等级考试的逐步推进，越来越多的学生将 Visual Basic 程序设计语言作为通过计算机二级考试的首选语言。本书作为 Visual Basic 程序设计教程，旨在帮助学生学习、掌握 Visual Basic 语言程序设计的基本知识和编程基本技巧，从而提高 Visual Basic 程序设计的能力和水平。

Visual Basic 程序设计语言是可视化的编程语言，是一种可以简单、高效地开发应用软件的工具。它追求的是软件开发的高效性，编程语言的易学性，然后是语言的强大性，因此在计算机的各个领域内得到了广泛的应用。Visual Basic 采用当前最新的程序设计思想：面向对象与事件驱动，使编程变得更加方便、快捷。它拥有图形用户界面（GUI）和快速应用程序开发（RAD）系统，可使用 DAO、RDO、ADO 连接数据库，或轻松地创建 ActiveX 控件。程序员可使用 Visual Basic 提供的组件开发多媒体软件、数据库应用程序、网络应用程序等大型软件。

本书以掌握程序设计思想为主线，由浅入深，先讲述基本知识及例题，再讲述应用，重点在于训练学生的编程思想，从而提高学生应用 Visual Basic 程序设计语言的能力。本书的编写结合多年来应用型本科人才培养的经验，重点体现应用型本科人才培养的要求。

本书共分 15 章，第 1～2 章介绍 Visual Basic 程序设计语言的基本知识、开发环境。第 3～7 章系统介绍 Visual Basic 语言的基础知识及用设计程序、解决问题的方法，包括 Visual Basic 语言的基本语句、结构、函数以及一些算法的实现。第 8～15 章属于 Visual Basic 语言的提高部分，注重面向对象程序设计，在掌握前一部分知识的基础上，学习 Visual Basic 语言的过程、文件、多重窗体与控件、绘图、菜单设计与鼠标和键盘响应、Visual Basic 数据库功能及多媒体等内容。本部分根据学生对 Visual Basic 程序设计知识的掌握程度，侧重于实际编程的综合能力训练，适合有一定 Visual Basic 编程基础的同学学习。本教材建议学时为 54～72 学时，其中实验教学将占总学时的 1/2 以上。为了使学生能够更好地进行自主学习，本教材配有习题与实验指导教材。同时在习题指导与实验教材中配有综合实验，以检验学生 Visual Basic 语言综合知识的学习和应用能力。

本书可作为普通高校应用型本科或专科学生学习 Visual Basic 程序设计的教材，特别适合作为计算机等级考试（二级 Visual Basic 语言）的参考教材，也可作为有关程序设计人员和自学者的参考书。

本书由吉林建筑工程学院的郭秀娟和吉林建筑工程学院的岳俊华担任主编、吉林建筑工程学院的范小鸥、吉林大学地球探测与信息技术学院的研究生张勤和吉林省经济干部管理学院的张树彬担任副主编，另外，袁越也参加了本书的编写。

本书在编写过程中，得到了吉林建筑工程学院计算机学院老师的关心和帮助，作者在此深表谢意。由于编者水平有限，书中不当和疏漏之处在所难免，恳请使用本书的老师和同学提出宝贵意见，联系地址：creat111@yahoo.cn。

作　者

2011年5月

目录

第 1 章 Visual Basic 程序设计概述

Visual Basic(以下简称 VB)是 Microsoft 公司开发的一种通用的基于对象的程序设计语言,是一种可视化的面向对象编程工具。它提供了大量的可视化控件,用户可以方便地借助这些控件来组织程序结构。因为 VB 具有程序结构框架代码自动生成功能,所以用户只需适当地在框架中添加部分程序代码,即可设计出界面美观、实用可靠的 Windows 应用程序。

本章介绍了程序设计语言的分类、VB 的发展、VB 的集成开发环境(IDE)、VB 的安装与启动及如何使用 VB 的帮助等。

1.1 程序设计语言

程序设计语言是人与计算机进行交流的工具。计算机中运行的各种软件都是由不同的程序语言编制而成的。编程的过程如同我们使用某种自然语言写文章一样,只是计算机上运行的"作文"要按照所使用的编程语言的语法规则去编写,并且要在计算机上运行。因此,要编程就必须学习程序设计语言。不同的程序设计语言适于编写不同的程序,从程序设计语言诞生至今,已经出现了上百种语言,按其特点可分为如下 3 种。

1. 面向机器的语言

面向机器(machine oriented)的语言是与机器相关的,用户必须熟悉计算机的内部结构及其相应的指令序列才可以使用。面向机器的语言又分为机器语言和汇编语言两类。

机器语言是由二进制代码组成的指令序列,是计算机硬件能够直接识别的、不用翻译机器就能执行的程序设计语言。机器语言是计算机真正"理解"并识别的唯一语言。

汇编语言是符号化的机器语言,它用符号来表示每一条指令和地址,与机器语言相比,汇编语言指令的含义比较直观,也易于阅读和理解。

机器语言和汇编语言都是面向机器的,都与具体机器的硬件系统相关,因此又称为"低级语言"。低级语言编写的程序可移植性差、抽象水平低、较难编写和理解,于是后来又出现了高级语言。

2. 面向过程的语言

开发现代应用程序多数是使用高级语言。高级语言是面向问题的语言,独立于具体的计算机，比较接近于人类的语言习惯和数学表达形式，如目前绝大多数高级语言都是用简单的英语表达。高级语言与计算机结构无关，便于学习和使用，具有更强大的表达能力，高级语言写成的程序可移植性强、便于推广。

高级语言又分为面向过程和面向对象的语言两种。

面向过程(procedure oriented)的程序设计就是以要解决的问题为中心，去分析问题中所涉及的数据及数据间的逻辑关系(即数据结构)，进而确定解决问题的方法(算法)。因此，面向过程的程序设计语言注重高质量的数据结构和算法，研究采用什么样的数据结构描述问题以及采用什么样的算法高效地解决问题。由于面向过程的程序设计语言是以要解决的问题为编程核心的，因此如果问题发生变化，就需要重新编写程序。比较流行的面向过程的程序设计语言有 Basic、Fortran、Pascal 和 C 语言等。

3. 面向对象的语言

面向对象(Object Oriented)的基本思想是以一种更接近人类一般思维的方式去看世界，把世界上的任何一个个体都看成是一个对象，每个对象都有自己的特点，并以自己的方式做事，不同对象间存在着交往，由此构成了世界。世界上的对象又分为不同的类别，通过创建类的对象去模拟自然界中的对象，而对象的特点就是它的属性，对象能做的事情就是方法。这样的机制可以很方便地实现代码重用，提高了程序的重复使用能力和开发效率。常见的面向对象的程序设计语言有 VB、Delphi、C++ 和 Java 等。

1.2 VB 的发展及特点

VB 是 1991 年美国微软公司推出的基于 BASIC(Beginners All—Purpose Symbolic Instruction Code)语言的软件开发工具。它是一种面向对象的可视化编程语言。在 VB 中，Visual 指的是可视的，是开发图形用户界面(GUI)的方法，它不需要编写大量代码去描述界面元素的外观和位置，只要把预先建立好的对象拖曳到屏幕上相应的位置即可。Basic 是指 BASIC 语言，它是一种应用最为广泛的程序设计语言。

1. VB 的版本

自 1991 年 VB 1.0 诞生以来，其版本不断改进，1992 年推出 2.0 版，1993 年推出 3.0 版，1995 年推出 4.0 版。这些版本只有英文版。自 1997 年的 5.0 版开始，推出了相应的中文版，至 1998 年出现了 VB 6.0 版本。2002 年进入.net 时代，出现了 VB .net 2002，之后又出现了 VB .net 2003、VB .net 2005 等。

鉴于 VB 6.0 的功能强大、简单易学，因此本教材选用 VB 6.0 作为开发环境。VB 6.0 又分为学习版、专业版和企业版 3 个版本。3 个版本所适合的用户不同，以满足不同的开发需要。学习版适用于普通学习人员及大多数使用 VB 开发 Windows 应用程序的人员；专业版适用于计算机专业开发人员，包括学习版的全部功能以及 Internet 控件开发工具之类的高级特性；企业版除包含专业版全部内容外，还有自动化构件管理器等工具，使得专业编程人员能够开发功能强大的组内分布式应用程序。

随着版本的不断改进，VB已逐渐成为简单易学、功能强大的编程工具。

2. VB的特点

VB是一种面向对象的可视化的程序设计语言，既适用于应用软件的开发，也可以用于开发系统软件，VB近年来得到迅速发展和应用，它采用先进的程序设计方法（面向对象、可视化），且简单易学，是普通用户首选的程序设计语言。其特点如下：

1）面向对象的可视化程序设计

VB提供的大量的可视化设计工具，在程序的界面设计中，用户只需根据设计要求，借助这些工具在屏幕上安放相应的控件对象，并设置这些对象的属性即可。这种“所见即所得”的方式简单易学，非常方便。

2）事件驱动的编程机制

VB是通过事件驱动来执行程序的，用户不必考虑程序执行的过程顺序，只要设计出当某一件事件发生时要执行的代码即可，大大提高了编程的效率。

3）结构化程序设计

VB是由子程序、函数过程等实现结构化的程序设计，采用顺序结构、分支结构、循环结构来表达程序流程。

4）开放的数据库功能

VB系统具有很强的数据库管理功能。利用数据控件和数据库管理窗口，可以直接建立或处理Microsoft Access格式的数据库，同时利用VB提供开放式数据连接（ODBC，Open DataBase Connectivity）功能，可通过直接访问或建立连接的方式使用，并操作后台大型网络数据库，如SQL Server、Oracle等。

5）多媒体功能

VB采用对象的链接与嵌入（OLE，Object Linking and Embedded）技术，将每个应用程序看作是一个对象，将不同的对象链接起来，再嵌入到某个应用程序中，从而可以得到具有声音、影像、图像、动画、文字等各种信息的集合式文件。借助媒体控制接口（MCI，Media Control Interface），通过调用Windows的API函数，可实现强大的多媒体功能。

6）网络支持

VB提供了大量的ActiveX控件，其中包括许多创建超客户端Internet应用的构造模块，能够提供SMTP和POP邮件服务、FTP、NewsGroup和Web访问等功能。此外，利用OLE也可以实现Web访问的自动化。

7）调用其他语言程序

VB是一种高级程序设计语言，不具备低级语言的功能。但是它可以通过动态链接库（DLL，Dynamic Linking Library）技术将C/C++或汇编语言编写的程序加入到VB应用程序中，可以像调用内部函数一样调用其他语言编写的函数。

8）完善的联机帮助

在安装VB时，最好同时安装MSDN帮助系统。该系统提供了强大的帮助功能，用户在程序设计过程中可随时获得详细的帮助。

1.3 安装和启动 VB 6.0

1. 安装 VB 6.0

VB 6.0 要求在 Windows 操作系统平台上安装，如 Windows 2000、Windows NT 和 Windows XP。

有两种 VB 6.0 的安装盘，一种是 Visual Studio 套装软件安装盘，VB 6.0 是其中的一个软件；另一种是 VB 6.0 单独安装盘。

安装 VB 6.0 时，插入 VB 6.0 安装盘，运行其中的 Setup.exe 程序，即可在安装向导的指引下完成安装。

需要指出的是，VB 6.0 的联机帮助系统需要单独安装。若要进一步安装联机帮助系统，还需要准备一张 MSDN(Microsoft Developer Network library)光盘。

2. 启动 VB 6.0

安装 VB 6.0 成功后，单击【开始】按钮，在【开始】菜单中选择【程序】|【Microsoft Visual Basic 6.0 中文版】|【Microsoft Visual Basic 6.0 中文版】命令，启动 VB 6.0，出现【新建工程】对话框，如图 1-1 所示。

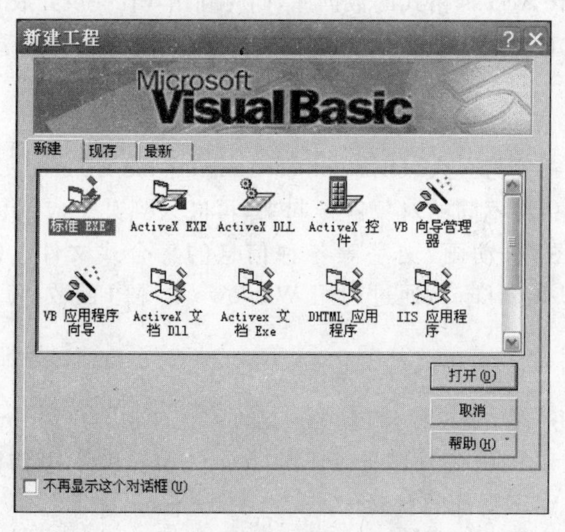

图 1-1 【新建工程】对话框

在该对话框中有【新建】、【现存】和【最新】3 个选项卡。

【新建】选项卡用于新建一个工程，可以根据用户的需要选择工程类型，默认是【标准 EXE】工程；【现存】选项卡用于打开一个已有的工程；【最新】选项卡用于打开一个最近使用过的工程。

在【新建】选项卡中选择新建一个【标准 EXE】工程，就可以进入 VB 6.0 的集成开发环境，如图 1-2 所示。

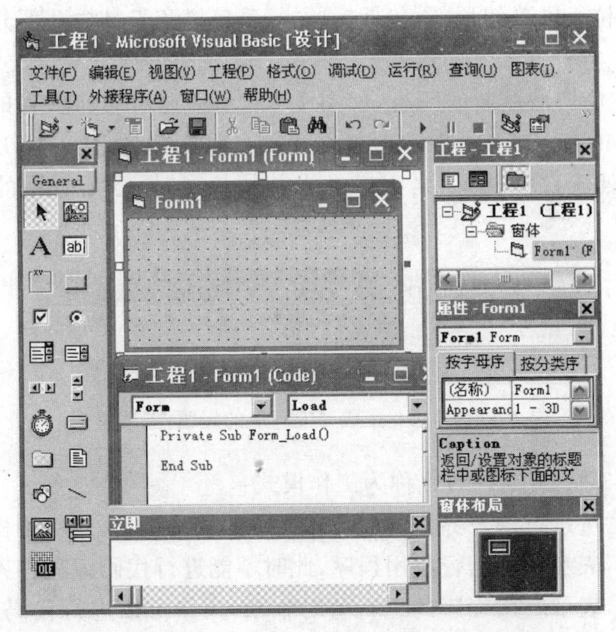

图 1-2 VB 6.0 的集成开发环境

1.4 VB 的集成开发环境(IDE)简介

VB 6.0 采用微软典型的集成开发环境(IDE，Integrated Develop Environment)。该环境将代码编辑、代码生成、界面设计、调试、编译等功能集成于一体，具有操作简便、方便易学的特点。

启动 VB 6.0 的集成开发环境，如图 1-2 所示，可以从 Windows 2000/XP 的【开始】菜单中选择【程序】|【Microsoft Visual Basic 6.0 中文版】|【Microsoft Visual Basic 6.0 中文版】。启动 VB 6.0 后，会出现如图 1-1 所示的对话框，在此对话框中选择对应的应用程序类型，如选择【标准 EXE】后，进入图 1-2 所示的集成环境主界面。集成环境主界面由主窗口、窗体设计窗口、工程资源管理器窗口、属性窗口、窗体布局窗口等组成。

当需要退出 VB 时，可以关闭 VB 集成环境窗口，或通过菜单命令【文件】|【退出】退出。如果当前程序已经修改过，且没有存盘，这时系统会自动弹出一个对话框，如图 1-3 所示，询问是否保存更改，若单击【是】按钮则保存，单击【否】按钮则不保存。

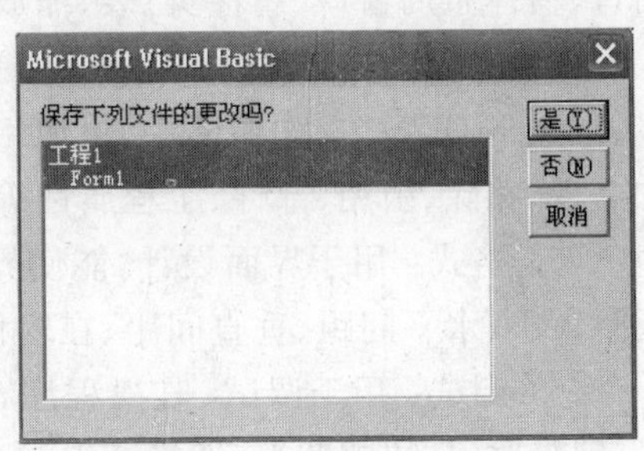

图 1-3 保存文件对话框

1. 主窗口

VB 的主窗口位于屏幕的顶部，包括标题栏、菜单栏和工具栏 3 部分。

1）标题栏

标题栏位于主窗口最上面的一行，如图 1-4 所示。显示当前工程的名称和状态等信息，如工程 1-Microsoft Visual Basic[设计]，表示当前工程名为“工程 1”，方括号中的“设计”说明当前程序处于设计状态，当程序进入其他状态时，方括号中的文字将作相应的变化。

图 1-4　VB 6.0 集成开发环境的标题栏、菜单栏

VB 程序共有 3 种工作状态，也称为工作模式：

(1) 设计模式，可进行用户界面的设计和代码的编写，以完成应用程序的开发。

(2) 运行模式，表示正在运行应用程序，此时不能进行代码编写和界面设计。

(3) 中断模式，表示应用程序的运行暂时中断，用户可以进行代码的编辑，但不允许编辑界面。

2）菜单栏

VB 的菜单栏包含 13 个菜单，用于管理应用程序的设计、管理 VB 窗口界面、配置 VB 环境、获得在线帮助等，如图 1-4 所示。具体功能如下。

(1) 文件：主要用于建立、打开、添加、移除、保存工程和文件，包括新建工程、打开工程、添加工程、移除工程、保存工程、工程另存为、保存文件、文件另存为、打印、打印设置、生成工程等子菜单项。

(2) 编辑：在对工程进行修改时，编辑菜单用于各种编辑操作，包括撤销、重复、剪切、复制、粘贴、粘贴链接、删除、全选、查找、缩进、凸出、插入文件、属性/方法列表、快速信息、参数信息书签等子菜单项。

(3) 视图：用于显示各种窗口及与窗口有关的操作，包括代码窗口、对象窗口、定义、最后位置、对象浏览器、立即窗口、本地窗口、监视窗口、调用堆栈、工程资源管理器、属性窗口、窗体布局窗口、属性页、表、缩放、显示窗格、工具箱、调色板、工具栏等子菜单项。

(4) 工程：用于为当前工程创建模块、作对象引用或提供各种设计器，包括添加窗体、添加 MDI 窗体、添加模块、添加用户控件、添加属性页、添加用户文档、添加设计器、添加文件、移除、引用、部件、工程属性等子菜单项。

(5) 格式：用于界面设计，能使界面中的控件规范排列，包括对齐、统一尺寸、按网格调整大小、水平间距、垂直间距、在窗体中居中对开、顺序、锁定控件等子菜单项。

(6) 调试：用于调试、监视程序，包括逐语句、逐过程、跳出、运行到光标处、添加监视、编辑监视、快速监视、切换断点、清除所有断点、设置下一条语句、显示下一语句等子菜单项。

(7) 运行：用于执行程序，包括启动、全编译执行、中断、结束、重新启动等子菜单项。

(8) 查询：用于数据库表的查询及相关操作。所提供的各种查询设计工具使用户能够通过可视化工具创建 SQL 语句，实现对数据库的查询、修改。

(9) 图表：用于数据库中表、视图的各种相关操作。所提供的各种图表设计器使用户能够用可视化的手段操作表及其相互关系和创建、修改应用程序所包含的数据库对象。

(10) 工具：包括添加过程、过程属性、菜单编辑器、选项、发布等子菜单项。

(11) 外接程序：用于为当前工程创建包括可视化数据管理器、外接程序管理器等子菜单项。

(12) 窗口：用于调整已打开窗口的排列方式，包括拆分、水平平铺、垂直平铺、层叠、排列图标等子菜单项。

(13) 帮助：为用户提供各种方式的帮助，包括内容、索引、搜索、技术支持等子菜单项。

3) 工具栏

工具栏的作用是可以通过其上面的图标按钮执行菜单命令，由此提高操作速度。

VB 提供【编辑】、【标准】、【窗体编辑器】、【调试】等工具栏，用户也可以按自己的需要自定义工具栏，可以通过“视图\工具栏”菜单项下的子菜单项选取它们。并且 VB 工具栏中提供了许多快捷键，用户可以通过这些按钮操作实现菜单中的对应功能。

VB 各种工具栏中最常用的是标准工具栏，VB 启动后，默认的是标准工具栏，如图 1-5 所示。

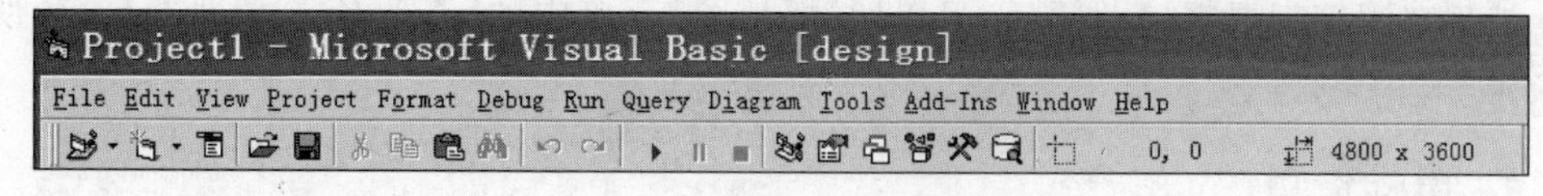

图 1-5　标准工具栏

2. VB 6.0 工具箱

工具箱是 VB 用于为开发提供控件的面板，通过它可以在设计的窗体中设置各种控件。除了 VB 内置控件之外，用户还可以通过【工程】|【部件】菜单命令打开【部件】对话框，向工具箱中添加控件、设计器或者插入对象，也可以引用已加载的控件工程。

3. 窗体设计窗口

窗体设计窗口也称为对象窗口。Windows 应用程序运行后都会打开一个窗口，窗体设计窗口是应用程序最终面向用户的窗口，是屏幕中央主窗口。窗体是开发 VB 程序的工作区，用户可以将各种控件按设计要求放入窗体，构造程序界面。窗体既是程序开发时的界面，也是程序运行时的界面。

一个工程中可以包含一个或多个窗体。每个窗体必须有一个唯一的窗体名，建立窗体时，系统默认的窗体名为 Form1，Form2，……

在设计状态下窗体是可见的，窗体上布满了网格，窗体的网格点间距可以通过单击

【工具】菜单的【选项】命令，在【通用】选项卡的【窗体设置网格】中输入【宽度】和【高度】修改网格间距。在程序运行状态下，窗体的网格始终不显示。当在设计状态下窗体窗口关闭后，可通过【视图】菜单的【对象窗口】命令使其显示。

4. 工程资源管理器窗口

一个 VB 应用程序通常对应一个工程。工程的扩展名为. vbp，每个工程中可能用到不同的文件，工程资源管理器就是用来管理工程中这些相关文件的。VB 工程中可以包含以下 3 种类型的文件：窗体文件(. frm 文件)、标准模块文件(. bas 文件)和类模块文件(. cls 文件)，其中窗体文件存储窗体上使用的所有控件对象(包括窗体)及其相关属性、对象的事件过程以及程序代码；标准模块文件存放所有模块级变量和用户定义的通用过程；类模块文件用于存放用户自定义的类。工程资源管理器采用树形层次结构显示各类文件，如图 1-6 所示。一个应用程序至少包含一个窗体文件。

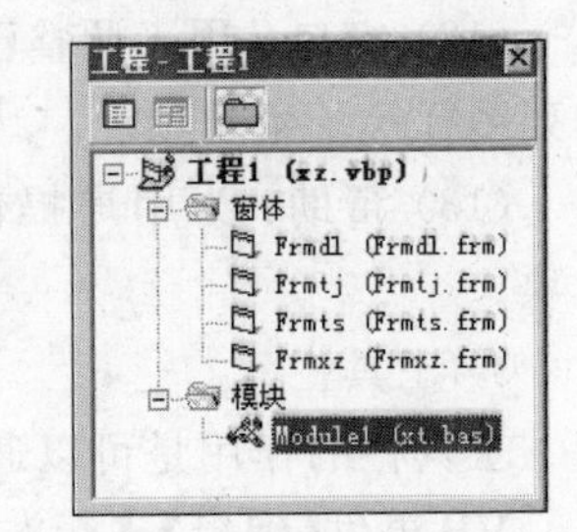

图 1-6　工程资源管理器窗口

工程资源管理器窗口有 3 个按钮，分别为查看代码按钮、查看对象按钮和切换文件夹按钮。查看代码按钮用于切换到选定文件的代码窗口，进行代码的显示和编辑；查看对象按钮用于切换到窗体设计窗口，进行对象的显示和编辑；切换文件夹按钮用于切换工程中的文件的显示方式。工程中的文件包括文件夹树形结构和文件树形结构两种显示方式。

工程资源管理器窗口关闭后，可以通过【视图】菜单中的【工程资源管理器】命令使其显示。

5. 属性窗口

属性窗口用于设置程序中各个控件对象的属性值，如标题(Caption)、字体(Font)、高度(Height)、宽度(Width)等。如图 1-7 所示，属性窗口由对象选择下拉列表框、属性排序选项卡、属性设置列表框、属性说明区组成。对象选择下拉列表框用于选取当前窗体中要设置属性的对象，用户可以通过单击其右边的下拉按钮，打开选定窗体所含对象的列表，从中进行选取；属性排序选项卡包括“按字母序”和“按分类序”两个选项，控制属性按字母顺序或按分类顺序排列显示；属性设置列表框中左侧是属性名称，右侧是属性值，用户可以选定某一属性，然后对该属性值进行设置或修改；属性说明区显示当前选中属性的作用。

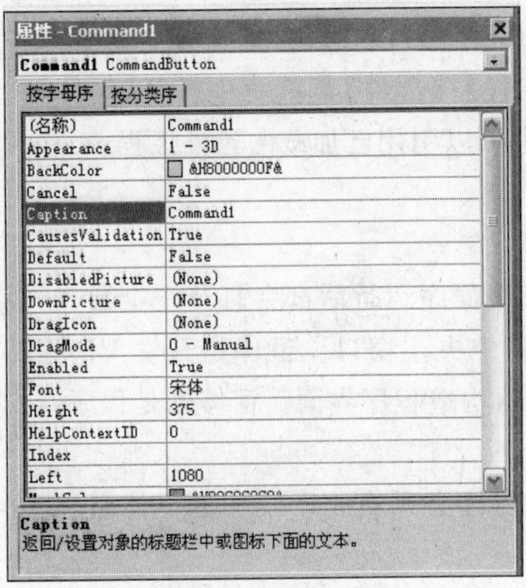

图 1-7　属性窗口

属性窗口关闭后，可通过【视图】菜单中的【属性窗口】命令使其显示。

6. 代码窗口

代码窗口是进行程序设计的窗口,可显示和编辑程序代码。每个窗体或模块都有一个单独的代码编辑窗口,打开代码窗口有以下 3 种方法:

(1) 从工程资源管理器窗口中选择一个窗体或模块,并单击【查看代码】按钮。

(2) 在窗体窗口中双击一个控件或窗体本身。

(3) 从【视图】菜单中选择【代码窗口】命令。

如图 1-8 所示,代码窗口主要由对象下拉列表框、过程下拉列表框、代码框、过程查看按钮和全模块查看按钮组成。

标题　对象下拉列表框　过程下拉列表框

工程1 - Form1 (Code)

Form　Load

```
Private Sub Form_Load()
End Sub
```

图 1-8　代码窗口

对象下拉列表框用于选择要编写代码的对象名称,可单击右边的下拉按钮,显示此窗体中的对象列表,并进行选择,其中【通用】表示与对象无关的通用代码,一般在此声明模块级变量或编写自定义过程。

过程下拉列表框用于确定所选定对象的事件过程或用户自定义的过程名称,可单击右边的下拉按钮,在展开的下拉列表中选择过程名称,其中【声明】表示声明模块级变量。

代码框用于输入程序代码。当用户选择了对象及过程名称后,在代码框中会出现过程框架,用户只需在框架内部编写代码即可。

过程查看按钮控制在代码框中只能显示所选的一个过程代码。

全模块查看按钮控制显示当前模块中的全部过程代码。

7. 窗体布局窗口

窗体布局窗口显示在屏幕右下角。用于控制应用程序运行时窗体在屏幕上的初始显示位置,用户可通过鼠标拖曳该窗口中的小方框来改变窗体的位置。这个窗口在多窗体应用程序中非常有用,因为通过它可以指定每个窗体相对于主窗体的位置。如图 1-9 显示了桌面上两个窗体及其相对位置。右击小屏幕,弹出快捷菜单,可通过该快捷菜单设计窗体启动位置,如要设计窗体 Form1 启动位置居于屏幕中心,其操作如图 1-10 所示。当该窗口关闭后,可通过【视图】菜单的【窗体布局窗口】命令使其显示。

图 1-9　窗体布局窗口

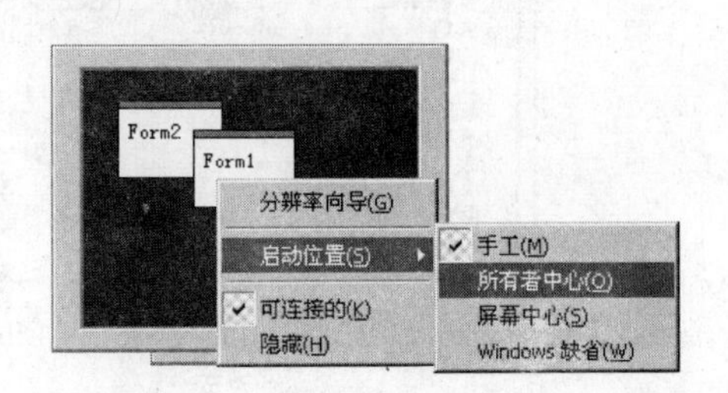

图 1-10　设计窗体启动位置

除上述介绍的组成部分外，VB 集成环境还包括一些未显示的部分，如立即窗口、本地窗口、调色板等，用户可通过【视图】菜单中的各个菜单命令使其显示。

1.5 使用帮助

使用 VB 帮助系统，对学习 VB 很重要。VB 6.0 的帮助文件采用全新的 MSDN (Microsoft Developer Network) 文档的帮助方式。MSDN Library 中包含了约 1GB 的内容，存放在两张光盘上。涉及内容包括上百个示例代码、文档、技术文章、Microsoft 开发人员知识库等。用户可通过运行第一张光盘上的 Setup.exe 文件，并通过【用户安装】选项将 MSDN Library 安装到计算机中。

除了 MSDN Library 帮助方式外，还可以通过联机方式访问 Internet 上与 VB 相关的站点获得更多更新的信息。

1. 使用 MSDN Library 查阅器

在 VB 6.0 中，选择【帮助】菜单中的【内容】或【索引】菜单项，即可打开【MSDN Library Visual Studio 6.0】窗口，如图 1-11 所示。其中，【目录】选项卡列出了一个完整的主题分级列表，通过目录树可查找信息；【索引】选项卡可用来以索引方式通过索引表查找信息；【搜索】选项卡可用来通过全文搜索查找信息。总之，根据需要选取【目录】、【索引】和【搜索】选项卡都可得到帮助。

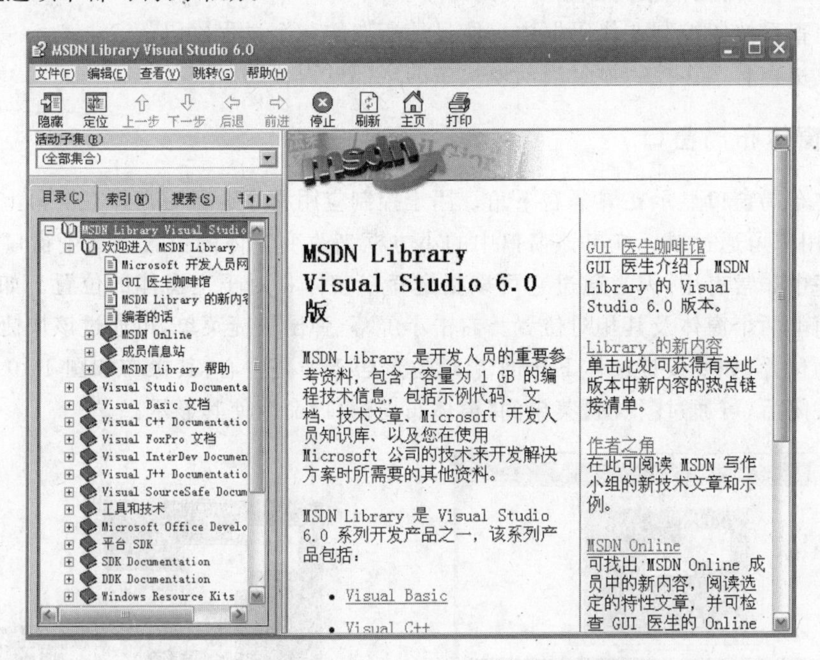

图 1-11 【MSDN Library Visual Studio 6.0】窗口

2. 来自 Internet 的帮助

获得 VB 6.0 帮助信息的另一个途径是通过 Internet 访问 VB 站点。在 VB 6.0 集成开发环境中，选择【帮助】菜单中的【Web 上的 Microsoft】命令可连接到微软公司的网站访问 Microsoft Visual Basic 6.0 主页，可获得更多更新的信息。VB 的官方网站是 http://www.microsoft.com/vbasic/。

习 题

1. VB 的特点不包括下面的(　　)。

　A. 不需要编程　　B. 面向对象的程序设计

　C. 可视化程序设计　　D. 事件驱动的程序设计

2. 在 VB 中，窗体文件的扩展名为(　　)。

　A. .vbp　　B. .frm　　C. .cls　　D. .bas

3. 以下说法不正确的是(　　)。

　A. VB 是一种可视化编程工具

　B. VB 是面向过程的编程语言

　C. VB 是结构化程序设计语言

　D. VB 采用事件驱动编程机制

4. 在使用 VB 工具箱时，如果工具箱没有出现在窗口中，应在(　　)菜单中操作使它可见。

　A.【视图】　　B.【窗口】　　C.【文件】　　D.【编辑】

5. 在 VB 集成环境的主窗口中不包括的项目是(　　)。

　A. 标题栏　　B. 菜单栏　　C. 状态栏　　D. 工具栏

6. VB 应用程序的运行是(　　)。

　A. 从第一个建立的窗体模块开始执行

　B. 以最后建立的窗体模块结束

　C. 程序执行顺序不是预先完全确定的

　D. 执行顺序是预先确定好的

7. VB 版本主要有 3 种，分别是学习版、专业版和________。

8. 调试窗口中的________窗口用来显示当前过程中的所有变量的值。

9. VB 程序在运行时，使用【运行】菜单中的________命令可进入中断状态。

10. 在设计模式下，工程中的某个窗体没有出现，可通过双击________窗口中的相应窗体名来使其出现。

11. 在 VB 的工程中，有一个窗体名为 FORM1，现在要去掉它，可使用【工程】菜单中的________命令。

12. VB 应用程序执行的特点是________。

13. VB应用程序的运行模式是________。

14. 简述VB的功能和特点。

15. 简述VB的集成环境中包括哪些主要窗口,如何打开和关闭它们。

16. 简述如何从工具箱中将VB控件添加到窗体上。

17. VB 6.0的工程可以包括哪几种文件?

18. 可以通过哪几种方式启动VB?

19. 在窗体上画一个如图1-12所示的命令按钮,然后通过属性窗口设置如表1-1所示属性:

表1-1 命令按钮属性表

属 性	属 性 值	属 性	属 性 值
Caption	这是命令按钮	Visible	False
Font	宋体,粗体,三号	Style	1-Graphical

20. 在窗体上画一个文本框Text1和两个命令按钮Command1,Command2,并把两个命令按钮的标题分别设置为"隐藏文本框"和"显示文本框"。当单击Command1时,文本框消失,而当单击Command2时,文本框重新显示,并在文本框中显示"Visual Basic程序设计!"(字体大小为18),结果如图1-13所示。

图1-12 设置命令按钮属性

图1-13 习题20图

第2章 简单VB程序设计

本章重点介绍VB编程中涉及的一些基本概念和方法，VB面向对象的基本概念，并介绍如何在VB 6.0环境中进行简单的程序设计。

2.1 VB面向对象的基本概念

VB是面向对象的程序设计语言。它采用以对象为基础，以事件来驱动对象的程序设计方法，将一个应用程序划分成多个对象，并且建立与这些对象相关联的事件过程，每个对象都有自己的属性和方法，能够对作用在其上的事件做出响应，通过对象对所发生的事件产生响应，来执行相应的事件过程，以引发对象状态的改变，从而达到处理的目的。在介绍程序设计之前，先来介绍相关的基本概念。

1. 对象与类

1) 对象(Object)

面向对象方法的基本思想就是从要解决的问题本身出发，尽可能运用人类的思维方式(如分析、抽象、分类、继承等)，以现实世界中的事物为中心思考问题、认识问题，并根据这些事物的本质特征，把它们抽象为系统中的对象，作为系统的基本构成单位。

VB中的对象(如后面将大量接触的窗体和控件)是一个非常重要的概念。每个对象都具有属性(Attribute)和方法(Method)两方面的特征。对象的属性描述了对象的状态和特征，对象的方法说明了对象的行为和功能，并且对象的属性值只应由这个对象的方法来读取和修改，两者结合在一起就构成了对象的完整描述。即：

对象＝数据＋动作(方法、操作)

VB中的对象都具有3个要素，即属性、方法和事件。

对象是VB应用程序的基本元素，如窗体(Form)、标签(Label)、文本框(TextBox)、命令按钮(CommandButton)等。对象是一组代码和数据的集合，可作为一个整体来处理。VB中的对象是由类创建的，对象是类的一个实例。

在开发VB应用程序时，必须先建立各种对象，然后围绕对象进行程序设计。在VB中可能用到的几种类型的对象，如表2-1所示。

表 2-1　VB 中常用的几种对象

示　例	描　　述
命令按钮	窗体上的控件,像命令按钮和框架,它们都是对象
窗体	VB 工程中的每一个窗体都是独立的对象
数据库	数据库是对象,并且还包含其他对象,如字段、索引等
图表	Microsoft Excel 中的图表是对象

在 VB 集成开发环境中,单击属性窗口图标,打开【属性】窗口,对象的属性可以在【属性】窗口中查看或重新设置,如图 2-1 所示。

2) 类(Class)

类是创建对象的模板,是同种对象的集合与抽象,而对象是类的实例化。类也是一组用来定义对象的相关属性和数据的集合,为该类的所有对象提供统一的抽象描述。其中,相同的属性是指定义的形式相同,不是指属性值相同。如把学生看成是一个"类",一名具体的同学(如王刚)就是这个类的实例,也就是这个类的对象。

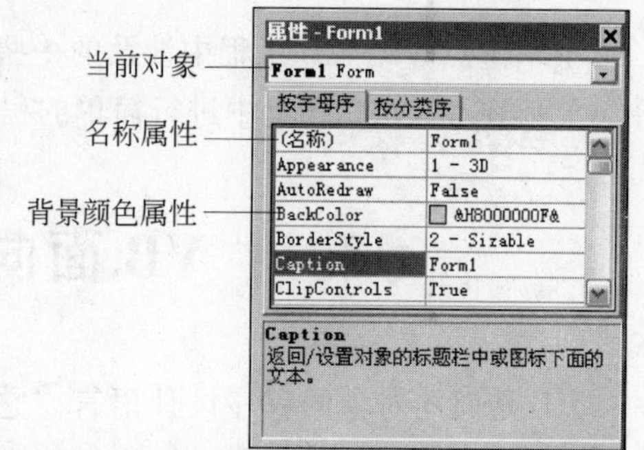

图 2-1　在【属性】窗口查看对象的属性

VB 工具箱的各种控件图标代表了各个不同的控件类。当在窗体上放置一个控件时,就创建了该类的一个控件对象,简称为控件。

除了通过利用控件类产生控件对象外,VB 还提供了系统对象,如打印机(Printer)、剪贴板(Clipboard)、屏幕(Screen)和应用程序(App)等。

窗体是个特例,它既是类也是对象。当向一个工程添加一个新窗体时,实质上是由窗体类创建了一个窗体对象。

类具有继承性、封装性、多态性、抽象性。

3) 对象命名

每一个对象都有自己的名字,每个窗体、控件对象在建立时 VB 系统均给出了一个默认的名称,通常是类名加数字(如 Form1、Command1、Command2 等)。这样命名不方便程序设计者区分各个对象,对象的名字最好与对象的功能相关。

用户通过改变属性窗口的名称属性来给对象重新命名。命名的原则是:必须由字母或汉字开头,后面可以是字母、汉字、数字、下划线等字符,长度不能超过 255 个字符。

一旦对象名称被确定,在程序代码中要严格使用该名称来引用对象。如将标签对象 Label1 的(名称)改为 resLab(res 是 result 的缩写,Lab 是 Label 的缩写),则 Command1 和 Command2 的单击事件过程代码应分别修改为 resLab. Caption＝"欢迎学习 Visual Basic!"和 resLab. Caption＝" "。

2. 属性

属性用于表现对象的特征。不同的对象有不同的属性,这一特点在属性窗口可以看到。例如文本框的属性有名称(Name)、文本内容(Text)、最大字符数(Maxlength)、多行(Multiline)等属性,决定了控件对象的外观。

每一个属性都有一个默认值。如果不改变该值,应用程序就使用该默认值;如果默认值不能满足要求,就要对它重新设置。每个对象都有它的属性,并且 Name 属性是共有的,有了 Name 属性才可以在程序中进行调用。对于对象属性的设置,可在窗体的布局操作中完成,也可在程序运行中改变,这取决于程序设计者的需要,但有些属性是只读的,它只能在控件布局时改变。即:

(1) 在设计模式中通过属性窗口直接设置对象属性。

(2) 在程序的代码中通过赋值实现,格式为:

```
对象名.属性=属性值
```

如:

```
Label1.Caption="输入数"              '设置标签的标题
```

3. 事件及事件过程

1) 事件

对于对象,事件就是发生在该对象上的动作。在 VB 中,系统为每个对象预先定义好了能被对象识别的一系列的事件。如鼠标的移动(MouseMove)、单击(Click)和双击(DblClick)、窗体的装载(Load)等。

而每一种对象能识别的事件是不同的,程序中一般只用到几个常用的事件(与操作要求有关),下面介绍几种常用的事件:

(1) 窗体和图像框类事件。

① Paint 事件:当某一对象在屏幕中被移动、改变尺寸或清除后,程序会自动调用 Paint 事件。

注意:当对象的 AutoDraw 属性为 True(—1)时,程序不会调用 Paint 事件。

② Resize 事件:当对象的大小改变时触发 Resize 事件。

③ Load 事件:仅适用于窗体对象,当窗体被装载时运行。

④ Unload 事件:仅适用于窗体对象,当窗体被卸载时运行。

(2) 当前光标(Focus)事件。

① GotFocus 事件:当光标聚焦于该对象时发生事件。

② LostFocus 事件:当光标离开该对象时发生事件。

注意:Focus 英文为“焦点”、“聚焦”之意,最直观的例子是,有两个窗体,互相有一部分遮盖,当你点下面的窗体时,它就会全部显示出来,这时它处在被激活的状态,并且标题条变成蓝色,这就是 GotFocus 事件;相反,另外一个窗体被遮盖,并且标题条变灰,称为 LostFocus 事件。上面所说的“光标”并非指鼠标指针。

(3) 鼠标操作事件。

① Click 事件:鼠标单击对象。

② DbClick 事件:鼠标双击事件。

③ MouseDown、MouseUp 属性：按下/放开鼠标键事件。

④ MouseMove 事件：鼠标移动事件。

⑤ DragDrop 事件：拖放事件，相当于 MouseDown、MouseMove 和 MouseUp 的组合。

⑥ DragOver 事件：鼠标在拖放过程中就会产生 DragOver 事件。

(4) 键盘操作属性。

① KeyDown、KeyUp 事件：按键的按下/放开事件。

② KeyPress 事件：按键事件。

(5) 改变控制项事件。

① Change 事件：当对象内容发生改变，触发Change事件。典型例子是文本框(TextBox)。

② DropDown 事件：下弹事件，仅用于组合框(ComboBox)对象。

③ PathChange 事件：路径改变事件，仅用于文件列表框(FileBox)对象。

(6) 其他事件。

Timer 事件：仅用于计时器，每隔一段时间被触发一次。

2) 事件过程

对象感应到某一事件发生时所执行的程序称为事件过程。当同一事件作用于不同的对象时，引发不同的反应，产生不同的结果，主要是这些对象的事件处理过程不同。

事件过程的一般格式如下：

```
Private Sub 对象名称_事件()
    事件过程代码
End Sub
```

【例 2-1】

```
Private Sub Command1_Click()
    Form1.BackColor=vbWhite
End Sub
```

【例 2-2】 命令按钮 Command1 的单击(Click)事件过程为：

```
Private Sub Command1_Click()
    Form1.Caption="在窗体上画圆"      '以圆心(2400,1500),半径为 800 画圆
    Form1.Circle(2400,1500),800
End Sub
```

本例运行结果如图 2-2 所示。

VB 具有自动生成事件过程框架的功能，因此在程序设计过程中，用户只需要指定对象和事件，在生成的事件过程框架内添加自己编写的处理程序代码即可。

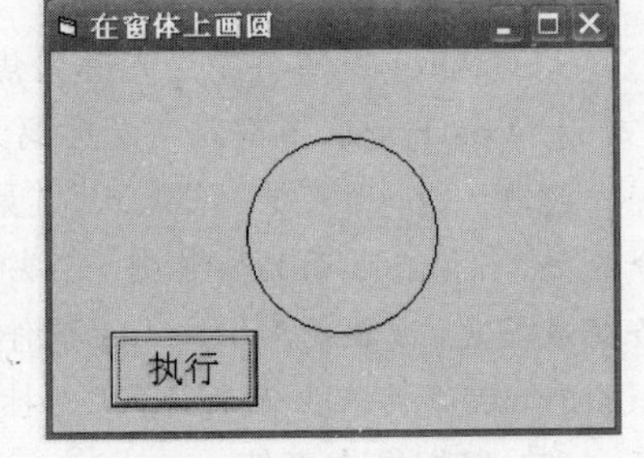

图 2-2 程序运行结果

4. 方法

方法是对象能够执行的动作。它是对象本身内含的函数或过程，用于完成某种特定

的功能，由于方法是面向对象的，所以对象的方法调用一般要指明对象。

对象方法的一般调用格式：

```
[对象名.]方法名[(参数)]
```

其中，若省略“对象名”，则表示为当前对象，一般指窗体。

【例 2-3】

```
Form1.Print "欢迎您学习 Visual BASIC!"
```

此语句使用 Print 方法在对象 Form1 窗体中显示"欢迎您学习 Visual BASIC!"的字符串。

5. 属性、方法和事件之间的关系

VB 对象具有属性、方法和事件。属性是描述对象的数据；方法是告诉对象应做的事情；事件是对象所产生的事情，事件发生时可以编写代码进行处理。

VB 的窗体和控件是具有自己的属性、方法和事件的对象。可以把属性看作是一个对象的性质，方法看作是对象的动作，事件看作是对象的响应。

日常生活中的对象，如小孩玩的气球同样具有属性、方法和事件。气球的属性包括可以看到的一些性质，如它的直径和颜色。其他一些属性描述气球的状态(充气的或未充气的)或不可见的性质，如它的寿命。通过定义，所有气球都具有这些属性；这些属性也会因气球的不同而不同。

气球还具有本身所固有的方法和动作。如充气方法(用氦气充满气球的动作)、放气方法(排出气球中的气体)和上升方法(放手让气球飞走)。所有的气球都具备这些能力。

气球还有预定义的对某些外部事件的响应。例如，气球对刺破它事件的响应是放气，对放手事件的响应是升空。

在 VB 程序设计中，基本的设计机制就是：改变对象的属性、使用对象的方法、为对象事件编写事件过程。程序设计时要做的工作就是决定应更改哪些属性、调用哪些方法、对哪些事件作出响应，从而得到希望的外观和行为。

6. 交互式开发

传统的应用程序开发过程可以分为 3 个明显的步骤：编码、编译和测试代码。但是 VB 与传统的语言不同，它使用交互式方法开发应用程序，使这 3 个步骤之间不再有明显的界限。

VB 在编程者输入代码时便进行解释，即时捕获并突出显示大多数的语法或拼写错误。看起来就像一位专家在监视代码的输入。

除即时捕获错误以外，VB 也在输入代码时部分地编译该代码。当准备运行和测试应用程序时，只需极短时间即可完成编译。如果编译器发现了错误，则将错误突出显示于代码中。这时可以更正错误并继续编译，而不需从头开始。

由于 VB 的交互特性，代码运行的效果可以在开发时进行测试，而不必等到编译完成

以后才测试。

7. VB 应用程序的工作方式

VB 应用程序采用事件驱动方式执行，即当程序执行后系统等待某个事件的发生。当事件发生后，去执行处理事件的事件过程，待事件过程执行后，系统又处于等待某事件发生的状态。用户对这些事件驱动的顺序决定了代码执行的顺序，因此应用程序每次运行时所经过的代码路径可能都是不同的。

VB 应用程序事件驱动方式的具体执行步骤如下：

(1) 启动应用程序，装载和显示窗体。

(2) 窗体(或窗体上的控件)等待事件的发生。

(3) 事件发生时，执行对应的事件过程。

(4) 重复执行步骤(2)和(3)，直到遇到 End 语句才结束程序的运行或单击【结束】按钮强行结束。

2.2 VB 程序设计的基本步骤

2.2.1 VB 应用程序的组成

一个 VB 应用程序也称为一个工程，工程是用来管理构成应用程序的所有文件的。工程文件一般由窗体文件(.frm)、标准模块文件(.bas)、类模块文件(.cls)组成，它们的关系如图 2-3 所示。

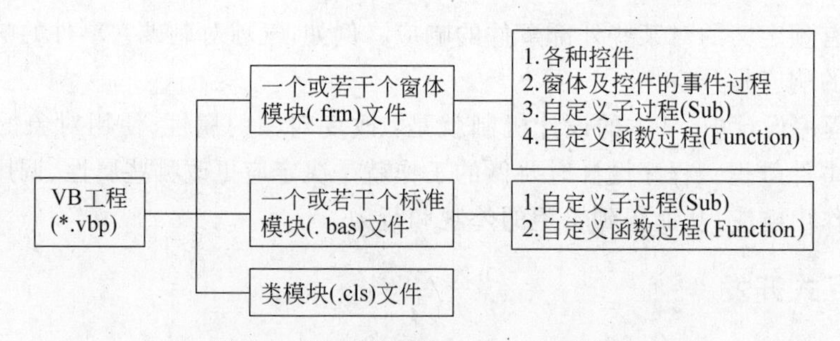

图 2-3 VB 应用程序中各文件的关系

说明：

(1) 每个窗体文件(也称窗体模块)包含窗体本身的数据(属性)、方法和事件过程(即代码部分，其中有为响应特定事件而执行的指令)。窗体还包括控件，每个控件都有自己的属性、方法和事件过程集。除了窗体和各控件的事件过程，窗体模块还可包含通用过程，即用户自定义的子过程和函数过程，它对来自任何事件过程的调用都做出响应。

(2) 标准模块是由那些与特定窗体或控件无关代码组成的另一类型的模块。如果一个过程可以用来响应几个不同对象中的事件，应该将这个过程放在标准模块中，而不必在每一个对象的事件过程中重复相同的代码。

(3) 类模块与窗体模块类似，只是没有可见的用户界面，可使用类模块创建含有方法和属性代码的自己的对象，这些对象可被应用程序内的过程调用。标准模块只包含代码，而类模块既包含代码又包含数据，可视为没有物理表示的控件。

除了上面的文件外，一个工程还包括以下几个附属文件，在工程资源管理器窗口中查看或管理。

(1) 窗体的二进制数据文件(.frx)：如果窗体上控件的数据属性含有二进制属性(如图片或图标)，当保存窗体文件时，就会自动产生同名的.frx 文件。

(2) 资源文件(.res)：包含不必重新编辑代码就可以改变的位图、字符串和其他数据。该文件是可选项。

(3) ActiveX 控件的文件(.ocx)：ActiveX 控件的文件一般是设计好的、可以重复使用的程序代码和数据，可以添加到工具箱中，并可像其他控件一样在窗体中使用，该文件是可选项。

2.2.2 创建应用程序的步骤

VB 提供的窗体设计器是可视化编程的重要工具，VB 的一个应用程序对应一个工程，因此开发 VB 应用程序就要从创建工程开始。在 VB 中开发应用程序的步骤大致可分为：

(1) 创建或打开新工程。

(2) 建立用户界面。

(3) 设置各对象的属性。

(4) 编写事件过程代码。

(5) 运行调试程序。

(6) 保存程序。

(7) 生成可执行文件。

用户也可以边建立对象边设置属性、编写方法及事件过程代码。

1. 创建或打开新工程

工程是组成一个应用程序的文件集合(.vbp)，最常用的是标准 EXE 类型的工程。启动 VB 后，系统自动打开一个新工程，工程名称为“工程 1”，窗体名称为 Form1，用户可直接做后续工作。

2. 建立用户界面

VB 中的用户界面设计方法比较简单，主要是向窗体中添加控件及对窗体、控件的属性进行设置。由于控件类型较多，属性各不相同，常用属性也不尽相同，故其属性值设置要根据具体控件和需要来进行。

使用工具箱中的各种控件，在窗体设计器上“画”界面，如图 2-4 所示。

3. 设置各对象的属性

窗体及控件的属性设置方法可以说主要就是对属性窗口的操作。例如，通过修改某些属性，可以定制窗体控件的外观。

单击窗体中的控件，再在属性窗口中设置该控件的各种属性。如设置下列属性，可得到：

(1) 设置 Left 属性和 Top 属性，可以改变对象的位置。

(2) 设置 Width 属性和 Height 属性，可以改变对象的大小。

(3) 设置 BackColor 属性和 ForeColor 属性，可以改变对象的背景和前景颜色。

(4) 设置 Font 属性，可以改变对象中显示的文本字体。

(5) 设置 Caption 属性，可以改变对象中显示的文本标题内容。

添加到窗体中的控件会从窗体中继承字体类的属性，因此如果希望窗体中的每一个控件都使用同一种字体，应先把窗体的 Font 属性设置为需要的字体，然后再添加控件，如图 2-5 所示。

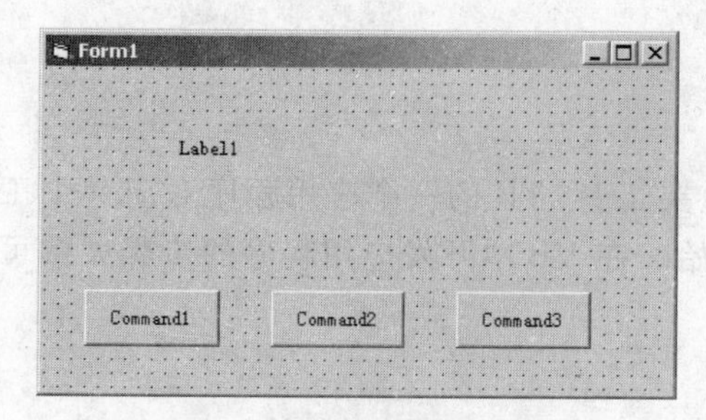

图 2-4 新建的窗体界面

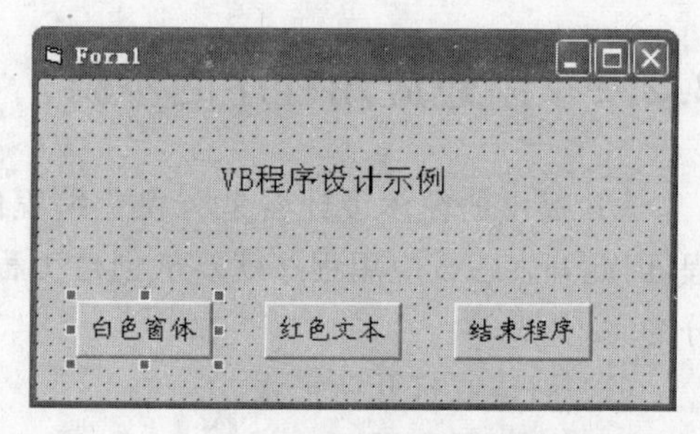

图 2-5 设置控件属性后的窗体界面

4. 编写事件过程代码

窗体上放置的各个控件，必须经过添加事件处理过程，才能接受用户的操作。VB 的大部分控件都有默认的事件过程（VB 自动生成的程序框架），但是事件过程的中间是空的，等待用户来添加具体的程序代码，具体方法如下：

打开代码窗口。在对象窗口，用鼠标双击对象（窗体、控件），或选择【视图】菜单中的【代码窗口】命令，或在【工程】窗口中单击查看代码图标都可进入窗口，如图 2-6 所示。代码窗口中左上方的下拉列表框为当前工程的对象（包括窗体 Form 和通用），右上方的下拉列表框为对应对象的事件过程。可用鼠标来选择对象及所需编写的过程。

图 2-6 Form_Click()事件窗口

5. 运行调试程序

(1) 运行程序。运行程序可用下列方法之一。

① 选择主窗口的【运行】菜单中的【启动】命令。

② 按快捷键 F5。

③ 选择工具栏上的启动按钮。

在程序运行过程中,标题栏显示:

```
工程 1-Microsoft Visual Basic [运行]
```

表示进入运行状态。

(2) 暂停运行。若程序有错误,可用以下任一种方式进入中断状态,对程序进行调试。

① 选择【运行】菜单中的【中断】命令。

② 按 Ctrl+Break 键。

③ 选择工具栏上的中断图标。

进入中断状态,标题栏显示:

```
工程 1-Microsoft Visual Basic [break]
```

若要继续运行,可直接按 F5 键,或选取【运行】菜单中的【继续】命令。若要重新运行,按 Shift+F5 键或选择【运行】菜单中的【重新启动】命令。

(3) 结束程序运行。结束程序运行返回设计状态的方法为:

① 选择【运行】菜单中的【结束】命令。

② 选择工具栏上的结束图标。

③ 单击程序的结束按钮或程序窗口的关闭按钮。

如图 2-7 所示为窗体显示情况。

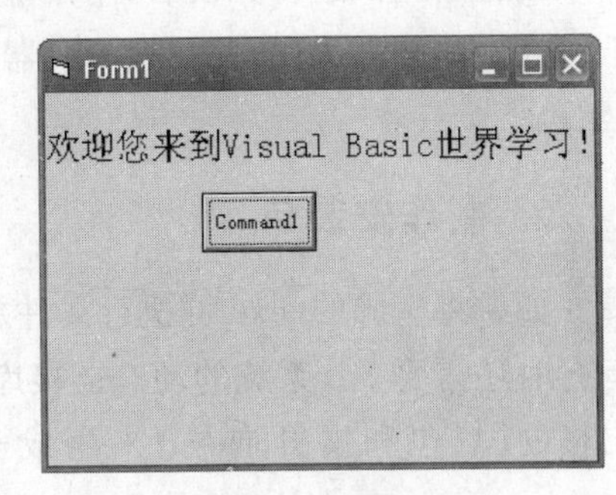

图 2-7 运行结果界面

6. 保存程序

在编制程序过程中,要注意及时存盘,VB 应用程序一般是由多个文件构成的,主要包括窗体文件(.frm)、工程文件(.vbp)和模块文件(.bas)等。

要保存前面的程序,可单击【文件】菜单中的【保存工程】命令,首先出现如图 2-8 所示的【文件另存为】对话框,提示保存窗体文件。在该对话框中可以选择保存位置和窗体文

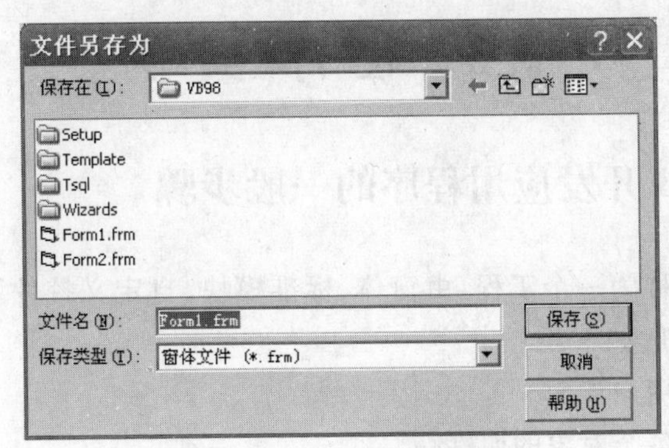

图 2-8 【文件另存为】对话框

件名。当输入窗体名称，单击【保存】按钮后，出现如图 2-9 所示的【工程另存为】对话框，输入工程名称后，文件保存完毕。

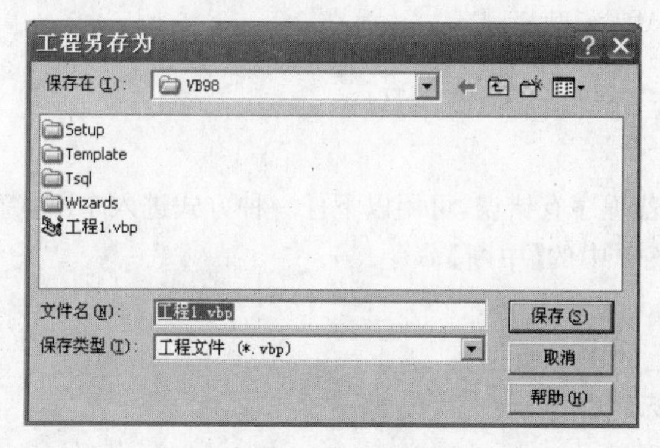

图 2-9 【工程另存为】对话框

7. 生成可执行文件

当程序调试运行无误后，用户可以选择【文件】菜单中的【生成…exe】命令，系统将读取程序中的全部代码，并转换为机器代码，保存在.exe 的可执行性文件中，可供以后多次运行。

8. 制作安装包

如果将生成的.exe 可执行文件放在其他计算机上运行，有可能无法运行，因为程序运行时还需要 VB 系统的动态链接库文件(.dll)等的支持。解决的方法是使用 VB 系统自带的【打包和展开向导】来生成安装程序，用户可通过【开始】菜单中的【程序】|【Microsoft Visual Basic 6.0 中文版】|【Microsoft Visual Basic 6.0 中文版工具】|【Package & Deployment 向导】启动打包向导，然后按照向导的提示依次执行，最后即可生成安装包，利用安装包就可以像通常的 Windows 应用软件一样通过运行 Setup.exe 程序来安装该可执行程序，并运行。

2.3 程序实例

2.3.1 利用 VB 开发应用程序的一般步骤

一个 VB 程序也称为一个工程，由窗体、标准模块、自定义控件及应用所需的环境设置组成。开发步骤一般如下：

(1) 创建程序的用户界面。

(2) 设置界面上各个对象的属性。

(3) 编写对象响应事件的程序代码。

(4) 保存工程。

(5) 测试应用程序，排除错误。

(6) 创建可执行程序。

2.3.2 创建 VB 程序示例

【例 2-4】 设计一个应用程序，由用户输入正方形的边长，计算并输出正方形的面积。

程序功能要求：

运行时，用户在【边长】文本框中输入一个数，当单击【计算】按钮时，则在【面积】文本框中显示该数的平方数。单击【结束】按钮，结束程序的运行。要创建的应用程序用户界面如图 2-10 所示。

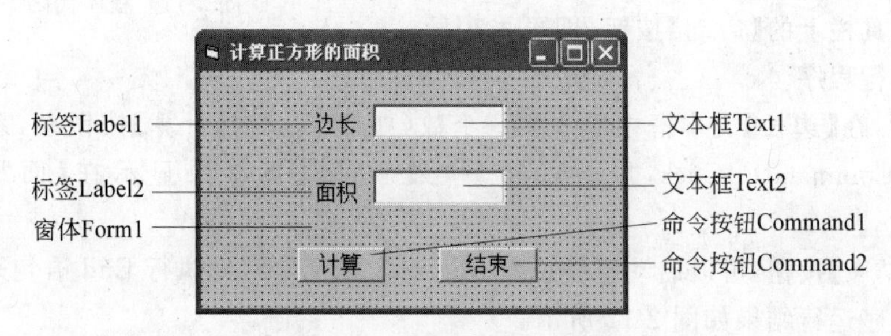

图 2-10 应用程序用户界面

注意：窗体上含有两个标签、两个文本框和两个命令按钮。

其中，两个标签分别用于显示文字“边长”和“面积”；两个文本框用于输入数据和显示计算结果。

设计步骤：

(1) 创建窗体。

在默认窗体 Form1 上添加控件，以构建用户界面。

(2) 在窗体上添加界面的控件。

设置控件的方法为：

在 Form1 窗体上添加以下控件：

标签 Label1：用于显示文字“边长”。

标签 Label2：用于显示文字“面积”。

文本框 Text1：用于显示边长数。

文本框 Text2：用于显示计算结果(平方数)。

命令按钮 Command1：用于计算输入数的平方，并把结果显示在文本框 Text2 中。

命令按钮 Command2：用于结束应用程序的运行。

(3) 设置对象属性。

在属性窗口中设置以下对象的属性：

① 设置窗体 Form1 的 Caption(标题名)属性为“计算正方形的面积”。

② 设置标签 Label1 的 Caption 属性为“边长”。

③ 设置标签 Label2 的 Caption 属性为“面积”。

④ 设置文本框 Text1 的 Text(文本内容)属性为空。

⑤ 设置文本框 Text2 的 Text 属性为空。

⑥ 设置按钮 Command1 的 Caption 属性为“计算”。

⑦ 设置按钮 Command2 的 Caption 属性为“结束”。

⑧ 其他属性采用默认值。

(4) 编写程序代码,建立事件过程。

程序代码如图 2-11 所示。

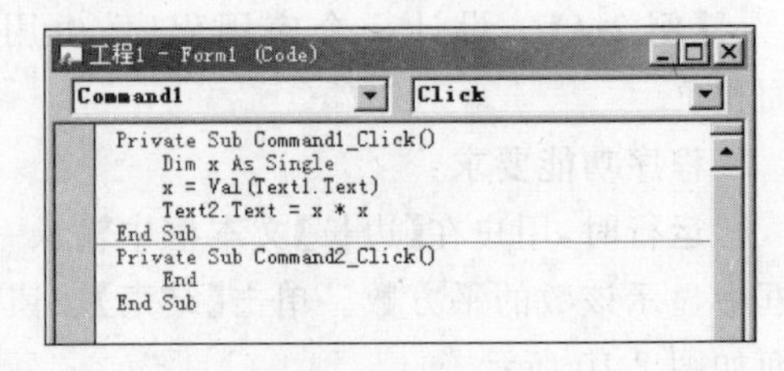

图 2-11　程序代码

(5) 保存工程。

保存窗体文件和工程文件。

(6) 运行程序。

单击工具栏上的【启动】按钮,即可采用解释方式来运行程序。

运行后,在【边长】文本框中输入某一个数(如 23),单击【计算】按钮时,系统会启动事件过程 Command1 _ Click,取数并运算,最后把计算结果显示在【面积】文本框(Text2)中。

单击【结束】按钮,可以启动事件过程 Command2_Click,则执行 End 语句来结束程序的运行。程序运行结果如图 2-12 所示。

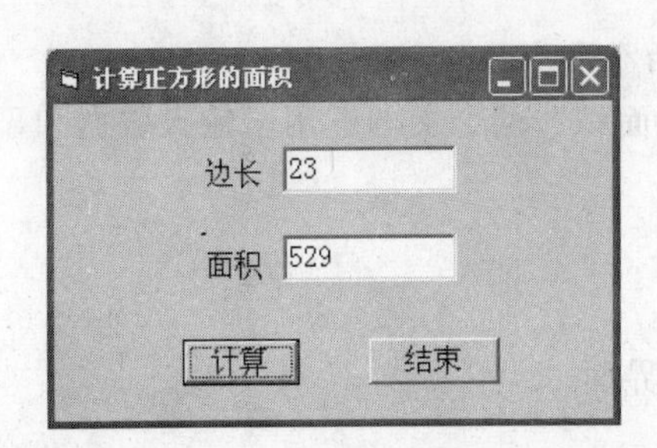

图 2-12　程序运行结果

图 2-13　实例用户界面

【例 2-5】　在窗体上添加两个标签,标签的内容分别是“Happy New Year!”和“新年快乐!”,文字的字体和颜色不同,如图 2-13 所示。程序运行时,单击窗体,交换两个标签的内容;双击窗体,结束程序运行。

操作步骤:

(1) 在窗体上添加两个标签,调整好它们的大小和位置,并按表 2-2 所示的属性值设置窗体和各控件的属性。

(2) 编写单击窗体时响应的代码。由于对窗体进行操作,因此在对象框中选择 Form,要做单击操作,所以在过程框中选择 Click 事件。窗体的 Click 事件过程代码如下:

表 2-2　例 2-5 对象的属性值

对　象	属　性	属　性　值	作　用
窗体	（名称） Caption Picture	frmExcel 贺词互换 选取一个图形文件	窗体名称 窗体标题 窗体显示的图片
标签 1	（名称） Caption BackStyle Font ForeColor	lblWish1 Happy New Year! 0-Transparent 楷体、二号 &H000000FF&	标签名称 标签的标题 透明标签 字体、字号 字的颜色为红色
标签 2	（名称） Caption BackStyle Font ForeColor	lblWish2 新年快乐！ 0-Transparent 华文彩云、二号 &H00FF0000&	标签名称 标签的标题 透明标签 字体、字号 字的颜色为蓝色

```
Private Sub Form_Click()
    temp=lblWish1.Caption                    '将标签 1 的内容赋给 temp
    lblWish1.Caption=lblWish2.Caption        '将标签 2 的内容赋给标签 1
    lblWish2.Caption=temp                    '将 temp 中的内容赋给标签 2
End Sub
```

通过框架内的 3 行语句实现了两个标签中内容的交换功能。代码 temp 是一个临时变量，它相当于交换两杯水时要用的第 3 个杯子。标签中的内容由其 Caption（标题）属性体现出来。

（3）运行程序，检查窗体的单击事件过程的正确性。程序运行显示出图片，单击窗体后，产生如图 2-14 所示的效果。

图 2-14　实例运行结果

（4）如果运行结果正确，则继续编写双击窗体时响应的代码。在此过程中，对象还要选窗体，但过程应选 DblClick（双击）事件。窗体的 DblClick 事件过程代码如下：

```
Private Sub Form_DblClick()
    End
End Sub
```

（5）再运行程序，检查双击窗体时是否能够结束程序的运行。

（6）保存程序。通常，为了便于管理和查找，将同一工程的所有文件集中存放于同一文件夹内，文件的命名尽可能做到简洁、明了，且“见名知意”，同时工程名和窗体名要有联系。

【例 2-6】　简易计算器。

（1）基本要求：

利用 VB 的常用控件，结合简洁的程序代码就可以快速地编写一个“简易计算器”，实现两位数的四则运算。程序运行界面如图 2-15 所示。

在文本框中输入数字,可通过 Tab 键在文本框及按钮间顺序切换。当文本框被选中时,清除该文本框中原有的数据,以便用户输入新的数据。数据输入正确后单击下面的加、减、乘、除按钮,实现计算,效果如图 2-16 所示,单击【清除】按钮,程序恢复至初始化状态。

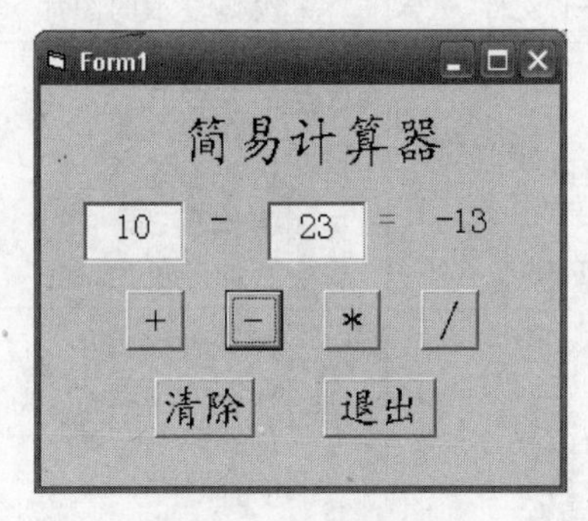

图 2-15　简易计算器

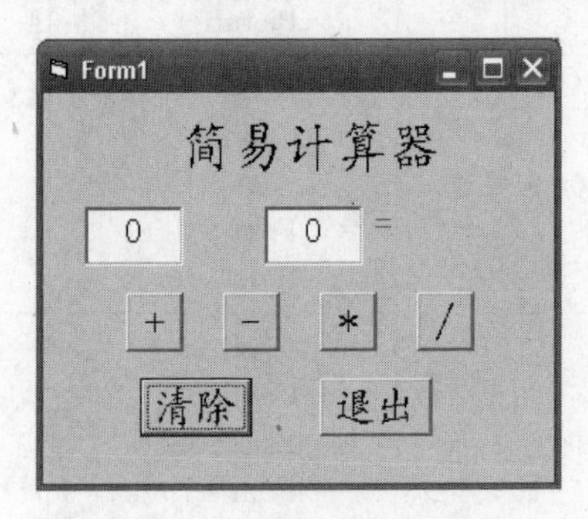

图 2-16　简易计算器设计图

(2) 制作要点:

将文本框中输入的数据转化为数值类型,使用转换函数 Val(),如 a=Val(Text1.Text),就是将文本框 Text1 中的数据类型转换后存于变量 a 中,变量 a 为数值型。

文本框得到输入焦点后清除原有数据的功能,通过对文本框得到和失去焦点的判断来实现操作过程。

```
Private Sub Text1_GotFocus()
    Text1.Text=""                              '清空数值
End Sub
Private Sub Text1_LostFocus()
    If Text1.Text="" Then Text1.Text="0"       '设置初始值
End Sub
```

(3) 步骤详解:

① 执行【新建】|【标准 EXE】命令。

在窗体内添加 TextBox 控件和 CommandButton 控件,控件窗体布局如图 2-16 所示。

② 窗口各控件的属性设置如表 2-3 所示。

表 2-3　窗体控件属性表

控件类型	控件名称	控件属性	
TextBox	Text1、Text2	Text	0
		Maxlength	4
CommandButton	加	Caption	+
	减	Caption	−
	乘	Caption	*

续表

控 件 类 型	控 件 名 称	控 件 属 性	
CommandButton	除	Caption	/
	Clear	Caption	清除
	exit	Caption	退出

(4) 代码添加：

```
'定义模块级变量
Private a As Integer
Private b As Integer
Private result As Integer
Private Sub Clear_Click()                                  '恢复初始状态
a=0
b=0
result=0
Text1.Text=0
Text2.Text=0
Label1.Caption=""
Label2.Caption=""
End Sub

Private Sub Exit_Click()
End
End Sub

Private Sub Form_Load()
a=0
b=0                                                        '初始化变量值
End Sub

Private Sub Text1_GotFocus()
Text1.Text=""                                              '清空数值
End Sub

Private Sub Text1_LostFocus()
If Text1.Text="" Then Text1.Text="0"                       '设置初始值
End Sub

Private Sub Text2_GotFocus()
Text2.Text=""
End Sub
```

```
Private Sub Text2_LostFocus()
If Text2.Text="" Then Text2.Text="0"                    '设置初始值
End Sub

Private Sub 乘_Click()                                  '乘法运算
a=Val(Text1.Text)
b=Val(Text2.Text)
result=a*b
Label1.Caption="*"
Label2.Caption=result
Label3.Caption="="
End Sub

Private Sub 除_Click()                                  '除法运算
a=Val(Text1.Text)
b=Val(Text2.Text)
If b=0 Then
Label2.Caption=""                                       '先清除显示结果
MsgBox "除数不可为零!",vbOKOnly+vbCritical,"错误!"      '设置弹出的消息框
Text2.SetFocus                                          'Text2得到焦点,便于修改录入
Exit Sub
End If                                                  '跳出除法运算

result=a/b
Label1.Caption="/"
Label2.Caption=result
Label3.Caption="="
End Sub

Private Sub 加_Click()                                  '加法运算
a=Val(Text1.Text)
b=Val(Text2.Text)
result=a+b
Label1.Caption="+"
Label2.Caption=result
Label3.Caption="="
Label3.Caption="="
End Sub

Private Sub 减_Click()                                  '减法运算
a=Val(Text1.Text)
b=Val(Text2.Text)
```

```
result=a-b
Label1.Caption="-"
Label2.Caption=result
Label3.Caption="="
End Sub
```

习　题

1. 一个对象可执行的动作与可被对象所识别的动作分别称为(　　)。

A. 事件、方法　　B. 方法、事件　　C. 属性、方法　　D. 过程、事件

2. 以下说法正确的是(　　)。

A. 窗体的 Name 属性指定窗体的名称,用来标识一个窗体

B. 窗体的 Name 属性的值是显示在窗体标题栏中的文本

C. 可以在运行期间改变对象的 Name 属性的值

D. 对象的 Name 属性值可以为空

3. 为了选中在窗体上的某个控件,应执行的操作是(　　)。

A. 单击窗体　　B. 单击该控件　　C. 双击该控件　　D. 双击窗体

4. 窗体上有一个控件 Command1,程序运行时,单击该控件,发生的事件是(　　)。

A. Command_Click()　　B. Command_DblClick()

C. Command1_Click()　　D. Command1_DblClick()

5. 以下说法错误的是(　　)。

A. 双击鼠标可以触发 DblClick 事件

B. 窗体或控件的事件的名称可以由编程人员确定

C. 移动鼠标时,会触发 MouseMove 事件

D. 控件的名称可以由编程人员设定

6. 如何使窗体以最小化方式运行?

7. 当用鼠标单击窗体时,会触发哪些事件?

8. 利用 VB 开发应用程序的步骤一般有哪几步?

9. 简述 VB 应用程序的组成。

10. 可以通过哪几种方法打开代码窗口?

11. 设计一个程序,当单击窗体时,以对话框的形式给出提示“你单击了窗口”,当改变窗体的大小时,给出“你改变了窗口的大小”的提示。

12. 设计如图 2-17 所示的界面,当单击【修改字体】按钮时,将文本框中的字体更改为“黑体”,单击【修改颜色】按钮时将文本框中字体的颜色更改为红色。

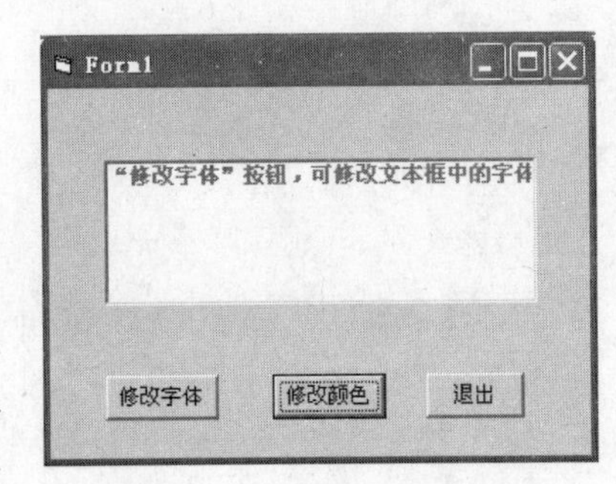

图 2-17　习题 12 的运行界面

13. 建立如图 2-18 所示的界面，当在第一个文本框内输入和删除字符时，另外两个随之发生相应的变化，3 个文本框中显示的字体和大小不同。

14. 使用 InPutBox 函数输入小时、分、秒，求一共有多少秒。单击窗体时，将结果显示在窗体上。

15. 求圆的面积和周长。

要求：建立如图 2-19 所示的界面，并按照如下要求设计程序。

在文本框 1 中输入圆的半径、单击【计算】按钮后，便可在文本框 1 和文本框 2 中输出圆的面积和周长。

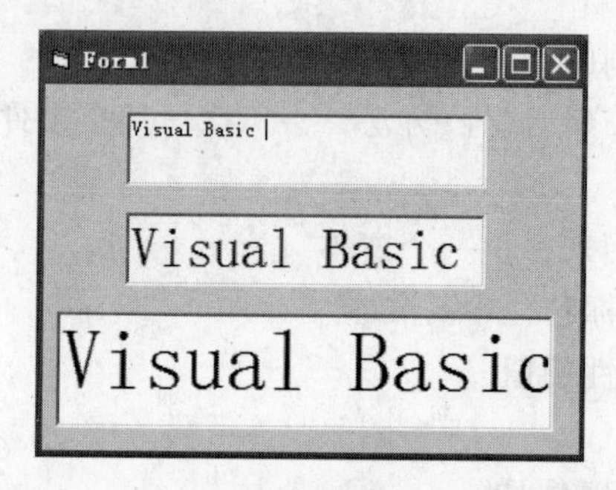

图 2-18　习题 13 的运行界面

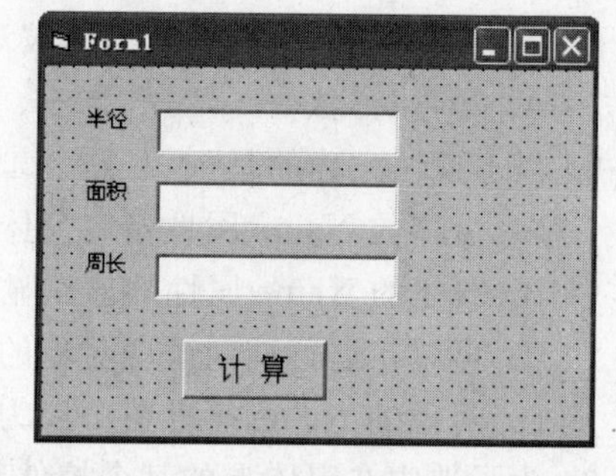

图 2-19　求圆的面积和周长设计界面

16. 在窗体的任意位置画一个文本框，在属性窗口设置如下属性：

Left	1000
Top	800
Height	1200
Width	2600

第3章 VB程序设计基础

在第1章和第2章中介绍了简单VB应用程序的建立和基本控件的使用，使读者初步了解了窗体和控件的应用。应用程序界面建立后需要编写程序代码。编写程序代码是程序设计的关键，应用程序的核心功能都是通过编写代码来实现的，通过代码对用户和系统事件做出响应以执行各种任务。本章主要介绍构成VB应用程序的基本元素，包括数据类型、常量、变量、运算符、表达式和内部函数等。这些是编写应用程序代码的基础。

3.1 数据类型

数据是程序处理的对象，也是程序的必要组成部分。大多数的计算机语言都规定了各自的数据类型。在计算机内部，数据被存放在内存单元中，不同类型的数据在计算机内部有不同的存储方式，即分配给不同类型数据的内存空间是不同的。为了更好地处理各种数据，VB定义了多种数据类型。VB不但提供了丰富的标准数据类型，还允许用户根据需要定义所需的数据类型。因此，数据类型是编写计算机程序必须了解和掌握的重要概念。

1. 标准数据类型

标准数据类型是系统定义的数据类型。VB提供的标准数据类型主要有数值型、字符型、逻辑型、日期型、对象型和变体型。不同类型的数据有不同的表示方法、操作方式和取值范围。VB中各种标准数据类型所占存储空间的大小与取值范围等如表3-1所示。

表3-1 VB的标准数据类型表

数据类型	关键字	字节数/B	类型符	前缀	范围
整型	Integer	2	%	Int	－32 768～32 767
长整型	Long	4	&	Lng	－2 147 483 648～2 147 483 647 $-2^{31}\sim+2^{31}-1$
单精度型	Single	4	!	Sng	－3.402 823E38～－1.401 129 8E－45; 1.401 298E－45～3. 3.402 823E38
双精度型	Double	8	#	Dbl	±4.94D－324～±1.79D308

续表

数据类型	关键字	字节数/B	类型符	前缀	范　围
货币型	Currency	8	@	Cur	-922 337 203 685 477.5808～922 337 203 685 477.5807
字节型	Byte	1		Byt	0～255
字符型	String	与字符串长度相关	$	Str	定长：0～65 535 个字符
					变长：0～约 20 亿个字符
逻辑型	Boolean	2		Bln	True 或 False
日期型	Date	8		Dtm	1/1/100—12/31/9999
对象型	Object	4		Obj	任何对象引用
变体型	Variant	按需分配		Vnt	上述有效范围之一

注意：要表示某一类型的数据，可以在数据后面加上一个类型符来标识。使用这种方法表示整数时，其类型符"%"可以省略。

例如，127，-127%均表示整型数，127& 表示长整型数，3.1415!表示单精度型数，1356.74#表示双精度型数。

不同类型的数据，所占的存储空间是不同的，选择使用合适的数据类型，可以优化代码的速度和大小。另外，数据类型不同，对其进行处理的方法也不同，这就需要进行数据类型的说明或定义。只有相同(相容)类型的数据之间才能进行操作，否则就会出现错误。

1) 数值(Numeric)型数据

VB 有 6 种数值型数据，用于表示某种数值类型的数据，即整型、长整型、单精度型、双精度型、货币型和字节型数据类型。

(1) 常规整型数(Integer)。

常规整型数简称整型数，表示不带小数点和指数符号的数，其内部存储空间和范围如表 3-1 所示。

整型数的运算速度较快，而且比其他数据类型占据的内存要少。在 For…Next 循环内作为计数器变量使用时，整型数尤为有用。

十进制整型数只包含数字 0～9、正负号(正号可以省略)。其范围为-32 768～+32 767。如 10、234、-456、0。

十六进制整型数由数字 0～9、A～F 或 a～f 组成，并以"&H"引导，后面的数据位数≤4 位，其范围为 &H0 到 &HFFFF。

八进制整型数由数字 0～7 组成，并以"&O"或"&"引导，后面的数据位数≤6 位，其范围为 &O0 到 &O177777。

(2) 长整型数(Long)。

长整型数的数字组成与整型数相同，正号可以省略，并且在数值中不能出现逗号(分节符)。长整型数内部存储空间和范围如表 3-1 所示。

十进制长整型数的范围为-2 147 483 648～+2 147 483 647。如 32 768，-23 456 789、10 等。

十六进制长整型数以“&H”开头，以“&”结尾，其范围为 &H0& 到 &HFFFFFFFF&。

八进制长整型数以“&O”或“&”开头，以“&”结尾，其范围为 &O0& 到 &O17777777777&。

(3) 单精度数(Single)。

单精度数的内部存储空间和范围如表 3-1 所示。可最多表示 7 位有效数字的数，小数点可以位于这些数的任何位置，正号可省略。单精度数可以用定点形式和符点形式表示。

单精度数的定点形式是在该范围内含有小数的数，如：

−3.4　120.0　+2.345　0.00786　−31.4657

单精度数的符点形式是用科学计数法表示的，即以 10 的整数次幂表示的数，以“E”来表示底数 10。如-3.34×10^{6}、120.532×10^{-7}、$+234.67\times10^{13}$、$0.000\,067\times10^{-21}$分别表示为：−3.34E6、120.532 E−7、+234.67 E13、0.000 067 E−21。

(4) 双精度数(Double)。

双精度数的内部存储空间和范围如表 3-1 所示。可最多表示 15 位有效数字的数，小数点可以位于这些数的任何位置，正号可以省略。双精度数可以用定点和符点两种形式表示。

双精度数的定点形式是在该范围内含有小数的数，要用带小数点的具体数值后面加“#”表示，如：

−31.123 456 789 012 3　0.987 654 321 012 345　1 357 924 680.334 21　46.345#

双精度数的符点形式是用科学计数法表示，以“D”来表示数的底数。如：

−3.123 456 7 D55　123.235 643 7 D−67　0.235 467 865 D12

(5) 货币型(Currency)。

货币型数据是一种专门为处理货币而设计的数据类型，它的内部存储空间和范围如表 3-1 所示。Currency 数据类型支持小数点右边 4 位和小数点左边 15 位，是一个精确的定点数据类型。符点(Single 和 Double)数比 Currency 的有效范围大得多，但有可能产生小的进位误差。

(6) 字节型(Byte)。

Byte 数表示无符号的整数，范围为 0～255。除一元减法外，所有对整型数进行操作的运算符均可操作 Byte 数据类型。因为 Byte 是从 0～255 的无符号类型，所以不能表示负数。因此，在进行一元减法运算时，VB 首先将 Byte 转换为符号整数。

说明：

① 如果数据包含小数，则应使用 Single、Double 或 Currency 型。

② 如果数据为二进制数，则应使用 Byte 数据类型。把二进制数存储为 Byte 型后，在读文件、写文件、调用 DLL、调用对象的方法和属性时，VB 都会自动在 ANSI 和 Unicode之间进行转换。

③ 在 VB 中，数值型数据都有一个有效的范围值，程序中的数如果超出规定的范围，就会出现“溢出”信息(Overflow)。如果小于范围的下限值，系统将按“0”处理；如果大于上限值，则系统只按上限值处理，并显示出错误信息。

④ 一般情况下 VB 使用十进制数计算，但有时也使用十六进制数表示，表示值时它们与十进制是等价的。

⑤ 所有数值变量都可以相互赋值，也可以对 Variant 类型变量赋值。在将浮点数赋予整数之前，VB 要将浮点数的小数部分四舍五入，而不是将小数部分去掉。

2）字符(String)型数据

字符型数据是指一切可打印的字符和字符串，它是用双引号括起来的一串字符。一个西文字符占一个字节，一个汉字或全角字符占两个字节。如果一个字符串不包含任何字符，则称该字符串为空字符串，系统默认初值为空字符串。字符串允许的最大长度如表 3-1 所示。在 VB 中有两种类型字符串：变长字符串和定长字符串。

(1) 变长字符串：长度可以变化，随着对字符串变量赋予新的字符串，它的长度可增可减。按照默认规定，一个字符串如没有定义成定长的，都属于变长字符串。如“Visual Basic 6.0”、“变长字符串和定长字符串”。

(2) 定长字符串：在程序执行过程中始终保持其长度不变的字符串。定长字符串最多可容纳 64 个字符。如：

声明定长字符串变量 str2：

```
Dim str2 As String * 30 (长度为 30)
```

3）布尔(Boolean)型数据

布尔(Boolean)型数据只有两个值：真(True)和假(False)，经常被用来表示逻辑判断的结果。任何只有两种状态的数据，如 True 或 False、Yes 或 No、On 或 Off 等，都可以表示为布尔型。当布尔型数据转换成整型数据时，True 转换为－1，False 转换为 0；当将其他类型数据转换成布尔数据时，非 0 转换成 True，0 转换成 False。

4）日期(Date)型数据

日期(Date)型数据用于保存日期和时间，通常采用两个“#”符号把表示日期和时间的值括起来。VB 可以接受多种表示形式的日期和时间，只要任何字面上可被认作日期和时间的字符都是合法的。赋值时如果输入的日期和时间是非法的或不存在的，系统将提示出错。

如#11/18/1998#、#1997-11-23#、#11/18/1997 10:28:56 pm#。

5）对象(Object)型数据

对象变量使用 4 个字节来存储，该地址可引用应用程序中的对象。对象(Object)型数据可用来表示应用程序中或某些其他应用程序中的对象。可以用 Set 语句指定一个被声明为 Object 的变量去引用应用程序所识别的任何实际对象，默认值为 Nothing。如：

```
Dim objDb As object
Set objDb=OpenDatabase("c:\Vb6\Biblio.mdb")
```

在声明对象变量时，应使用特定的类，而不用一般的 Object(如用 TextBox 而不用 Control，如上面的例子，用 Database 取代 object)。运行应用程序之前，VB 可以决定引用特定类型对象的属性和方法。因此，应用程序在运行时速度会更快。

6）变体型(Variant)数据

变体型(Variant)数据是一种可变的数据类型，可以存放任何类型的数据。当把它们赋予 Variant 类型时，不必在这些数据间进行类型转换，VB 会自动完成任何必要的转换。如：

```
Some Value="18"                  'Some Value 包含"18"(双字符串),字符型
Some Value=Some Value-15         '现在 Some Value 包含数值 3,数值型
Some Value="U"& Some Value       '现在 Some Value 包含"U3"(双字符串),字符型
```

要尽量少用 Variant 数据类型,以避免发生错误。如果对 Variant 变量进行数学运算,则 Variant 必包含某个数。如果连接两个字符串,则应该用“&”操作符,而不要用“+”操作符。

假设定义 a 为变体型变量。

```
Dim a As Variant
```

在变量 a 中可以存放任何类型的数据,例如：

```
a="BASIC"                        '存放一个字符串
a=10                             '存放一个整数
a=20.5                           '存放一个实数
a="08/15/2003"                   '存放一个日期型数据
```

根据赋给 a 的值的类型不同,变量 a 的类型不断变化,这就是称之为变体型的原因。当一个变量未定义类型时,VB 自动将变量定义为 Variant 类型。不同类型的数据在 Variant 变量中是按其实际类型存放的(如将一个整数赋给 a,在内存区中按整型数方式存放),用户不必做任何转换的工作,而由 VB 自动完成。

如果要检测变体型数据中保存的究竟是什么类型的数据,可以使用 VarType()函数,根据函数的返回值确定数据类型,如表 3-2 所示。

表 3-2 VarType()函数

内部常数	返回值	数据类型
vbEmpty	0	空(Empty)
vbNull	1	无效(Null)
vbInteger	2	整型(Integer)
vbLong	3	长整型(Long)
vbSingle	4	单精度型(Single)
vbDouble	5	双精度型(Double)
vbCurrency	6	货币型(Currency)
vbDate	7	日期型(Date)
vbString	8	字符型(String)
vbObject	9	OLE 自动化对象(OLE Automation Object)
vbError	10	错误(Error)
vbBoolean	11	布尔型(Boolean)
vbVariant	12	变体型(Variant)
vbDataobject	13	非 OLE 自动化对象(Non-OLE Automation Object)
vbByte	17	字节型(Byte)
vbArray	8192	数组(Array)

2. 用户自定义数据类型

VB不仅拥有丰富的标准数据类型,也提供了用户自定义数据类型。它由若干个标准数据类型组成,是一组不同类型变量的集合。因此当我们在编程过程中感到仅有以上基本数据类型是不够的时,希望将不同类型的数据组合成一个有机的整体以便于引用,这样一个整体是由若干不同类型的、互相有联系的数据项组成的。VB提供Type语句,用户可以自己定义这种数据类型。这种结构我们称为"记录"。

1) 用户自定义类型

形式:

```
Type 数据类型名
    数据类型元素名 As 类型
    数据类型元素名 As 类型
    …
End Type
```

功能:定义一个记录型数据类型。

2) 举例

【例 3-1】 定义一名为Employee(职工)的类型,其中包括职工号、姓名、年龄、电话和住址等信息:

```
Type Employee
EmpNo As Integer
Name As String * 10
Age As Integer
Tel As String * 10
Address As String * 20
End Type
```

说明:用户自定义类型例子,例3-1:

(1) 这里的Employee是用户定义的类型,它由5个元素组成:EmpNo、Name、Age、Tel和Addres。其中EmpNo和Age是整型,Name、Tel和Address定长字符串,Name和Tel由10个字符组成,Address由20个字符组成。

(2) 在定义了Employee类型之后,就可定义Employee类型的变量了,如定义一个Emp的变量:

```
Dim Emp As Employee
```

此语句定义了Employee类型的变量Emp,它包括有5个成员。在后面的程序中我们可以用"变量.元素"这样的形式来引用各个成员,如下面这样:

Emp. EmpNo　　表示Emp变量中的EmpNo成员的值(某一职工的职工号)

Emp. Name　　表示Emp变量中的Name成员的值(某一职工的名字)

Emp. Age　　表示Emp变量中的Age成员的值(某一职工的年龄)

Emp. Tel　　　　　表示 Emp 变量中的 Tel 成员的值(某一职工的电话)

Emp. Address　　　表示 Emp 变量中的 Address 成员的值(某一职工的地址)

3) 说明

(1) 记录类型中的元素可以是字符串,但必须是定长字符串。

(2) 记录类型的定义必须放在标准模块(.BAS)和窗体模块的声明部分,当在标准模块中定义时,关键字 Type 前可以有 Public(默认)。如果在窗体模块中定义时,则必须在前面加上关键字 Private。

(3) 在记录类型中不能含有数组。

(4) 在随机文件操作中,记录类型数据有着重要的作用。

3. 枚举类型

VB 中提供了枚举数据类型。枚举是指将变量的值一一列举出来,变量的值仅限于列举出来的值的范围,当一个变量只有几种可能取值时,就可以定义为枚举类型。

1) 枚举类型的定义

枚举类型放在窗体模块、标准模块或公用类模块中的声明部分,通过 Enum 语句来定义。格式如下:

```
[Public|Private]Enum 枚举类型名
    成员名 1[=常数表达式]
    成员名 2[=常数表达式]
    …
End Enum
```

2) 枚举类型的使用实例

【例 3-2】 可以用与星期日～星期六关联的一组整型常数 1～7 来声明一个枚举类型 Week,然后在代码中使用星期的名称而不使用其整数数值。

```
Private Enum week                                   '定义 Week 为枚举类型
        Sun
        Mon
        Tue
        Wed
        Thu
        Fri
        Sat
    End Enum
Private Sub Command1_Click()
    Dim myday As week                               '定义 Myday 为 Week 枚举类型
    myday=Val(InputBox("今天是星期几(0~ 6)"))        '输入 0~ 6
    If myday<Sun Or myday>Sat Then
        MsgBox "输入的星期数错误"
    Else
```

```
        If myday=Sun Or myday=Sat Then
            MsgBox "休息日"
        Else
            MsgBox "工作日"
        End If
    End If
End Sub
```

3.2 常量和变量

在程序中，不同类型的数据既可以常量的形式出现，也可以变量的形式出现。常量在程序执行期间其值是不能发生变化的，而变量的值是可以变化的，它代表内存中指定的存储单元。

在 VB 中提供了很多内部常量，也允许用户自己建立常量。变量用名字来表示其中存储的数据，用数据类型表示其中存储数据的具体类型，限制不同的数据在内存中占据空间的大小，还可以使用数组来表示一系列相关的变量。

1. 常量

常量也称为常数，是指在程序运行过程中始终保持不变的数据。通过声明和使用常量的标识符，代替一个在程序执行时不会改变的值，能增强程序的可读性，使程序的维护变得简单。VB 中有 3 种常量：直接常量、符号常量和系统常量。

1）直接常量

直接常量是在程序代码中直接给出的数据。直接常量的数据类型有数值常量、字符串常量、逻辑常量、日期常量。

(1) 数值常量。

数值常量有字节型数、整型数、长整型数、定点数及浮点数。

① 字节型数、整型数、长整型数都是整型量，可以使用 3 种整型量：十进制整数、十六进制整数、八进制整数，只要是在该类型数合法范围之内即可。

十进制数按常用的方法来表示，十六进制数前加“&H”，八进制数前加“&O”。

例如：

```
1200        '十进制数 1200
&H333       '十六进制数 333
&O555       '八进制数 555
```

② 定点数是正的或负的带小数点的数，如 323.43、－456.78。

③ 浮点数分为单精度和双精度数。浮点数由尾数、指数符号和指数 3 部分组成。尾数是实数；指数符号是 E(单精度)或 D(双精度)；指数是整数。

指数符号 E 和 D 的含义为：乘上 10 的幂次。例如，12.345E－6 和 78D3 所表示的值分别为 0.000 012 345 和 78 000。定点数和浮点数可以是单精度的,也可以是双精度的。单精度数保留 7 位有效数字,双精度数保留 15 位或 16 位有效数字。

(2) 字符串常量。

字符串是双引号引起来的一串字符(也可以是汉字)。其长度不超过 32 767 个字节(一个汉字占两个字节)。下面是合法的字符串及它的长度:

"abcdef",长度为 6 个字符。

"VB 中文版",长度为 5 个字符。

(3) 逻辑常量。

逻辑常量只有两个:逻辑真 True 和逻辑假 False。

(4) 日期常量。

格式:

```
#mm-dd-yy#
```

例如:

```
#09-01-03#                '表示 2003 年 9 月 1 日
```

2) 符号常量

(1) 符号常量的声明。

符号常量用一个符号名来代替数值和字符串。符号常量要先定义,后使用。如圆周率 π(3.141 592 653 5…),如果使用符号 PI 来表示,在程序中使用到该常量时,就不必每次都输入 3.141 592 653 5…,可以使用 PI 来代替它,实现了书写上的方便,也增加了程序的可读性和可维护性。

在 VB 中使用关键字 Const 声明符号常量,定义符号常量的一般格式为:

格式:

```
[Public|Private] Const <常量名>[As 数据类型]=<表达式>…
```

如:

```
Const PI=3.14159 As Single
```

格式说明:

① ＜常量名＞的命名规则与变量名一样。

② ＜表达式＞由数值常量、字符串等常量及运算符组成,可以包含前面定义过的常量,但不能使用函数调用。

Const 语句可以声明数值常量或日期常量:

如:

```
Const I%=2,J&=3              '定义一个整型、一个长整型符号常量
Const str="srting"           '定义一个串常量
Const pie=3.1415926          '定义一个单精度常量
Const dupie=2*pie            '定义一个单精度常量
```

```
Const releaseDate=#12/17/99#
```

也可以用 Const 语句定义字符串常量：

```
Public Const version="07.10.A"
Const codename="Enigma"
```

如果用逗号分隔，则在一行中可放置多个常量声明：

```
Public Const pi=3.14,maxPlanets=9,worldPop=6E+09
```

等号"="右边的表达式往往是数字或字符串，但也可以是其结果为数或字符串的表达式(尽管表达式不能包含函数调用)。甚至可用先前定义过的常量定义新常量。

```
Const pi2=pi*2
```

常量一经定义，就可将其放在代码中，使代码可读性更好。如：

```
Static solarSystem(1 To max Planets)
If people>worldPop Then Exit Sub
```

(2) 符号常量的使用规则。

与变量声明一样，Const 语句也有范围，使用相同的规则：

① 为创建仅存在于过程中的常量，应在该过程内部声明常量，如 Const x=12。

② 为创建一个常量，使它对模块中所有过程都有效，但对模块之外任何代码都无效，应在模块的声明段中声明常量，如 Private Const x=12。

③ 为创建在整个应用程序中有效的常量，应在标准模块声明段中进行声明，并在 Const 前放置 Public 关键字，如 Public Const x=12。在窗体模块或类模块中不能声明 Public 常量。

由于常量可以用其他常量定义，因此在两个以上常量之间不要出现循环或循环引用。当程序中有两个以上的公用常量，而且每个公用常量都用另一个去定义时就会出现循环。如：

在 Module1 中：

```
Public Const x=y*2                    '在整个应用程序中有效
```

在 Module2 中：

```
Public Const y=x/2                    '在整个应用程序中有效
```

如果出现循环，在试图运行此应用程序时，VB 就会产生错误信息，不解决循环引用就不能运行程序。为避免出现循环，可将公共常量限制在单一模块内，或最多只存在于少数几个模块内。

可以在任何使用表达式的地方使用符号常量。有时使用符号常量比使用变量更方便。符号常量在整个模块中只需要定义一次。符号常量定义后其值能被改变。在独立的程序中，使用符号常量比使用变量能产生更有效的代码。使用符号常量便于程序的修改。

注意：

① 符号常量名的命名规则与变量命名规则相同，为了便于程序阅读，习惯上，符号常量名采用大写字母来表示。

② 在使用类型说明符声明常量时，常量名与类型说明符之间不要留有空格。

③ 表达式由数值常量、字符串常量及运算符组成，但不能使用函数调用。

④ 常量一旦声明，只能引用而不能改变，即不能对符号常量赋新值。

3) 系统常量

内部或系统定义的常量是 VB 和控件提供的。这些常量可与应用程序的对象、方法和属性一起使用，在代码中就可直接使用它们。可以在【对象浏览器】中查看内部常量。选择【视图】菜单中的【对象浏览器】命令，打开【对象浏览器】窗口，如图 3-1 所示。在下拉列表框中选择 VBA 对象库，然后，在【类】列表框中选择【全局】，右侧的成员列表中可以显示预定义的常量，窗口底端的文本区中将显示该常量的功能。

在为属性或变量输入数据时，应检查是否有系统已经定义的常量可供使用，使用系统常量可使代码具备自我解释功能，易于阅读和维护。

2. 变量

变量是在程序运行过程中其值可以变化的量，其结构如图 3-2 所示。一个具有名字的内存单元称为变量。在 VB 中进行计算时，常常使用变量临时存储数据。每个变量都有名字和数据类型。通过名字对变量进行引用，实际上是借助变量名访问内存中的数据。数据类型决定该变量占用的内存空间的大小。使用变量前，一般必须先声明变量。

图 3-1 【对象浏览器】窗口

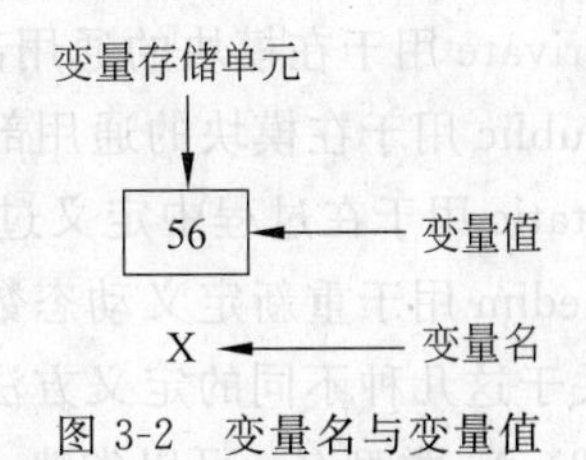

图 3-2 变量名与变量值

声明变量就是向程序说明要使用的变量，以便使系统为变量分配存储单元。在 VB 中使用一个变量时，也可以不加任何声明直接使用，这种使用称为隐式声明。使用这种方式虽然简单，但容易在发生错误时令系统产生误解。一般对于变量，最好遵循“先声明，后使用”的原则。与上述隐式声明相对应的称为显式声明。所谓显式声明，是指每个变量必须先声明，才能够正确使用，否则会出现错误警告。

1) 变量的命名

变量的命名规则是：

(1) 由字母、汉字、数字或下划线组成，第一个字符必须是字母或汉字。

(2) 长度不超过255个字符。其中，窗体、控件和模块的标识符长度不能超过40个字符。

(3) 不要与VB中的关键字同名(如语句名、函数名等)。例如，Print、Sub、End等。

(4) 最好能"见名知义"，可以帮助说明功能，简化调试过程。

(5) 不区分变量名中字母的大小写，如ABC和abc是一样的，代表同一个变量。

(6) 名字中不能含有句号、空格或类型声明符(如!、#、@、$、%和&)。

(7) 在同一作用域内，变量名不能重复。

注意：

(1) 尽管变量名中可以包含汉字，但是不建议这样做。

(2) 变量的命名最好使用具有明确意义和容易记忆的变量名。

(3) 尽可能简单明了，不要使变量名太长，太长不便于阅读和书写。

(4) 尽可能采用VB建议的变量名前缀或后缀，以便区分变量的类型。

2) 显式声明

使用Declare语句声明，在定义时指定类型，格式如下：

```
Declare 变量名 [As 类型名]
```

其中：

(1) Declare可以是Dim、Public、Private、Static或Redim。如：

```
Dim day As WeekDay      '定义一个 WeekDay 型变量 day(WeekDay 为前面所介绍的枚举类型)
Public a As Integer     '定义一个 Integer 型变量 a
Private b As Single     '定义一个 Single 型变量 b
Static s As String      '定义一个 String 型变量 s
```

不同的定义方法是有区别的：

Dim用于在模块的通用部分定义模块级变量及在过程中定义过程级变量。

Private用于在模块的通用部分定义模块级变量。

Public用于在模块的通用部分定义应用程序级变量。

Static用于在过程中定义过程级静态变量。

Redim用于重新定义动态数组的大小。

关于这几种不同的定义方法所定义的变量的使用，在后面的章节中将作详细介绍。

(2) As类型名：可以省略，但省略后变量定义为变体型，因为变体型占用内存较多，在使用时应尽量将类型名一并定义。

(3) 一条声明语句可将多个声明组合起来，在这种形式下，即使几个变量的类型一致，也必须分别用"As类型名"声明各自的类型。如：

```
Dim a As Integer,b As Long,c As Single,d As Double
Dim I As Integer,J As Integer
Private Test,Amount,J As Integer      '这里 Test 和 Amount 为 Variant 型,J 为 Integer 型
```

3）隐式声明

使用类型说明符标识变量的类型，格式如下：

```
变量名<类型说明符>
```

如：

```
str$                    '变量 str 为字符串型
Num!                    '变量 Num 为单精度型
S&=10                   '声明 S 为长整型变量
Dim a%,b&,c!,d#
```

说明：

(1) 各基本类型的类型说明符如表 3-1 所示。

(2) 类型说明符和变量名之间不能有空格。

(3) 不声明就使用的变量被隐式声明为 Variant，初值为 Empty。

根据默认规定，如果在声明中没有说明数据类型，则令变量的数据类型为 Variant 型。Variant 数据类型很像一条变色龙，它可以在不同的场合代表不同数据类型。当指定变量为 Variant 型时，不必在数据类型之间进行转换，VB 会自动完成各种必要的转换。

4）强制显式声明变量语句 Option Explicit

声明变量可以有效地降低错误率。为避免写错误变量名引起的麻烦，可以规定在使用变量前，必须先用声明语句进行声明，否则 VB 将发出警告 Variable not defined(变量未被定义)。要强制显式声明变量，可在类模块、窗体模块或标准模块的声明段中加入语句：

```
Option Explicit
```

或从【工具】菜单中执行【选项】命令，在打开的【选项】对话框中单击【编辑器】选项卡，再勾选【要求变量声明】选项，如图 3-3 所示。

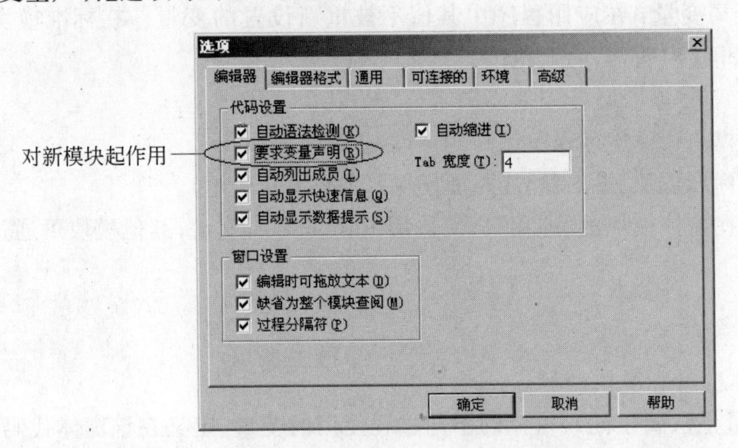

图 3-3 【选项】对话框中设置变量声明要求

Option Explicit 语句的作用范围仅限于语句所在模块，所以对每个需要强制显式声明变量的窗体模块、标准模块及类模块，必须将 Option Explicit 语句放在这些模块的声明段中。如果选择【要求变量声明】，VB 会在后续的窗体模块、标准模块及类模块中自动插入 Option Explicit，这一语句总是显示在代码编辑窗口的顶部，如图 3-4 所示。

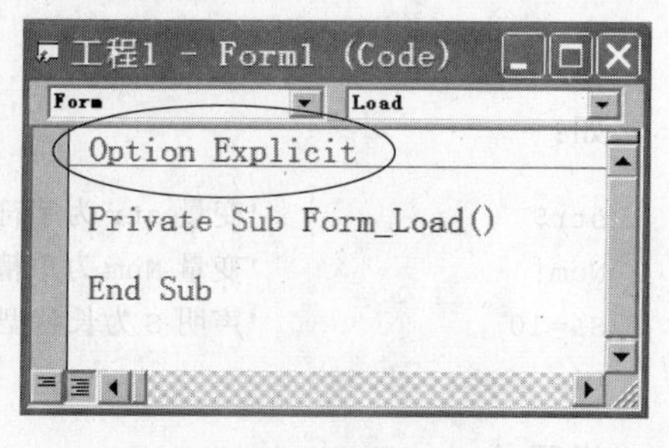

图 3-4 代码窗口

5）变量的作用域

变量的作用域，指变量作用的有效范围。VB 中有如下几种有效范围的变量：局部变量、全局变量、窗体变量和模块变量。

(1) 局部变量：在过程或函数中使用的变量。不同的过程或函数使用的局部变量名可以相同，但它们之间互不影响。

① 自动变量：用 Dim 声明，变量值只在过程执行期间才存在。

② 静态变量：用 Static 声明，变量值在程序运行期间一直存在。

【例 3-3】 统计单击窗体的次数，程序运行结果见图 3-5 所示。

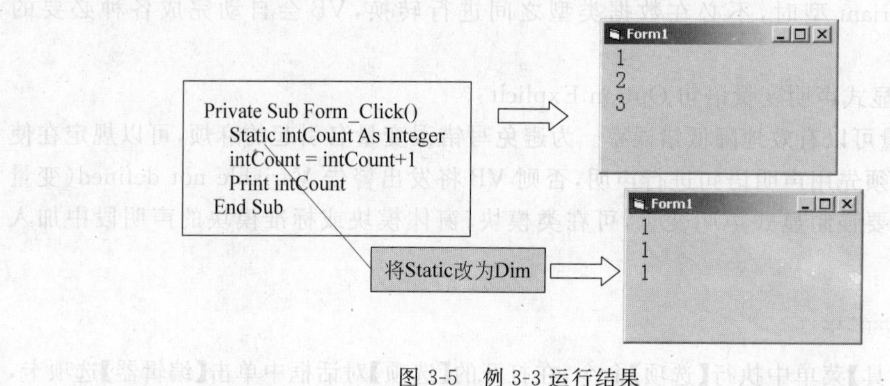

图 3-5 例 3-3 运行结果

(2)要全局变量：在应用程序中其值不被重新设置的变量。在标准模块的声明段用 Public 或 Global 声明，其有效范围是整个工程的所有模块。

说明：

① 标准模块：只含有程序代码的文件，扩展名为. bas。

② 添加标准模块：【工程】|【添加模块】(如图 3-6 所示)。

③ 如果在窗体模块的"通用"声明段用 Public 声明变量，其他模块可通过如下方式引用该变量：

```
窗体模块名.变量名
```

(3) 窗体变量和模块变量。

窗体变量是从属于同一窗体的不同过程使用的变量，定义在该窗体代码的前面。

模块变量是模块中所有过程都可以使用的变量，定义在模块代码的前面。"通用"声明段用 Private 或 Dim 语句声明。

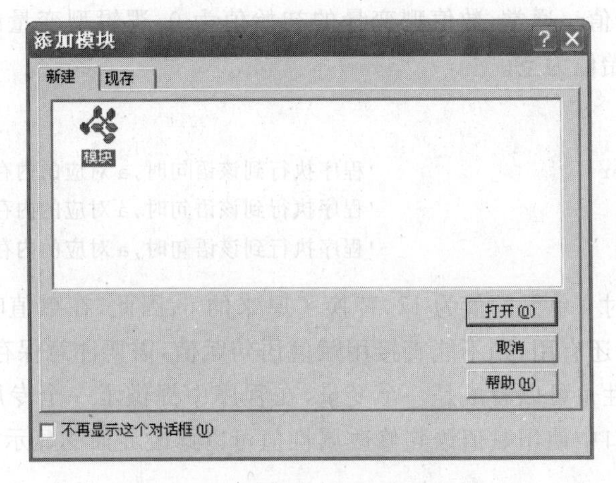

图 3-6 【添加模块】对话框

【例 3-4】

```
Private a As Integer,b As Integer             '声明模块变量
Private Sub Command1_Click()
    Dim intTemp As Integer                    '声明局部变量
    a=10: b=20
    Print "a和b内容交换前: ";a;b
    intTemp=a: a=b: b=intTemp                 '变量交换
End Sub
Private Sub Command2_Click()
    Print: Print "a和b内容交换后: ";a;b
End Sub
```

6）变量的赋值

给变量赋值实际上就是修改变量名所指的内存单元中的值。在 VB 中，有两种方法给变量赋值：一种是使用赋值符号“=”；另一种是使用 Let 语句。

格式：

```
变量名=表达式
Let 变量名=表达式
```

作用：将赋值号“=”右边的表达式的值赋给左边的变量。

由于这两种格式的功能完全一致，通常为了方便而采用省略 Let 的格式。

如：

```
m=23
Str="Visual Basic"
Pname=Text1.Text
```

说明：在某一个时刻，内存单元只能存放一个数据，要修改数据则采用赋值的方法实现。事实上，当明确定义变量的类型后，系统就会给该变量分配相应的内存单元，并且赋予一个值，称为初始值。通常，数值型变量的初始值为 0，逻辑型变量的初始值为 False，字符串型变量的初始值为空。

如：

```
Dim a As Integer                    '程序执行到该语句时，a 对应的内存单元中的值为 0
a=6                                 '程序执行到该语句时，a 对应的内存单元中的值为 6
a=a+6                               '程序执行到该语句时，a 对应的内存单元中的值为 12
```

这段程序结束时 a 单元的值为 12，替换了原来的 6，因此，在赋值时要特别注意这种替换，如果原来的值还有用，则不能直接用赋值语句赋值，需要注意保存原值。

各种对象的属性也可以看成是一个变量，在程序中提供了一个专用的存储单元存放属性值。在代码窗口中使用赋值语句修改属性值可以修改界面的显示内容。如：

```
Text1.Text="吉林建筑工程学院"      'Text1 文本框中的文本改为"吉林建筑工程学院"
Text1.Text= name                    '将 name 中的值在 Text1 文本框中显示出来
```

3.3 不同类型数据的转换

当定义了变量类型后，赋值时必须赋相同类型的值，但很多情况下，赋值时表达式值的类型并不完全与变量的类型一致。这时，系统会根据自动转换原则将值转换成与变量类型相同后进行赋值，一旦自动转换失败，则赋值也失败。

数据自动转换原则：

(1) Integer 型数据可以直接赋值给 Long 型变量。

(2) 当 Long 型数据未超出 Integer 型数据取值范围时可以直接赋值给 Integer 型变量。

(3) 数值型数据可以赋值给 Boolean 型变量，非 0 转换为 True，0 转换为 False。

(4) Boolean 型数据可以赋值给数值型变量，True 转换为－1，False 转换为 0。

(5) Single 或 Double 型数据在未超出 Integer 或 Long 型数据取值范围时，取离其最近的整数(四舍五入)赋值给 Integer 或 Long 型变量，如 I 为整型变量，赋值语句 I＝1.3456 将使 I 获得的值为 1。

(6) Integer 或 Long 型数据可以直接赋值给 Single 或 Double 型变量。

(7) 数值型或 Date 型数据可以赋值给 String 型变量，将数值或日期外加双引号构成字符串，设 Str 为 String 型变量，赋值语句 Str＝1234 将使 Str 获得的值为"1234"，赋值语句"Str＝＃1/1/1970＃"将使 Str 获得的值为"1970-1-1"。

(8) 数值型数据可以赋值给 Date 型变量，数值将作为距离 1899-12-30 的天数，计算出该数值表示的日期；设 Dt 为 Date 型变量，赋值语句 Dt＝1234 将使 Dt 获得的值为＃5/18/1903＃。

(9) 当 String 型数据中只包含表示数值的数字字符时，可以赋值给数值型变量，进而可以赋值给 Date 型变量；设 I 为 Integer 型变量，Dt 为 Date 型变量，赋值语句 I＝"1234"

将使 I 获得的值为 1234，赋值语句 Dt="1234"将使 Dt 获得的值为"#5/18/1903#"。

(10) 当 String 型数据中只包含表示日期的字符时，可以赋值给 Date 型变量；设 Dt 为 Date 型变量，赋值语句 Dt="1/1/1970"，Dt="1970-1-1"，Dt="1970 年 1 月 1 日"都将使 Dt 获得的值为"#1/1/1970#"。

(11) Date 型数据可以赋值给数值型变量，取值为距离 1899 年 12 月 30 日的天数，设 I 为 Long 型变量，赋值语句 I=#1/1/1970#将使 I 获得的值为 25 569，即 1970 年 1 月 1 日距离 1899 年 12 月 30 日为 25 569 天。

关于数据自动转换的具体分析与应用在后面的应用中会详细讲解。

3.4 运算符与表达式

程序中对数据的基本加工，是依靠运算符来实现的。和其他语言类似，VB 中定义了丰富的运算符，由操作数和运算符组成各种表达式。在 VB 中，运算符的类型有算术运算符、字符串运算符、关系运算符、逻辑运算符、赋值运算符。

3.4.1 算术运算符与表达式

1. 算术运算符

在 VB 中有 8 种基本的算术运算符，如表 3-3 所示。在这 8 种运算符中，只有取负"-"运算符是单目运算符。即+(加)、-(减)、*(乘)、/(除)、\(整除)、Mod(求余)、^(幂)及()(括号)运算的含义与数学中的基本相同。

表 3-3 算术运算符

优先级	运 算	运算符	举 例	结 果
高	乘方	^	2^3	8
↓	取负	-	-2^3	-8
	乘、除	* /	5*3/2	7.5
	整除	\	5*3\2	7
	求余	Mod	5*3 Mod 2	1
低	加、减	+ -	10-3+(-2)	5

说明：

(1) 整除运算符"\"在运算前会先把两个运算量转换为整型数，计算结果只取整数部分。求余运算"Mod"也会在运算前把两个运算量转换为整型数，求余结果的符号与第一个运算量的符号相同。绝对值小于或等于 0.5 的数不能作为整除运算和求余运算的除数，否则会出现错误提示。

(2) 算术运算符两边的操作数应该是数值型，若是数字字符或逻辑型，则自动转换为数值类型后再运算。

2. 算术表达式书写规则

算术表达式与数学表达式在写法上存在差别，在书写时应注意：

(1) 所有字符必须写在同一行上，遇到分式写成除法的形式，上标写成乘方或指数形式，下标写成下标变量的形式。如 sqr((3 * x+y)-z)/(x * y)^4。

(2) 一律使用小括号，要求括号要左右匹配。

(3) 乘号不能省略，如 xy 一定要写成 x * y。

3. 不同数据类型的转换

如果参与运算的两个数值型数据类型不同，VB 会自动将它们转换成相同类型，然后进行计算。转换的规律是将范围小的类型转换成范围大的类型。即：

Integer→Long→Single→Double→Currency

但是当 Long 型与 Single 型数据进行运算时，结果为 Double 型。

3.4.2 字符串运算符与表达式

1. 字符串连接运算符

字符串连接是指把两个字符串进行首尾连接构成一个新的字符串。

(1) 运算符："&"和"+"。

(2) 运算符的功能是用于连接两个或多个字符串，合并成一个新字符串。在字符串变量后使用"&"时，应在变量与运算符"&"之间留一个空格。因为"&"是长整型的类型符，当变量与符号"&"连接在一起时，VB 先把它作为类型符处理。

例如：

```
VB="Visual"+"Basic"      '连接为字符串"Visual Basic"
label1.Caption="第" & Str(N) & "条记录"
                         'Str 为数值型转字符型函数，若 N 为 1，标签上显示"第 1 条记录"
```

说明：

① 使用"+"号，要求连接的两个表达式均为字符串型，如果连接的是数值型数据则进行算术运算；如果一个是数值型，另一个是数字字符，则自动将数字字符转换为数值，再进行算术加法；如果一个是非数字字符，另一个是数值型，则出错。

② 使用"&"号，连接的两个表达式可以为任何类型，但结果为字符串型，因为系统会自动将非字符型数据转换成字符型。

例如：

```
"2000"+3000              '结果为 5000
"2000"+"3000"            '结果为"20003000"
```

```
"Today"+100           '出错
"2000"&"3000"         '结果为"20003000"
2000 & 3000           '结果为"20003000"
1000+"2000"& 3000     '结果为"30003000"
```

2. 字符串比较运算符

两个字符串进行比较时，是按照字符串中的对应位置将字符从左至右逐个进行比较。如果对应的第一个字符相同，则会比较对应的第二个字符，以此类推，直到比较出大小为止。

表达式：

```
strA comp strB
```

3. 字符串匹配运算符

字符串除了能进行大小的比较，还可以比较是否匹配。字符串的匹配是指一个字符串是否符合一个指定的"模板"。

字符串匹配运算符：

```
Like
```

字符串匹配表达式：

```
strA Like strB
```

字符串匹配表达式是指 strA 是否符合 strB 的模板，如果相匹配则结果为 True，否则为 False。在匹配运算中可以使用通配符和一些有特殊含义的字符，如表 3-4 所示。

表 3-4 通配符和特殊符号含义表

模板中字符	被比较字符串中与之匹配的字符
?	代表任何一个字符
*	代表任意多个字符(可以是 0 个)
#	代表任意一个数字(0～9)
[多个字符]	代表方括号中包含的任何一个字符
[!多个字符]	代表不包含方括号中的任何一个字符
[字符 1-字符 2]	代表字符 1 与字符 2 范围内的任意一个字符
[!字符 1-字符 2]	代表不在字符 1 与字符 2 范围内的任意一个字符

说明：

如果方括号中的连接符"-"出现在"!"之后、最前或最后，则只是普通的字符。如果方括号中的"!"号不在第一个位置上，也被认为是一般字符，不再表示否定意义。如果"-"和"!"出现在方括号之外，也只是一般字符。

3.4.3 关系运算符与表达式

1. 关系运算符

关系运算符(也称比较运算符)是用来对两个相同类型表达式的值进行比较的,比较得到的结果是一个逻辑值 True 或 False。关系运算符的优先级低于算术运算符,各个关系运算的优先级是相同的,优先的顺序是从左到右,如表 3-5 所示。

表 3-5 比较运算符及它们表示的比较关系

运　算	运算符	举　例	结 果
等于	=	"Hello"="hello"	False
不等于	<>	"Hello"<>"hello"	True
大于	>	"Hello">"hello"	False
大于等于	>=	45+10>=55	True
小于	<	"a"<"ab"	True
小于等于	<=	45+10<=55	True
比较对象变量	Is	—	—
字符串匹配	Like	"F" Like "[A-Z]"	True

说明:Is:判定两个 Object 类型的变量是否引用同一个对象。

Like:判定左边的字符串是否与右边的字符串相匹配。

注意:

(1) 如果两个操作数都是数值型,则按其大小比较。

(2) 如果两个操作数都是字符型,则按字符的 ASCII 码值从左到右一一比较,直到出现不同的字符为止。

如:"ABOARD">"ABOUT",结果为 False。

(3) 汉字字符大于西文字符。

如:"29">"189",按数值进行比较,结果为 False。

(4) 数值型与不能转换成数值型的字符进行比较。

如:23>"asfh",不能进行比较,系统出错。

2. 关系表达式

表达式的格式:

<表达式 1><关系运算符><表达式 2>

关系表达式的运算顺序为:先分别计算"关系运算符"两边的"表达式"的值,然后进行比较运算,运算结果为逻辑值 True 或 False。

注意:常见 ASCII 码的顺序为:

空格<数字<大写英文字母<小写英文字母<汉字

3.4.4 逻辑运算符与表达式

逻辑运算符是专门对逻辑值进行运算的运算符。如果参与运算的值都是逻辑值 True 和 False,结果一定也是逻辑值 True 或 False。与其他运算不同,如果 Null 值参与逻辑运算,结果不一定是 Null。

1. 逻辑运算符

1)“与”运算符 And

表达式:

```
A And B
```

运算规则:当 A 和 B 都是 True 时,结果为 True,只要 A 和 B 中有一个是 False,结果为 False。

2)“或”运算符 Or

表达式:

```
A Or B
```

运算规则:只要 A 和 B 中有一个是 True,结果为 True;当两者都为 False 时,结果为 False。

3)“非”运算符 Not

表达式:

```
Not A
```

运算规则:如果 A 为 True 时,结果为 False;反之亦然。

4)“等价”运算符 Eqv

表达式:

```
A Eqv B
```

运算规则:如果 A 与 B 的值相同,则结果为 True;否则,结果为 False。

5)“蕴涵”运算符 Imp

表达式:

```
A Imp B
```

运算规则:当 A 的值为 True,B 的值为 False 时,结果为 False,其他情况结果均为 True。

注意:Imp 运算是所有逻辑运算中唯一两个运算参数 A 与 B 交换位置会影响计算结果的运算。

6)“异或”运算符 Xor

表达式:

```
A Xor B
```

运算规则：如果 A 和 B 相同，结果为 False；两者不同，运算结果为 True。Xor 的运算规则与 Eqv 的运算规则正好相反。

2. 逻辑表达式

逻辑表达式可由关系表达式、逻辑运算符、逻辑变量和函数等组成。

一般格式：

<逻辑量><逻辑运算符><逻辑量>

逻辑表达式中的"逻辑量"可以是逻辑常量、逻辑变量和关系表达式 3 种。运算结果是逻辑型数据。

逻辑运算符的优先级为：Not→ And→Or→Xor→Eqv→Imp，具体实例如表 3-6 所示。

表 3-6 逻辑运算符及它们表示的逻辑关系

条件 A	条件 B	Not A	A And B	A Or B	A Xor B	A Eqv B	A Imp B
T	T	F	T	T	F	T	T
T	F	F	F	T	T	F	F
F	T	T	F	T	T	F	T
F	F	T	F	F	F	T	T

例如，Not(4>5)，结果为 True

(4>5)And(8>7)，结果为 False

(4>5)Or(8>7)，结果为 True

3.4.5 表达式的应用

1. 表达式的组成

表达式：用运算符和圆括号将常量、变量、函数和常数连接起来组成的有意义的式子。表达式经过运算得到一个结果，其运算结果的数据类型由参与运算的数据和运算符共同决定。根据运算符的功能，表达式分为算术表达式、字符串表达式、关系表达式、逻辑表达式和日期表达式。

2. 表达式书写中应注意的事项

表达式从左至右在同一基准上书写，不能出现上下标。

乘号不能省略。如：a 乘以 b 应写成：a * b。

运算符不能相邻。如：a+ * b 是错误的。

为了提高运算的优先级而使用{}、[]、()符号，在程序中一律使用圆括号()。圆括号可以嵌套使用,但必须成对出现。

数学中有些符号需要改成 VB 中允许的相应符号。

如:

(1) 数学表达式 $3\times\{2a\div[5b(65+c)]\}$,写成 VB 表达式为:3 * (2 * a/(5 * b * (65+c)))。

(2) 数学表达式 $\frac{a+b}{c-d}$,写成 VB 表达式为:(a+b)/(c-d)。

(3) 数学表达式 $2\pi r$,写成 VB 表达式为 2 * 3.1415926 * r,或声明一个常量代替 π。

(4) 数学表达式 $100\cos\alpha$,写成 VB 表达式为 100 * cos(a * 3.1415926/180)。

3. 表达式中各种运算符的优先级

VB 程序中的表达式常常是由多种运算符组成的综合表达式。VB 对各种不同类型的运算符规定了运算的优先级别。在表达式中的所有运算符中,VB 先按照运算符种类的不同确定优先级,再根据同一种类运算符的优先级进行计算。表达式中不同类型的运算符的优先级从高到低的顺序为:

函数→算术运算(乘方→取负→乘/除→整除→求余→加/减)→字符串运算符→关系运算符→逻辑运算符(Not→And→Or)

在表达式中,可以使用圆括号改变优先顺序,强制表达式的某些部分优先执行。圆括号内的运算总是优先于括号外的运算。对于多重嵌套括号,执行顺序总是由内到外。合理使用圆括号可以使表达式的运算关系更清楚。

注意:乘方和负号相邻时,取负优先。

如:2^-2 的结果是 0.25,相当于 2^(-2)。

4. 常用的表达式

算术表达式(也称数值表达式)、字符串表达式、关系表达式、逻辑表达式已经在运算符中介绍过了,下面主要介绍日期表达式。

日期表达式是用运算符(+或-)将算术表达式、日期型常量、日期型变量和函数连接起来的式子。日期型数据是一种特殊的数值型数据,有下面 3 种运算方式:

1) 两个日期型数据可以相减,即 Date A-Date,结果是一个数值型整数(两个日期相差的天数)。

如:#05/08/2007#-#05/01/2007#,其结果为数值 7。

2) 一个日期型数据(Date A)与一个数值型数据(N)可以作加法运算:Date A+N,其结果仍然是日期型数据。

如:#05/01/2007#+7,其结果为日期#05/08/2007#。

3) 一个日期型数据(Date A)与一个数值型数据(N)可以作减法运算:Date A+N,其结果仍然是日期型数据。

如:#05/08/2007#-7,其结果为日期#05/01/2007#。

3.5 常用内部函数

函数的概念与一般数学中函数的概念没有根本区别。函数是一种特定的运算，在程序中要使用一个函数时，只要给出函数的名字及函数规定的参数，就能得到它的函数值。

在 VB 中，有两类函数：内部函数和用户定义函数。用户定义函数是按照 VB 规定由用户自己根据需要定义的函数。内部函数也称标准函数，VB 提供了大量的内部函数。在这些函数中，有些是通用的，有些则与某种操作有关。这些函数可以分为转换函数、数学函数、字符串函数、日期时间函数和随机函数。这里只介绍一些常用的内部函数，其具体用法和示例请读者查阅联机帮助 MSDN Library Visual Studio 6.0(CHS)。

在使用内部函数时，要掌握函数的功能、书写格式、函数的参数和函数的返回值及表现形式。

函数的一般调用格式为：

<函数名>([<参数表>])

说明：

(1) 使用库函数要注意参数的个数及其数据类型。

(2) 要注意函数的定义域，即自变量(或称参数)的取值范围。

如 sqrt(x)，要求 x≥0。

(3) 要注意函数的值域。

如 exp(23773)的值就超出实数在计算机中的表示范围。

(4)函数的参数可以是常量、变量或表达式。如果有多个参数，参数之间用逗号隔开。函数可以在表达式中被调用。

3.5.1 数学运算函数

数学运算函数用于各种数学运算，包括三角函数，求平方根、绝对值、对数、指数函数等，它们与数学中的定义相同。常用数学运算函数如表 3-7 所示。

表 3-7 常用数学运算函数

函数	功 能	例子与结果	
Sin(x)	返回 x 的正弦值，x 的单位为弧度	Sin(90/180 * 3.14159)	0.999 999 999 999 12
Cos(x)	返回 x 的余弦值，x 的单位为弧度	Cos(90/180 * 3.14159)	1.326 794 896 677 53E−6
Atn(x)	返回 x 的反正切值，返回值单位为弧度	Atn(1/3.14159 * 180)	45.000 038 009 906
Tan(x)	返回 x 的正切值，x 的单位为弧度	Tan(45 * 3.14159/180)	0.999 998 673 205 984
Abs(x)	返回 x 的绝对值	Abs(7),Abs(−7.8)	7,7.8

续表

函数	功　　能	例子与结果	
Exp(x)	返回以 e 为底的 x 的指数值	Exp(1)	2.718 281 828 459
Log(x)	返回 x 的自然对数	Log(10)	2.302 585 092 994 05
Sgn(x)	返回 x 的符号，当 x＞0，返回 1；x＝0，返回 0；x＜0，返回－1	Sgn(15)，Sgn(－3)	1，－1
Sqrt(x)	返回参数 x 的平方根值	Sqrt(2)	1.414 213 562 373 1
Int(x)	返回不大于 x 的最大整数	Int(3.6)，Int(－2.34)	3，－3
Fix(x)	返回 x 的整数部分	Fix(3.6)，Fix(－2.34)	3，－2
Rnd(x)	产生一个介于 0～1 之间的双精度随机数	Rnd(x)	0～1 之间的双精度数
Hex(x)	以字符串形式返回 X 的十六进制值	Hex[$](28)	"1C"
Oct(x)	以字符串形式返回 X 的八进制值	Oct[$](10)	"12"

使用数学运算函数的几点说明：

(1) 三角函数中的自变量以弧度为单位。

如 Sin30°应写成 Sin(3.14159/180 * 30)。

(2) 随机函数可以模拟自然界中的各种随机现象。它所产生的随机数可以在各种测试、模拟实验和游戏程序中使用。Rnd 函数返回 0～1(包括 0 但不包括 1)之间的双精度随机数。每次运行时，要产生不同序列的随机数，可以执行 Randomize 语句。

Rnd 函数通常与 Int 函数配合使用，Int 是取整函数。

如：要产生 1～100 之间(包括 1 和 100)的随机整数，可以写成：Int(Rnd * 100)＋1。

要生成[a，b]区间范围内的随机整数，可以使用公式 Int(Rnd *(b－a＋1)＋a)。

3.5.2　字符函数

VB 提供了大量的字符函数，具有很强的字符处理能力。常用的字符函数如表 3-8 所示。

表 3-8　常用的字符函数

函　数　名	功　　能	示　　例	结　　果
Left(字符串，个数)	取出字符串左边指定个数的字符	Left("AB345", 3)	"AB3"
Right(字符串，个数)	取出字符串右边指定个数的字符	Right("AB345",3)	"345"
LTrim(字符串)	去掉字符串左边的空格	LTrim(" AB ")	"AB "
Rtrim(字符串)	去掉字符串右边的空格	Rtrim(" AB ")	" AB"
Trim(字符串)	去掉字符串的左右空格	Trim(" AB ")	"AB"
InStr([起始位置]，字符串 1，字符串 2[，比较类型])	字符串 2 在字符串 1 中第一次出现的位置	InStr("abc1213def123", "12")	4

续表

函 数 名	功 能	示 例	结 果
Mid(字符串,起始位置[,个数])	取字符串由起始位置开始的指定个数的字符	Mid("abcdefg",2,4)	"bcde"
Len(字符串或字符变量)	计算字符长度	Len("VBANDVC")	7
Ucase(字符串)	将字符串的小写字母转换为大写字母	Ucase("VBandVC")	"VBANDVC"
Lcase(字符串)	将字符串的大写字母转换为小写字母	Lcase("VBandVC")	"vbandvc"
Space(个数)	返回指定个数的空字符串	Space(5)	" "
String(个数,字符)	返回包含重复字符的字符串	String(4,"b")	"bbbb"

注意：VB中字符串长度是以字为单位的。也就是说，中英文字符都作为一个字的长度，占有两个字节。这与传统的概念有所不同，这是因为Windows操作系统对字符采用DBCS(Double-byte character Set)编码方式。DBCS是一套混合编码，即西文采用ASCII编码(单字节)，中文采用双字节编码。而在VB中采用Unicode(国际化标准组织ISO字符标准)来存储和操作字符。Unicode是全部用两个字节表示一个字符的字符集。

如：

Len("计算机程序")和Len("ABCDE")的值都是5。

Mid("计算机程序",4,2)的结果为"程序"。

3.5.3 日期和时间函数

日期和时间函数使程序能向用户显示日期和时间，提供某个事件何时发生及所持续时间长短的信息。日期和时间函数如表3-9所示。

表3-9 常用日期和时间函数

函 数 名	功 能	示 例	结 果
Now	返回系统时间和日期	Now	02-3-19 3:30:00
Date ()	返回系统日期	Date ()	02-3-19
Time()	返回系统时间	Time()	3:30:00 PM
Month(C)	返回月份代号(1～12)	Month("02,03,19")	3
Year(C)	返回年代号(1752～2078)	Year("02-03-19")	2002
Day(C)	返回日期代号(1～31)	Day("02,03,19")	19
MonthName(N)	返回月份名	MonthName(1)	一月
WeekDay()	返回星期代号(1～7)，星期日为1	WeekDay("02,03,17")	1
WeekDayName(N)	根据N返回星期名称，1为星期日	WeekDayName(4)	星期三

增减日期函数：DateAdd(要增减日期形式，增减量，要增减的日期变量)

例如：计算期末考试日期：DateAdd("ww",15,#2002/3/19#)

求日期之差函数：DateDiff(要间隔日期形式，日期一，日期二)

例如：计算距毕业的天数：DateDiff("d", Now, #2005/6/30#)

日期形式如表3-10所示。

表3-10 日期形式及其意义

日期形式	yyyy	q	m	y	d	w	ww	h	n	s
意义	年	季	月	一年的天数	日	一周的天数	星期	时	分	秒

3.5.4 转换函数

转换函数多用于数据类型的转换，常见的转换函数如表3-11所示。

表3-11 常见的转换函数

函数名	功　能	示　例	结　果
Str (x)	将数值数据x转换成字符串	Str (45.2)	"45.2"
Val(x)	将字符串x中的数字转换成数值	Val("23ab")	23
Chr(x)	返回以x为ASCII码的字符	Chr(65)	"A"
Asc(x)	给出字符x的ASCII码值，十进制数	Asc("a")	97
Cint(x)	将数值型数据x的小数部分四舍五入取整	Cint(3.6)	4
CBool(x)	将任何有效的数字字符串或数值转换成逻辑型	CBool(2) CBool("0")	True,False
CByte(x)	将0～255之间的数值转换成字节型	CByte(6)	6
CDate(x)	将有效的日期字符串转换成日期	CDate(#1990,2,23#)	1990-2-23
CCur(x)	将数值数据x转换成货币型	CCur(25.6)	25.6
CStr(x)	将x转换成字符串型	CStr(12)	"12"
CVar(x)	将数值型数据x转换成变体型	CVar("23")+"A"	"23A"
CSng(x)	将数值数据x转换成单精度型	CSng(23.5125468)	23.51255
CDbl(x)	将数值数据x转换成双精度型	CDbl(23.5125468)	23.5125468

说明：

(1) Str( )函数将非负数值转换成字符类型后，会在转换后的字符串左边增加空格(即数值的符号位)。

如：Str(12.3)的结果是"123"。

(2) Val()函数只将最前面的数字字符转换为数值，当字符中第一位为字母时，val()函数转换结果为0。

如：Val("abc123")的值为0，而Val("1.2sa10")的值为1.2。

3.5.5 格式输出函数

用格式输出函数Format()可以使数值型、日期型和字符型数据按指定的格式输出。使用格式如下：

Format (<表达式>,<格式字符串>)

其中：

表达式：可以是数值、日期或字符串型表达式。

格式字符串：表示输出"表达式"时采用的输出格式，不同数据类型所采用的格式字符串是不同的，这一项若省略的话，那么 Format 函数将和 Str 函数的功能差不多，如表 3-12 所示。

表 3-12 Format 函数实例表

语　句	输　出	语　句	输　出
Format (2, "0.00")	2.00	Format (1140, "$#,##0")	$1,140
Format (.7, "0%")	70%		

(1) 数值型数据格式化的有关格式如表 3-13 所示。

表 3-13 数值格式符

符号	功　能	数值表达式	格式字符串	结　果
0	实际数字位数小于符号位数，数字前后加 0	123.456 123.456	"0000.0000" "000.00"	0123.4560 123.46
#	实际数字位数小于符号位数，数字前后不加 0	123.456 123.456	"####.####" "###.##"	123.456 123.46
.	加小数点	123	"000.00"	123.00
,	千分位	1234.5	"00,000.00"	01,234.50
%	数值乘以 100，加百分号	123.456	"###.##%"	12345.6%
$	在数字前加 $	123.456	"$###.##"	$123.46
+	在数字前加＋	123.456	"+###.##"	+123.46
-	在数字前加－	123.456	"-###.##"	-123.46
E+	用指数表示	123.456	"0.000E+00"	1.234E+02
E-	用指数表示	0.001234	"0.000E-00"	1.234E-03

说明：对于符号"0"与"#"，当数值表达式的整数部分位数比格式字符串的位数多时，数据将按原样显示；若小数部分的位数比格式字符串的位数多时，系统将按四舍五入处理后显示。

(2) 日期和时间型数据格式化的有关格式符如表 3-14 所示。

表 3-14 日期和时间格式符

符　号	功　能	符　号	功　能
d	显示日期(1～31)，个位前不加 0	dd	显示日期(1～31)，个位前加 0
ddd	显示星期缩写(Sun～Sat)	dddd	显示星期全称(Sunday～Saturday)
ddddd	显示完整日期(yy/mm/dd)	dddddd	显示完整长日期(yyyy/mm/dd)

续表

符　号	功　　能	符　号	功　　能
w	星期为数字(1～7,1是星期日)	ww	一年中的星期数(1～53)
m	显示月份(1～12),个位前不加0	mm	显示月份(01～12),个位前加0
mmm	显示月份缩写(Jan～Dec)	mmmm	显示月份全称(January～December)
y	显示一年中的天数(1～366)	yy	两位数显示年份(00～99)
yyyy	四位数显示年份(0100～9999)	q	季度数(1～4)
h	显示小时(0～23),个位前不加0	hh	显示小时(00～23),个位前加0
m	在h后显示分(0～59),个位前不加0	mm	在h后显示分(00～59),个位前加0
s	显示秒(0～59),个位前不加0	ss	显示秒(00～59),个位前加0
tttt	显示完整时间(小时、分、秒),默认格式为hh:mm:s	AM/PM am/pm	12小时的时钟,中午前AM或am,中午后MP或pm
A/P,a/p	12小时的时钟,中午前A或a,中午后P或p		

说明:非格式说明符"—"、"/"、":"等按原样显示。

(3) 字符串类型数据格式化的有关格式符如表3-15所示。

表3-15　字符串格式符

符号	功　　能	字符串表达式	格式字符串	结　果
<	强制以小写显示	123HELLO	"<"	123hello
>	强制以大写显示	Hello	">"	HELLO
@	实际字符位数小于符号位数,字符前加空格	12345 123	"@@@@@@@" "@@@@@@@"	12345 123
&	实际字符位数小于符号位数,字符前不加空格	hellohey	"&&&&&&&" "&&&&&&&"	hellohey

说明:格式串内"@"号的个数决定了显示串的长度。如果要显示的字符串长度小于格式串的长度,字符串显示时右对齐;如果要显示的字符串长度大于格式串的长度,字符串按原样显示。

习　题

1. 下列选项可作为VB的变量名的是(　　)。

A. 4 * Delta　　B. Alpha　　C. 4ABC　　D. ABπ

E. ReadData.　　F. Filename　　G. A(A+B)　　H. C254D

I. Read

2. VB 中是否允许出现下列形式的数？

A. ±25.74　B. 3.456E-10　C. .568　D. 1.78E+50

E. 10^(1.256)　F. D34　G. 2.5E　H. 12E3

I. 8.67D+6　J. 0.6745

3. 指出下列 VB 表达式中的错误，并写出正确的形式。

(1) CONTT.DE+cos(28°)　(2) -3/8+8.INT24.8

(3) (8+6)^(4÷(-2))+sin(2*π)　(4) [(x+y)+z]×80-5(C+D)

4. 将下列式子写成 VB 表达式。

(1) $\cos^2(c+d)$　(2) $5+(a+b)^2$

(3) cos(x)(sin(x)+1)　(4) e^2+2

(5) 2a(7+b)　(6) $8e^2.\ln2$

5. 表达式 37.6 MOD 4.55 的值是(　　)。

A. 5　B. 4　C. 2　D. 3

6. 表达式 4+5\6*7/8 MOD 9 的值为(　　)。

A. 4　B. 5　C. 6　D. 7

7. 表达式 INT(100*RND(X)+1)的取值范围是(　　)。

A. 1～100　B. 0～100　C. 1～101　D. 0～101

8. 如果将逻辑常量 True 赋值给一个整型变量，则整型变量的值为(　　)。

A. 0　B. -1　C. True　D. False

9. 假若 a 和 b 是整型变量，则表示条件“1≤a<8 和 1<b≤8 中只要有一个成立就可以”的逻辑表达式是(　　)。

A. 1<=A AND A<8 AND 1<B AND B<=8

B. (1<=A AND A<8) AND NOT (1<B AND B<=8)

C. 1<=A AND A<8 OR 1<B AND B<=8

D. NOT(1<=A AND A<8) OR(1<B AND B<=8)

10. Int(Rnd * 100) 表示的是(　　)范围内的整数。

A. [0,100)　B. [1,99]　C. [0,99]　D. [1,100]

11. 关于语句行，下列说法正确的是(　　)。

A. 一行只能写一个语句　B. 一个语句可以分多行书写

C. 每行的首字符必须大写　D. 长度不能超过 255 个字符

12. 如果希望用变量 X 来存放数据 1234.567 891 2，应将 X 定义为(　　)。

A. 单精度实型　B. 双精度实型　C. 长整型　D. 字符型

13. 表达式 6+10 Mod 4*2+1 的值是(　　)。

A. 9　B. 11　C. 1　D. 3

14. 分别写出下列表达式的值：

A. 2+2*3^2　B. 4>5　C. #10/20/99#-10

D. 7/2　E. 9\4　F. -15 Mod 4

G. "Sum=" & 2001　H. "abcd"+"1234"

15. 写出下列函数的值：

A. Fix(－123.456)
B. Int(－123.456)
C. Sqr(Sqr(16))
D. Exp(2\3)
E. Int(Abs(13－24)/2＋0.5)
F. Str(－345.67)
G. Log(Cos(0))
H. Val("32－23")
I. UCase("Beijing-2008")
J. Right("Beijing-2008",4)
K. Sgn(－4 Mod 3＋1)
L. Len("Beijing-2008")

16. 表达式 Fix(－32.68)＋Int(－23.02)的值为________。

17. 要想在某个窗体中定义一个在其他模块中也能使用的整型变量 A，可使用语句________。

18. A＝20，B＝80，C＝70，D＝30，则表达式 A＋B＞160 or(B * C＞200 AND not d＞60)的值是________。

19. 设圆心在直角坐标系原点，点(X，Y)落在第一象限且在单位圆内(包括在原点和圆周上)的 VB 表达式是________。

20. 执行下面的程序后，b 的值为________。

```
a=300
b=20
a=a+b
b=a-b
a=a-b
```

21. ①Int(－3.5)、②Int(3.5)、③Fix(－3.5)、④Fix(3.5)、⑤Round(－3.5)、⑥Round(3.5)的值分别是________。

22. 表达式 Ucase(Mid("abcdefgh",3,4))的值是________。

23. 在直角坐标系中，x、y 是坐标系中任意点的位置，用 x 与 y 表示在第一象限或第三象限的表达式是________。

24. 要以××××年××月××日的形式显示当前机器内日期的 Format 函数表达式为________。

25. 假定 2008 年奥运会于 2008 年 10 月 5 日在北京召开，计算距今天有多少天的函数表达式是________。

26. 计算离你毕业还有多少个星期的函数表达式是________。

27. 表示 s 字符变量是字母字符(大小写字母不区分)的逻辑表达式为________。

28. 将数字字符串转换成数值，用________函数，判断是否是数字字符串，用________函数，取字符串中的某几个字符，用________函数。

29. Mid("什么是 ASCII 编码",5,6)的结果是________。

30. InStr(7,"什么 ASCII 是 ASCII 编码","ASCII")的结果是________；InStr("什么 ASCII 是 ASCII 编码","ASCII")的结果是________。

31. 在 VB 中，1234、123456&、1.2346E＋5、1.2346D＋5 这 4 个常数分别表示的类型为：①________、②________、③________、④________。

32. VB 提供的标准数据类型,整型类型声明时,其类型关键字是________;其类型符是________。

33. 窗体上放置两个文本框和一个命令按钮,并编写如下事件过程:

```
Private Sub Command1_Click()
    Dim a As Integer,b As Integer
    a=Text1.Text
    b=Text2.Text
    Print a+b;Text1+Text2
End Sub
```

程序运行后,在 Text1 中输入 3,在 Text2 中输入 4,然后单击命令按钮,则输出结果为________。

34. 在窗体上画一个命令按钮,名称为 Command1,编写如下事件过程:

```
Private Sub Command1_Click()
    b=5
    c=6
    Print a=b+c
End Sub
```

程序运行后,单击命令按钮,输出结果为________。

35. 在窗体上画一个文本框、一个命令按钮和一个标签,名称分别为 Text1、Command1 和 Label1,文本框的 Text 属性设置为空白,然后编写如下事件过程:

```
Private Sub Command1_Click()
    x=Int(Val(Text1.Text)+0.5)
    Label1.Caption=Str(x)
End Sub
```

程序运行后,在文本框中输入 56.678,单击命令按钮,标签中显示的内容是________。

36. VB 共有几种表达式?根据什么确定表达式的类型?试对各种类型的表达式分别举一个例子。

37. 在 VB 中,对于没有赋值的变量,系统默认值是什么?

38. 将变量 SUM1、SUM2 定义为单精度型,M、N 定义为整型 ,S1、S2 定义为字符串类型,Y、N 定义为布尔型,写出相应的定义语句。

39. VB 中有哪几种标准数据类型?并指出其类型符和占用的字节数。

40. 什么是 VB 的符号常量?如何声明?

41. 在文本框(Text1)输入一个三位数,单击窗体后,在窗体打印输出该数的个位数、十位数和百位数。

42. 编写程序,当单击窗体,在窗体上随机位置随机输出一个大写的英文字母。

提示:随机大写的英文字母由表达式 Chr(Int(Rnd * 26)+65)产生,窗体上随机位置通过设置当前坐标 CurrentX, CurrentY 属性确定。

第4章 VB程序的顺序结构

一个程序的功能不仅取决于所选用的语句,还取决于语句执行的顺序。VB语言虽然采用事件驱动调用相对划分得比较小的子过程,但是对于具体的过程本身,仍然要用到结构化程序设计的方法。结构化程序设计包含3种基本控制结构:顺序结构、选择结构和循环结构。

顺序结构是指程序的基本运行方式是自顶向下顺序执行各条语句,只有在上一条语句执行完成后,才能执行下一条语句,它是程序设计的基本结构。对于简单的问题,依靠顺序结构就可以完成任务。但对于复杂的问题,单纯依靠顺序结构是不能满足要求的,必须在程序中加入更多的控制。程序流程的控制是通过有效的控制结构来实现的,包括选择结构、循环结构。选择结构也称为分支结构,可以根据给定的条件,在两条或多条程序路径中选择一条分支执行。而循环结构是在满足给定条件下,反复执行一组程序语句。本章将详细介绍这3种基本程序控制结构,并结合实例介绍程序设计中的一些常用方法。

4.1 算法及算法的表示

4.1.1 算法概述

应用计算机处理问题,必须先对问题进行分析,确定解决问题的方法和步骤,然后编制一组让计算机执行的指令,即程序,使计算机有序地工作。这些具体的方法和步骤,就是解决一个具体问题的算法。根据这些算法,按照某种规则编写计算机执行的指令序列,就是我们所说的编写程序,而书写程序时所遵循的规则,就是某种计算机语言的语法。

广义地讲:算法是为完成一项任务所需遵循的一步一步的、规则的、精确的、无歧义的描述,它的总步数是有限的。

狭义地讲:算法是解决一个问题而采取的方法和步骤的描述。

算法分类:

(1) 数值算法:用于解决一般数学解析方法难以解决的问题,如求超越方程的根、求定积分、解微分方程等。

(2) 非数值算法:用于对非数值信息进行查找、排序等。

下面通过两个简单的例子加以说明。

【例 4-1】 输入 3 个数,然后输出其中最大的数。

首先,应将 3 个数存放在内存中,定义 3 个变量 A、B、C,将 3 个数依次输入到变量 A、B、C 中,再准备一个变量 Max 存放最大数。

由于计算机一次只能比较两个数,所以我们首先比较 A 与 B,把其中的较大数放到 Max 单元中,再把 Max 与 C 进行比较,又把较大的数放到 Max 中。最后,输出 Max,这时 Max 中放的就是 A、B、C 3 个数中的最大数。

其算法描述如下:

(1) 输入 A、B、C。

(2) 把 A 与 B 中大的一个放入 Max 中。

(3) 把 C 与 Max 中大的一个放入 Max 中。

(4) 输出 Max,Max 即为最大数。

其中的第(2)、(3)两步仍不明确,无法直接转化为程序语句,可以继续细化:

第(2)步可改写为把 A 与 B 中的大数放到 Max 中,如果 A>B,则 A→Max,否则 B→Max。

第(3)步可改写为把 C 与 Max 中的大数放到 Max 中,若 C>Max,则 C→Max。

算法最后可写成:

(1) 输入 A、B、C。

(2) 如果 A>B,则 A→Max,否则 B→Max。

(3) 若 C>Max,则 C→Max。

(4) 输出 Max,Max 即为最大数。

【例 4-2】 输入 10 个数,打印输出其中最大的数。

算法设计如下:

(1) 输入 1 个数,存入变量 A 中,将记录数据个数的变量 N 赋值为 1,即 N=1。

(2) 将 A 存入表示最大值的变量 Max 中,即 Max=A。

(3) 再输入一个值给 A,如果 A>Max,则 Max=A, 否则 Max 不变。

(4) 让记录数据个数的变量增加 1,即 N=N+1。

(5) 判断 N 是否小于 10,若成立则转到第(3)步执行,否则转到第(6)步执行。

(6) 打印输出 Max。

任何一个问题能否被计算机所解决,关键是看能否设计出合理的算法,有了正确的算法,再加上合适的计算机语言,就能方便地写出解决问题的程序。

因此,程序设计的关键之一是设计合理的算法。学习高级程序设计语言的中心,就是掌握分析问题、解决问题的方法,锻炼分析、分解、最终归纳整理出算法的能力。与其相对应,具体语言,如 VB 语言的语法是工具,是算法的一个具体实现。所以在高级程序设计语言的学习中,一方面应熟练掌握该语言的语法,因为它是算法实现的基础;另一方面必须认识到算法的重要性,加强思维训练,以便写出高质量的程序。

4.1.2 算法的特性

程序对算法有一个最基本的要求，即算法必须是可以终结的过程，也就是说算法的执行最终是能够结束的。如果达不到这个要求，任何所谓的“算法”都不能被称为算法。

(1) 有穷性：任何算法都必须在执行有限条指令后结束。

(2) 确定性：算法的结果必须是正确的。如在例 4-1 中，按照算法如果找不出最大数，则该算法不具有正确性，应及时修改算法，以求得正确的结果。

(3) 有 0 个或多个输入：算法一般都有一些数据的输入或是初始条件，如在例 4-1 中输入 A、B、C。

(4) 有一个或多个输出：每个算法都会有一个或多个输出，以反映对数据加工后的结果，如在例 4-1 中的输出 Max。没有输出的算法是没有意义的。

(5) 有效性：算法的每一步都是可执行的，正确的算法原则上都能够准确地运行，理论上人们用笔和纸经过有限次运算后应该也是可以完成的。

4.1.3 算法的表示

表示算法的形式很多，常用的有自然语言、伪代码、传统流程图和 N-S 结构化流程图等。

1. 自然语言表示算法

自然语言：就是指人们日常使用的语言，可以是汉语、英语或其他语言。如例 4-1 中介绍的算法，是用自然语言表示的。用自然语言表示的算法，其优点是通俗易懂，缺点是文字冗长，容易产生“歧义性”。另外，用自然语言表示循环和分支算法很不方便。

2. 伪代码表示算法

伪代码作为算法的一种描述方法，是一种接近于程序设计语言的算法描述方法。它采用有限的英文单词作为伪代码的符号传统，按照特定的格式来表达算法，具有较好的可读性，可以方便地将算法改写成计算机的程序源代码。

例如：【例 4-1】可用如下的伪代码表示。

```
Begin(算法开始)
  输入 A,B,C
  IF A>B 则
    A→Max
    否则 B→Max
  IF C>Max 则 C→Max
Print Max
End(算法结束)
```

【例 4-2】的伪代码表示如下。

```
Begin(算法开始)
  N=1
  Input A
  Max=A
  当 N<=10 则
    { Input A
      If A>Max then Max=A
      N=N+1}
  Print Max
End
```

3. 流程图表示算法

流程图是用带有箭头的线条将有限个几何图形框连接起来，其中，框用来表示指令动作、指令序列或条件判断，箭头说明算法的走向。流程图通过形象化的图示，能够较好地表示算法中描述的各种结构，有了流程图，程序的设计就会方便和严谨。

算法流程图的符号采用美国国家标准化协会(ANSI)规定的一些常用的流程图符号，这些符号及其功能如下：

1) 传统流程图中的基本符号

(1) ⬭起止框：表示算法的开始或结束。每个独立的算法只有一对起止框。

(2) ▱输入输出框：表示程序进行数据的输入与输出。

(3) ◇判断框：表示根据条件成立与否，决定执行两种不同操作中的一个分支。

(4) ▭处理框：代表算法中的指令或指令序列。通常为程序的表达式语句，对数据进行处理。

(5) ◯连接点：当流程图在一页内画不完时，用它来表示对应的连接关系，用中间带数字的圆圈表示连接。

(6) ↓ ⟶ 指向线：表示算法流程走向，连接上面的各个图形框，用实心箭头表示。

通常，描述程序算法的流程图完全可以用上述 6 个流程图符号来表示，通过指向线将各个框图连接起来，这些框图和指向线的有序组合就可以描述众多不同的算法。

2) 3 种基本结构

(1) 顺序结构。

顺序结构是一种简单的线性结构，由处理框和指向线组成。根据指向线所示的方向，按照顺序执行各矩形框的指令，流程图如图 4-1 所示。

指令 A、B、C 可以是一条指令语句，也可以是多条指令，顺序结构的执行顺序为从上到下，即 A→B→C。

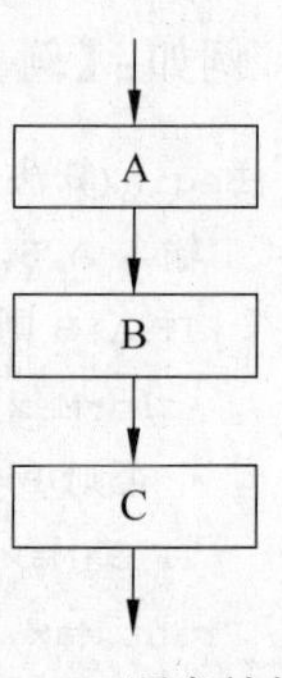

图 4-1 顺序结构

(2) 选择/分支结构。

选择/分支结构由判断框、处理框和指向线组成。首先对给定的条件进行判断,看是否满足给定的条件,根据条件结果的真假分别执行不同的处理框,其流程图的基本形状有两种,如图 4-2 所示。

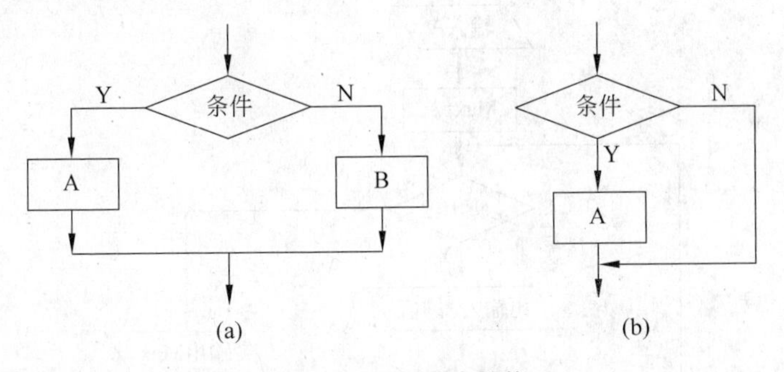

图 4-2 选择/分支结构

图 4-2(a)的执行顺序为:先判断条件,当条件为真时,执行 A,否则执行 B。

图 4-2(b)的执行顺序为:先判断条件,当条件为真时,执行 A,否则什么也不做。

(3) 循环结构。

同选择/分支结构一样,循环结构也是由判断框、处理框和指向线组成的。但是,循环结构是在条件为真的情况下重复执行某个程序框的内容。循环结构分为当型循环和直到型循环两种,如图 4-3 和图 4-4 所示。

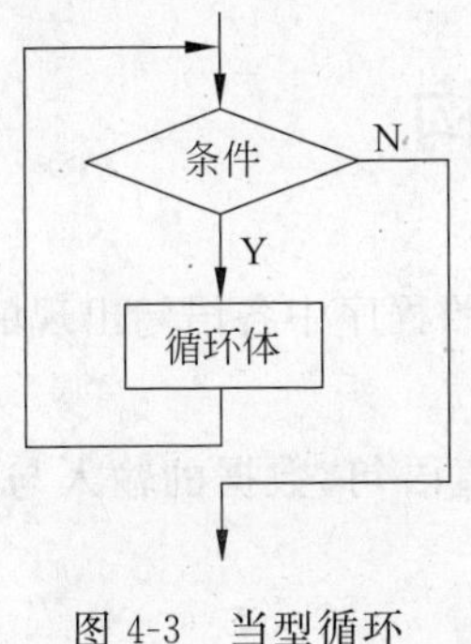

图 4-3 当型循环

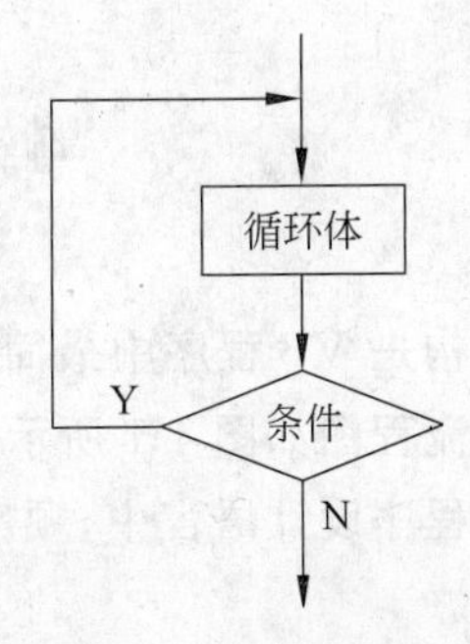

图 4-4 直到型循环

① 当型循环:执行过程是先判断条件,当条件为真时,反复执行“循环体”,当条件为假时,跳出循环。

② 直到型循环:先执行“循环体”,然后判断条件,当条件为真时,反复执行“循环体”,当条件为假时结束循环。

(4) 三种基本结构的特点。

① 只有一个入口。

② 只有一个出口。

③ 不存在死语句。

④ 不存在死循环。

【例 4-3】 输入 10 个数,打印输出其中的最大数的流程图,如图 4-5 所示。

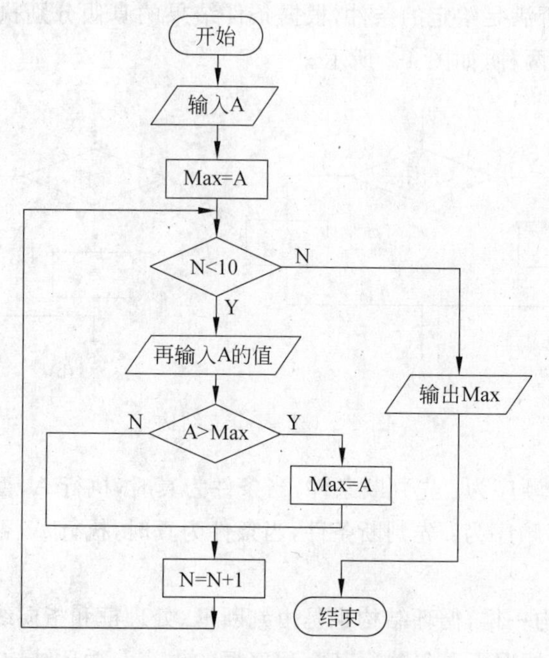

图 4-5　例 4-3 的算法流程图

4.2　顺序结构

顺序结构是 VB 程序中最简单、最常用的结构，其按照程序中各语句出现的先后顺序执行。结构流程图如图 4-1 所示。

一般的程序设计语言中，顺序结构的语句主要有赋值语句、数据的输入与输出语句、函数等。

4.2.1　程序语句

VB 程序中的一行代码为一条程序语句，简称为语句。

1. 语句

VB 中的语句是执行具体操作的指令，每个语句行以 Enter 键结束。程序语句是 VB 关键字、属性、函数、运算符以及能够生成 VB 编辑器可识别指令的符号的任意组合。一个完整的程序语句可以简单到只有一个关键字。一个语句行的长度最多不能超过 1023 个字符。

例如：

```
Beep
```

语句也可是各种元素的组合，如下面的语句，把当前系统时间赋值给标签 Caption 属性：

```
Label1.Caption=Time
对象名   属性名  VB函数
```

建立程序语句时必须遵从的构造规则称为语法。编写正确程序语句的前提，就是学习语言元素的语法，并能在程序中使用这些元素正确处理数据。

VB 的语言元素主要包括如下内容：

(1) 关键字，如 Dim、Print、Cls。

(2) 函数，如 Sin()、Cos()、Sqr()。

(3) 表达式，如 Abs(−23.5)+45 * 20/3。

(4) 语句，如 X=X+5、If…Else…End If。

2. 语句的书写规则

在编写程序代码时要遵守一定的规则，这样写出的程序既能被 VB 正确识别，也能增强程序的可读性。如果设置了“自动语法检测”选项卡，在输入语句的过程中，VB 将自动对输入的内容进行语法检查，如果发现语法错误，将弹出一个信息框提示出错的原因。VB 还会按照约定对语句进行简单的格式化处理，例如关键字、函数的第一字母自动变为大写，运算符前后加空格等。

(1) 将单行语句分成多行。

可以在代码窗口中用续行符(一个空格后跟一个下划线)将长语句分成多行。由于使用续行符，无论是在计算机上还是打印出来的程序代码都是可读的。下面用续行符“ _”将代码分成若干行：

```
Private Sub Toolbar1_ButtonClick(By _
Val Button As Button)
```

在同一行内，续行符后面不能加注释。至于在什么地方可以使用续行符，还是有些限制的。语句续行一般在运算符处断开，不要在对象名、属性名、方法名、事件名、关键字和常量中间断开。同一条语句的多个续行之间不能有空行。

(2) 将多条语句合并到一行。

一般情况下，输入程序时，要求一行写一条语句。但是也可以使用复合语句行，即把几个语句放到一个语句行上，语句之间用冒号“：”隔开。如：

```
Private Sub(对象名)_DblClick([index As Integer])
Text1.Text="Hello": red=255: Text1.BackColor=red
```

(3) 注释。

注释以 Rem 开头，或用单撇号“'”引导注释内容。若用单撇号“'”引导注释内容，可以直接书写在语句的后面。

例如：

```
'这是一个 VB 程序
Rem 这是一个 VB 程序
```

也可以使用【编辑】工具栏中的【设置注释块】|【解除注释块】命令将选中的若干行语句或文字设置注释或取消注释。

(4) 程序书写使用缩进格式。

在编写程序代码时,为了使程序结构更具有可读性,可以使用缩进格式来反映代码的逻辑结构和嵌套关系。

```
Private Sub Toolbar1_ButtonClick(ByVal Button As Button)
    Select Case Button.Index
        Case 1
            'Code to follow if user clicks the first button
        Case 2
            'Code to follow if user clicks the second button
        Case 3
            'Code to follow if user clicks the third button
    End Select
End Sub
```

3. 基本语句

(1) 赋值语句 Let。

赋值语句是程序设计中最基本的语句,赋值语句都是顺序执行的。赋值语句的形式为:

```
[Let]<变量名>=<表达式>
[对象名·]属性名=表达式
```

其中,Let 表示赋值,通常省略。在给对象的属性赋值时,应指明“对象名”;若省略“对象名”,系统默认的对象是当前窗体。“表达式”可以是常量、变量、函数等任何类型的表达式,但是一般应与变量名的类型一致。

它的作用是计算右边“表达式”的值,然后赋给左边的变量,“表达式”的类型应该与“变量名”的类型一致。

例如:

```
R=5
S=3.14*R*R
Label1.caption="欢迎使用 Visual Basic 6.0!"
```

说明:

① 当“表达式”为数值型而与变量精度不同时,强制转换成左边变量的精度。

② 当“表达式”是数字字符串,左边变量是数值类型,自动转换成数值类型再赋值,但当“表达式”中有非数字字符或空串,则出错。

③ 任何非字符类型赋值给字符类型，自动转换为字符类型。

④ 当逻辑型赋值给数值型时，True 转换为 -1，False 转换为 0；反之，非 0 转换为 True，0 转换为 False。

⑤ 赋值号左边的变量只能是变量，不能是常量、常数符号、表达式，否则报错。

⑥ 不能在一句赋值语句中同时给各变量赋值。

⑦ 在条件表达式中出现的"="是等号，系统会根据"="号的位置，自动判断是否为赋值号。

⑧ 注意 N=N+1 是累加中常见的赋值语句，表示将 N 变量中的值加 1 后再赋值给 N。

【例 4-4】 设计两个变量交换值的程序。

设计步骤如下：

① 建立程序界面，如图 4-6 所示。

② 编写事件代码。

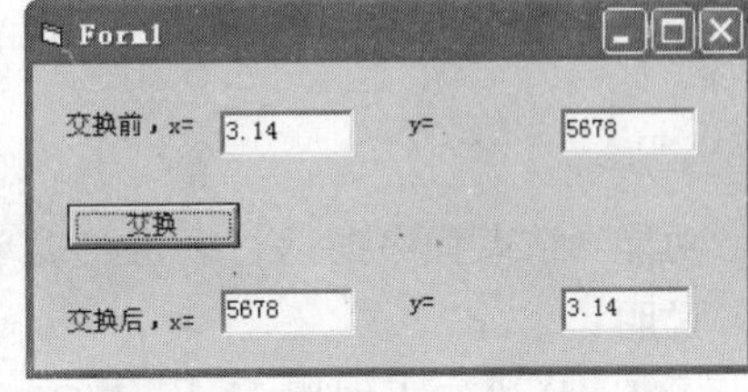

图 4-6 例 4-4 程序运行界面

命令按钮 Command1 的 Click 事件代码为：

```
Private Sub Command1_Click()
    Dim temp As Single,x As Single,y As Single
    x=Text1.Text
    y=Text2.Text
    temp=x
    x=y
    y=temp
    Text3.Text=x
    Text4.Text=y
End Sub
```

(2) 卸载对象语句 Unload。

当要结束应用程序而从内存中卸载窗体或要从内存中卸载某些控件时，可以使用 Unload 语句。Unload 语句的语法格式为：

```
Unload<对象名>
```

功能：从内存中卸载指定窗体或控件。

如果卸载的对象是程序中唯一的窗体，将终止程序的执行。

图 4-7 例 4-5 运行界面

说明：

① "对象名"是要卸载的窗体对象或控件的名称。

② 在卸载窗体前，会发生 Query Unload 事件，然后是 Unload 事件。在事件过程代码中设置 Cancel 参数为 True 可防止窗体被卸载。

【例 4-5】 使用命令关闭窗体，如图 4-7 所示。

设计步骤如下：

① 建立应用程序用户界面。选择【新建】工程，进入窗体设计器，增加一个命令按钮 command1。

② 双击 command1 按钮，添加代码，即：

```
Private Sub Command1_Click()
Unload Me                                   '卸载当前窗体
End Sub
```

注：Me 是系统关键字，用来代表当前窗体。

(3) 结束程序语句 END。

在早期的 BASIC 语言中使用 END 语句来结束一个程序的执行。语法格式为：

```
END
```

功能：结束程序的运行。也可以单击工具栏上的【结束】按钮。

说明：

① END 语句不调用 Unload、QueryUnload 事件或任何其他 VB 代码，只是强行终止代码的执行。窗体和类模块中的 Unload、QueryUnload 事件代码未被执行。

② END 语句提供了一种强行终止程序的方法。只要没有其他程序引用该程序公共类型模块创建的对象并无代码执行，程序将立即关闭。

③ VB 程序正常结束应该卸载所有的窗体。

(4) 暂停语句 Stop。

Stop 语句用来暂停程序的执行，使用 Stop 语句，相当于在程序中设置断点。其语法格式：

```
Stop
```

功能：暂停程序的运行。可用于调试程序(设置断点)，可以通过单击工具栏上的【中断】按钮来实现，也可使用 Ctrl+Break 键。

说明：

① Stop 语句的主要作用是把解释程序置为中断(Break)模式，以便对程序进行检查和调试。可以在程序中的任何地方放置 Stop 语句，当执行 Stop 语句时，系统将自动打开 DeBug 窗口。

② 与 End 语句不同，通常 Stop 不会关闭任何文件或清除变量。但是，如果在可执行文件(.exe)中含有 Stop 语句，将关闭所有的文件而退出程序。因此，当程序调试结束后，生成可执行文件前，应删除代码中的所有 Stop 语句。

(5) 加载对象语句 Load。

语法格式：

```
Load 对象名
```

功能：把"对象名"代表的窗体对象、控件数组元素等加载到内存中。

说明：使用 Load 语句可以加载窗体，但不显示窗体。当 VB 加载窗体对象时，先把窗体属性设置为初始值,再执行 Load 事件过程。

例如:

```
Load Form1                    '加载窗体 Form1
Load Option(2)                '加载控件数组中的一个元素
```

4.2.2 数据输入

在 VB 的程序执行过程中,数据的输入有多种方法,本章介绍两种比较常用的输入方法。

1. “文本框”控件输入

文本框(TextBox)是一种通用控件,由用户输入或显示文本。默认时,文本框只能输入单行文本,并且输入的字符最多为 2048 个。若将控件的 MultiLine 属性设置为 True,则可以输入多行文本,并且文本的内容可多达 32KB。

1) 文本框的属性

文本框的主要属性如表 4-1 所示。

表 4-1 文本框属性表

名 称	取 值	说 明
Text		文本框中包含的文本内容
MultiLine	True、False	当属性值为 True 时可以接收多行文本
Enabled	True、False	决定该控件是否可用
ScrollBars	0、1、2、3	0:没有滚动条,1:水平滚动,2:垂直滚动,3:同时具有水平和垂直方向滚动
PassWordChar		指定显示在文本框中的替代符,如串“*”号等。主要用于口令的输入
MaxLength		指定显示在文本框中的字符数,超出部分不接收,并同时发出嘟嘟声
Visible	True、False	决定控件是否可见
Locked	True、False	决定控件是否可编辑

说明:

(1) 如果 MultiLine 属性被设置为 True,那么 PassWordChar 属性将不起作用。

(2) 文本框中显示的文本是受 Text 属性控制的。

Text 属性可用 3 种方式设置:设计时在【属性】窗口进行,运行时通过代码设置或在运行时由用户输入。通过读 Text 属性能够在运行时检索文本框的当前内容。

(3) 把 MultiLine 属性设置为 True,可使文本框在运行时接收或显示多行文本。如果没有水平方向的滚动条(ScrollBars),文本框中的文字会自动按字换行,ScrollBars 属性的默认值被设置为 0(None)。

【例 4-6】 窗体中有两个文本框和两个命令按钮,界面设计如图 4-8 所示。上面的文本框用于接收用户输入的内容,下面的文本框为多行文本框,且不可编辑。程序运行时,单击【添加】命令按钮,将上面文本框中输入的内容追加到下面文本框中,同时清除上面文本框中的内容;单击【清除】按钮,删除下面文本框中的全部内容。

具体操作步骤:

(1) 在窗体中添加所需控件,并按照表 4-2 所示设置各对象属性。

表 4-2 例 4-6 各对象属性值

对　象	属　性	属 性 值	作　用
窗体	(名称) Caption	frmEx4_6 多行文本框	窗体名称 窗体的标题
文本框 1	(名称) Text	txtInput (置空)	文本框名称 接收输入的文本
文本框 2	(名称) Text MultiLine ScrollBars	txtInfo (置空) True 2-Vertical	文本框名称 接收输入的文本 多行文本框 带垂直滚动条
命令按钮 1	(名称) Caption	cmdAppend 添加	命令按钮名称 命令按钮标题
命令按钮 2	(名称) Caption	cmdClear 清除	命令按钮名称 命令按钮标题

(2) 单击【添加】命令按钮,编写代码,即命令按钮 cmdAppend 的 Click 事件过程。

```
Private Sub CmdAppend_Click()
    Dim s As String
    s=TxtInput.Text & Chr(13)& Chr(10)          'chr(13)& chr(10)控制换行
    TxtInfo.Text=TxtInfo.Text & s               '将单行文本框的内容追加到多行文本框
    TxtInput.Text=""                            '清除单行文本框的内容
    TxtInput.SetFocus                           '将焦点置于单行文本框中
End Sub
```

(3) 运行程序验证【添加】命令按钮事件过程的正确性。在文本框中输入一段文字后,单击【添加】命令按钮,产生如图 4-9 所示的效果。

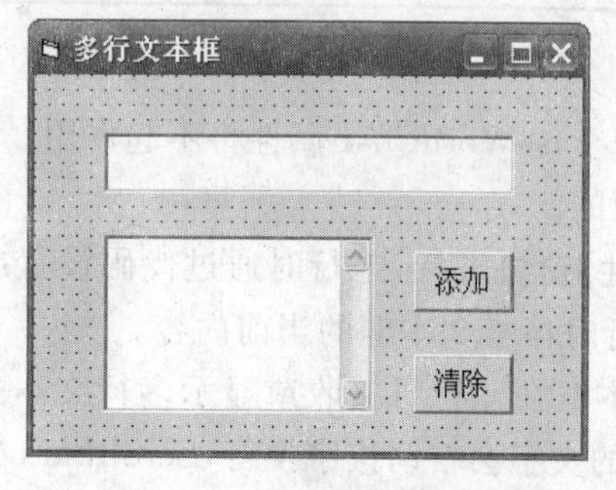

图 4-8 例 4-6 用户界面

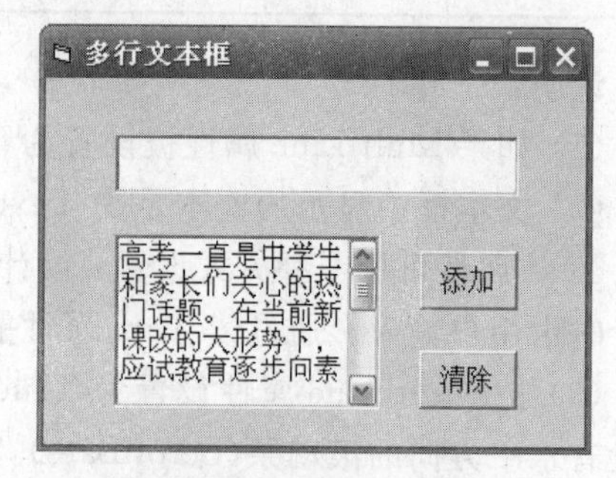

图 4-9 例 4-6 运行效果

(4) 单击【清除】按钮，添加程序代码，即命令按钮 cmdClear 的 Click 事件过程，并进行验证。

```
Private Sub CmdClear_Click()
    TxtInfo.Text=""                    '清除多行文本框的内容
    TxtInput.SetFocus
End Sub
```

2) 文本框事件

文本框可以接收许多事件，其中最常用的是 Change(改变)事件和 GotFocus(得到焦点)事件。Change 事件当用户改变或通过代码改变 Text 属性的设置时发生；而当控件接收焦点时，会引发 GotFocus 事件，当控件失去焦点时，会引发 LostFocus(失去焦点)事件。

【例 4-7】 在窗体上画一个文本框 Text1，其 Text 属性为空白；再画一个命令按钮 Command1，其 Visible 属性为 False(不可见)。下面文本框的 Change 事件代码使得文本框中输入任何字符时，命令按钮出现。

```
Private Sub Text1_Change()
    Command1.Visible=True
End Sub
```

运行程序时，出现图 4-10(a)所示的界面，当用户向文本框中输入信息时命令按钮就会显示如图 4-10(b)所示的界面。

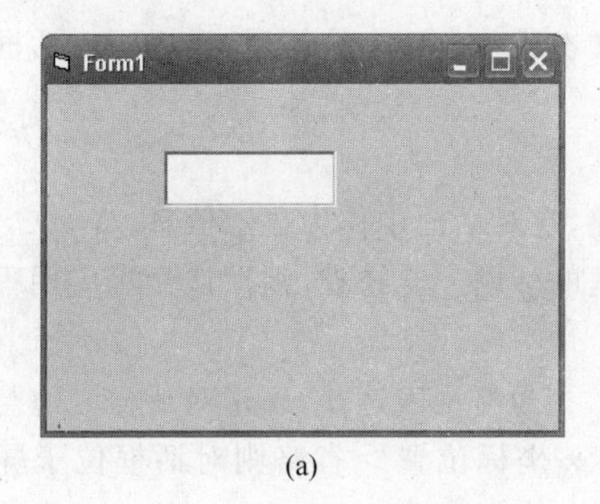

(a)

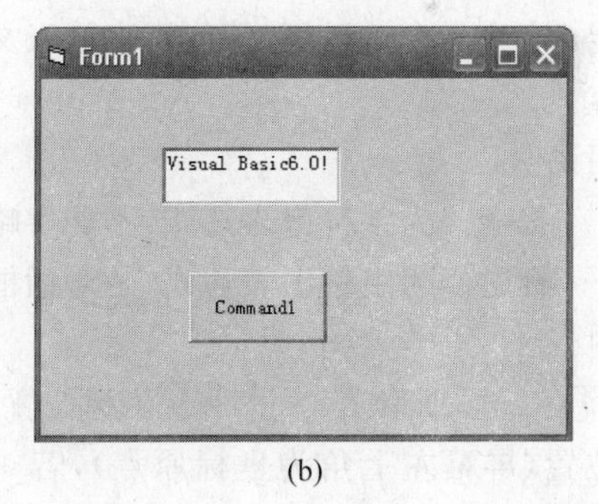

(b)

图 4-10 例 4-7 运行结果界面

3) 使用焦点

焦点(Focus)就是光标，当对象具有"焦点"时才能响应用户的输入，因此也是对象接收用户鼠标单击或键盘输入的能力。在 Windows 环境中，在同一时间只有一个窗口、窗体或控件具有这种能力。具有焦点的对象通常会以突出显示标题或标题栏来表示。

当文本框具有焦点时，用户输入的数据才会出现在文本框中。

仅当控件的 Visible 和 Enable 属性设置为 True 时，控件才能接收焦点。某些控件不具有焦点，如标签、框架、计时器等。

当控件接收焦点时，会引发 GotFocus 事件，当控件失去焦点时，会引发 LostFocus 事件。可以用 SetFocus 方法在代码中设置焦点。如例 4-6 的 TxtInput. SetFocus 就是将焦点置于单行文本框中。

2. 人机交互函数和过程

对于一个完整的 VB 应用程序，应包括数据输入、数据处理和数据输出 3 个部分。VB 中数据的输入/输出除了使用文本框控件、Print 方法外，还可以使用对话框来实现。

对话框是程序与用户之间进行交互的重要途径。对话框既可以用来显示信息，也可以用来输入信息。VB 中提供了 InputBox 输入对话框和 MsgBox 消息对话框。输入对话框和消息对话框是通过系统提供的 InputBox 函数和 MsgBox 函数来实现的。

1) InputBox 函数

在 VB 中，更为灵活、方便的 InputBox 函数以一种“对话框”的形式进行数据输入。即通过人机对话方式(InputBox)输入。InputBox 函数运行时产生一个对话框，等待用户向文本框输入信息。当用户单击【确定】按钮或按 Enter 键时，将输入的内容作为函数的返回值，其值的类型为字符串。

InputBox 函数的定义格式：

```
变量=InputBox[$](<提示>[,<标题>][,<缺省>][,<x坐标位置>][,<y坐标位置>])
```

功能：产生一个对话框，等待用户输入文本或单击一个按钮后，会返回对话框中文本框的内容。

使用说明：

(1) ＜提示＞为字符串表达式，不能省略，在对话框中作为显示信息。

(2) ＜标题＞为字符串表达式，是对话框的标题。若缺省，则默认显示应用程序名在标题栏中。

(3) [,＜x 坐标位置＞][,＜y 坐标位置＞]为整型表达式，确定对话框左边与屏幕左边界的位置(屏幕左上角为坐标原点)，若＜x 坐标位置＞省略则对话框位于屏幕水平正中。

(4) 各项参数次序必须一一对应，除＜提示＞项不能省略外，其余各项均为可选项，但若有缺省，参数间的逗号不能省略。

(5) 若需返回数据参加算术运算，可用 Val 函数将其转换成数值型数据。

(6) 每执行一次 InputBox 函数只能输入一个值。要输入多个数据，需多次执行 InputBox 函数，实际应用中可和循环语句联合使用。

(7) 默认：用于指定在输入文本框中显示的默认文本。如果用户单击【确定】按钮，文本框中的文本(字符串)将返回到变量中，若用户单击【取消】按钮，返回的将是一个零长度的字符串。

另外要注意与文本框的使用区别开。

【例 4-8】 显示一个需要输入查找姓名的对话框，如图 4-11 所示。

图 4-11 输入查找姓名的对话框

代码为：

```
Private Sub Form_Click()
    Dim Username
    Username= InputBox("请输入您要查找的姓名：", "姓名查找")
    Print Username
End Sub
```

说明：

(1) 设置在对话框弹出时默认文本为“张豫清”。

(2) 设置对话框弹出的位置为(5000,5000)。

试分析你的显示屏幕右下角的坐标位置。

【例 4-9】 编写程序，求解鸡兔同笼问题。一个笼中有鸡 n 只，兔 m 只，每只鸡有 2 只脚，每只兔有 4 只脚，已知鸡和兔的总头数为 x，总脚数为 y。求笼中鸡和兔各多少只？设 x=71，y=158。

根据题意，可列出如下的联立方程式：

$$\begin{cases} n+m=x \\ 2n+4m=y \end{cases} \Rightarrow \begin{cases} m=(y-2x)/2 \\ n=(4x-y)/2 \end{cases}$$

按照上式编写程序。用 InputBox 函数输入总头数为 x 和总脚数为 y，设 x=71，y=158，请编程并运行。

解：相应的程序如下：

```
Private Sub Form_Click()
    x= InputBox("请输入鸡和兔的总的头数：")
    x= Val(x)
    y= InputBox("请输入鸡和兔的总的脚数：")
    y= Val(y)
    n= (4 * x- y)/2
    m= (y- 2 * x)/2
    Print "笼中有鸡：";n; "只,兔：";m; "只"
End Sub
```

程序运行后，单击窗体，在输入对话框中分别输入“71”(总头数)和“158”(总脚数)，程序将输出：

```
笼中有鸡 63 只,兔 8 只
```

运行结果如图 4-12 所示。

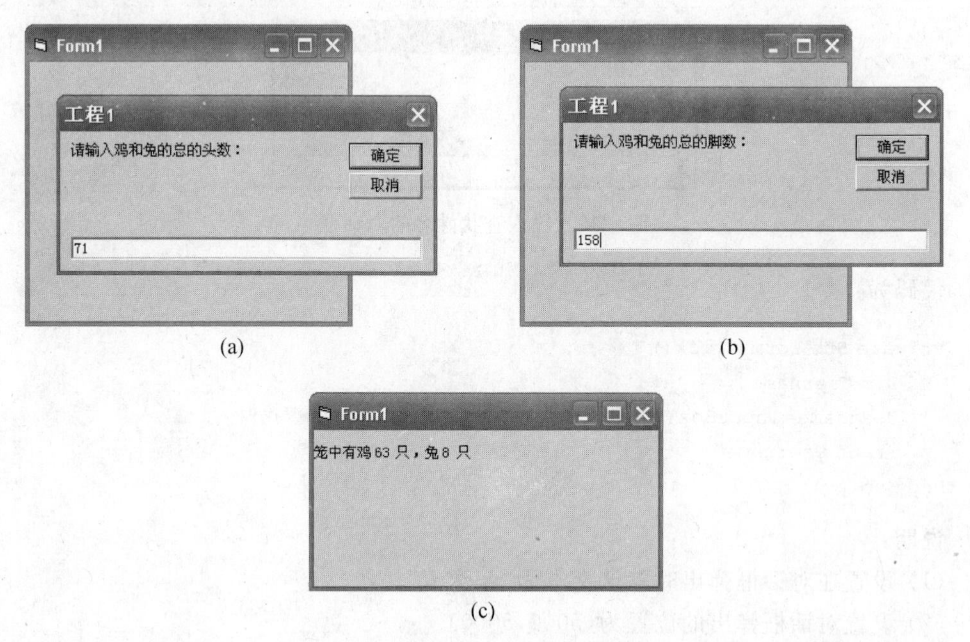

图 4-12 例 4-9 运行结果

2）MsgBox 函数和 MsgBox 过程

MsgBox 函数和 MsgBox 过程运行时可以产生一个对话框来显示消息，并等待用户在消息框中单击一个按钮。MsgBox 函数返回所选择按钮的值为整数值。若不需返回值，则可使用 MsgBox 过程，即 MsgBox 函数与 MsgBox 过程功能相同，区别是 MsgBox 过程没有返回值，仅仅用来输出信息。

MsgBox 函数的格式为：

```
变量[$]=MsgBox(<提示>[,<按钮类型>][,<标题>])
```

MsgBox 过程使用格式：

```
<提示>[,<按钮类型>][,<标题>]
```

功能：执行 MsgBox 函数或 MsgBox 过程时，屏幕弹出一个对话框，通过窗口中的命令按钮可控制程序的执行。其中 MsgBox 函数的返回值是整数。

使用说明：

(1) ＜提示＞是字符串，该项不能省略，是显示在对话框中的信息，其长度不能超过 1024 个字符，否则多余的字符将被截掉。

(2) ＜按钮类型＞为可选项，用来确定对话框中显示的按钮数目、形式、图表类型、默认按钮以及对话框模式等。该部分通常由 3 组参数共同构成：参数 1 决定对话框的按钮情况；参数 2 决定对话框中显示图标的样式；参数 3 指定对话框的默认（缺省）按钮，直接回车即相当于单击了默认按钮。其取值和含义如表 4-3 所示。

表 4-3 "按钮"设置值及其意义

分　组	符号常量	按钮值	描　述
按钮数目	vbOkOnly	0	只显示【确定】按钮
	vbOkCancel	1	显示【确定】、【取消】按钮
	vbAboutRetryIgnore	2	显示【终止】、【重试】、【忽略】按钮
	vbYesNoCancel	3	显示【是】、【否】、【取消】按钮
	vbYesNo	4	显示【是】、【否】按钮
	vbRetryCancel	5	显示【重试】、【忽略】按钮
图表类型	vbCritical	16	关键信息图标：红色 STOP 标志
	vbQuestion	32	询问信息图标"?"
	vbExclamation	48	警告信息图标"!"
	vbInformation	64	信息图标"!"
默认按钮	vbDefaultButton1	0	第 1 个按钮为默认
	vbDefaultButton2	256	第 2 个按钮为默认
	vbDefaultButton3	512	第 3 个按钮为默认
模式	vbApplicationModule	0	应用模式
	vbSystemModul	4096	系统模式

说明：

(1) 表 4-3 中的 4 组方式可以组合使用。按钮数目和图标类型相加结合使用，可以使 MsgBox 函数界面不同。如"按钮"设置为 5＋48、53、vbRetryCancel＋48、5＋vbExclamation，效果是相同的。VB 系统不会将其与其他按钮形式搞错，因为它们是以二进制位的不同组合来表示的。

(2) 若以应用模式建立对话框，用户必须响应对话框才能继续当前的应用程序；若以系统模式建立对话框，所有的应用程序都将被挂起来，直至用户响应了对话框为止。

MsgBox()函数的返回值是一个整数。该整数与所选择的按钮有关。每个按钮对应一个返回值，共有 7 种按钮。MsgBox 函数返回所选按钮的整数值及其意义如表 4-4 所示。

表 4-4 MsgBox 函数返回所选按钮的整数值及其意义

被单击的按钮	返回值	符号常量	被单击的按钮	返回值	符号常量
确定	1	vbOk	忽略	5	vbIgnore
取消	2	vbCancel	是	6	vbYes
终止	3	vbAbout	否	7	vbNo
重试	4	vbRetry			

通常，在程序中根据 MsgBox 函数的返回值不同作不同的处理，这需要用到后面的选择结构方面的知识。

MsgBox也可以写成语句形式，例如：

```
MsgBox "密码错","密码核对"
```

图 4-13 【密码核对】消息框

执行该语句后，屏幕上显示如图 4-13 所示的消息框。

MsgBox 语句没有返回值，因此常用于比较简单的信息显示。

【例 4-10】 执行下面的代码时显示消息框，如图 4-14 所示。

```
Str1="继续录入数据吗?"
Str2="MsgBox 函数示例"
N=MsgBox(Str1,36,Str2)
Text1.Text=n
```

当单击【否】按钮时，返回值 7 通过文本框显示出来，如图 4-15 所示。

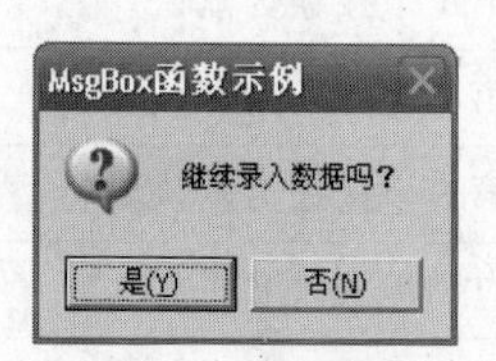

图 4-14 【MsgBox 函数示例】对话框

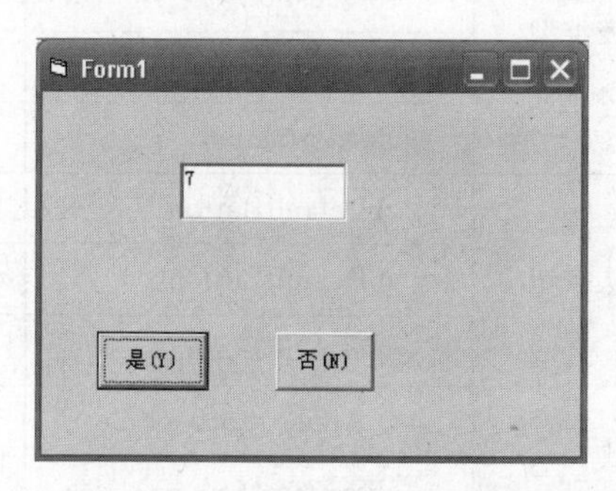

图 4-15 MsgBox 函数运行结果

4.2.3 数据输出

VB 中除了使用标签、文本框等控件显示输出信息外，还提供了专门的 Print 方法。该方法是一种重要的方法。

1. Print 的格式及功能

格式：

```
[对象名.]Print [表达式列表]
```

功能：在对象上输出表达式的值。

说明：

(1) 对象名：可以是 Form(窗体)、Debug(立即窗口)、Picture(图片框)、Printer(打印机)。省略此项，表示在当前窗体上输出。例如：

```
Print "23*2=";23*2              '在当前窗体上输出 23*2=46
Picture1.Print "Good "          '在图片框 Picture1 上输出 Good
Printer.Print "Morning"         '在打印机上输出 Morning
```

(2) 表达式列表：是一个或多个表达式，若为多个表达式，则各表达式之间用“,”或

“;”隔开。省略此项，则输出一空行。

(3) 用“,”分隔各表达式时，各项在以 14 个字符位置为单位划分出的区段中输出，每个区段输出一项；用“;”分隔各表达式时，各项按紧凑格式输出。

(4) 如果在语句行末尾有“;”，则下一个 Print 输出的内容将紧跟在当前 Print 输出内容的后面；如果在语句行末尾有“,”，则下一个 Print 输出的内容将在当前 Print 输出内容的下一区段输出；如果在语句行末尾无分隔符，则输出完本语句内容后换行，即在新的一行输出下一个 Print 的内容。例如：

```
Print 1;2;3
Print 4,5,
Print 6
Print 7,8
Print
Print 9,10
```

输出结果为：

```
1  2  3
4             5             6
7             8

9             10
```

(5) 定位输出：在 Print 方法中，可以使用 Tab 函数对输出项进行定位。

例如：

```
Print Tab(10);"姓名";Tab(25);"年龄"
```

则“姓名”和“年龄”分别从当前行的第 10 列和第 25 列开始输出。

输出结果如下：

```
         姓名           年龄
```

在使用 Tab 函数时，要将输出的内容放在 Tab 函数的后面，并用“;”隔开。有多个输出项时，每个之间均用“;”隔开。Tab 函数的格式为 Tab(n)，其中 n 为整数表达式，用它来指定输出的起始位置。

在 Print 方法中，还可以使用 Spc 函数，例如：

```
Print "后面有 8 个空格";Spc(8);"前面有 8 个空格"
```

输出结果如下：

```
后面有 8 个空格        前面有 8 个空格
```

Spc 函数的格式为 Spc(n)，其中 n 为整数表达式，表示在下一个输出项之前插入的空格数，Spc 函数与各输出项之间必须用“;”隔开。

【例 4-11】 设计一个窗体说明 Print 方法的应用。

在工程中 Form1 窗体上设计如图 4-16 所示的事件过程：

```
Private Sub Form_Click()
  Print Now                          '显示当前日期和时间
  Print
  FontSize=20                        '设置字体大小
  Print "12 * 5=";12 * 5
  Print
  FontSize=16
  Print "12 * 5=";12 * 5
  Print
  FontSize=14
  FontBold=True                      '设置字体为黑体
  Print "欢迎使用";
  FontSize=12
  Print "Visual Basic!"
End Sub
```

在 Form1 窗体屏幕中的任意位置处单击,运行结果如图 4-16 所示。

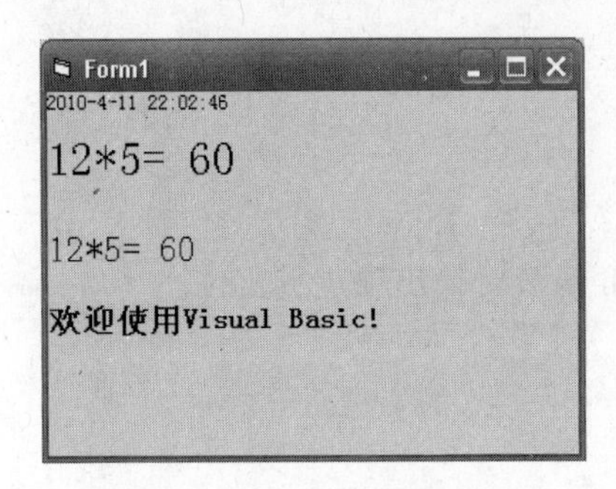

图 4-16　Form1 的执行界面

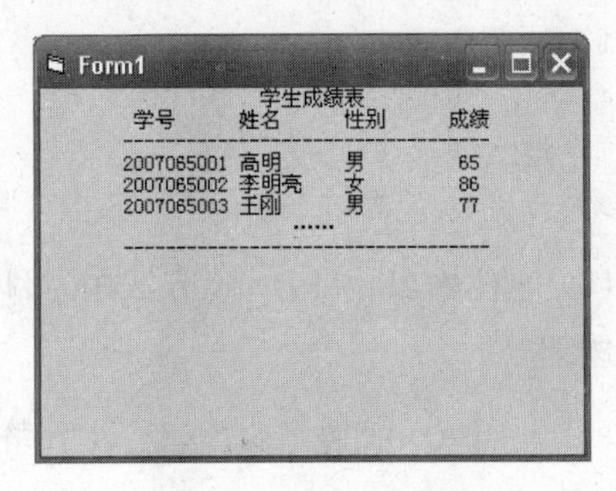

图 4-17　使用 Tab 定位

【例 4-12】　使用 Tab 对输出内容进行定位。其程序代码如下:

```
Private Sub Form_Click()
  Print Tab(22);"学生成绩表"
  Print Tab(10);"学号";Tab(20);"姓名";Tab(30);"性别";Tab(40);"成绩"
  Print Tab(9);String(35, "--")
  Print Tab(9);"2007065001";Tab(20);"高明";Tab(30);"男";Tab(40);65
  Print Tab(9);"2007065002";Tab(20);"李明亮";Tab(30);"女";Tab(40);86
  Print Tab(9);"2007065003";Tab(20);"王刚";Tab(30);"男";Tab(40);77
  Print Tab(25);"....."
  Print Tab(9);String(35, "--")
End Sub
```

程序运行结果如图 4-17 所示。

2. Cls 方法

格式:

```
[对象名.]Cls
```

功能：Cls 方法清除 Print 方法显示的文本或在图片框中显示的图形，并把输出位置移到对象的左上角。格式中的“对象名”可以是窗体或图片框，如果省略“对象名”，则清除当前窗体的显示内容。

4.2.4 程序调试

程序设计中发现错误并排除错误的过程叫做程序调试。VB 提供了丰富的调试手段，可以方便地跟踪程序的运行，排除程序错误。

1. 程序错误

程序设计中常见的错误可分为以下 3 种：编译错误、运行错误和逻辑错误。

1)编译错误

编译错误指 VB 在编译程序过程中出现的错误。此类错误是由于不正确的构造代码而产生的，比如关键字输入错误、遗漏了必需的标点符号等。

例如，Printt "hello"语句会导致编译错误。当单击【启动】按钮后，VB 弹出如图 4-18 所示的消息框，提示出错信息。这时用户可单击【确定】按钮，关闭信息框，然后进行修改。用户单击信息框中的【帮助】按钮，可以得到这条错误的产生原因和解决办法的说明。

另外，当用户在代码窗口中输入代码时，VB 会自动对程序进行语法检查，当发现程序中存在输入错误时，系统也会弹出消息框，提示出错信息。例如，用户输入“a=inputbox(”不完整语句就按 Enter 键，系统会弹出如图 4-19 所示的消息框。

图 4-18　编译错误信息框(1)

图 4-19　编译错误信息框(2)

2) 运行错误

运行错误指编译通过后，运行代码时发生的错误。此类错误通常是代码执行了非法操作或某些操作失败。比如，要打开的文件没找到，除法运算时除数为零，数据溢出等。

例如，print 245 * 1000 语句，由于 245 * 1000 的值超过了整数的范围，那么运行时就会出现如图 4-20 所示的信息框。

此时单击【调试】按钮，进入中断模式，系统就会在中断模式中指出出错的语句(高亮黄色)，此时可以进行修改，如图 4-21 所示。

3) 逻辑错误

程序运行后得不到应有的结果，这说明程序存在逻辑错误。逻辑错误是由于程序结构或算法错误而引起的。

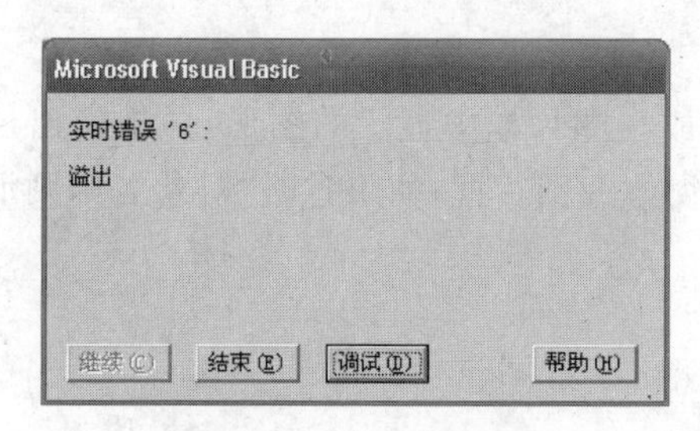

图 4-20　运行错误信息框

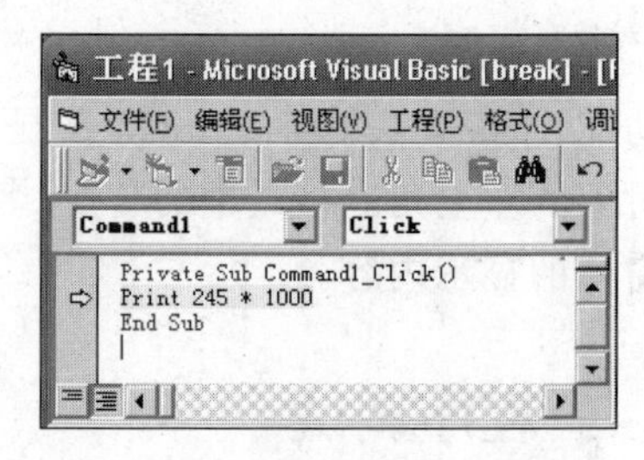

图 4-21　中断模式的代码窗口

例如，把语句 s=s+l 中的英文字母 l 写成了数字 1。

通常，逻辑错误不会产生错误提示信息，故较难排除，需要程序员认真分析，有时借助调试工具才能查出真正原因并改正。

2. 三种模式

VB 开发环境有三种模式：设计模式、运行模式和中断模式。开发环境中的标题能够显示出当前所处的模式。

1）设计模式

创建应用程序的大多数工作都是在设计模式下完成的。启动 VB 后就进入设计模式。在设计模式下可以设计窗体、绘制控件、编写代码、设置属性等。另外，在设计模式下还可以在代码窗口中设置断点，创建监视表达式，但不能在设计模式下使用调试工具。

2）运行模式

单击【启动】按钮进入运行模式。在运行模式下用户可以与应用程序交互，还可以查看代码，但不能修改代码。

3）中断模式

在运行时，选择【运行】菜单中的【中断】命令，或单击【中断】按钮，或按下 Ctrl+Break 键都可切换到中断模式。此外，应用程序在运行时产生错误，也可自动切换到中断模式。在中断模式下，可查看并编辑代码，重新启动应用程序，结束执行或从中断处继续运行，大多数的调试工具只能在中断模式下使用。

3. 调试方法

使用 VB 提供的调试工具与调试手段，可提高程序调试的效率。

1）逐语句执行

VB 允许逐语句执行应用程序，每执行一条语句后就返回中断模式。中断模式保留了程序中所有变量和属性的当前值。在中断模式下，只要用鼠标指向代码中某一个变量或选中的某一表达式，VB 就会显示它的值。在设计模式或中断模式下，按 F8 键或选择【调试】菜单中的【逐语句】命令，就进入逐语句执行方式。每按一次 F8 键就执行一条语句。

2）设置断点

VB 在运行程序时，遇到有断点的代码会中断应用程序的执行。通常，断点设置在代码被怀疑有问题的区域。程序员可以通过适当的断点设置，中断程序运行，检查程序的运行状态、变量变化情况等。断点可在设计模式或中断模式下设置。设置断点的方法有多种，一种简单的方法是在代码窗口中，在设置断点的那一行代码的灰色左页边上单击鼠标左键，设置断点后，VB突出显示设定行，并且该行左边有一个小圆点，以明示这是一个断点，如图4-22所示。

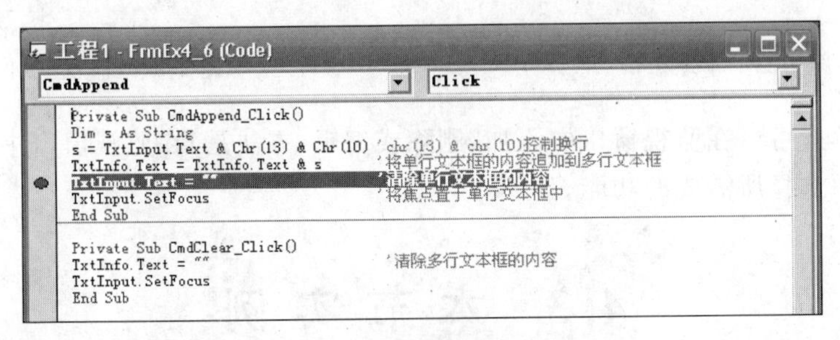

图4-22　程序设置“断点”

如果要取消断点，单击断点行左边的小圆点即可。

3）使用调试窗口

VB提供了3个供用户调试程序使用的调试窗口：立即窗口、本地窗口和监视窗口。可利用这些窗口观察有关变量的值。也可单击【视图】菜单中的相应命令打开它们。

（1）立即窗口：立即窗口用于显示当前过程中的有关信息。当测试一个过程时，可在立即窗口中输入代码并立即执行；当要查看过程中某个变量或表达式的当前值时，可在立即窗口中使用Print方法（为简便起见，可用“?”代替Print）进行输出；在Print方法前加上Debug即可，即Debug. Print，如：

```
Form1.Caption="演示立即窗口"
x=88
```

第一个语句改变了窗体的Caption属性，第二个语句是为变量x赋值。在重新设置了属性或变量的值后，可以继续执行程序并观察结果。

在立即窗口中可直接使用Print方法显示表达式的值，如图4-23所示。通常用这种方法测试不太熟悉的函数。

图4-23　立即窗口

（2）本地窗口：本地窗口显示当前过程中所有变量（包括对象）的当前值，它只反映当前过程的情况，所以当程序的执行从一个过程切换到另一个过程时，本地窗口的内容会发生改变。本地窗口如图4-24所示。

其中，Me代表当前窗体，若按下Me左边的“+”号，则当前窗体的所有属性值都会被列出来；单击本地窗口标题栏下方的当前过程名右侧的带省略号的按钮，可以打开【调用堆栈】对话框，了解过程、函数的调用情况；图4-24中的a、b、c、p为当前过程中的局部变量，而3、4、5和6是它们的当前值。

（3）监视窗口：监视窗口可用于查看指定表达式的值，指定表达式称为“监视表达式”。

可以帮助用户随时查看某些表达式的值，以确定这样的结果是否正确，如图 4-25 所示。

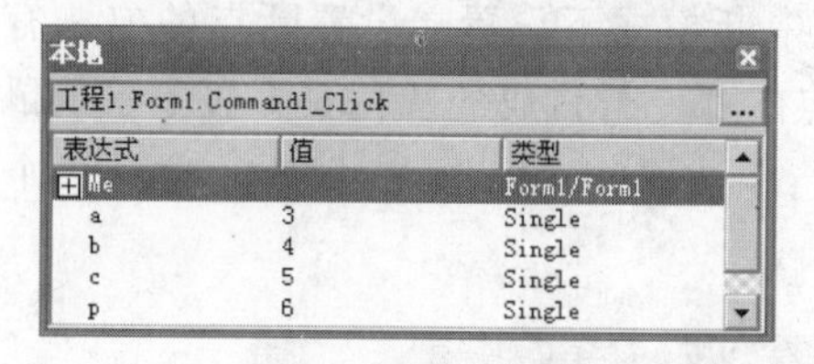

图 4-24　本地窗口

图 4-25　监视窗口

监视表达式可以在监视窗口中添加、删除或编辑，方法是：在监视窗口中右击，在弹出的快捷菜单中选择所需要的功能。

4.3　本节实例

【例 4-13】　输入时间（小时、分和秒），使用输出消息框输出总计多少秒。

使用文本框输入数据，使用消息框输出计算结果，程序运行界面如图 4-26 所示。

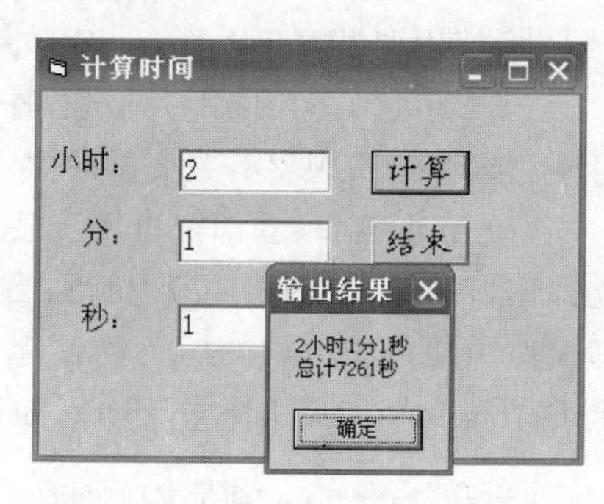

图 4-26　例 4-13 程序运行界面

在程序代码中设置窗体及控件的属性，用变量 hh 代表小时，mm 代表分钟，ss 代表秒，Totals 代表总的秒数。

则 Totals＝hh＊3600＋mm＊60＋ss

程序代码如下：

```
Private Sub Form_Load()              '初始化对象
  Form1.Caption="计算时间"
  Label1.Caption="小时："
  Label2.Caption="分："
  Label1.Caption="秒："
  Text1=""
  Text2=""
  Text3=""
  Command1.Caption="计算"
  Command2.Caption="结束"
End Sub
Private Sub Command1_Click()         '计算
  Dim hh%,mm%,ss%,totals#
  Dim outstr$
  hh=Val(Text1)
  mm=Val(Text2)
  ss=Val(Text3)
  totals=hh*3600+mm*60+ss
```

```
  outstr=hh & "小时" & mm & "分" & ss & "秒"
  outstr=outstr & vbCrLf & "总计" & totals & "秒"
  MsgBox outstr,"输出结果"
End Sub
```

【例 4-14】 编写一个程序,求一内半径 R1=10cm,外半径 R2=20cm 的球环的体积。要求按四舍五入保留到小数点后 4 位。

分析:球的体积公式:

$$V=\frac{4}{3}\pi R^3$$

而本例所求的球环的体积公式为:

$$V=\frac{4}{3}\pi R_2^3-\frac{4}{3}\pi R_1^3=\frac{4}{3}\pi(R_2^3-R_1^3)$$

程序代码写在窗体的单击事件中,代码如下:

```
Private Sub Form_Click()
  Dim R1 As Double, R2 As Double           'R1,R2 表示球的内外半径
  Dim Vol As Double                        'Vol 表示体积
  Const PI#=3.1415926                      '定义符号常量 PI 代表
  R1=10
  R2=20
  Vol=4/3 * PI * (R2^3-R1^3)
  Vol=Fix(Vol * 10000+0.5)/10000           '保留小数点后 4 位
  Print "球环的体积: V=";Vol;"立方厘米"
End Sub
```

程序运行结果如图 4-27 所示。

图 4-27　例 4-14 程序运行结果

习　题

1. 设有语句 x=InputBox("输入数值","0","示例"),程序运行后,如果从键盘上输入数值“10”并按 Enter 键后,则下列叙述正确的是(　　)。

A. 变量 x 的值是数值 10

B. 在 InputBox 对话框标题栏中显示的是"示例"

C. 0 是默认值

D. 变量 x 的值是字符串"10"

2. 在窗体上放置一个命令按钮，然后编写如下事件过程：

```
Private Sub Command1_Click()
    Dim a, b
    a= InputBox("请输入一个整数")
    b= InputBox("请输入一个整数")
    Print b+a
End Sub
```

程序运行后，单击命令按钮，在输入对话框中分别输入“321”和“456”，输出结果为(　　)。

A. 321456　　B. 456321　　C. 777　　D. 有语法错误，不能执行

3. 运行下列程序，单击窗体，则消息框中显示的提示是(　　)。

```
Private Sub Form_Click()
    MsgBox Str(123+123)
End Sub
```

A. 123+123　　B. “246”　　C. 246　　D. 显示出错信息

4. 如何使窗体以最小化方式运行？

5. 当用鼠标单击窗体时，会触发哪些事件？

6. 什么情况下应该使用图片框？什么情况下应该使用图像框？

7. 设计一个程序，当单击窗体时，以对话框的形式给出提示“你单击了窗口”，当改变窗体的大小时，给出“你改变了窗口的大小”的提示。

8. 设计如图 4-28 所示的界面，当单击【修改字体】按钮时，将文本框中的字体更改为“黑体”，单击【修改颜色】按钮时将文本框中字体的颜色更改为红色。

9. 设计如图 4-29 所示的界面，当在第一个文本框内输入和删除字符时，另外两个随之发生相应的变化，3 个文本框中显示的字体和大小不同。

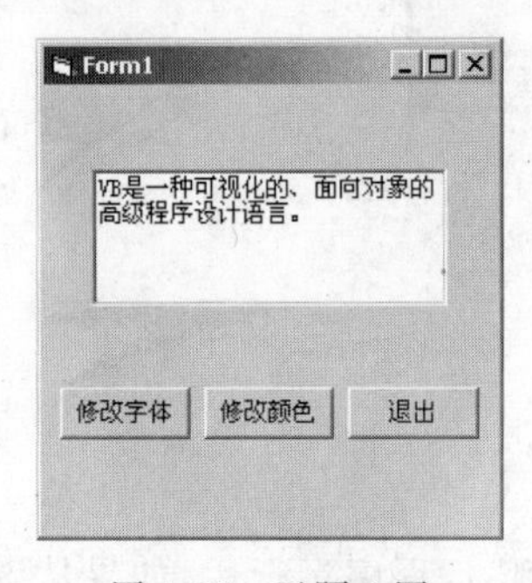

图 4-28　习题 8 图

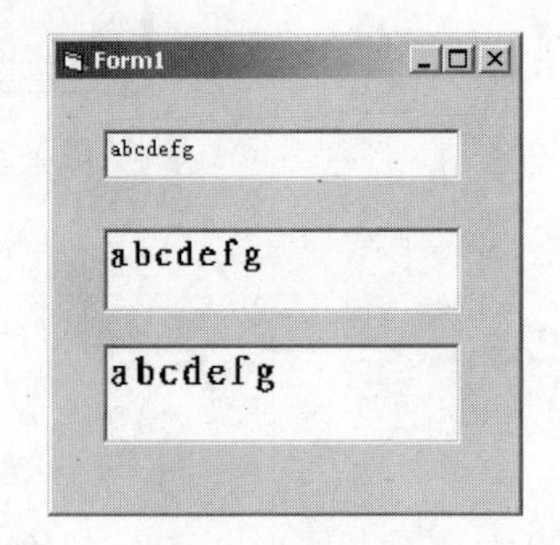

图 4-29　习题 9 图

10. 使用 InPutBox 函数输入时、分、秒，求一共多少秒。单击窗体时，将结果显示在窗体上。

11. 编写程序，要求图片框和图像框中的图形可实现互换。

12. 编写程序，利用两个复选框实现对自身标题样式的设置，即是否加粗和倾斜。

程序运行时：随着对两个复选框的选中或取消选中，复选框的标题字体也会应用或取消加粗、倾斜样式。

13. 编写程序，如图 4-30 所示，实现对列表框中的内容进行添加、删除和修改的功能。

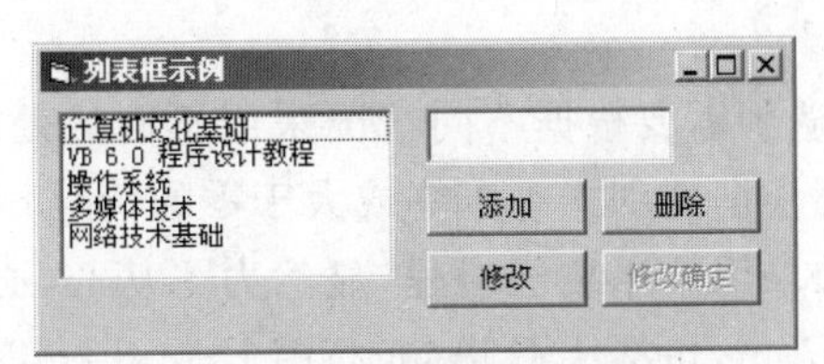

图 4-30　习题 13 运行结果

14. 从键盘上输入 6 个数，计算并输出这 6 个数的和与平均值。通过 InputBox 函数输入数据，在窗体上显示和与平均值。

15. 在窗体上画两个命令按钮和一个标签，把这两个命令按钮的标题分别设置为“缩小”和“扩大”；把标签的 AutoSize 属性设置为 True，标题设置为“计算机等级考试”。程序运行后，如果单击第一个命令按钮，则可使标签中标题的字体大小缩小至原来的$\frac{1}{3}$；如果单击第二个命令按钮，则可使标签中标题的字体大小扩大 1.2 倍。

第 5 章 VB 程序的选择结构

在程序设计中经常会遇到需要根据不同情况采用不同的处理方法的问题。例如，一元二次方程的求根问题，要根据判别式小于零或大于零的情况，采用不同的数学表达式进行计算。对于这类问题，如果用顺序结构编程，显然力不从心，必须借助选择结构。本章主要介绍实现选择结构的语句，包括块 If 语句、行 If 语句、Else If 语句、Select Case 语句，以及选择结构在程序设计中的应用。

5.1 块 If

单条件选择语句可以分为单分支 If 语句和二分支 If 语句两种情况。

1. 单分支 If 语句

语法格式 1：

```
If<表达式>Then <语句块>
```

语法格式 2：

```
If<表达式>Then
    <语句块>
End If
```

单分支 If 语句的执行流程是首先判断条件，若条件成立，则执行 Then 后面的“语句”或“语句块”；否则执行下一条语句，流程如图 5-1 所示。

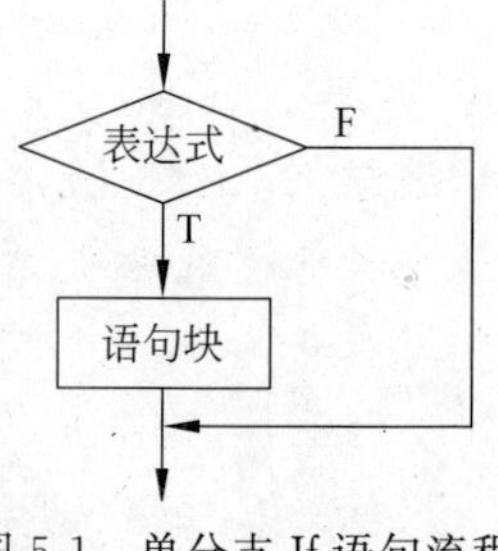

图 5-1 单分支 If 语句流程

说明：

(1) <表达式>：一般为关系表达式、逻辑表达式，也可以是算术表达式、常量或变量。其值解释：非零为 True，零为 False。

(2) <语句块>：如果用单行表示，只能是一条语句或复合语句(各语句间用冒号分隔，而且在同一行上)；若用多行表示，可以是多条语句。使用格式 2，必须有 End If 结束语句。

【例 5-1】 已知两个变量 x 和 y，比较它们的大小，使得 x 的值总是小于 y 的值。

(1) 分析：

① 定义变量 x 和 y 以表示任意输入的两个数。

② 依题意，当 x>y 时，要交换 x 与 y 的值，所以要定义一个中间变量 t。

(2) 在窗体的单击事件上编写下面的事件过程：

```
Private Sub Form_Click()
  Dim x As Single,y As Single,t As Single
  x=Val(InputBox("输入 x 的值","输入框 1"))
  y=Val (InputBox("输入 y 的值","输入框 2"))
  If x> y Then
    t=x
    x=y
    y=t
  End If
  Print x,y
End Sub
```

(3) 程序功能：运行程序后，单击窗体分别弹出两个输入框供用户输入 x 和 y 的值，然后在窗体上按从小到大的顺序输出这两个数。当分别输入“56”和“234”时，运行结果如图 5-2 所示。

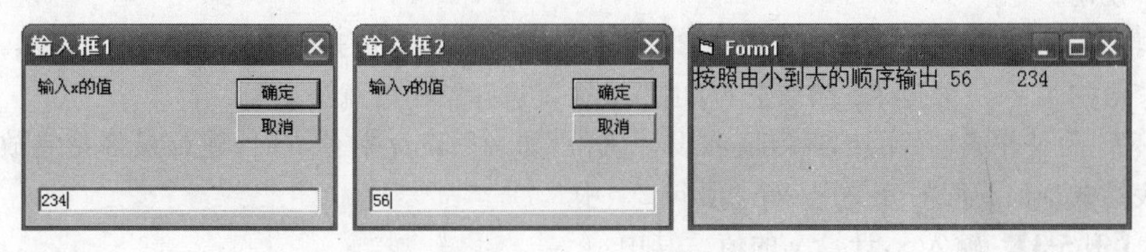

图 5-2 例 5-1 运行结果

如果将上面的语句写成：If x>y then x=y ：y=x，是否交换了 x 和 y 的值？（请读者思考）

注意：从行 If 的格式和功能不难看出，行 If 语句是一种简单的分支结构，只是把一个简单的块 If 结构写在一行中，减少了语句行，省略了“End If”的书写。行 If 完全可以用块 If 代替。

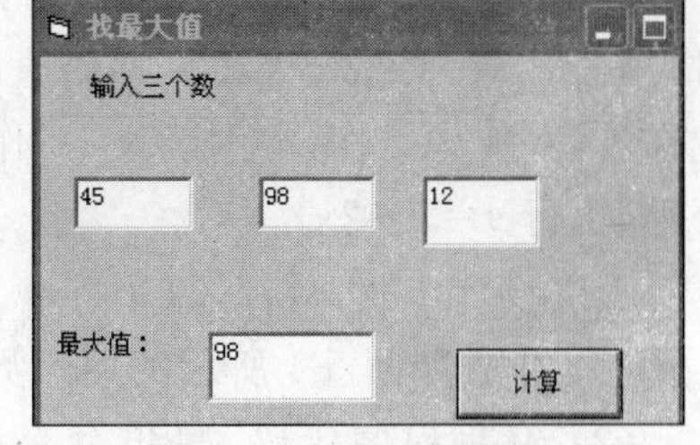

图 5-3 例 5-2 运行界面

【例 5-2】 任意输入 3 个数，找到其中的最大值。程序运行界面如图 5-3 所示。

控件属性设置如表 5-1 所示。

表 5-1 例 5-2 控件属性表

对 象	属 性	设 置	对 象	属 性	设 置
Form1	Caption	找最大值	Label2	Caption	最大值
Text1～Text4	Text	空	Command1	Caption	计算
Label1	Caption	输入 3 个数			

程序代码如下：

```
Private Sub Command1_Click()
  Dim a As Single,b As Single,c As Single,max As Single
    a=Text1.Text
    b=Text2.Text
    c=Text3.Text
  max=a
  If b>max Then max=b
  If c>max Then max=c
  Text4.Text=max
End Sub
```

2. 二分支 If 语句

(1) 二分支选择结构是最常用的单条件选择结构，其特点是：所给定的条件，即＜表达式＞的值为真，则执行＜语句 1＞；为假，则执行＜语句 2＞。一般形式为：

```
If <表达式>Then <语句 1>Else<语句 2>
```

说明：

① 这里的＜语句 1＞或＜语句 2＞可以是空句(即不做任何操作的语句)。当然，如果＜语句 1＞、＜语句 2＞都是空句，也就失去了选择结构的意义。

② 为了养成良好的编程习惯和设计风格，如必须设立空分支时，建议最好把它放在＜表达式＞值为假的分支中(即＜语句 2＞中)。

【例 5-3】 输入 x，计算 y 的值。其中：

$$y=\begin{cases}1+x & (x\geqslant 0)\\ 1-2x & (x<0)\end{cases}$$

算法分析：该题是一个分段函数，当 $x\geqslant 0$ 时，用公式 $y=1+x$ 计算 y 的值，当 $x<0$ 时，用公式 $y=1-2x$ 来计算 y 的值。在选择条件时，既可以选择 $x\geqslant 0$ 作为条件，也可以选择 $x<0$ 作为条件，本例选 $x\geqslant 0$ 作为选择条件。因此，当 $x\geqslant 0$ 为真时，执行 $y=1+x$；否则，执行 $y=1-2x$。

程序设计步骤：

(1) 建立如图 5-4 所示的用户界面。

(2) 编写程序代码，写出命令按钮 Command1 的单击(Click)事件代码为：

```
Private Sub Command1_Click()
    Dim x As Single,y As Single
    x=Val(Text1.Text)
    If x>0 Then y=x+1 Else y=1-2 * x
    Text2.Text=y
End Sub
```

图 5-4　例 5-3 运行结果

虽然 If 语句使用方便，可以满足许多选择结构程序设计的需要，但是当 Then 部分和 Else 部分包含许多内容时，在一行中就难以容纳所有命令。为此，VB 提供了块 If 语句，将一个选择结构用多个语句行来实现。块 If 语句又称为多行 If 语句，其语法结构为：

```
If <表达式>Then
            <语句块 1>
        [Else
            <语句块 2>]
        End If
```

功能：

(1) 执行二分支 If 语句时，首先计算<表达式>的值，当其值为 True(非零)时，执行<语句块 1>；其值为假时执行<语句块 2>。当缺省[Else…]中的内容时，该选择结构只对条件满足的情况进行处理，流程如图 5-5 所示。

(2) If…Then，End If 必须成对出现。

(3) 格式中<语句块 1>、<语句块 2>可以是包括顺序、分支、循环等任意结构的完整的程序段。

(4) 程序只能执行<语句块 1>、<语句块 2>其中之一，然后跳过 End If。Else 是<语句块 1>，<语句块 2>的分界标志。所以块 If 语句的实质是条件转向语句。

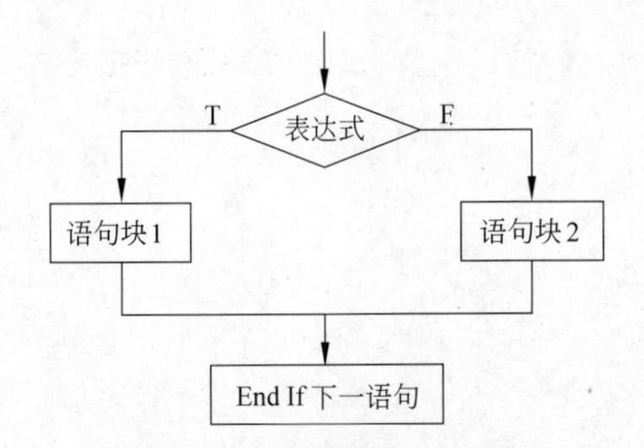

图 5-5　二分支 If 语句流程图

图 5-6　例 5-4 运行结果

【例 5-4】　编写一个函数，求两个数中的较大数。

```
Private Sub Command1_Click()
    Dim x As Integer,y As Integer,t As Integer
    x=Val(Text1.Text)
    y=Val(Text2.Text)
    If x>y Then
      Print "最大数是:";x
    Else
      Print "最大数是:";y
    End If
End Sub
```

程序运行结果如图 5-6 所示。

【例 5-5】 编写一个求解一元二次方程 $ax^2+bx+c=0$ 的程序，要求：考虑虚根、实根等情况。

算法分析：

(1) 一元二次方程的求根公式：$x_{1,2}=\frac{-b\pm\sqrt{b^2-4ac}}{2a}$。

(2) 求解首先要输入方程的系数 a、b、c，计算判别式 $\Delta=b^2-4ac$ 的值，由其值是否大于等于零来决定是实根还是虚根。

设计如图 5-7 所示的程序界面，使用 3 个文本框来接收方程的系数，使用两个文本框来输出方程的根，求解方程的程序代码如下：

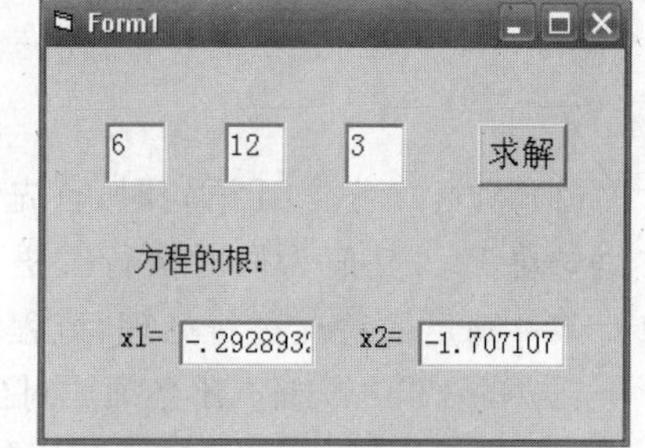

图 5-7 例 5-5 运行界面

```
Private Sub Command1_Click()
Dim a!,b!,c!,x1!,x2!,disc!
a=Val(Text1.Text)
b=Val(Text2.Text)
c=Val(Text3.Text)
disc=b*b-4*a*c
If disc>=0 Then
    x1=(-b+Sqr(disc))/(2*a)
    x2=(-b-Sqr(disc))/(2*a)
    Text4.Text=Str(x1)
    Text5.Text=Str(x2)
Else
    x1=-b/(2*a)
    x2=Sqr(Abs(disc))/(2*a)
    Text4.Text=Str(x1)& "+" & Str(x2)& "i"
    Text5.Text=Str(x1)& "-" & Str(x2)& "i"
End If
End Sub
```

思考与讨论：

(1) 如果限制 3 个文本框（Text1、Text2、Text3）只能输入数字，而不能接收其他字符输入，应该在什么事件中如何编写程序处理？

(2) 实际上根据输入的系数，一元二次方程总有以下几种可能：

① a=0，不是二次方程。

② $b^2-4ac>0$，有两个不等的实根。

③ $b^2-4ac<0$，有两个共轭复根。

④ $b^2-4ac=0$，有两个相等的实根。

按照上述 4 种情况进行编程处理，如何修改程序？

【例 5-6】 用键盘输入年份，判断该年份是否为闰年。判断闰年的条件是年份能被 4 整除，但不能被 100 整除；或者能被 400 整除。

(1) 分析：定义变量 year 表示年份，由提示信息可知，判断闰年的条件可以表示为 year Mod 4=0 And year Mod 100 <>0 Or year Mod 400=0。

(2) 在窗体的单击事件上编写下面的事件过程。

```
Private Sub Form_Click()
    Dim year As Integer
    year=InputBox("请输入年份")
        Print"您输入的年份是："；year
    If year Mod 4=0 And year Mod 100<>0 Or year Mod 400=0 Then
        Print"该年份是闰年"
    Else
        Print"该年份不是闰年"
    End If
End Sub
```

(3) 程序功能：运行程序后，单击窗体弹出输入框供用户输入年份，然后在窗体上输出判断结果。当输入“2007”时，运行结果如图 5-8 所示。

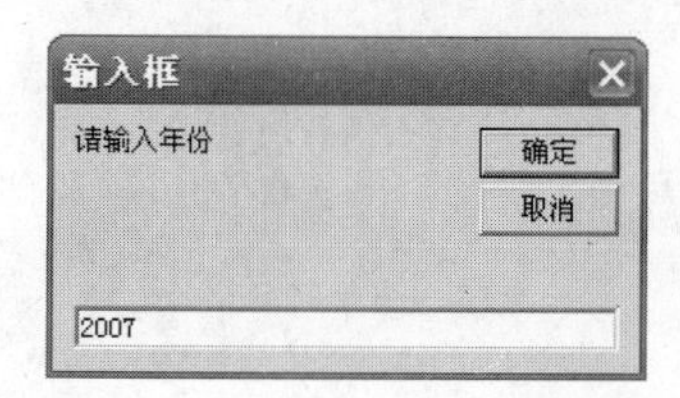

图 5-8　判断是否为闰年

【例 5-7】　火车站行李费的收费标准是 50 千克以内(包括 50 千克)0.20 元/千克，超过部分为 0.50 元/千克。编写程序，要求根据输入的任意值，计算出应付的行李费。

根据题意计算公式如下：

$$Pay=\begin{cases} weight * 0.2 & weight<=50 \\ (weight-50) * 0.5+50 * 0.2 & weight>50 \end{cases}$$

程序分析：输入行李重量后，根据条件 weight>50 进行判断，条件成立时执行 Pay=(weight-50) * 0.5+50 * 0.2；否则跳过 Else 语句，执行 Pay=weight * 0.2。退出分支结构时，变量 Pay 中被赋值的数据即计算结果。

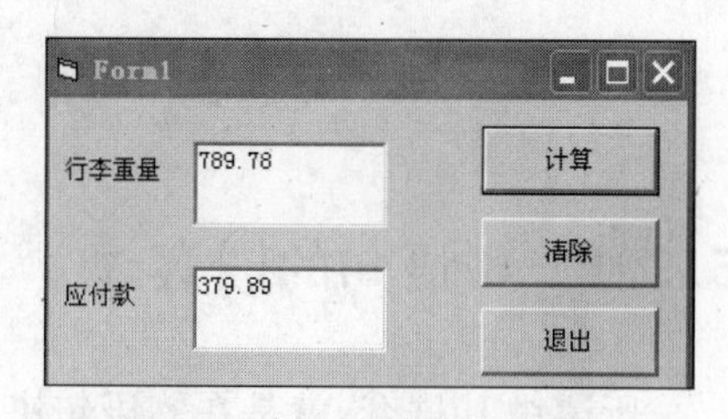

图 5-9　例 5-7 运行结果界面

程序运行界面如图 5-9 所示。

控件属性设置如表 5-2 所示。

表 5-2　例 5-7 控件属性设置

对　象	属　性	设　置	对　象	属　性	设　置
Label1	Caption	行李重量	Command1	Caption	计算
Label2	Caption	应付款	Command2	Caption	清除
Text1	Text	空	Command3	Caption	退出
Text2	Text	空	Form1	Caption	行李托运收费程序

程序代码如下：

```
'【计算】按钮代码
Private Sub Command1_Click ()
    Dim weight as single,pay as single
    Weight=Text1.Text
    If weight>50 Then
        Pay=(weight-50) * 0.5+50 * 0.2
    Else
        Pay=weight * 0.2
    End If
        Text2.Text=pay
End Sub

Private Sub Command2_Click()
    Text1.Text=""
    Text2.Text=""
End Sub

Private Sub Command3_Click()
    End
End Sub
```

本例是一个最简单的选择结构的应用。在实际应用中，经常出现复杂的条件，例如，一元二次方程的求根，对判别式 D 判断时，我们根据一个条件 D>0，只能判断 D 是否大于零，而 D 等于和小于零的两种情况，就必须在 D>0 不成立的情况下作进一步的判断，这就要用到块 If 的嵌套。

5.2 块 If 嵌套和 IIf 函数

5.2.1 If 语句的嵌套

所谓块 If 嵌套，就是在<语句块 1>或<语句块 2>中又包含块 If 语句，例如上面提到的一元二次方程求根的问题，在 D>0 不成立时，即在<语句块 2>中，无法用数学表达式直接计算方程的根，必须要判断 D=0 和 D<0 两种情况，然后再分别计算。下面来看一个复杂一些的问题。

【例 5-8】 任意输入 3 个数，按照从大到小的顺序输出。

算法分析：排序的基本方法，就是比较大小，然后根据比较的结果分别加以处理。本例把 3 个数分别放在 A、B、C 中，处理过程为：若 A<B 为真，交换 A、B 的值；否则不做处理。这样就保证了 A≥B，然后再用 C 去比较。

(1) 具体流程如图 5-10 所示。

(2) 按如图 5-11 所示设置界面。

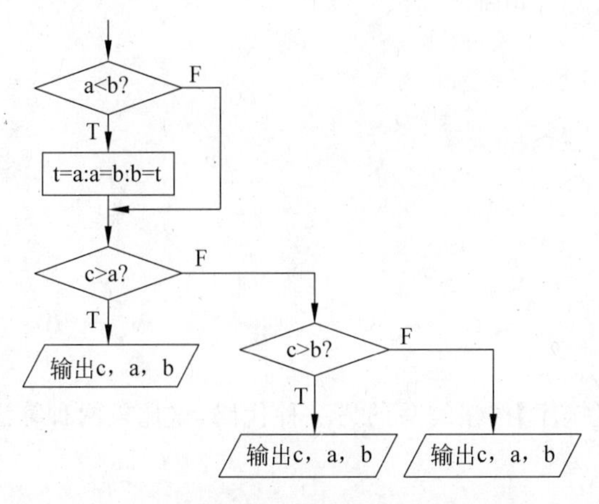

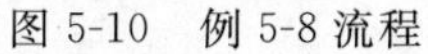

图 5-10 例 5-8 流程

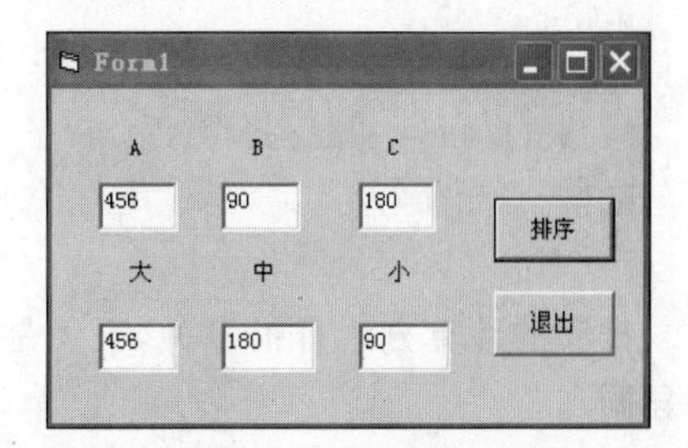

图 5-11 例 5-8 结果界面

(3) 控件属性设置如表 5-3 所示。

表 5-3 例 5-8 控件属性设置

对　象	属　性	设　置	对　象	属　性	设　置
Label1～Label3	Caption	分别为 A,B,C	Command1	Caption	排序
Label4～Label6	Caption	分别为大,中,小	Command2	Caption	退出
Text1～Text6	Text	空	Form1	Caption	排序

(4) 程序代码如下：

```
'【排序】按钮代码
Private Sub Command1_Click ()
  Dim a As Single As Single As Single
    a=Text1.Text
    b=Text2.Text
    c=Text3.Text                    '3 个文本框的数据赋值给变量
    If a<b Then
      t=a
      a=b
      b=t                           'a<b 时交换 a,b 的值
    End If                          '保证 a>b
    If c>a Then                     '用 c 去比较
      Text4.Text=c                  'c>a 成立,c 最大
      Text5.Text=a
      Text6.Text=b
  Else
    If c<b Then
      Text4.Text=a                  'c<b 成立,c 最小
      Text5.Text=b
      Text6.Text=c
```

```
    Else
      Text4.Text=a                   'c处于中间
      Text5.Text=c
      Text6.Text=b
    End If
  End If
End Sub
'【退出】按钮代码
Private Sub Command2_Click ()
End
End Sub
```

排序的计算方法有很多种，下面是对【排序】按钮编写的另一种代码，试比较两种算法的异同点。

```
Private Sub Command1_Click ()
  Dim a As Single As Single As Single
    a=Text1.Text
    b=Text2.Text
    c=Text3.Text
    If a<b Then                      'a,b比较,大数换到a
      t=a
      a=b
      b=t
    End If
    If b<c Then                      'b,c比较,大数换到b
      t=b
      b=c
      c=t
  Else if
    If a<b Then                      'a,b比较,大数换到a
      t=a
      a=b
      b=t
    Else
      Text4.Text=a
      Text5.Text=b
      Text6.Text=c
End Sub
```

① 保持块 If 结构的完整，不要漏掉 End If。

② 尽量采用缩进式书写格式，使结构清晰。

③ 尽量选择恰当的条件，使程序简单明了。

【例 5-9】 账号密码校验程序，要求如下：

(1) 账号只能是数字且不超过 10 位；密码 6 位，本例定为 987654。

(2) 密码输入时显示形式为“*”。

(3) 账号输入为非数字时，或密码输入错误时，提示重新输入。

运行效果如图 5-12 和图 5-13 所示。

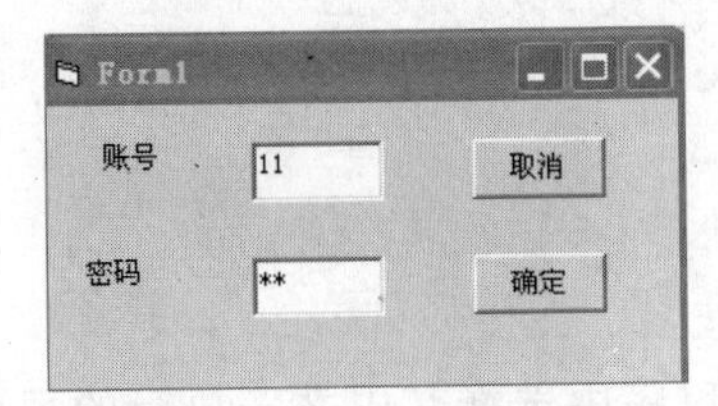

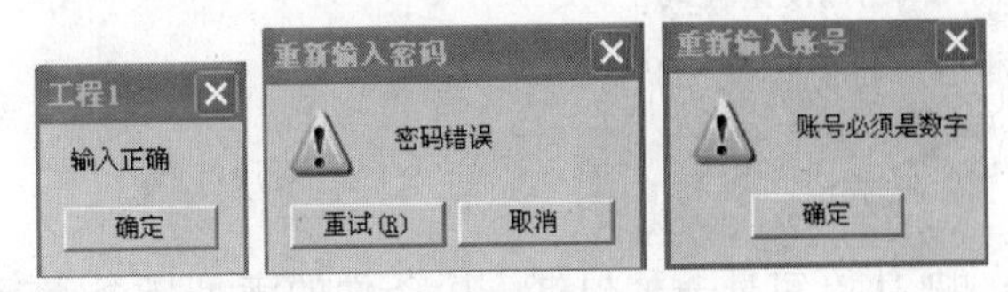

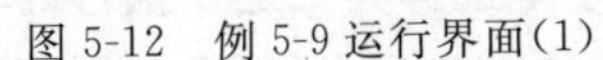
图 5-12 例 5-9 运行界面(1)

图 5-13 例 5-9 运行界面(2)

控件属性设置如表 5-4 所示。

表 5-4 例 5-9 控件属性设置

对 象	属 性	设 置	对 象	属 性	设 置
Form1	Caption	账号密码校验	Text2	PasswordChar	*
Label1	Caption	账号	Command1	Caption	确定
Label2	Caption	密码		Name	CmdQuit
Text1	Name	TxtNo	Command2	Caption	取消
	MaxLength	10		Name	CmdOk
Text2	Name	TxtPas			
	MaxLength	6			

程序代码如下：

```
'【确定】按钮代码
Private Sub CmdOK_Click ()
  Dim n AS Integer
  If Not IsNumeric(TxtNo.Text) Then                '如果 TxtNo.Text 不是数字
      MsgBox"账号必须是数字",vbExclamation,"重新输入账号"
      TxtNo.Text=""
      TxtNo.SetFocus
  End If
  If TxtPas.Text="987654" Then
      MsgBox"输入正确"
  Else
      n=MsgBox("密码错误",5+vbExclamation,"重新输入密码")
      If n<>4 Then
          End
      Else
          TxtPas.Text=""
          TxtPas.SetFocus
```

```
    End If
  End If
End Sub
'【取消】按钮代码
Private sub CmdQuit_Click()
   End
End Sub
```

块If语句是一种根据一个条件的满足与否，在两段程序中选择其中之一执行的程序结构，即程序执行到If语句时，有两条可能的路走到End If语句之后，所以又叫做两路分支，利用块If以及块If的嵌套，可以解决所有的分支问题。

当需要进行多路分支处理时，例如，根据一个学生的分数，判定他的等级(优、良、中、及格、不及格)，该问题当然可以使用块If的嵌套处理，但由于条件比较多，会出现比较烦琐的嵌套，而利用ElseIf语句或Select Case语句则可以方便地解决这类问题。

5.2.2 ElseIf 语句

块结构条件语句语法格式如下：

```
If <表达式 1> Then
    <语句块 1>
[ElseIf <表达式 2> Then
    <语句块 2>]
[ElseIf <表达式 3> Then
    <语句块 3>]
    ...
[Else
    <语句块 n>]
End If
```

功能：

(1) 依次判断条件，如果找到一个满足的条件，则执行其下面的语句块，然后跳过End If，执行后面的程序。

(2) 如果所列出的条件都不满足，则执行Else语句后面的语句块；如果所列出的条件都不满足，又没有Else子句，则直接跳过End If，不执行任何语句块，从End If之后的语句继续执行。

(3) 在If块中，Else和ElseIf子句都是可选的。可以放置多个ElseIf子句，但是都必须在Else子句之前。

ElseIf结构的执行过程如图5-14所示。

【例5-10】 输入一个学生的一门课分数x(百分制)，当x≥90时，输出“优秀”；当80≤x<90时，输出“良好”；当70≤x<80时，输出“中”；当60≤x<70时，输出“及格”；当

x<60 时，输出“不及格”。

算法分析：本例适合用多路分支结构来解决，运行界面如图 5-15 所示。

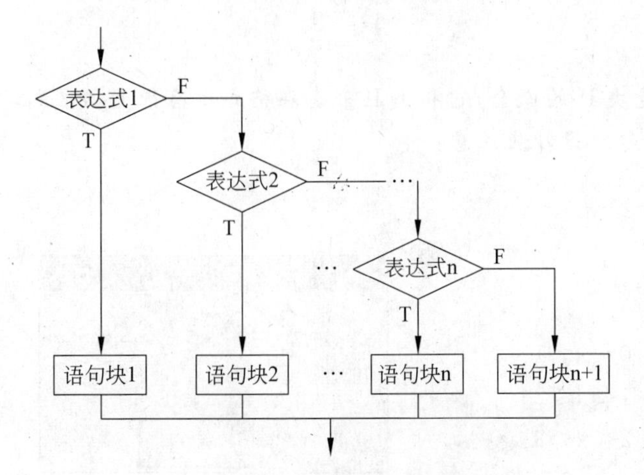

图 5-14　多分支条件结构流程图

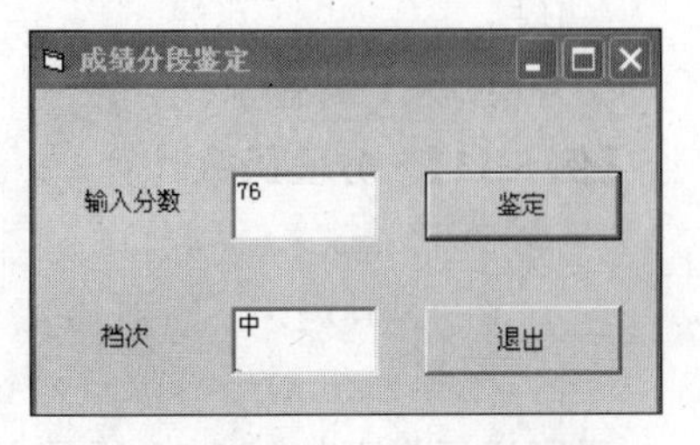

图 5-15　例 5-10 运行结果界面

控件属性设置如表 5-5 所示。

表 5-5　例 5-10 控件属性设置

对　象	属　性	设　置	对　象	属　性	设　置
Command1	Caption	鉴定	Text1	Text	空
Command2	Caption	退出	Text2	Text	空
Label1	Caption	输入分数	Form1	Caption	成绩分段鉴定
Label2	Caption	档次			

程序代码如下：

```
'【鉴定】按钮代码
Private Sub Command1_Click()
  Dim score!
  score=Text1.Text
  If score>=90 Then
    Text2.Text="优秀"
  ElseIf score>=80 Then
    Text2.Text="良好"
  ElseIf score>=70 Then
    Text2.Text="中"
  ElseIf score>=60 Then
    Text2.Text="及格"
  Else
    Text2.Text="不及格"
  End If
End Sub
```

```
'【退出】按钮代码
Private Sub Command2_Click()
    End
End Sub
```

注意：ElseIf 语句实际完成的是块 If 的嵌套，它和块 If 嵌套在格式上有很大的区别，ElseIf 结构只有一对 If 和 End If 语句。另外应注意：

[else

If]

和[ElseIf]的区别。

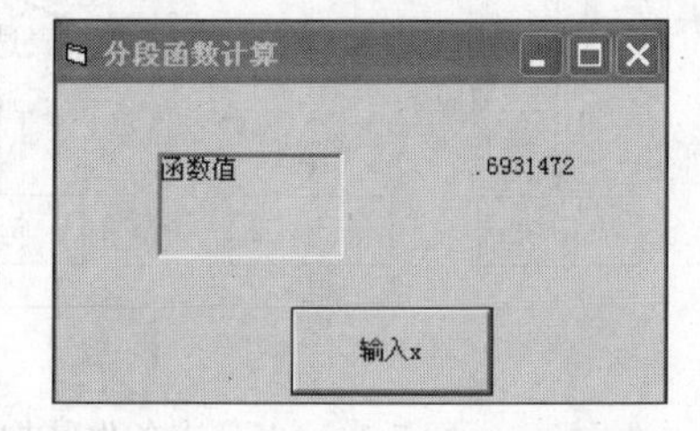

图 5-16　例 5-11 运行结果界面

【例 5-11】　分段函数计算。

$$Y=\begin{cases}\sin x * \cos x+1 & 0<x\leqslant 1\\ \ln|x| & 1<x\leqslant 2\\ \exp(x)+\exp(-x) & 2<x\leqslant 3\end{cases}$$

程序运行界面如图 5-16 所示。

控件属性设置如表 5-6 所示。

表 5-6　例 5-11 控件属性设置

对　象	属　性	设　置	对　象	属　性	设　置
Label1	Caption	空	Command1	Caption	输入 x
Label2	Borderstyle	1-Fixed single	Form1	Caption	分段函数计算
	Caption	函数值			

程序代码如下：

```
'【计算】按钮代码
Private Sub Command1_Click()
    Dim X As Single,Y As Single
    X=InputBox("输入自变量 x 的值 0<x<=3")
    If X>0 And X<=1 Then
        Y=Sin(X) * Cos(X)+1
    ElseIf X>1 And X<=2 Then
        Y=Log(X)
    ElseIf X>2 And X<=3 Then
        Y=Exp(X)+Exp(-X)
    End If
    Label1.Caption=Y
End Sub
```

块 If 和 ElseIf 是实现选择结构的主要语句；另外，VB 还提供了功能与它们类似的行 If 语句和 Select Case 语句。

5.2.3 条件函数

在 VB 中还提供了两个条件函数，这两个函数分别是 IIf 函数和 Choose 函数，用 IIf 函数代替 If 语句，用 Choose 函数代替 Select Case 语句，但是这两个函数只能用来实现一些比较简单的选择结构。

1. IIf()函数

VB 中提供了 IIf()函数。IIf 是 Immediate If 的缩写，实际上它是 If…Then…Else 结构的简写版，可用来执行简单的条件判断。其格式为：

```
IIf(<表达式>,<语句 1>,<语句 2>)
```

同前面提到的 If 语句一样，＜表达式＞可为算术表达式、关系表达式或逻辑表达式。当＜表达式＞值为真时，函数执行＜语句 1＞，而当＜表达式＞值为假时，函数执行＜语句 2＞。当选择结构中无论＜表达式＞的值为真还是假，都执行一个语句时可使用 IIf()函数。注意，该函数中的 3 个参数都不能省略。

【例 5-12】 求 x，y 中的大数，放入 max 变量中，语句如下：

```
max=IIf(x>y,x,y)
```

IIf 函数可以嵌套使用，例如若求 3 个数 x、y、z 中的最大值，可用如下语句：

```
max=IIf(IIf(x>y,x,y)>z,IIf(x>y,x,y),z)
```

【例 5-13】 判断税率的程序可以写成如下：10 万元以上扣除 15％，10 万元以下扣除 10％，写成程序就是：

```
TaxRate=IIF(money>10,0.15,0.1)
Tax=TaxRate * money
```

2. Choose 函数

Choose 函数的格式：

```
Choose(Nvar,ret1,ret2,…)
```

其中，Nvar 是一个数值类型的变量，ret1 是当 Nvar 为 1 时的返回值，ret2 是当 Nvar 为 2 时的返回值，以此类推。

【例 5-14】 可以根据我们输入的数字来判断运算符的种类：

```
Nop=InputBox("请输入运算符号码")
Op=Choose(Nop,"+","-","*","/","^")
```

这里指当输入“1”时，op 的值为“＋”，“2”时为“－”等。注意当输入不在 1～5 之间时，函数将返回一个 NULL 值；当输入的是一个小数时，系统将先对这个小数取整，然后进行判断运算。

5.3 Select Case 语句

在有些情况下，当对一个表达式的不同取值情况做不同处理时，用 ElseIf 语句程序结构显得较为杂乱，在 VB 语言中，专门为此类情况设计了一种 Select Case 语句。在这种语句结构中，只有一个用于判断的表达式，根据此种表达式的不同计算结果，执行不同的语句块部分。这种结构本质上是 If 嵌套结构的一种变形，主要差别在于 If 嵌套结构可以对多个表达式的结果进行判断，从而执行不同的操作，而用 Select Case 语句只能对一个表达式的结果进行判断，然后执行不同的操作。所以说 Select Case 语句使程序的结构更清晰，Select Case 语句又称为情况语句。

Select Case 语句的一般格式：

```
Select Case <测试表达式>
   Case <表达式列表 1>
       <语句块 1>
   [Case <表达式列表 2>
       <语句块 2>]
   …
   [Case <表达式列表 n>
       <语句块 n>]
   [Case Else
       语句块 n+1]
   End Select
```

功能：根据<测试表达式>的值，选择一个符合条件的语句块执行。

Select Case 语句的执行过程是：先求<测试表达式>的值，然后顺序测试该值符合哪一个 Case 子句中的情况，如果找到了，则执行该 Case 子句下面的语句块，然后执行 End Select 下面的语句。

说明：

Select Case 语句一般格式中的<表达式列表>可以有如下 4 种格式：

(1) <表达式列表>：此种格式的表达式列表中只有一个数值或字符串供用户与<测试表达式>的值进行比较，这要求两者精确匹配。例如，Case 1 或者 Case "char"等。

(2) <表达式列表 1> [，<表达式列表 2>]…[，<表达式列表 n>]：此种格式在某一个<表达式列表>中有多个数值或字符串供用户与测试表达式的值进行比较，多个取值之间用逗号隔开。如果表达式的值与这些数值或字符串中的一个相等，即可执行其后相应的语句体部分。例如，Case 1,3,5,7 或者 Case "a", "b", "c", "d" 等。

(3) <表达式列表 1> To <表达式列表 2>。此种格式在<表达式列表>中提供了一个数值或字符串的取值范围，可以将此范围内的所有取值与<测试表达式>的值进行比较。如果<测试表达式>的值与此范围内的某个值相等，则可执行此<表达式列表>后的相应的语句体部分。例如，Case 1 To 4 或者 Case "a" To "z"等。

(4) Is关系运算符数值或字符串。此种格式使用了关键字Is,其后只能使用各种关系运算符:"＝"、"＜"、"＞"、"＜＝"、"＞＝"或"＜＞"等。可以将＜测试表达式＞的值与关系运算符后的数值或字符串进行关系比较,检验是否满足该关系运算符。若满足,则执行此＜表达式列表＞后的相应语句体部分。例如,Case Is ＜ 3 或者 Case Is ＞ "Apple"等。

在实际运用中,VB允许以上这几种格式混合使用。例如:

```
Case Is<5,7,8,9,Is>12
```

或

```
Case Is <"z","A" To "Z"
```

【例5-15】 输入一个学生的一门课分数x(百分制),当x≥90时,输出"优秀";当80≤x＜90时,输出"良好";当70≤x＜80时,输出"中";当60≤x＜70时,输出"及格";当x＜60时,输出"不及格"。

(1) 分析:定义变量score表示输入的分数,由题意可知,等级的划分由输入的分数x决定。根据分数score所属的范围,可以划分5个等级,因此score就是Select Case语句的条件表达式。运行界面如图5-17所示。

(2) 编写下面的事件过程。

本例将用Select Case语句编写,代码如下:

图5-17 例5-15运行界面

```
Private Sub Command1_Click()
    Dim score!
    score=Text1.Text
    Select Case score
        Case Is>=90
            Text2.Text="优秀"
        Case Is>=80
            Text2.Text="良好"
        Case Is>=70
            Text2.Text="中"
        Case Is>=60
            Text2.Text="及格"
        Case Else
            Text2.Text="不及格"
    End Select
End Sub
```

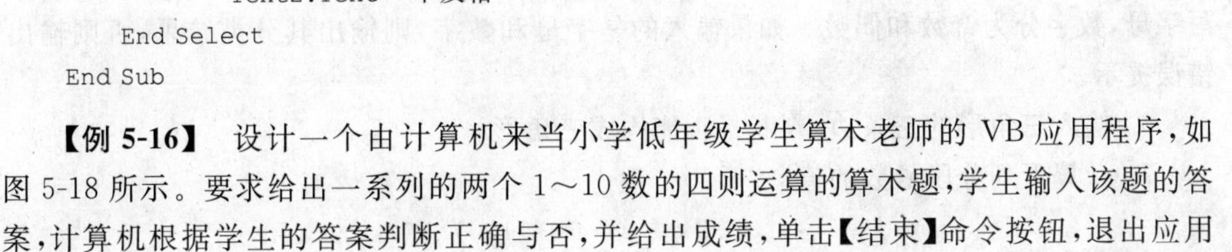

【例5-16】 设计一个由计算机来当小学低年级学生算术老师的VB应用程序,如图5-18所示。要求给出一系列的两个1～10数的四则运算的算术题,学生输入该题的答案,计算机根据学生的答案判断正确与否,并给出成绩,单击【结束】命令按钮,退出应用程序。

分析:产生1～10的操作数,可通过Int(10 * Rnd+1)实现,本例作为学生课堂思考题。

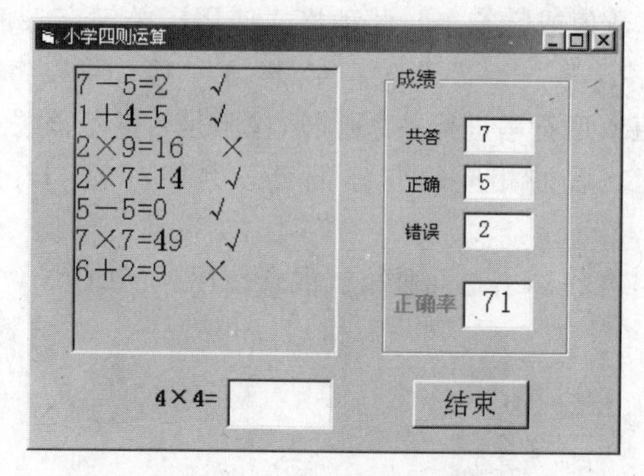

图 5-18 例 5-16 小学四则运算程序

习 题

1. If…Then…Else 分支语句和 Select Case 分支语句有什么不同？在进行多分支处理时，什么情况下只能使用 If…Then…Else 语句，而不能使用 Select Case 语句？

2. 用 InputBox 函数输入 3 个数，选出其中的最大数和最小数，分别显示在窗体上。

3. 用文本框输入学生某门课程的分数后，给出五级评分。评分标准如下：

优	90≤成绩≤100
良	80≤成绩＜90
中	70≤成绩＜80
及格	60≤成绩＜70
不及格	0≤成绩＜60

如果输入的分数不在 0～100 范围内，则给出错误提示，并将焦点定位在输入分数的文本框内，选中其中的文本。

4. 通过 InputBox 函数生成一个输入对话框，如果用户输入了一个整数，则在窗体上显示该数的绝对值，否则要求用户重新输入。

5. 从键盘上输入字母或 0～9 的数字，编写程序对其分类。字母分为大写字母和小写字母，数字分为奇数和偶数。如果输入的是字母和数字，则输出其分类结果，否则输出错误提示。

6. 输入三角形的三条边，判断是否能构成三角形。

7. 计算下列分段函数的值。

$$y=\begin{cases}0.9x & (0<x<100)\\0.85x & (100\leqslant x<300)\\0.82x & (x\geqslant 300)\end{cases}$$

8. 给定三角形的三边长，计算三角形的面积。

要求：首先判断输入的三边长能否构成三角形，如果能构成，则计算该三角形的面积，否则要求重新输入。当输入－1时结束程序。

按照几何学原理，三角形的任意两边之和大于第三边，任意两边之差小于第三边。因此，如果输入的三角形的三条边中任意两边之和小于或等于另一条边的边长，则不能构成三角形。在这种情况下，给出适当的信息，并要求重新输入。如果能构成三角形，则输出该三角形的面积。

9. 编程，输入x值，按下式计算并输出y值。

$$y=f(x)=\begin{cases} x+3 & x>3 \\ x^2 & 1\leqslant x\leqslant 3 \\ \sqrt{x} & 0<x<1 \\ 0 & x\leqslant 0 \end{cases}$$

10. 用InputBox函数输入3个任意整数，按从大到小的顺序输出。

11. 求一元二次方程 $ax^2+bx+c=0$ 的根。

提示：从初等代数可知，此方程有两个根，它有三种可能（设 $d=b^2-4ac$）：

(1) 若 $b^2-4ac>0$，有两个不等的实根：$x_{1,2}=\frac{-b\pm\sqrt{d}}{2a}$。

(2) 若 $b^2-4ac=0$，有两个相等的实根：$x_{1,2}=\frac{-b}{2a}$。

(3) 若 $b^2-4ac<0$，有一对共轭复根：$x_{1,2}=\frac{-b}{2a}\pm\frac{\sqrt{-d}}{2a}i$。

12. 某商品价格随购货数量而定，买100个以上（含100个，下同）的打9折，200个以上的打8.5折，300个以上的打8折，400个以上的打7.5折，500个以上的打7折。设商品单价为65元，要求从键盘输入购买商品数量后，显示出总货款。

13. 设银行定期存款利率为：1年期2.25%，2年期2.43%，3年期2.70%，5年期2.88%（不计复利）。今有本金a元，5年后使用，共有以下6种存法：

(1) 存1次5年期。
(2) 存1次3年期，1次2年期。
(3) 存1次3年期，2次1年期。
(4) 存2次2年期，1次1年期。
(5) 存1次2年期，3次1年期。
(6) 存5次1年期。

编程实现6种存法的到期本息计算。

14. 编写一个窗体程序，窗体中有一个文本框，要求在文本框中只能输入整数。

15. 编写一个窗体程序，窗体中有一个文本框，要求文本框中输入的字符串的长度必须是6，否则焦点不能离开文本框。

第6章 VB程序的循环结构

前面介绍了顺序结构和分支结构，本章将要介绍结构化程序3种基本结构的第三种——循环结构。

6.1 循环结构概述

(1) 循环结构是一种重复执行的程序结构。即从某处开始有规律地反复执行某一程序块的现象，重复执行的程序块被称为“循环体”。使用循环结构可以避免重复不必要的操作，简化程序，节约内存，提高效率。

(2) 一个循环结构应由4个主要部分构成：

① 循环变量，它保证在循环过程中相关的量能按一定的规律变化。

② 循环的初始部分，它是循环结构开始执行的语句，往往编写在循环体的开头部分，逻辑上从这一部分开始执行。

③ 循环体，完成循环程序的主要工作。

④ 循环条件，它控制循环程序按规定的条件正确进行，并结束循环。

(3) VB程序中提供了3种不同风格的循环语句，它们分别是：

① For…Next语句。

② While…Wend语句。

③ Do…Loop语句。

下面将对这3种循环语句逐一进行介绍。

无论是哪种类型的循环结构，其特点都是循环体执行与否及其执行次数都必须视其循环类型与条件而定，且必须确保循环体的重复执行能在适当的时候得以终止(即非死循环)。

6.2 For…Next循环语句

For…Next循环语句是计数型循环语句，用于控制循环次数可知的循环结构。For…Next循环使用一个叫做计数器的变量即循环变量，每循环一次后，循环变量的值就会有规律地增加或减少。

For…Next循环的一般格式如下：

```
For <循环变量>=<初值>to <终值>[step 步长]
    [<循环体 1>]
    [Exit For]
    [<循环体 2>]
Next[循环变量]
```

1. 格式中各项的说明

(1) 循环变量：用于统计循环次数，该变量为数值型变量。但是这个变量不能是数组元素。

(2) 初始值：用于设置循环变量的初始值，该变量为数值型变量。

(3) 终值：用于设置循环变量的终止值，该变量为数值型变量。

(4) 步长：循环变量的增量，是一个数值表达式。一般来说，其值为正，初值应小于终值；若为负，初值应大于终值。但步长不能是 0。如果步长是 1，[step 步长]选项可略去不写。

(5) 循环体：是 For 语句和 Next 语句之间的语句序列，即重复执行的部分。

(6) 循环次数：$n=\mathrm{int}\left(\frac{终值-初值}{步长}+1\right)$。

【例 6-1】 计算如下循环次数。

```
For I=2 to 13 step 3
      Print I,
   Next I
   Print "I=",I
```

循环执行次数 $n=\mathrm{int}\left(\frac{13-2}{3}+1\right)=4$

输出 I 的值分别为：

```
2    5    8    11
```

结束循环 I 的最小值为：

```
I=14
```

2. 执行过程

For…Next 循环语句的执行过程如下。

(1) 系统将初值付给循环变量，并自动记下终值和步长。

(2) 检测循环变量的值是否超过终值。如果超过就结束循环，执行 Next 后面的语句，否则执行一次循环体。

(3) 执行 Next 语句，将循环变量增加一个步长值再赋给循环变量，转到步骤(2)继续执行。

以上执行过程用流程图描述如图 6-1 所示。

这里所说的“超过”有两种含义，即大于或小于。当步长为正值时，循环变量大于终值为“超过”；当步长为负值时，循环变量小于终值为“超过”。

通过分析下面的程序来进一步理解 For 语句的执行过程。

```
For n=1 to 10 step 3
    Print n,
Next n
```

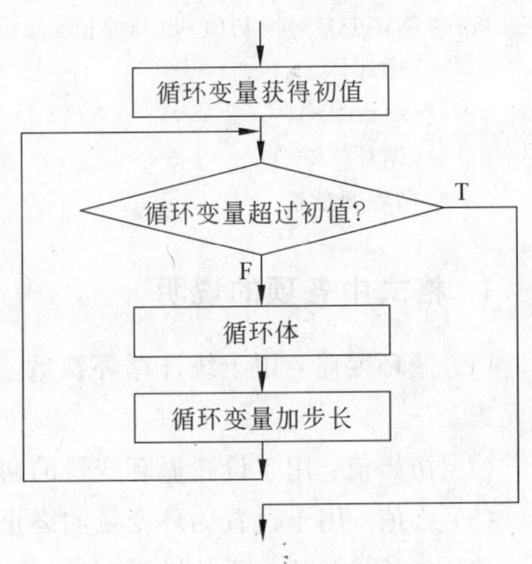

图 6-1　For…Next 循环语句执行流程

在上面的程序中，n 是循环变量，初值为 1，终值为 10，步长为 3，Print n 是循环体。执行过程如下。

(1) 系统将初值 1 赋给变量 n，并记下终值 10 和步长 3。

(2) 检查循环变量 n 的值是否超过 10。如果 n＞10，转到步骤(5)；否则执行循环体，即打印输出 n 的值。

(3) 执行 Next 语句，即 n＝n＋3。

(4) 转到步骤(2)，继续执行。

(5) 执行 Next 后面的语句。

具体执行情况如下。

第几次循环	n	与终值比较	执行循环体
1	1	＜10	执行
2	4	＜10	执行
3	7	＜10	执行
4	10	＝10	执行
5	13	＞10	停止执行

当 n＝10 时因未超过 10，所以还执行一次循环体；当 n＝13 时，停止循环。因此，循环正常执行结束后，循环控制变量 n 的值应为 13，超过了终值 10。

上面的程序执行的结果为：

```
1      4      7      10
```

读者可以对下面的程序作同样的分析，以进一步加深对 For 循环的了解。

```
For i=20 to 1 step -5
    Print i,
Next i
```

3. 注意事项

(1) For…Next 循环遵循“先检查，后执行”的原则，先检查循环变量是否超过终值，然后决定是否执行循环体。因此,在下列情况下,循环体将不会被执行。

① 当步长为正数,初值大于终值时。

② 当步长为负数,初值小于终值时。

当初值等于终值时,不管步长是正数还是负数,均执行一次循环体。

(2) For 语句和 Next 语句必须成对出现,缺一不可,且 For 语句必须在 Next 语句之前。

(3) 循环次数由初值、终值和步长确定,计算公式为:

循环次数=int((终值-初值)/步长)+1

利用该公式可以非常方便地计算出循环体执行的次数,如前面所举的例子,它的循环次数就是 int((10-1)/3)+1,即 4 次。

(4) 循环控制变量通常用整型数,也可以用单精度数或双精度数。例如:

```
Dim i!
…
For i=3.4 to 20.5 step 3.3
…
Next i
```

在上面的程序中循环控制变量 i 就被定义为单精度类型。值得注意的是:无论初值、终值和步长值是什么数值类型,最后都要转换成循环控制变量的类型。例如:

```
Dim i%
…
For i=1.2 to 10.8 step 2.1
…
Next i
…
```

该程序段中的 For 语句与下面的 For 语句等价:

```
For i=1 to 11 step 2
```

(5) 循环变量用来控制循环过程,在循环体内可以被引用,但不应被重新赋值,否则将无法确定循环次数,同时也降低了程序的结构化程度。

(6) For…Next 中的"循环体"是可选项,当该项缺省时,For…Next 执行"空循环"。利用这一特性,可以完成延时的作用。

【例 6-2】 求 N!(N 为自然数)。

分析:由阶乘的定义,我们可以得出 N!=1*2*…*(N-2)*(N-1)*N=(N-1)!*N。也就是说,一个自然数的阶乘,等于该自然数与前一个自然数阶乘的乘积。

程序代码如下:

```
Private Sub Form_Click()
Dim i%,f#,n%
n=InputBox("输入一个自然数:"'"输入提示"'"10")
```

```
f=1
For i=1 to n
    f=f * i
Next i
Print n;"!=";f
End Sub
```

程序执行过程如图 6-2 所示。

图 6-2　例 6-2 运行界面

【例 6-3】 判断用户输入的数是否为素数。

分析：素数的特征是只能被 1 和它自身整除。假设用户输入的正整数为 n，我们只需确定在大于 1 小于等于 n^0.5 的正整数中是否存在能整除 n 的数。如果有，n 就不是素数；如果没有，则 n 就是素数。

程序代码如下：

```
Private Sub Form_Click()
    Dim n%,flag%,i%,k%
    n=InputBox("请输入一个正整数(>=3)")
    k=Int(Sqr(n))
    flag=0
    For i=2 to k
      If n Mod i=0 Then flag=1
    Next i
    If flag=0 Then
      Print n;"是一个素数"
    Else
      Print n;"不是素数"
    End If
End Sub
```

在程序中设置了一个标记变量 flag，flag=0 表示在程序执行过程中没有找到一个除了 1 和它本身以外的能整除 n 的数，即 n 为素数；若 flag=1，则说明找到了某个能整除 n 的正整数，即 n 不是素数。程序的执行情况如图 6-3(a)和(b)所示。

【例 6-4】 求 π 值。计算公式如下：

$$\pi/2=(2\times2)/(1\times3)\times(4\times4)/(3\times5)\times(6\times6)/(5\times7)\times\cdots\times(2n)^{\wedge}2/(2n-1)(2n+1)$$

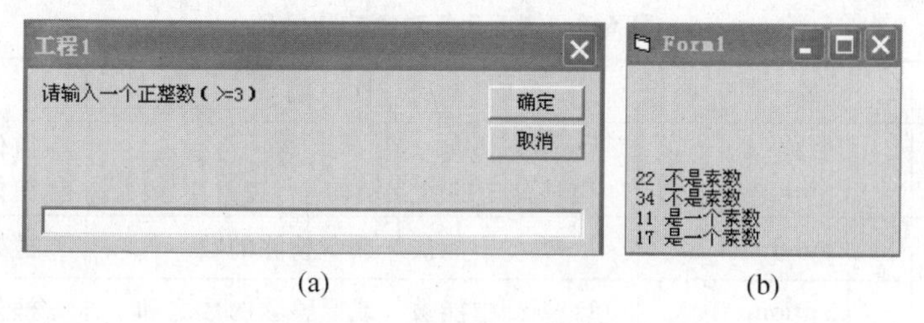

(a) (b)

图 6-3 例 6-3 运行界面

分析：不难看出，结果由 n 项分式相乘得到，只要给定了 n 值，用 For…Next 语句可以非常容易地实现。注意，n 值越大，结果越接近 π 值。

程序代码如下：

```
Private Sub Form_Click()
Dim I%,n%,p#
n=InputBox("输入 n 的值(1-32767)")
p=1
For I=1 to n
    p=p*(4*I*I)/((2*I-1)*(2*I+1))
Next I
    p=2*p
    Print "n=";n;"时","π=";p
End Sub
```

程序运行结果如图 6-4 所示。

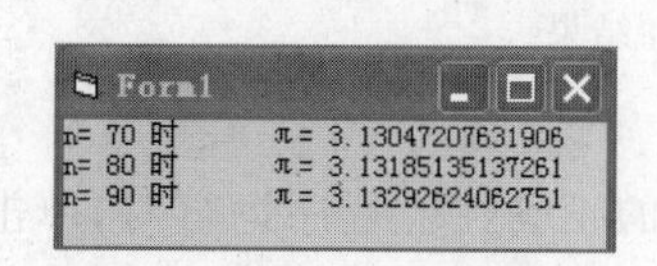

图 6-4 例 6-4 运行界面

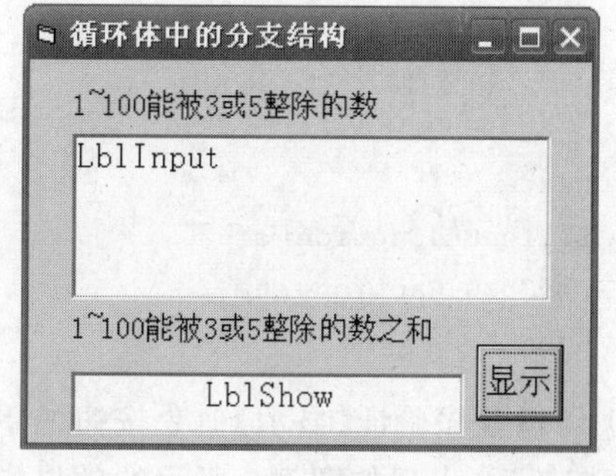

图 6-5 例 6-5 用户界面

【例 6-5】 计算 1～100 中能被 3 或 5 整除的数之和。窗体中有两个框架和 1 个命令按钮，框架内又包含 1 个标签，界面设计如图 6-5 所示。程序运行时，单击【显示】命令按钮，在上标签中显示能被 3 和 5 整除的数，并在下标签中显示 1～100 中能被 3 或 5 整除的所有数之和。

操作步骤：

(1) 在窗体中添加所需控件后，按表 6-1 所示设置各对象的属性。

(2) 编写单击命令按钮的代码，即 cmdShow 的 Click 事件过程。

表 6-1　例 6-5 各对象的属性值

对　象	属　性	属　性　值	作　　用
窗体	（名称） Caption	frmEx6_3 循环体中的分支结构	窗体的名称 窗体的标题
框架 1	Caption	1～100 中能被 3 或 5 整除的数	框架标题
框架 2	Caption	1～100 中能被 3 或 5 整除的数之和	框架标题
标签 1	（名称） Caption BackColor BorderStyle	lblInput lblInput 白色 1-Fixed Single	标签名称 标签标题 标签背景颜色 标签边框风格
标签 2	（名称） Caption Alignment BackColor BorderStyle	lblShow lblShow 2-Center 白色 1-Fixed Single	标签名称 标签标题 标签内容居中 标签背景颜色 标签边框风格
命令按钮	（名称） Caption	cmdShow 显示	命令按钮的名称 命令按钮的标题

```
Private Sub cmdShow_Click()
    Dim i As Integer                       '定义循环变量 i
    Dim sum As Integer                     '定义存放满足条件的数之和的变量 sum
    Dim s As String                        '定义存放满足条件的数之后的字符串变量 s
    For i=1 to 100
        If i Mod 3=0 Or i Mod 5=0 Then     '用于条件判断
            s=s & i & " "                  '顺序连接字符串
            sum=sum+i                      '顺序累加数值
        End If
    Next i
    LblInput.Caption=s                     '显示连接结果
    LblShow.Caption=sum                    '显示累加结果
End Sub
```

(3) 运行程序验证【显示】命令按钮的单击事件过程的正确性。程序运行时，单击【显示】命令按钮后，出现如图 6-6 所示的效果。

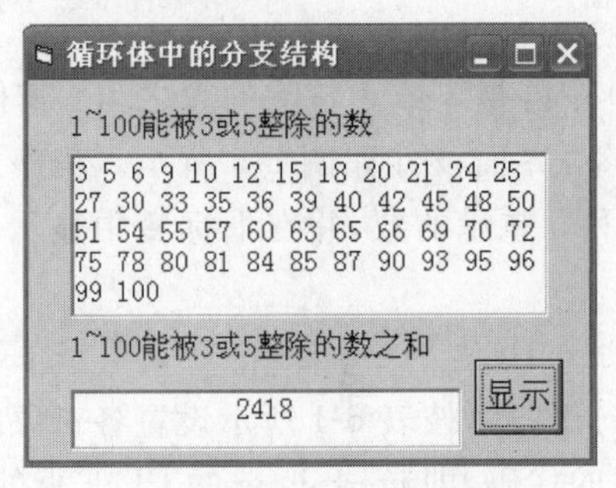

图 6-6　例 6-5 运行界面

6.3 While…Wend 循环语句

虽然在 For…Next 结构中增加带条件的 Exit For 语句，可以在循环次数不确定而只给出循环结束条件的情况下退出循环结构，但是在这种情况下，使用当循环控制结构会更方便，当循环控制结构采用 While…Wend 循环语句。

语句格式如下：

```
While <条件表达式>
    [循环体]
Wend
```

1. While…Wend 语句说明

"条件表达式"可以是关系表达式或逻辑表达式。While…Wend 循环就是当给定的"条件表达式"为 True 时执行循环体，为 False 时不执行循环体。因此 While…Wend 循环也叫当型循环。

2. 执行过程

While…Wend 循环的执行过程如图 6-7 所示。

(1) 执行 While 语句，判断条件是否成立。

(2) 如果条件成立，就执行循环体；否则转到步骤(4)执行。

(3) 执行 Wend 语句，转到步骤(1)执行。

(4) 执行 Wend 语句下面的语句。

图 6-7　While 语句执行流程

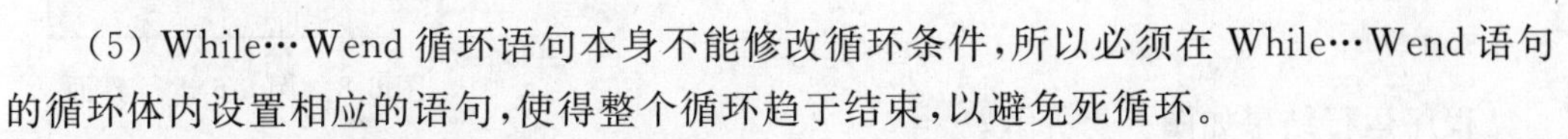
(5) While…Wend 循环语句本身不能修改循环条件，所以必须在 While…Wend 语句的循环体内设置相应的语句，使得整个循环趋于结束，以避免死循环。

结合下面的程序段，我们作进一步的说明。

```
x= 1
While x<5
  Print x,
  x=x+1
Wend
```

上面的程序就是在 x<5 的条件下，重复执行语句 Print x。每次执行循环之前，都要计算条件表达式的值。如果条件求值的结果为 True，则执行循环体，然后再对条件进行计算判断，从而确定是否再执行循环体；如果结果为 False，则结束循环，执行 Wend 下面的语句。

该程序段的执行结果是:

```
1   2   3   4
```

3. While…Wend 循环的几点说明

(1) While…Wend 循环语句本身不能修改循环条件,所以必须在 While…Wend 语句的循环体内设置相应语句,使得整个循环趋于结束,以避免死循环。

(2) While…Wend 循环语句先对条件进行判断,然后才决定是否执行循环体。如果开始条件就不成立,则一次也不执行循环体。

(3)凡是用 For…Next 循环编写的程序,都可用 While…Wend 语句实现;反之则不然。

【例 6-6】 找出一个最大正整数 n,使 n!<1000。

分析:该题就是要找到一个正整数,使它的阶乘最接近 1000 但又不超过 1000。因此,应该将从 1 开始的自然数累乘,当积第一次大于 1000 时结束循环,累乘的最后一个数的前一个数即为所求。

程序代码如下:

```
Private Sub Form_Click()
  Dim i%,p%,n%
  i=0
  p=1
  While p<1000
      i=i+1
      p=p*i
  Wend
  p=p/i
  n=i-1
  Print "N=";n,n;"!=";p
End Sub
```

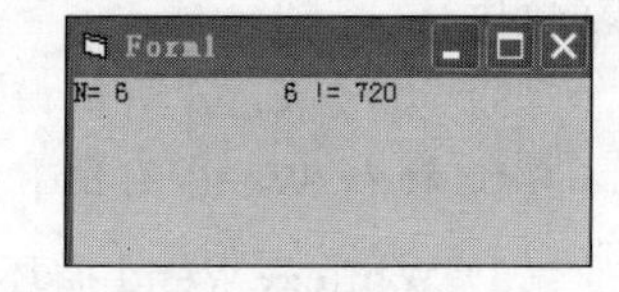

图 6-8 例 6-6 运行界面

程序运行结果如图 6-8 所示。

【例 6-7】 假设我国现有人口 12 亿,若年增长率为 1.5%,试计算多少年后我国人口增长到或超过 20 亿。

人口计算公式为:

$$p=y(1+r)^n$$

其中,y 为人口初值,r 为年增长率,n 为年数。

程序代码如下:

```
Private Sub Form_Click()
  Dim p!,r!,i%
  p=12
  r=0.015
```

```
  i=0
While p<20
  p=p*(1+r)
  i=i+1
  Wend
  Print i;"年后,我国人口将达到";p;"亿"
End Sub
```

单击窗体,程序运行结果如图 6-9 所示。

图 6-9　例 6-7 运行界面

【例 6-8】 用 While…Wend 循环语句计算 1～100 中所有奇数的和。

```
Private Sub Command1_Click()
    Dim i%,sum&
    i=1
    While i<=100
        sum=sum+i
        i=i+2
    Wend
    Text1.Text=sum
End Sub
```

【例 6-9】 用 While…Wend 循环语句求两个整数的最大公约数和最小公倍数。

求最大公约数和最小公倍数的算法是：最小公倍数＝两个整数之积/最大公约数。

(1) 对于已知两个整数 m、n,使得 m＞n。

(2) m 除以 n 的余数为 r。

(3) 若 r＝0,则 n 为所求最大公约数,算法结束;否则执行第(4)步。

(4) m←n ,n←r,再重复执行第(2)步。

算法流程如图 6-10 所示。

程序代码如下：

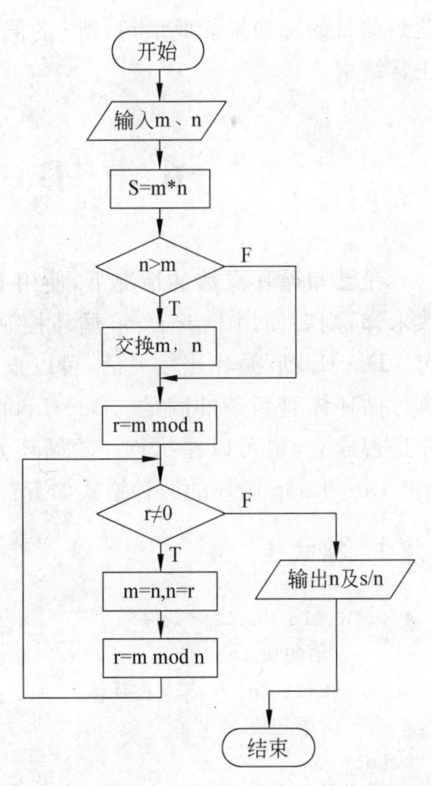

图 6-10　求最大公约数、最小公倍数流程图

```
Private Sub Form_Click()
    Dim n%,m%,s As Long,t%
    m=Val(InputBox("m="))
    n=Val(InputBox("n="))
    s=m*n
```

```
        If m<n Then t=n:n=m:m=t
        r=m Mod n
        While r<>0
            m=n:n=r
            r=m Mod n
            Wend
        Print "最大公约数=",n
        Print "最小公倍数=",s/n
    End Sub
```

程序运行界面如图 6-11(a)、(b)和(c)所示。

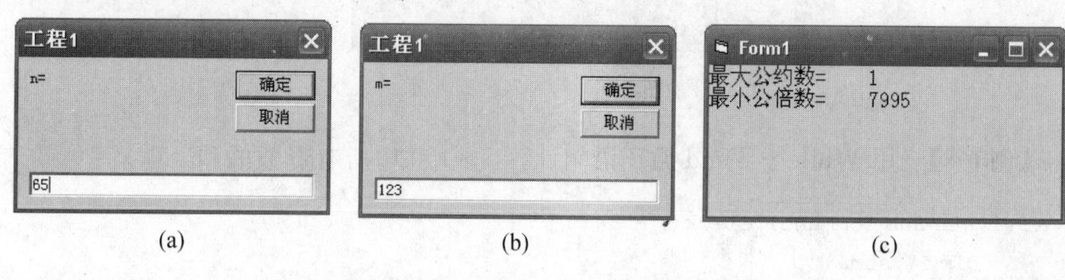

图 6-11　例 6-9 程序运行界面

在循环体中应有使循环趋向于结束的语句。例如在求累加中循环结束的条件是 i>100,因此在循环体中应该有使 i 增值以最终能使 i>100 的语句,例中使用 i=i+1 语句来达到此目的。如果无此语句,则 i 的值始终不改变,循环永不结束,构成死循环,程序无法正常结束。

6.4　Do…Loop 循环语句

在已知循环次数的情况下,使用 For…Next 语句完成循环比较方便,但如果循环次数未知,则要使用 Do…Loop 循环控制结构来实现,该控制结构采用 Do…Loop 循环语句。Do…Loop 循环比较灵活,可以根据需要决定是条件满足时执行循环体,还是一直执行循环体直到条件满足。Do…Loop 循环可以有两种格式,既可以在初始位置判断条件是否成立,也可以在执行一轮循环体后再判断条件是否成立,能否进入下一轮循环。

Do…Loop 循环的两种格式如下:

1. 格式 1

```
Do{While|Until}<条件>
    <语句块 1>  ┐
    [Exit Do]   ├ 循环体
    [<语句块 2>]┘
Loop
```

说明：

(1) Do While…Loop 循环语句，当＜条件＞为真(True)时执行循环体，＜条件＞为假(False)时终止循环。

(2) Do Until…Loop 循环语句，当＜条件＞为假(False)时执行循环体，＜条件＞为真(True)时终止循环。

(3) ＜条件＞是条件表达式，为循环的条件，其值为 True 或 False。

(4) 在 Do…Loop 中，可以在任何位置放置任意一个 Exit Do 语句，随时跳出 Do…Loop 循环。Exit Do 语句通常用于条件判断之后，如 If…Then，在这种情况下，Exit Do 语句将控制权转移到紧接着在 Loop 命令之后的语句。如在 Exit Do 语句用在嵌套的 Do…Loop 语句中，则 Exit Do 语句会将控制权转移到 Exit Do 语句所在位置的外层循环。

格式 1 的执行过程如图 6-12 和图 6-13 所示。

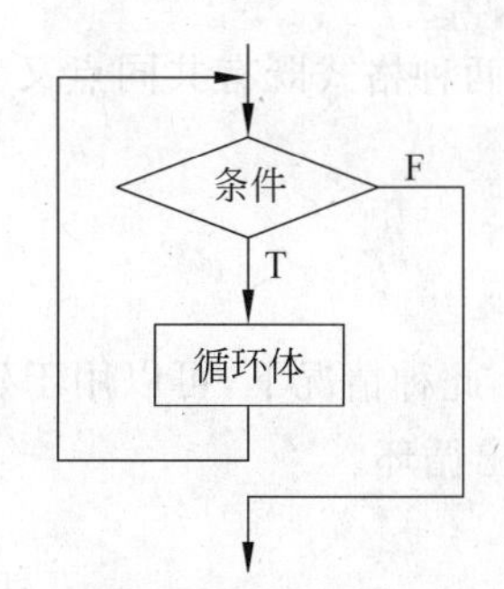

图 6-12 Do While…Loop 执行过程

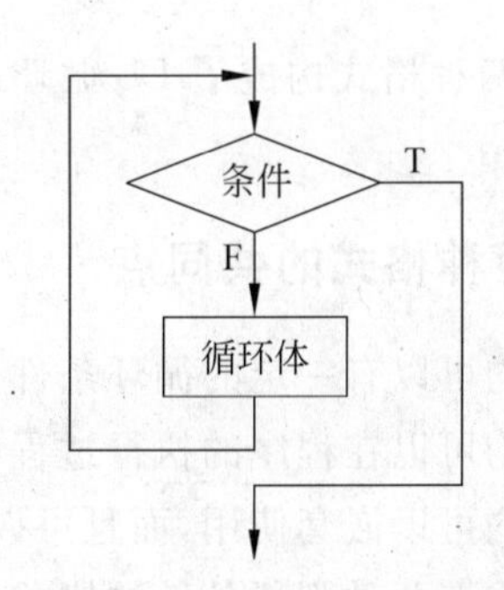

图 6-13 Do Until…Loop 执行过程

2. 格式 2

```
Do
    [<语句块 1>]     ⎫
        [Exit Do]    ⎬ 循环体
        [<语句块 2>] ⎭
Loop{While|Until}<条件>
```

说明：

(1) Do…Loop While 循环语句，当＜条件＞为真(True)时执行循环体，＜条件＞为假(False)时终止循环。

(2) Do…Loop Until 循环语句，当＜条件＞为假(False)时执行循环体，＜条件＞为真(True)时终止循环。

(3) ＜语句块 ＞是一条或多条命令(循环体)，它们将被重复到或直到＜条件＞为 True。

(4) ＜条件＞是条件表达式，为循环的判断条件，其值为 True 或 False。

(5) 在 Do…Loop 中可以在任何位置放置任意一个 Exit Do 语句，随时跳出 Do…Loop 循环。Exit Do 语句通常用于条件判断之后，如 If…Then，在这种情况下，Exit Do 语句将控制权转移到紧接着在 Loop 命令之后的语句。如在 Exit Do 语句用在嵌套的

Do…Loop 语句中，则 Exit Do 语句会将控制权转移到 Exit Do 语句所在位置的外层循环。

格式 2 执行过程如图 6-14 和图 6-15 所示。

图 6-14 Do…Loop While 执行过程　　图 6-15 Do…Loop Until 执行过程

上述两种格式构成了 Do 循环的两种使用方法。这两种格式既有共同点又有明显的差异。

3. 两种格式的共同点

(1) 均可以有一定的循环条件，但循环体部分为空。此种情况下，可以用于延时。

(2) 均可以在程序的执行过程中用 Exit Do 语句退出循环。

(3) 均可以嵌套使用，而且可以互相嵌套。

(4) 均有两种判断条件的格式：一种为“While ＜条件＞”，判断时只要条件成立，则继续执行循环体，然后重复上述判断过程，否则退出循环。另一种为“Until ＜条件＞”，判断时只要条件成立就退出循环，否则继续执行循环体，然后重复判断过程。

4. 两种格式的不同点

(1) 第一种格式中的判断条件“While 或 Until 条件”的位置在整个循环体的最后，而第二种格式中的判断条件“While 或 Until 条件”的位置在整个循环体的起始位置。

(2) 第一种格式的执行过程是先执行一遍循环体，再进行判断。而第二种格式的执行过程是先对条件进行判断，判断为能够执行循环体时，才能进入循环体执行相应语句。所以第一种格式至少要执行一次循环体，而第二种格式则可能根本不执行循环体。

例如：

```
i=1
Do While i<0
    Print i,
    i=i+1
Loop
```

上面这段程序执行时，先判断 i＜0 是否成立，因为 i＝1 不满足 i＜0 的条件，因此将跳过循环，执行 Loop 下面的语句，也就是一次也没执行循环体。但如果将程序段改写为格式 2，情况就会不同。

```
i=1
Do
    Print i,
    i=i+1
Loop While i<0
```

这段程序中虽然 i=1 同样不符合循环的条件，但因为先执行后判断，所以仍然执行了一次循环体，输出了 i 的值。

值得注意的是，关键字 While 用于指明条件成立时执行循环体，直到条件不成立时结束循环（如图 6-14 所示）；而 Until 则正好相反，条件不成立时执行循环体，直到条件满足才退出循环（如图 6-15 所示）。

【例 6-10】 求 $s=\sum_{i=1}^{100} i$ 的值。

我们用格式 1 实现，程序如下：

```
Private Sub Form_Click()
    Dim s%,i%
    i=1
s=0
Do While i<=100
    s=s+i
    i=i+1
Loop
Print "s=";s
End Sub
```

图 6-16 例 6-10 运行界面

程序的运行结果如图 6-16 所示。

读者可以自己考虑用格式 2 编写该程序，编程过程中注意语句 i=i+1 和 s=s+1 在循环体中的位置，并分析一下这两条语句位置的变化对循环控制条件及初始化语句的影响。

【例 6-11】 求两自然数 m,n 的最大公约数。

设计思想：

(1) m 除以 n 得到余数 r。

(2) 若 r=0，则 n 为要求的最大公约数，算法结束；否则执行第(3)步。

(3) n→m，r→n，再转到第(1)步执行。

程序代码如下：

```
Private Sub Command1_Click()
    Dim m%,n%,r%
    m=Val(Text1.Text)
    n=Val(Text2.Text)
    r=m Mod n
    Do Until r=0
```

```
        m=n
        n=r
        r=m Mod n
    Loop
    Print "它们的最大公约数是";n
End Sub
```

程序运行结果如图 6-17 所示。

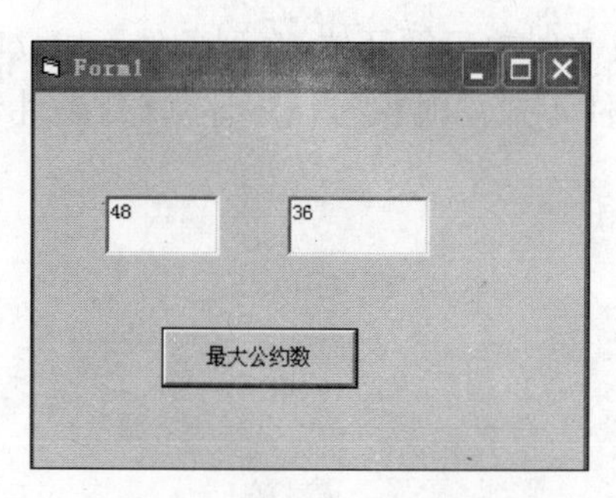

图 6-17　例 6-11 运行界面

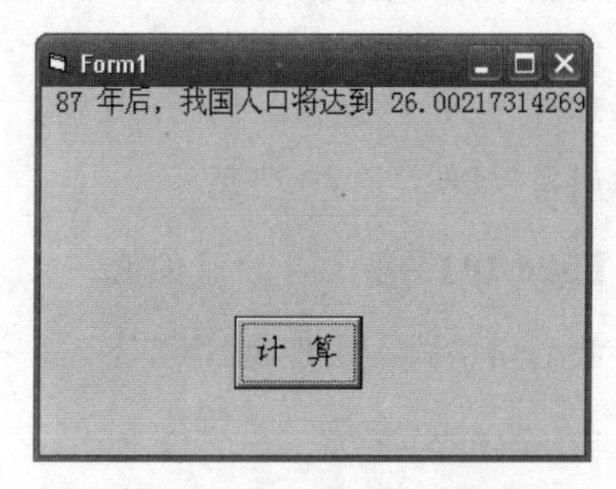

图 6-18　例 6-12 运行界面

【例 6-12】　编程：目前我国人口约为 13 亿，按人口年增长 0.8%计算，多少年后我国人口达到 26 亿？

(1) 分析：由题目可知，每年人口增长率相同，即由前一年人口数量求下一年人口数量的公式相同，经过若干年循环，人口达到 26 亿，由于循环次数未知，所以只能用 Do…Loop 循环实现。x 表示人口数量初值，n 表示年数。

(2) 创建计算按钮，为计算的单击事件编写下面的过程。

```
Private Sub Command1_Click()
    Fontsize=12
    x=13
    n=0
    Do While x<26
      x=x * 1.008
      n=n+1
    Loop
    Print n;"年后,我国人口将达到";x;"亿
"End Sub
```

(3) 程序功能：运行程序，在窗体上显示所求结果，如图 6-18 所示。

6.5　循环的嵌套

如果在一个循环的循环体内又包括一个完整的循环结构，这样的结构称为循环的嵌套。嵌套可以继续下去形成多个层次。循环嵌套一般最常见的达到二重，其次是三重，三

重以上不常见。在程序设计时，许多问题要有二重或多重循环才能解决。我们前面学过的 For 循环、While 循环、Do 循环都可以互相嵌套，如在 For…Next 的循环体中可以使用 While 循环，而在 While…Wend 的循环体中也可以出现 For 循环等。

若结构 A 是一个循环结构，结构 B 是 A 的循环体，且 B 也是一个完整的循环结构，则称 A 为 B 的外循环，B 为 A 的内循环。

多重循环的执行机制是，外循环 A 每执行一次，其内循环 B 要执行多次直到循环 B 结束；如此继续，直到最外层的循环执行完毕，整个多重循环才结束。

上面介绍的几种循环控制结构可以相互嵌套，下面是几种常见的二重循环嵌套形式：

```
(1) For I= …
      …
      For J= …
      …
      Next J
      …
    Next I
```

```
(2) For I= …
      …
         Do While/Until …
      …
      Loop
      …
    Next I
```

```
(3) Do While/Until…
      …
      For J= …
      …
      Next J
      …
    Loop
```

```
(4) Do While/Until…
      …
      Do While/Until…
      …
      Loop
      …
    Loop
```

```
(5) Do
      …
      For J= …
      …
      Next J
      …
    Loop While/Until…
```

```
(6) Do
      …
      Do…
      …
      Loop While/Until …
      …
    Loop While/Until…
```

【例 6-13】 打印九九乘法表。

分析：打印九九乘法表，只要将循环变量作为乘数和被乘数就可以方便地解决。

程序代码如下：

```
Private Sub Form_Click()
    Dim i%,j%,str$
    Print tab(35);"九九乘法表"
        For i=1 to 9
            For j=1 to 9
                Str=i & "*" & j & "=" & i*j
```

```
            Print tab((j-1) * 9+1);str;
            Next j
            Print
            Next i
    End Sub
```

程序运行的结果如图 6-19 所示。

请思考,如果要打印成如图 6-20 所示的结果,该如何修改程序?

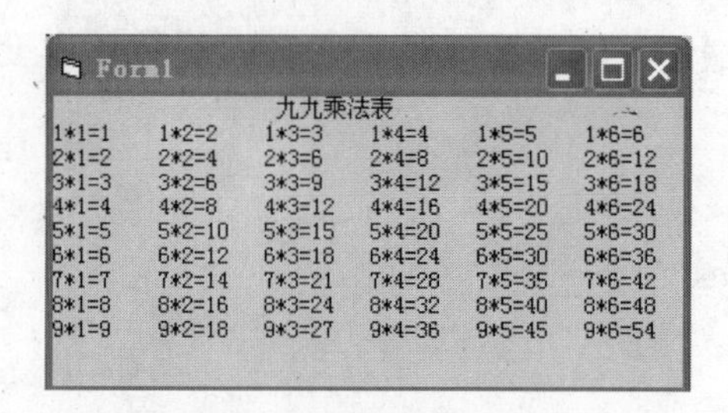

图 6-19 例 6-13 程序运行结果

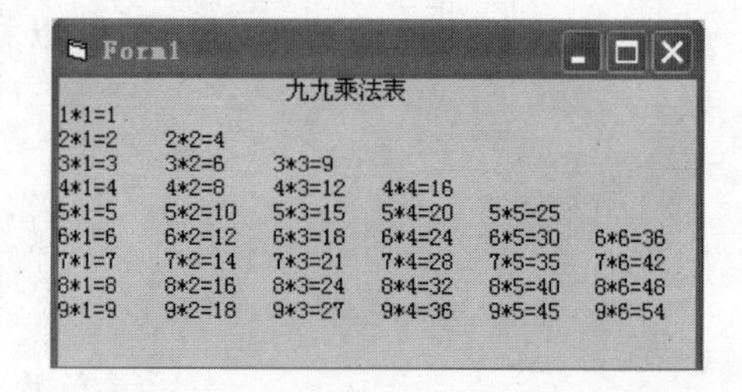

图 6-20 思考题界面

对于循环的嵌套,要注意以下事项。

(1) 在多重循环中,各层循环的循环控制变量不能同名。但并列循环的循环控制变量名可以相同,也可以不同。

(2) 外循环必须完全包含内循环,不能交叉。

下面的程序段都是错误的。

```
For i=1 To 100
    For j=1 To 100
        …
    Next I
Next j
```

(a) 内循环交叉

```
For i=1 To 100
    For i=1 To 100
        …
    Next i
Next i
```

(b)内外循环控制变量同名

下面程序段是正确的。

```
For i=1 To 100
    For j=1 To 100
        …
    Next j
        …
For j=100 To 120
        …
    Next j
Next i
```

(c) 内循环并列

【例 6-14】 编写程序,输出 100～1000 中所有的素数。

分析:前面已经介绍过判断一个正整数是否为素数的方法。要找出 100～1000 中所有的素数,将这些数逐个用前面的方法测试就可以了。为了减少循环次数,可以将那些肯定不是素数的偶数排除。

程序代码如下:

```
Private Sub Form_Click()
    Dim i%,m%,flag%,n%
    m=101
    n=0
    While m<1000
        flag=0
        For i=2 To Sqr(m)
            If m Mod i=0 Then flag=1
    Next i
    If flag=0 Then
        Print m;
        n=n+1
        If n Mod 10=0 Then Print
    End If
    m=m+2
    Wend
End Sub
```

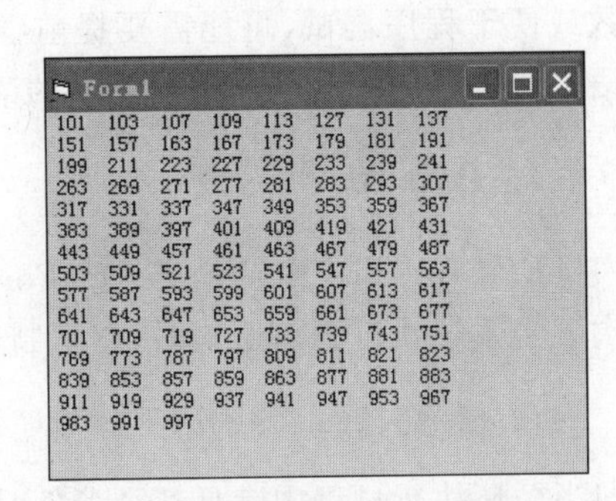

图 6-21　例 6-14 运行界面

运行程序,单击窗体,输出结果如图 6-21 所示。

【例 6-15】 求 sinx≈x－x^3/3!＋x^5/5!－x^7/7!＋x^9/9! －…＋(－1)^(n＋1) * x^(2n－1)/(2n－1)!

分析:观察多项式就会发现,奇数项为正,偶数项为负,各项分子指数与分母的阶乘数相同,各相邻指数相差为 2。因此,可以设计一个二重循环,内循环实现每项的计算,外循环完成对各项的求和。

程序代码如下:

```
Private Sub Command1_Click()
    Dim x#,n&,s#,i%,j%,k#,p#,f%
    x=Val(Text1.Text)
    n=Val(Text2.Text)
    s=0: f=-1
    For i=1 To n
        p=1: k=1
        For j=1 To 2*i-1
            p=p*j
            k=k*x
```

```
        Next j
        f=f * (-1)
        s=s+f * k/p
    Next i
    Print "sin(";x;")=";s
End Sub
```

程序运行结果如图 6-22 所示。

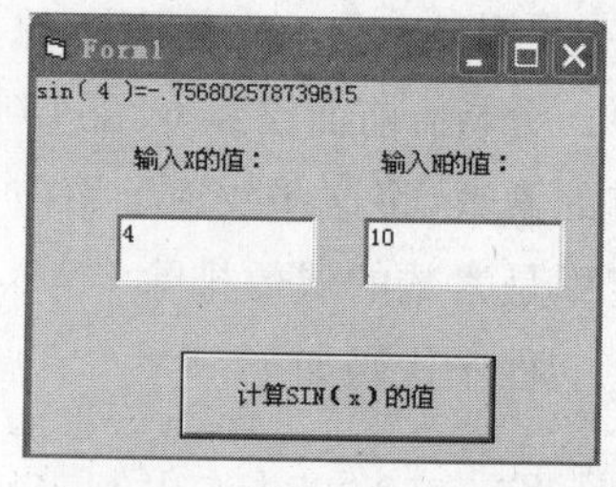

图 6-22　例 6-15 运行界面

6.6　循环的退出

前面讲述的循环，都是在执行结束时正常地退出。但在某些情况下，为了减少循环次数或便于程序调试，可能需要提前强制退出循环。VB 为 For…Next 和 Do…Loop 循环语句供应了相应的强制退出循环的语句。

1. Exit for

Exit for 用于 For…Next 或 For Each…Next 循环，在循环体中可以出现一次或多次。当系统执行到该语句时，就强制退出当前循环。常见的使用格式是：

```
If <条件> Then Exit For
```

即当循环执行过程中满足某个条件时，就执行循环退出语句结束循环。

前面学习了一个判断用户输入的数是否为素数的例子(例 5-2)，在这个例题中，无论用户输入的是否是素数，循环都是在循环变量超过终值后正常结束循环。然而，仔细观察一下就会发现：如果用户输入的不是素数，往往没有必要把整个循环执行完。如用户输入 15，int(sqr(15))=4，循环变量终值为 4，但当循环变量变化到 3 时，15 mod 3=0，由此就得知 15 为非素数，没有必要再将循环执行下去浪费时间，所以就可以在此时结束循环。而如果用户输入的数是素数，必然不会存在某个循环变量值能整除该数的情况，循环变量超过终值后正常结束循环。所以可以在循环后通过对变量值的判断来判定用户输入的数是否为素数。

程序代码如下：

```
Private Sub Form_Click()
    Dim n%,i%,k%
    n=InputBox("请输入一个正整数(>=3)")
    k=Int(Sqr(n))
        For i=2 To k
            If n Mod i=0 Then Exit For
        Next i
        If i>k Then
            Print n;"是一个素数"
        Else
```

```
            Print n;"不是素数"
        End If
End Sub
```

2. Exit Do

Exit Do 用于 Do…Loop 循环，具体用法同 Exit For 一样。例如，要在 1000～10 000 中找一个既能被 3 整除又能被 7 整除的数，可用下面的程序实现。

```
Private Sub Form_Click()
    Dim n%
    n=1000
    Do While n<=10000
        If n Mod 3=0 And n Mod 7=0 Then
            Print n
            Exit Do
        End If
        n=n+1
        Loop
End Sub
```

3. 其他

一般情况下，循环过程要从头到尾地执行，不能中途退出。在某些情况下，为了减少循环次数或便于程序调试，可能需要提前强制退出循环。VB 为此提供了出口语句 Exit。

一般编程时，多采用条件形式的出口语句：

```
If<条件>Then Exit For
If<条件>Then Exit Do
If<条件>Then Exit Sub
If<条件>Then Exit Function
```

使用出口语句除能减少循环次数外，其意义还在于它显式地标出了循环的出口点，这样可以改善某些循环的可读性，并易于代码的编写。

6.7 控制结构应用程序举例

在循环结构中可以完整嵌套选择结构，即整个选择结构都属于循环体。同样，也可以在选择结构中嵌套循环结构，但是要求整个循环结构必须完整地嵌套在一个分支内，一个循环结构不允许出现在两个或两个以上的分支内。

【例 6-16】 在窗体上显示 100～1000 之间所有能同时被 15 和 50 整除的数及其和。

(1) 分析：对 100～1000 之间的每个数都要进行相同的操作，故适合用循环结构实现；对某一个数，要先判断，若条件成立，才进行显示与求和运算，故适合采用选择结构实现。

(2) 在窗体的单击事件上编写下面过程代码:

```
Private Sub Form_Click()
    Dim sum As Integer
    Sum=0
    For i=100 to 1000
        If i Mod 15=0 And i Mod 50=0 then
            Print i
            sum=sum+i
        End If
    Next I
        Print "能同时被 15 和 50 整除的数的和是: "sum
End Sub
```

(3) 程序功能:单击窗体,输出满足条件的数及其和,运行结果如图 6-23 所示。

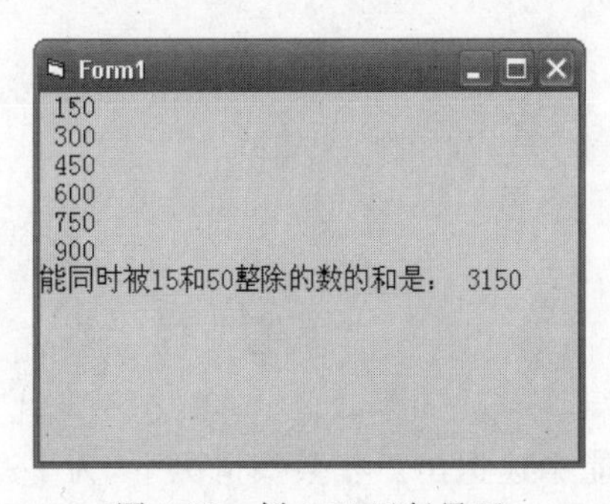

图 6-23　例 6-16 运行界面

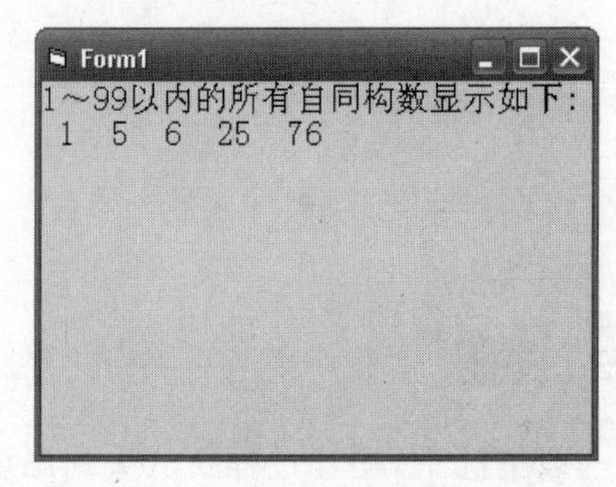

图 6-24　例 6-17 运行界面

【例 6-17】 在窗体上输出 1～99 之间的全部自同构数。自同构数是这样一组数:它与它的平方数的末几位数相等。例如,5 等于其平方数 25 的最末 1 位,25 等于其平方数 625 的最末 2 位,所以 5 和 25 都是自同构数。

(1) 分析:对 1～99 之间的每个数都要进行相同的操作,故适合用循环结构实现;对某一个数,要先判断,若满足自同构数条件,才将这个数显示在窗体上,故适合采用选择结构实现。

(2) 在窗体的 Click 事件上编写下面过程代码:

```
Private Sub Form_Click()
    Print "1~99 以内的所有自同构数显示如下:"
    For i=1 To 99
        j=i*i
        If j Mod 10=i Or j Mod 100=i Then
            Print i;
        End If
    Next i
End Sub
```

(3) 程序功能:执行程序,运行结果如图 6-24 所示。

【例 6-18】 编程求解百鸡问题。鸡翁一,值钱五,鸡母一,值钱三,鸡雏三,值钱一,百钱买百鸡,问鸡翁、鸡母、鸡雏各几只?

(1) 分析:设变量 x,y,z 分别表示鸡翁、鸡母、鸡雏的数量,由百钱买百鸡,我们可以构造两个含有 x、y、z 的一次方程:x+y+z=100 和 5x+3y+z/3=100。

(2) 编写窗体的单击事件过程代码:

```
Private Sub Form_Click()
    Dim x As Integer,y As Integer,z As Integer
        Print "公鸡","母鸡","小鸡"
        For x=1 to 19
            For y=1 To 33
                z=100-x-y
                If 5*x+3*y+z/3=100 Then
                    Print x,y,z
                End If
            Next y
        Next x
    End Sub
```

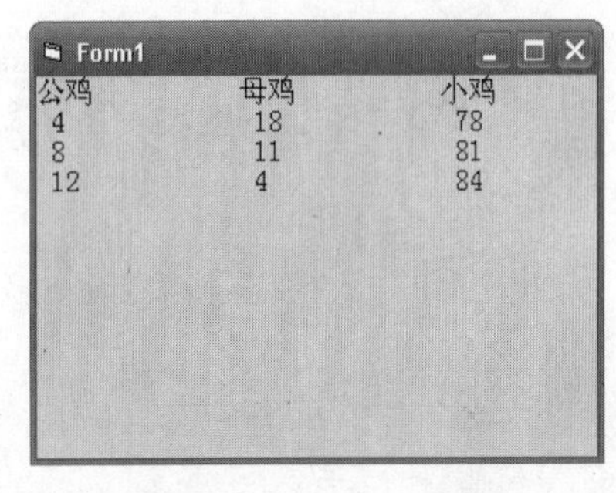

图 6-25 例 6-18 运行界面

(3) 程序功能:单击窗体,程序运行结果如图 6-25 所示。

另外,当程序流程需要无条件转移时,我们可以使用 Go To 语句来实现。Go To 语句可以无条件地转移到标号或行号指定的那行语句。

习 题

1. 从键盘任意输入 30 次字符,每次一个,分别统计字符中 A、B、C 的个数(不区分大小写)。如果中途连续输入 3 个 Q,则结束输入。

2. 有一分数序列 2/1,3/2,5/3,8/5,…,求出这个序列的前 20 项的和。

3. 有一袋球(100~200 之间),如果一次数 4 个,则剩 2 个;一次数 5 个,则剩 3 个;一次数 6 个,则正好数完,求该袋球的个数。

4. 假设某乡镇企业现有产值 2 376 000 元,如果保持年增长率为 13.45%,试问多少年后该企业的产值可以翻一番?

5. 找出 100~500 之间所有的"水仙花"数。所谓水仙花数,是指一个三位数,它的各位数字的立方和等于它本身,如 $371=3^3+7^3+1^3$。

6. 给定程序的功能是建立并打印 10*10 蛇形方阵,蛇形方阵如图 6-26 所示。

注意:不得增行或删行,也不得更改程序的结构!

7. 编写程序:随机输入一个正整数,用 3 种不同的循环程序结构实现在立即窗口输出 n 行字符串 Hello。

8. 编写程序:由键盘输入若干个数,当输入数据为"-1"时退出循环,分别统计输入的全部数据中(不包括-1)的正数平均值和负数平均值。

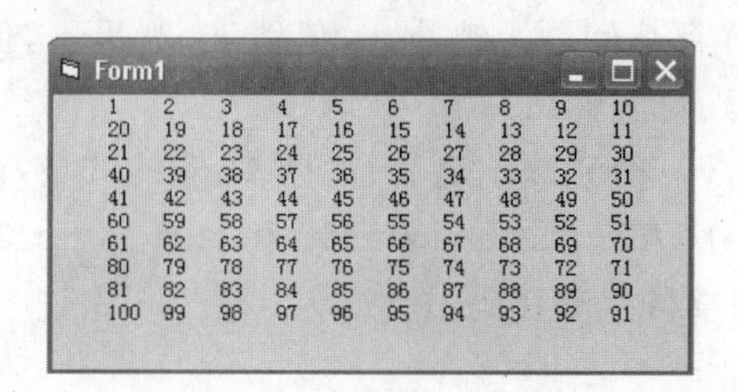

图 6-26　蛇形方阵数列

9. 已知 s＝a＋aa＋aaa＋…＋aa…a(n 位整数)，输入 a 及 n 的值，求 s 的值。

10. 编程打印如下图案：

```
(1)          (2)              (3)
*            *****              *
**            *****            ***
***            *****          *****
****            *****          ***
*****            *****          *
```

11. 用以下公式计算 sinx 的值：

$$\sin x = x - \frac{x^3}{3!} + \frac{x^5}{5!} + \frac{x^7}{7!} + \cdots + (-1)^{n-2}\frac{x^{2n-3}}{(2n-3)!} + (-1)^{n-1}\frac{x^{2n-1}}{(2n-1)!}$$

要求：x 的值由键盘输入，当所计算的项的绝对值为 10^{-7} 时停止计算，输出结果。

12. 用迭代法求 $x=\sqrt[3]{a}$。

迭代的数学展开式为：$x_{n+1}=1/3[2x_n+a/(x_n)^2]$

程序输入 n 值，作为迭代初值 x_0，以 y 代表 x_n，z 代表 x_{n+1}，当 $|x_{n+1}-x_n|<\varepsilon$ 时，迭代过程结束。

13. 编程，输入 n(n 为 1 位正整数)，输出 n＋1 层的杨辉三角形。如 n 为 6 时，输出结果如图 6-27 所示。

14. 输入字符，要求将字符顺序倒置，如图 6-28 所示。

图 6-27　杨辉三角形

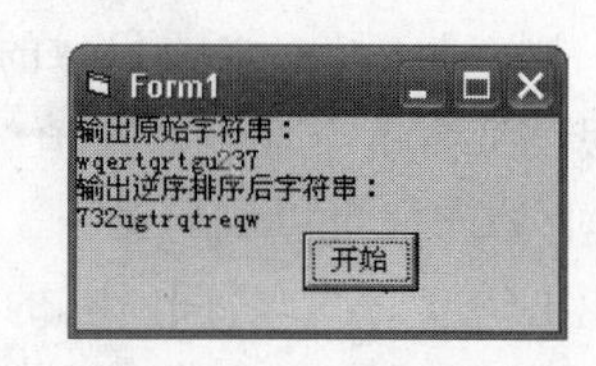

图 6-28　字符顺序倒置界面

15. 找出被 3,5,7 除余数为 1 的最小的 5 个正整数。

16. 猴子每天吃掉的桃子是所有桃子的一半多一个，到第 7 天发现只剩下一个了，问最开始有几个桃子？

17. 键盘输入一个正整数，找出大于或等于该数的第一个素数。

18. 将一个正整数分解为质因数乘积，如 234＝2＊3＊3＊13。

第7章 数组

数组是计算机程序设计语言中很重要的一个概念，用于处理大量数据。为了处理方便，常常把具有相同类型的若干数据按照一定的形式组织起来，这些具有相同类型数据元素的集合称为数组。在VB语言中，一个数组元素可以是基本数据类型、用户定义类型、对象类型，还可以是变体类型。

7.1 数组的概念

1. 引例

【例7-1】 求NBA中30名篮球明星的整个赛季的平均分，并统计高于平均分的人数。分析如下两段程序的区别。

程序1：

```
Dim aver As Single,score As Integer,sun!,n%
Sum=0
For i=1 To 30
    score=InputBox("请输入第" &i& "位篮球明星的得分")
    Sum=Sum+score
Next
avere=Sum/30
n=0
For i=1 To 30
    score=InputBox("请输入第" &i& "位篮球明星的得分")            '重复输入
    If score>aver Then n=n+1
Next i
Print n
Print aver
```

程序2：

```
Dim score(30)As Integer,aver!,sum!,n%
For i=1 To 30
    score(i)=InputBox("请输入第" &i& "位篮球明星的得分")
    sum=sum+score(i)
Next
```

```
aver=sum/30
n=0
For i=1 To 30
    If score(i)>aver Then n=n+1
Next
Print n
Print aver
```

从表面上看，两段程序差别不大，但是程序2引入了数组 score(30)，输入的每一位篮球明星的得分都保留在数组中，统计高于平均分的人数时，可以避免程序1的重复输入得分的工作。

2. 数组的概念

数组并不是一种数据类型，而是一组具有相同类型的数据的集合，数组中的每个数据称为数组的元素，元素在内存中按顺序排列。用数组名代表逻辑上相关的一批数据，每个元素用下标变量来区分；下标变量代表元素在数组中的位置。在计算机高级语言中，可以定义不同维数的数组。所谓维数，是指一个数组中的元素需要的下标变量的个数。常用的是一维数组和二维数组。一维数组相当于数学中的数列，二维数组相当于数学中的矩阵。

按照不同的方式，VB的数组可以分为以下几类：

(1) 按数组的大小(元素的个数)是否可以改变划分：定长数组、动态(可变长)数组。

(2) 按元素的数据类型划分：数值型数组、字符串数组、日期型数组、变体数组等。

(3) 按数组的维数划分：一维数组、二维数组和多维数组。

(4) 对象数组：菜单对象数组、控件数组。

7.2 一维数组

只有一个下标变量的数组，称为一维数组。

7.2.1 一维数组的定义

VB语言中数组没有隐式声明，所有使用的数组应当先定义后使用，数组的定义又称为数组的声明或说明。数组的声明包括数组名、数组的维数，每一维的元素个数及元素的数据类型。

对于固定大小的一维数组，用如下格式进行定义：

```
说明符 数组名(最大下标)[As 类型]
```

或

```
Dim 数组名[<数据类型符>]([<下界>to]<上界>)
```

例如：

```
Dim y(5) As Integer
```

定义了一个一维数组，该数组的名字为 y，类型为 Integer，占据 6 个(0～5)整型变量的空间。

说明：

(1)“说明符”为保留字，可以为 Dim，Public，Private 和 Static 中的任意一个。在使用过程中可以根据实际情况进行选用。本章主要讲述用 Dim 声明数组，其他参数的意义将在第 8.4 节介绍。定义数组后，数值数组中的全部元素都初始化为 0，字符串数组中的全部元素都初始化为空字符串。

(2)“数组名”的命名要遵守标识符规则。

(3)“下标”的一般形式为“[下界 to]上界”。下标的上界、下界为整数，不得超过 Long 数据类型的范围，并且下界应该小于上界。如果不指定“下界”，下界默认为 0。

例如：

```
Dim a(5)As Integer            '定义 a 数组,含 6 个元素,下标值从 0 到 5
Dim b(2 to 5)As Single        '定义 b 数组,含 4 个元素,下标值从 2 到 5
```

如果希望下界默认为 1，则可以通过语句 Option Base 1 来设置。

Option Base 1 语句只能出现在窗体级或模块级，不能出现在过程中，并且必须放在数组定义之前。

(4) 要注意区分“可以使用的最大下标值”和“元素个数”。“可以使用的最大下标值”指的是下标值的上界，而“元素个数”则是指数组中成员的个数。例如，在 Dim a(5)中，数组可以使用的最大下标值是 5。数组中的元素为 a(0)，a(1)，a(2)，a(3)，a(4)，a(5)，共有 6 个元素。

(5)“As 类型”用来说明“数组元素”的类型，可以是 Integer，Long，Single，Double，Currency，String(定长或变长)等基本类型或用户定义的类型，也可以是 Variant 类型。如果省略“As 类型”，则数组为 Variant 类型。

(6) 在同一个过程中，数组名不能与变量名同名，否则会出错。

例如：

```
Private Sub Form_Click()
    Dim a(5)
    Dim a
    a=8
    a(2)=10
    Print a,a(2)
    End Sub
```

图 7-1 数组名与变量名同名时的错误提示

程序运行后，单击窗体，将显示一个信息框，如图 7-1 所示。

(7) 可以通过类型说明符来指定数组的类型。

例如：

```
Dim A%(5),B!(3 to 5),c#(12)
```

(8) 数组中各元素在内存中占用连续的存储单元,一维数组在内存中存放的顺序是按下标大小的顺序,如图 7-2 所示。

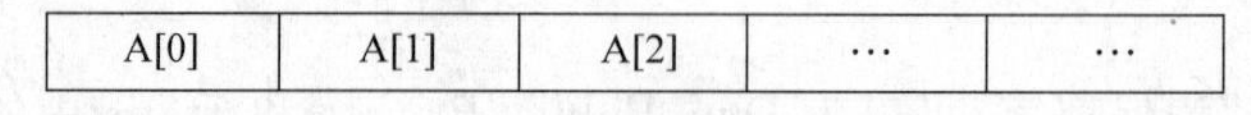

A[0]	A[1]	A[2]	…	…

图 7-2　数组中各元素的存放顺序

7.2.2　一维数组的引用

声明了一个数组后,就可以对其进行各种操作。对数组的操作主要是对数组元素的操作。即对数组元素的引用。一维数组元素的引用形式为:

数组名(下标)

其中:

(1) 下标可以是整型常量或整型表达式。

(2) 引用数组元素时,数组名、数组类型和维数必须与数组声明时一致。

(3) 引用数组元素时,下标值应在数组声明的范围之内,否则将会出现如图 7-3 所示的错误提示。

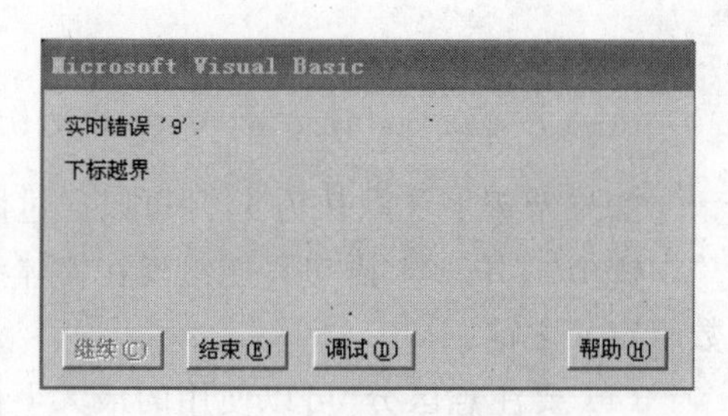

图 7-3　下标越界的错误提示

(4) 一般通过循环语句及 InputBox 函数、文本框给数组输入数据。数组的输出一般用 Print 方法、标签或文本框实现。

例如,设有下面的数组 B(10) As Integer

则下面的语句都是正确的。

```
a(1)=a(2)+b(1)+5        '取数组元素运算,并将结果赋值给一元素
a(i)=b(i)               '使用下标变量
b(i+1)=a(i+1)           '下标使用表达式
```

【例 7-2】 对输入的 20 个整数按每行 5 个元素的格式输出。

```
Private Sub Command1_Click()
    Dim b(20)As Integer,i%
    For i=1 To 20
        b(i)=InputBox("请输入一个整型数")
    Next i
    For i=1 To 20
        Print b(i);
```

```
        If i Mod 5=0 Then Print
        Next i
End Sub
```

【例 7-3】 编写程序,把输入的 10 个整数按逆序输出。

```
Private Sub Command1_Click()
Dim a(10)As Integer,i%
    Print "输入的数据为"
    For i=1 To 10
        a(i)=InputBox("请输入一个整型数")
        Print a(i),
    Next i
    Print
    Print "逆序输出为"
    For i=10 To step-1
        Print a(i);
        Next i
End Sub
```

7.2.3 一维数组的基本操作

假设定义一个一维数组: Dim a(1 to 10) As integer,下面是对数组的一些基本操作的程序段。

1. 通过循环为数组元素输入数据

```
For i=1 To 10
    A(i)=InputBox("输入 A(" &i& ")的值=?")
Next i
```

2. 求数组中最大元素及其下标

```
Max=a(1)
p=1
For i=2 To 10
    If a(i)<Max Then
        Max=a(i)
        p=i
    End If
Next i
Print "数组第" &p& "个元素值最大值为" & Max
```

3. 一维数组的逆序排序

其操作是:将第一个元素与最后一个元素交换,第二个元素与倒数第二个元素交换，…，即第 i 个元素与第 n－i 个元素的交换，直到 i≤n/2，如图 7-4 所示。

```
For i=1 To n/2
    t=a(i): a(i)=a(n-i+1): a(n-i+1)=t
Next i
```

交换前：

2	4	6	8	10	1	3	5	7	9

交换后：

9	7	5	3	1	10	8	6	4	2

图 7-4　数组中的元素交换

4. 数组的初始化

给数组中的各个元素赋初值，称为数组的初始化。除了前面介绍的数组元素的输入方法外，VB 还提供了 Array 函数，用于在程序中利用代码对数组进行初始化。Array 函数的语法格式为：

Array 函数语法格式为：

```
Dim <数组名>  As Variant
```

说明：

(1) ＜数组变量名＞是已经声明的变量名——用作数组使用。该变量必须是 Variant 类型。

(2) ＜数组元素值＞是准备赋给数组元素的值列表，各值之间用逗号分开。如果不提供参数，则创建一个长度为 0 的数组。

如：

```
Dim a As Variant
a=Arrary(10,20,30)
b=a(2)
```

(3) 使用 Arrary 函数创建的数组下界一般由 Option Base 语句指定的下界决定。

(4) 没有作为数组声明的 Variant 变量也可以表示数组。除了长度固定的字符串以及用户定义类型之外，Variant 变量可以表示任何类型的数组。

(5) 数组的下界为零，上界可由 Array 函数括号内的参数个数决定，也可通过函数 Ubound 获得。

例如：

```
Dim student As Variant
student=Array("王刚","黎明","邵力","张朝阳")
```

【例 7-4】 使用 Array 函数给数组 City 的元素赋初值。

编写窗体的单击事件过程如下：

```
Private Sub Form_Click()
    Dim City()As Variant
    City()=Array("北京","上海","西安","长沙")
    For i=0 To 3
        Print "City(";i;")=";City(i)
```

```
    Next i
End Sub
```

5. 数组元素的输出

数组元素可以在窗体或图片框中使用 Print 方法输出,也可以在多行文本框、列表框或组合框中输出。

【例 7-5】 随机产生 10 个两位数,放入数组。考虑到要在不同的过程中使用数组,所以首先在模块的通用段声明数组：程序运行结果如图 7-5 所示。

程序代码：

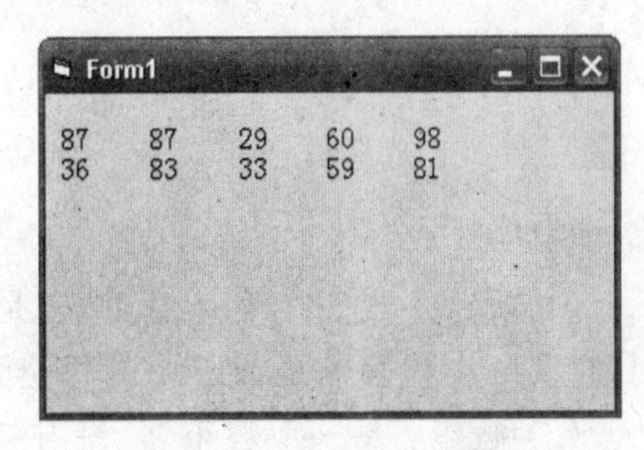

图 7-5 例 7-5 运行界面

```
Dim a(1 To 10)As Integer
Private Sub Form_Load()
    Randomize
    For i=1 To 10
        a(i)=Int(Rnd * 90)+10
    Next i
End Sub
Private Sub Form_Activate()
    Cls
    Print
    For i=1 To 10
        If i Mod 5=0 Then
            Print a(i)
        Else
            Print a(i);"  ";
        End If
    Next i
End Sub
```

6. Option Base 语句

如果不指定<下标下界>,则数组的下界由 Option Base 语句控制。语法格式为：

```
Option Base < n>
```

说明：

(1) n 只能为 0 或 1。

(2) 如果没有使用 Option Base 语句,则默认的下界为 0,例如：

```
Dim a(4) As Integer          '5 个元素,下标范围为 0~4
Dim b(20) As Double          '21 个元素,下标范围为 0~20
```

(3) 如果使用 Option Base 1 语句,例如：

```
Option Base 1                '默认下界为 1
Dim b(2,1 To 3,1 To 4)
```

则建立了一个三维数组 b,大小为 3×3×4,元素总数为三个维数的乘积,即 36。

7.2.4 For Each…Next 语句

For Each…Next 语句类似于 For…Next 语句,两者都是用来执行指定重复次数的一组操作。但是 For Each…Next 语句专门用于数组或对象"集合",其一般格式为:

```
For Each [成员] In [数组]
    [循环体]
    [Exit For]
      ⋮
    Next[成员]
```

说明:

(1) 成员:是一个变体变量,它是为循环提供的,并在 For Each…Next 语句中重复使用,它实际上代表的是数组中的每个元素。

(2) 数组:是一个数组名,没有括号和上下界。

用 For Each … Next 语句可以对数组元素进行处理,包括查询、显示或读取。它所重复执行的次数由数组中元素的个数决定。也就是说,数组中有多少个元素,就自动重复执行多少次。例如:

```
Dim A(1 T o 10)
For Each x In A
    Print x;
Next x
```

本例重复执行循环体 10 次(因为数组 A 有 10 个元素),每次输出数组的一个元素值。这里的 x 类似于 For…Next 循环中的循环控制变量,但是不需要为其提供初值和终值,而是根据数组元素的个数确定执行循环体的次数。此外,x 的值处于不断的变化之中,开始执行时 x 是数组第一个元素的值,执行完一次循环体后 x 变为数组第二个元素的值,…,当 x 为数组最后一个元素的值时执行最后一次循环。x 是一个变体变量,它可以代表任何类型的数组元素。

在数组操作中,For Each…Next 语句比 For…Next 语句更方便,因为它不需要指明结束循环的条件。

```
Dim arr(1 To 20)
Private Sub Form_Click()
    For i=1 To 20
        arr(i)=Int(Rnd * 100)
    Next i
    For Each arr_elem In arr
        If arr_elem>50 Then
            Print arr_elem
```

```
            Sum=Sum+ arr_elem
        End If
        If arr_elem>95 Then Exit For
    Next arr_elem
    Print Sum
End Sub
```

该例首先建立一个数组，并通过 Rnd 函数为每个数组元素赋给一个 1～100 之间的整数。然后用 For Each…Next 语句输出值大于 50 的元素，求出这些元素的和，如果遇到值大于 95 的元素，则退出循环。

注意：不能在 For Each…Next 语句中使用记录类型数组，因为 Variant 不能包含记录类型。

7.2.5 一维数组的应用

【例 7-6】 从键盘上输入 40 个人的考试成绩，输出高于平均成绩的分数。

分析：该问题可分 3 部分处理：一是输入 40 个人的成绩；二是求平均分；三是把这 40 个分数逐一和平均成绩进行比较，若高于平均成绩则输出。

程序代码如下：

```
Private Sub Command1_Click()
    Dim score(40)As Single,aver!,i%
    aver=0
    For i=1 To 40
        score(i)=InputBox("请输入成绩")
        aver=aver+score(i)
        Next i
        aver=aver/40
        For i=1 To 40
            If score(i)>aver Then Print score(i)
    Next i
    Print "平均分为：" & aver
End Sub
```

【例 7-7】 随机产生 10 个两位整数，找出其中最大值、最小值。

分析：该问题可以分为两部分处理：一是产生 10 个随机整数，并保存到一维数组中；二是对这 10 个整数求最大值和最小值。

程序代码如下：

```
Private Sub Command1_Click()
    Dim min%,max%,i%,a(10)As Integer
    Randomize
    For i=1 To 10
        a(i)=Int(Rnd * 90)+10
```

```
    Next i
    Print "产生的随机数为"
    For i=1 To 10
        Print a(i),
        Next i
    Print
    min=a(1): max=a(1)
    For i=2 To 10
        If a(i)>max Then max=a(i)
        If a(i)<min Then min=a(i)
    Next i
    Print "最大值为"
        Print max
    Print "最小值为"
        Print min
End Sub
```

【例 7-8】 输出 Fibonacci 数列：1,1,2,3,5,8,…的前 20 个数，即 Fib(1)＝1,Fib(2)＝1,Fib(n)＝Fib(n－1)＋Fib(n－2)(n≥3)。

分析：根据 Fib(n)＝Fib(n－1)＋Fib(n－2)计算公式，使用数组很容易解决该问题。

程序代码如下：

```
Private Sub Command1_Click()
    Dim fib(20) As Integer,i%
    fib(1)=1: fib(2)=1
    For i=3 To 10
    fib(i)=fib(i-1)+fib(i-2)
    Next i
    For i=1 To 20
        Print fib(i),
        If i Mod 5=0 Then Print                    '每行输出 5 个数
    Next i
End Sub
```

7.2.6 数组排序

排序(Sorting)是计算机程序设计中的一种重要操作，功能是将一组数据元素(或记录)的任意序列重新排列成一个按关键字有序的序列。对于数组则是将数组元素按递增或递减次序排列，如按学生的成绩、球赛积分等排序。排序的算法有许多，常用的有选择法、冒泡法、插入法、合并排序等。

1. 选择法排序

选择法排序(Selection Sort)的基本思想是：每一趟在 n－i＋1(i＝1,2,…,n－1)个

记录中选取关键字最小的记录作为有序序列中第 i 个记录。其中最简单且为读者最熟悉的是简单选择排序(Simple Selection Sort)。

简单选择排序的基本思想是：每次在若干个无序数中找最小(大)数，并放在相应的位置。

例如，对已知的存放在数组中的 n 个数，用选择法按递增顺序排序：

(1) 从 n 个数中找出最小数的下标，最小数与第 1 个数交换位置；通过这一轮排序，第 1 个数已确定好。

(2) 除已排序的数外，其余数再按步骤(1)选出最小的数，与未排序数中的第 1 个数交换位置。

(3) 重复步骤(2)，最后构成递增序列。

【例 7-9】 对已知存放在数组中的 6 个数，用选择法按递增顺序排序，如图 7-6 所示。

						原始数据	8 6 9 3 2 7
a(1)	a(2)	a(3)	a(4)	a(5)	a(6)	第 1 轮比较	2 6 9 3 8 7
	a(2)	a(3)	a(4)	a(5)	a(6)	第 2 轮比较	2 3 9 6 8 7
		a(3)	a(4)	a(5)	a(6)	第 3 轮比较	2 3 6 9 8 7
			a(4)	a(5)	a(6)	第 4 轮比较	2 3 6 7 8 9
				a(5)	a(6)	第 5 轮比较	2 3 6 7 8 9

图 7-6 选择法排序过程示意图

程序代码：

```
Private Sub Form_Click()
Dim t%,i%,j%,a(6) As Integer,iMin%
    For i=1 To 6
        a(i)=InputBox("输入一个整数")
    Next i
    Print "输入的 6 个整数为"
    For i=1 To 6
        Print a(i),
        Next i
    Print
    For i=1 To 6-1
        iMin=i
        For j=i+1 To 6
            If a(j)<a(iMin) Then iMin=j
            Next j
            t=a(i): a(i)=a(iMin): a(iMin)=t
    Next i
    Print "排序后的结果为"
    For i=1 To 5
        Print a(i),
    Next i
```

```
End Sub
```

2. 起泡法排序

【例 7-10】 用起泡法对例 7-9 进行排序。

算法基本思想(将相邻两个数比较,小的调到前头):

(1) 有 n 个数(存放在数组 a(n)中),第一趟将每相邻两个数比较,小的调到前头,经 n－1 次两两相邻比较后,最大的数已“沉底”,放在最后一个位置,小的数上升“浮起”。

(2) 第二趟对余下的 n－1 个数(最大的数已“沉底”)按步骤(1)中的方法比较,经 n－2 次两两相邻比较后得次大的数。

(3) 以此类推,n 个数共进行 n－1 趟比较,在第 j 趟中要进行 n－j 次两两相邻比较。

排序过程如图 7-7 所示。

						原始数据	8 6 9 3 2 7
a(1)	a(2)	a(3)	a(4)	a(5)	a(6)	第 1 轮比较	6 8 3 2 7 9
a(1)	a(2)	a(3)	a(4)	a(5)		第 2 轮比较	6 3 2 7 8 9
a(1)	a(2)	a(3)	a(4)			第 3 轮比较	3 2 6 7 8 9
a(1)	a(2)	a(3)				第 4 轮比较	2 3 6 7 8 9
a(1)	a(2)					第 5 轮比较	2 3 6 7 8 9

图 7-7 起泡法排序过程示意图

程序代码:

```
Private Sub Form_Click()
Dim t%,i%,j%,a(6) As Integer,iMin%
    For i=1 To 6
        a(i)=InputBox("输入一个整数")
    Next i
    Print "输入的 6 个整数为"
    For i=1 To 6
        Print a(i),
        Next i
    Print
For i=1 To 6-1                          '进行 n-1 轮比较
    For j=i+1 To 6                      '从第 n~i 个元素进行两两比较
        If a(j)<a(i) Then               '若次序不对,则马上进行交换位置
            t=a(j)
            a(j)=a(j+1)
            a(j+1)=t
        End If
    Next j                              '出了内循环,一轮排序结束,最小数已冒到最上面
Next i
Print "排序后的结果为"
For i=1 To 6
```

```
    Print a(i);
    Next i
End Sub
```

3. 插入数据

【例 7-11】 在有序数组 a(1 to n)(原有 n－1 个元素)中插入一个值为 Key 的元素。

算法：

(1) 首先查找待插入数据在数组中的位置 k。

(2) 然后从最后一个元素开始往前直到下标为 k 的元素依次往后移动一个位置。

(3) 第 k 个元素的位置腾出后，将数据 Key 插入，如图 7-8 所示。

程序代码：在有序数组 a 中插入数值 x。

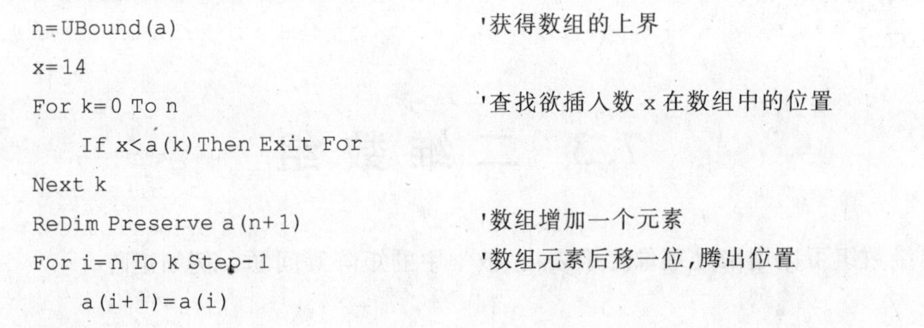

```
Private Sub Form_Click()
    Dim a(),i%,k%,x%,n%
    a=Array(1,4,7,9,12,23,56)
    n=UBound(a)                              '获得数组的上界
    x=14
    For k=0 To n                             '查找欲插入数 x 在数组中的位置
        If x<a(k)Then Exit For
    Next k
    ReDim Preserve a(n+1)                    '数组增加一个元素
    For i=n To k Step-1                      '数组元素后移一位,腾出位置
        a(i+1)=a(i)
    Next i
    a(k)=x                                   '数 x 插入在对应的位置,使数组保持有序
    For i=0 To n+1                           '显示插入后的各数组元素
        Print a(i);
    Next i
End Sub
```

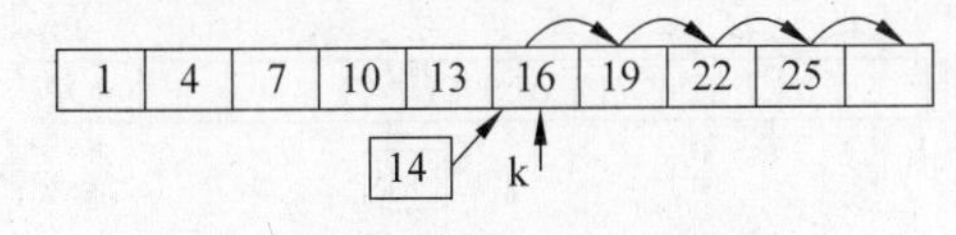

图 7-8　数据插入过程示意图

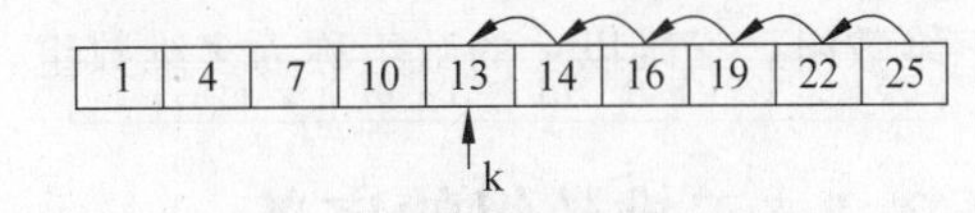

图 7-9　数据删除过程示意图

4. 删除

【例 7-12】 在有序数组 a(Iton)中删除一个指定元素。

算法：首先找到欲删除的元素的位置 k，然后从 k＋1 到 n 个位置开始向前移动，最后将数组元素减 1，如图 7-9 所示。

程序代码：本例将值为 13 的元素删除。

```
Private Sub Form_Click()
    Dim a(),i%,k%,x%,n%
    a=Array(1,4,7,9,12,14,23,56)
    n=UBound(a)                              '获得数组的上界
    x=14
    For k=0 To n                             '查找欲删除的数组元素位置
       If x=a(k) Then Exit For
    Next k
    If k>n Then MsgBox("找不到此数据"): Exit Sub
    For i=k+1 To n                           '将 x 后的元素左移
       a(i-1)=a(i)
    Next i
    n=n-1
    ReDim Preserve a(n)                      '数组元素减少一个
    For i=0 To n                             '显示删除后的各数组元素
       Print a(i);
    Next i
End Sub
```

7.3 二维数组

二维数组可以用来处理像二维表格、数学中的矩阵等问题。例如矩阵

$$A=\begin{bmatrix}1 & 4 & 7\\ 2 & 5 & 8\\ 3 & 6 & 9\end{bmatrix}$$

A 中每个元素都需要由两个参数来描述其所在的位置，即行、列，如 A 中值为 8 的元素行是 2，列为 3，(2,3)共同确定了元素 8 在矩阵 A 中的位置。当我们用一个数组存储该矩阵时，每个元素的位置都需要用行和列两个下标来描述，如 A(3,2)表示数组中第 3 行第 2 列的元素。矩阵 A 是一个二维数组。同理，数组中的元素有 3 个下标的数组称为三维数组。三维以上的数组称为多维数组。

7.3.1 二维数组的定义

对于固定大小的二维数组，可以用如下格式进行定义：

```
说明符 数组名([下界 to]上界,[下界 to,]上界)[As 类型]
```

其中的参数与一维数组完全相同。

例如，Dim T(2,3) As Integer

定义了二维数组，名字为 T，类型为 Integer，该数组中有 3 行(0～2)4 列(0～3)，占据 12(3 * 4)个整型变量的空间，按行优先存放，如图 7-10 所示。

	第0列	第1列	第2列	第3列
第0行	T(0,0)	T(0,1)	T(0,2)	T(0,3)
第1行	T(1,0)	T(1,1)	T(1,2)	T(1,3)
第2行	T(2,0)	T(2,1)	T(2,2)	T(2,3)

图 7-10　二维数组的分布

说明：

（1）可以将二维数组的定义方法推广至多维数组的定义。

例如，Dim D(3,1 to 10,1 to 15)定义了一个三维数组，大小为 4 * 10 * 15。注意在增加数组的维数时，数组所占的存储空间会大幅度增加，所以要慎用多维数组。使用 Variant 数组时要格外小心，因为它们需要更大的存储空间。

（2）在实际使用时，可能需要数组的上界值和下界值，这可以通过 Lbound 函数和 Ubound 函数来求得。其格式为：

```
Lbound(数组名[,维])
Ubound(数组名[,维])
```

Lbound 函数和 Ubound 函数功能：

这两个函数分别返回一个数组中指定维的下界和上界。

① Lbound 函数返回"数组"某一"维"的下界值，而 Ubound 函数返回"数组"某一"维"的上界值，两个函数一起使用即可确定一个数组的大小。

② 对于一维数组来说，参数"维"可以省略；对于多维数组则不能省略。

例如：Dim A(1 to 10,0 to 5,－1 to 4)定义了一个三维数组，用下面的语句可以得到该数组各维的上下界。

```
Print Lbound(A,1),Ubound(A,1)
Print Lbound(A,2),Ubound(A,2)
Print Lbound(A,3),Ubound(A,3)
```

输出结果为：

```
 1     10
 0      5
-1      4
```

7.3.2　二维数组的引用

二维数组和一维数组一样，需要先声明后引用。引用格式为：

```
数组名(下标 1,下标 2)
```

引用格式说明：

(1) “下标 1”、“下标 2”可以是常量、变量或表达式。

(2) “下标 1”、“下标 2”的取值范围不能超过所声明的上、下界。

如：

```
a(1,2)=10
a(i+2,j)=a(2,3) * 2
```

在程序中，对二维数组进行赋值或输出时，一般采用二重循环来实现。

【例 7-13】 用二维数组输出如图 7-11 所示的数字方阵。

程序代码如下：

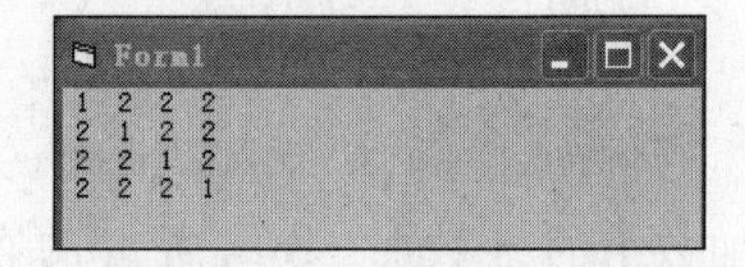

图 7-11 例 7-13 运行结果

```
Private Sub Form_Click()
    Dim a(4,4) As Integer,i% ,j%
    For i=1 To 4
        For j=1 To 4
            If i=j Then
                a(i,j)=1
            Else
                a(i,j)=2
            End If
        Next j
    Next i
  For i=1 To 4
    For j=1 To 4
        Print a(i,j);
    Next j
    Print
  Next i
End Sub
```

7.3.3 二维数组的基本操作

例如，设有下面定义：

```
Const N=4,M=5,L=6
Dim a(1 to N,1 To M)As Integer,i As Integer,j As Integer,k%
```

(1) 给二维数组 a 输入数据的程序段如下：

```
For i=1 To 4
  For j=1 To 5
    a(I,j)=InputBox("输入元素 a(" & i & "," & j &")=?")
  Next j
Next i
```

(2) 求最大元素及其所在的行和列。

基本思路同一维数组,用变量 max 存放最大值,row、col 存放最大值所在行列号,可用下面程序段实现:

```
Dim Max As Integer,row As Integer,col As Integer
    Max=a(1,1): row=1: col=1
    For i=1 To N
        For j=1 to M
            If a(i,j)>Max Then
                Max=a(i,j)
                row=i
                col=j
            End If
        Next j
    Next i
    Print "最大元素值为: ";Max
    Print "在第" & row & "行,";"第" & col & "列"
```

(3) 计算两个矩阵的乘积。

设有矩阵 A 有 M×L 个元素,矩阵 B 有 L×N 个元素,则矩阵 C=A×B,有 M×N 个元素。矩阵 C 中任一个元素为:

$$c(i,j) = \sum_{k=1}^{l}(a(i,k) \times b(k,j)) \quad (i = 1,2,\cdots,n)$$

如下程序段实现两个矩阵相乘:

```
For i=1 To M
    For j=1 To N
        c(i,j)=0
        For k=1 To L
            c(i,j)=c(i,j)+a(i,k) * b(k,j)
        Next k
    Next j
Next i
```

(4) 实现矩阵转置。

如果是方阵,即 A 有 M×M 的二维数组,则不必定义另一个数组,否则就需要再定义新数组。方阵的转置程序代码如下:

```
For i=2 To M
    For j=1 To i-1
        Temp=a(i,j): a(i,j)=a(j,i) : a(j,i)=temp
    Next j
Next i
```

如果不是方阵,则要定义另外一个数组。设 A 为 M×N 的二维数组,要重新定义一

个 N×M 的二维数组 B,将 A 转置得到 B 的程序代码如下:

```
For i=1 To M
    For j=1 To N
        b(j,i)=a(j,i)
    Next j
Next i
```

7.3.4 二维数组的应用

【例 7-14】 打印 4 名同学的英语、数学和法律 3 门课的考试成绩,并计算出每个同学的平均成绩。

分析:把 4 名同学的姓名及各科的考试分数分别存入一个一维字符串数组 xm(4)和一个二维数值数组 a(4,3)中,然后对数组(主要是二维数组)进行处理。

程序代码如下:

```
Private Sub Command1_Click()
    Dim a(4,3)As Single,xm(4)As String*10,i%,j%,aver!
    Print Tab(25);"成绩表"
    Print
    Print "姓名";Tab(15);"英语";Tab(25);"数学";
    Print Tab(35);法律;";Tab(45);";平均分
    Print
    For i=1 To 4
        aver=0
        xm(i)=InputBox("输入姓名")
        Print xm(i);
        For j=1 To 3
            a(i,j)=InputBox("输入" & xm(i)& "的一个成绩")
                aver=aver+a(i,j)
        Next j
            aver=aver/3
            Print Tab(15);a(i,1);Tab(25);a(i,2);
            Print Tab(35);a(i,3);Tab(45);aver
            Print
    Next i
End Sub
```

请思考:若求每门课的平均成绩,应如何对程序进行修改?

【例 7-15】 编写将 2*3 矩阵转置的程序,运行结果如图 7-12 所示。

分析:矩阵的转置就是将 a(i,j)与 a(j,i)交换。

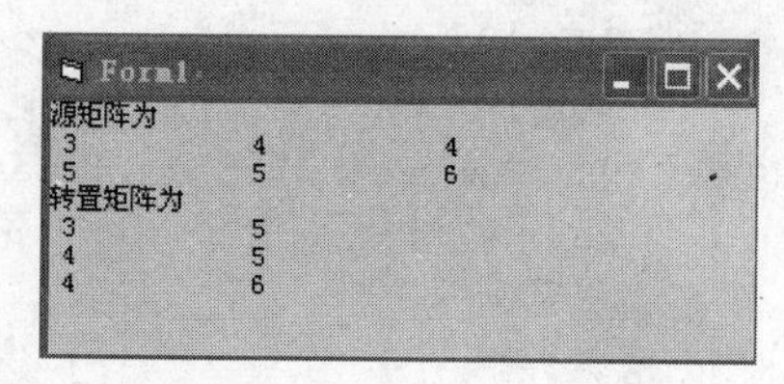

图 7-12 例 7-15 矩阵的转置

数学中的矩阵实际上就是一个二维数组。

程序代码如下：

```
Private Sub Form_Click()
    Dim a(2,3)As Integer,b(3,2)As Integer,i%,j%
    For i=1 To 2
        For j=1 To 3
            a(i,j)=InputBox("输入一个数")
            b(j,i)=a(i,j)
        Next j
    Next i
Print "源矩阵为"
For i=1 To 2
    For j=1 To 3
        Print a(i,j),
    Next j
    Print
Next i
Print "转置矩阵为"
For i=1 To 3
        For j=1 To 2
            Print b(i,j),
        Next j
        Print
    Next i
End Sub
```

【例 7-16】 两个相同阶数的矩阵 A 和 B 相加，即 C＝A＋B。程序运行界面如图 7-13 所示。

分析：两个同阶矩阵相加，即对应位置的元素相加。c(i,j)＝a(i,j)＋b(i,j)

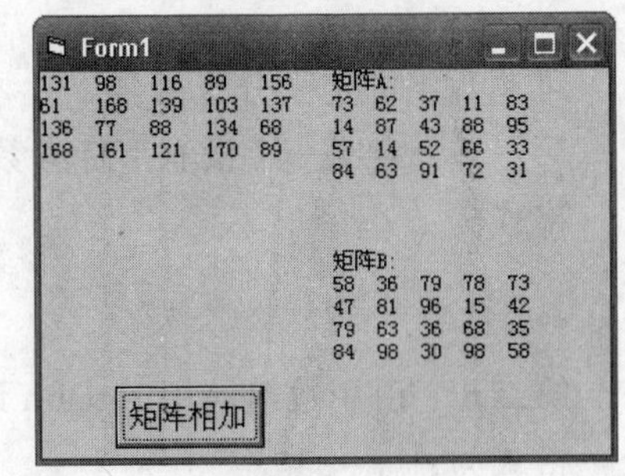

图 7-13　例 7-16 两矩阵相加运行界面

程序代码如下：

```
Private Sub Command1_Click()
    Dim a(4,5)As Integer,b(4,5)As Integer
    Dim c(4,5)As Integer
    Dim i As Integer,j As Integer
    Label1.Caption=Label1.Caption+Chr(10)+
   Chr(13)
    Label2.Caption=Label2.Caption+Chr(10)+Chr(13)
    For i=1 To 4
        For j=1 To 5
            a(i,j)=Int(Rnd * 90)+10                          '产生 10~90 的随机整数
            b(i,j)=Int(Rnd * 90)+10
            Label1.Caption=Label1.Caption+CStr(a(i,j))+" "   '在标签中显示矩阵 A
```

```
            Label2.Caption=Label2.Caption+CStr(b(i,j))+" "  '在标签中显示矩阵B
            c(i,j)=a(i,j)+b(i,j)
            Print Format(c(i,j),"!@@@@@");                  '在标签中显示矩阵C
        Next j
        Print
        Label1.Caption=Label1.Caption+Chr(10)+Chr(13)
        Label2.Caption=Label2.Caption+Chr(10)+Chr(13)
    Next i
End Sub
```

7.4 可调数组

通过前两节的学习，我们知道，在定义数组时，是用数组常数或符号常量定义数组的维数及下标的上、下界。VB编译程序时为数组分配了相应的存储空间，并且在应用程序运行期间，数组一直占据这块内存区域，这样的数组称为固定数组。但是，在实际应用中，有时事先无法确定到底需要多大的数组，数组应定义多大，要在程序运行时才能决定。如果定义的数组“足够大”，显然又会造成内存空间的浪费。

可调数组提供了一种灵活有效的内存管理机制，能够在程序运行期间根据用户的需要随时改变数组的大小。

可调数组是指在声明时未给出数组的长度，在执行程序时再由ReDim语句来确定维数及大小，分配存储空间的数组。这与定长数组不同，定长数组是在程序编译时就分配存储空间的。

7.4.1 可调数组的定义

可调数组的定义分为两步。

第一步：声明一个没有下标参数的数组。

格式为：

```
说明符 数组名()[As 类型]
```

第二步：引用数组前用ReDim语句重新定义。

格式为：

```
ReDim[Preserve]数组名([下界 to]上界[,[下界 to]上界…])[As 类型]
```

例如：

```
Private Sub Command1_Click()
Dim a()As Integer
Dim n%
…
```

```
n=Val(InputBox("input n"))
ReDim a(n)
…
End Sub
Dim A()As Integer                    '在过程外声明动态数组
Redim A(5)                           '在过程中定义数组为5个元素
Redim Preserve A(15)                 '在过程中定义数组为15个元素,保留数组中原数据
```

说明:

(1) 格式中的"说明符"、"数组名"、"类型"等说明同一维数组的定义。

(2) 下、上界可以是常量,也可以是有了确定值的变量。

(3) ReDim语句用来重新定义数组,能改变数组的维数及上、下界,但不能用其改变可调数组的数据类型,除非可调数组被声明为Variant类型。

(4) 每次使用ReDim语句都会使原来数组中的值丢失,可以在ReDim后加Preserve参数来保留数组中的数据,但Preserve只能用于改变多维数组中最后一维的大小,前几维的大小不能改变。

(5) ReDim语句只能出现在过程中。

7.4.2 可调数组中的应用举例

【例7-17】 编程输出Fibonacci数列:1,1,2,3,5,8,…的前n项。

分析:本例要求输出前n项,n是一个变量,因此应该使用可调数组。

程序代码如下:

```
Private Sub Command1_Click()
    Dim fib(),i%,n%                          '避免溢出,定义数组为Variant类型
    n=InputBox("输入n的值(n>1)")
    ReDim fib(n)
    fib(1)=1: fib(2)=1
        For i=3 To n
            fib(i)=fib(i-1)+fib(i-2)
        Next i
        For i=1 To n
            Print fib(i),
            If i Mod 5=0 Then Print          '每行输出5个数
        Next i
End Sub
```

【例7-18】 输入学生的总人数和每个学生的成绩,然后计算所有学生成绩的平均值。程序运行界面如图7-14(a)和(b)所示。

此例中,学生的总人数未知,直到用户输入总人数时才能确定,因此无法预先知道存放成绩的数组元素的个数,只能将其定义为动态数组,当用户输入总人数后,再重新定义数组的大小。

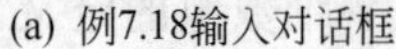

(a) 例7.18输入对话框

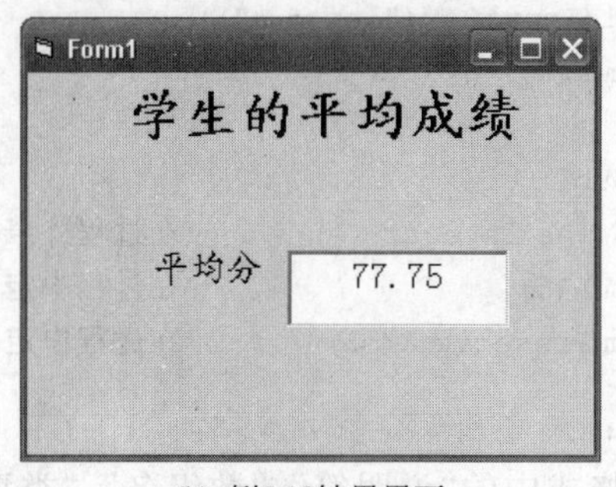

(b) 例7.18结果界面

图 7-14 例 7-18 程序运行结果

程序代码如下：

```
Option Base 1
Private Sub Form_Load()
    Dim score()As Integer
    Dim n As Integer,average As Single
    Dim i As Integer
    n=Val(InputBox("请输入总人数","",""))              '输入学生人数作为数组长度
    ReDim score(n)                                    '定义动态数组 score
    For i=1 To n                                      '输入学生成绩
        score(i)=Val(InputBox("请输入第" & Str(i)& "个学生的成绩","成绩统计",""))
    Next i
    total=0
    For i=1 To n
        total=total+score(i)                          '计算总成绩
    Next i
    average=total/n
    Text1.Text=Format(average,"0.00")
End Sub
```

【例 7-19】 编程输出杨辉三角形(国外称 Pascal 三角形)，如图 7-15(b)所示。

算法分析：杨辉三角形中的各行是二项式$(a+b)^n$展开式中各项的系数。由排列式可以看出，杨辉三角形每行的第一列和斜主对角线上的元素值均为 1，其余各项的值都是上一行前一列元素与上一行同一列元素之和。上一行同一列没有元素时则认为是 0。由此可得算法公式如下：

$$A(i,j)=\begin{cases} i & j=1,i=j \\ A(i-1,j-1)+a(i-1,j) & \\ 0 & j>i \end{cases}$$

程序代码：

```
Private Sub Command1_Click()
Dim n As Integer
n=Val(Text1.Text)
```

```
If n>16 Then
    MsgBox "请不要超过 16"
    Exit Sub
End If
ReDim a(n,n)
For i=1 To n
    a(i,1)=1
    a(i,i)=1
Next
p=Format(1,"!@@@@@")& Chr(13)
p=p & Format(1,"!@@@@@")& Format(1,"!@@@@@")& Chr(13)
For i=3 To n
    p=p & Format(a(i,1),"!@@@@@")
    For j=2 To i-1
    a(i,j)=a(i-1,j-1)+a(i-1,j)
        p=p & Format(a(i,j),"!@@@@@")
Next
p=p & Format(a(i,i),"!@@@@@")& Chr(13)
Next
MsgBox p,0,"杨辉三角形"
End Sub
```

程序运行界面如图 7-15(a)和(b)所示。

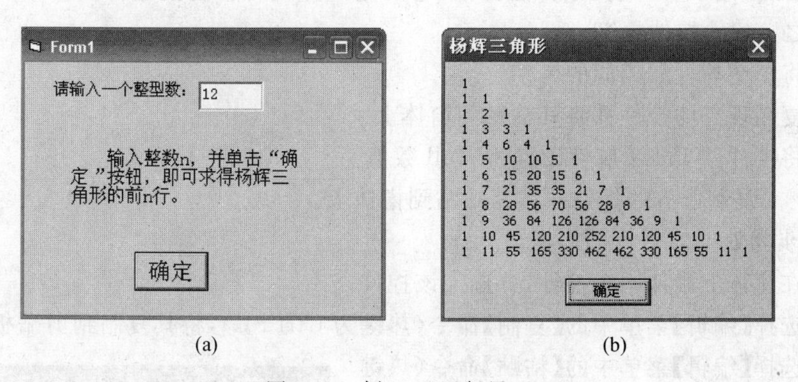

(a) (b)

图 7-15 例 7-19 运行界面

7.5 控件数组

本节介绍控件数组，控件数组为处理功能相近的控件提供了极大的方便。

7.5.1 控件数组的概念

在实际应用中，有时会用到一些类型相同且功能类似的控件。如果对每一个控件都单独处理，就会多做一些麻烦而重复的工作。这时可以用控件数组来简化程序。

控件数组由一组相同类型的控件组成，这些控件共用一个控件名字，具有相同的属性设置，共享同样的事件过程。控件数组中各个控件相当于普通数组中的各个元素，同一控件数组中各个控件的 Index 属性相当于普通数组中的下标。一个控件数组至少应有一个元素，元素的数目可在系统资源和内存允许的范围内增加，索引值的范围为 0～32 767。

另外，如果要在程序运行中创建新的控件，则新控件必须是控件数组中的成员。使用控件数组时，每个新成员都继承数组的公共事件过程。如控件数组 Option 包括 5 个数组元素，即 Option(1)，Option(2)，…，Option(5)。每个元素是一个单选按钮，无论单击哪个单选按钮，都会触发 Option_Click()事件。

使用控件数组有两个好处，一个是在一定程度上可以简化代码，另一个是使在程序执行期间创建控件成为可能。

控件数组的使用与数组变量的使用类似，也具有如下特点：

(1) 具有相同的名称(Name)。

(2) 以下标索引值属性(Index)来识别各个控件。

7.5.2 控件数组的建立

控件数组中的每一个元素都是控件，它的定义方式与普通数组不同。可以通过以下 3 种方法之一建立控件数组。

(1) 将多个控件取相同的名字。

(2) 复制现有的控件并将其粘贴到窗体上。

(3) 将控件的 Index 属性设置为 Null 数值。

方法 1：复制已有的控件并将其粘贴到窗体上。

操作步骤如下。

(1) 在窗体上添加一个控件，并选定该控件。

(2) 选择【编辑】菜单中的【复制】命令(热键为 Ctrl＋C)，将其复制到剪贴板上。

(3) 选择【编辑】菜单中的【粘贴】命令(热键为 Ctrl＋V)，系统会显示如图 7-16 所示对话框(以命令按钮数组为例)，询问是否建立控件数组。

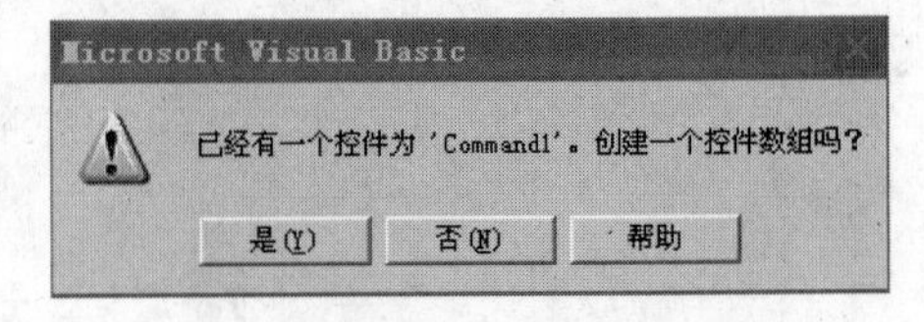

图 7-16 确认创建控件数组

(4) 单击【是】按钮，窗体左上角会出现一个控件，这就是控件数组的第二个元素。

(5) 继续粘贴，直到建成所需要的控件数组。

方法 2：通过改变控件名称添加控件数组元素。

通过改变已有控件的名称，可以将一组控件组成控件数组，具体步骤如下：

(1) 画出控件数组中要添加的控件(必须为同一类型的控件)，并且决定哪一个控件作为数组中的第一个元素。

(2) 选定控件并将其 Name 属性设置成数组名称。

(3) 在为数组中的其他控件输入相同的名称时,VB 将显示一个对话框,要求确认是否要创建控件数组。例如,若控件数组第一个元素名为 Command1,则选择另一个 CommandButton 将其添加到数组中,并将显示这样一段信息:"已经有一个控件为'Command1'。创建一个控件数组吗?",选择【是】,确认操作,如图 7-16 所示。

用这种方法添加的控件仅仅共享 Name 属性,其他属性与最初画出控件时的值相同。

方法 3:通过指定控件的索引值创建控件数组。

直接指定控件数组中第一个控件的索引值为 0,然后利用前两种方法中的任何一种添加控件数组的成员,将不会出现对话框询问是否创建控件数组。

操作步骤如下。

(1) 绘制控件数组中的第一个控件。

(2) 将其索引值改为 0。

(3) 复制控件数组中的其他控件,将不会出现对话框询问是否确认创建控件数组。

控件数组建立后,只要改变一个控件的 Name 属性值,并把 Index 属性置为空(不是 0),就能把该控件从控件数组中删除。控件数组中的控件执行相同的事件过程,通过 Index 属性决定控件数组中的相应控件所执行的操作。

7.5.3 控件数组的应用举例

建立了控件数组之后,控件数组中的所有控件共享同一事件过程。例如,假定某个控件数组含有 10 个标签,则不管单击哪个标签,系统都会调用同一个 Click 过程。由于每个标签在程序中的作用不同,系统会将被单击的标签的 Index 属性值传递给过程,由事件过程根据不同的 Index 值执行不同的操作。

【例 7-20】 建立含有 3 个命令按钮的控件数组,单击第一个按钮,在窗体上画圆;单击第二个按钮,在窗体上画矩形;单击第三个按钮则退出。

设计界面:在窗体上建立 3 个按钮,3 个按钮的 Name 属性值均设置为"Command1",Caption 属性分别设置为"画圆形"、"画矩形"、"退出"。

程序代码如下:

```
Private Sub Command1_Click(index As Integer)
    If index=0 Then
        Circle(1500,1500),800                       '画圆形
    ElseIf index=1 Then
        Line(500,500)-Step(1000,1000),B             '画矩形
    Else
        End                                         '退出
    End If
End Sub
```

上述程序根据 Index 的属性值决定在单击某个按钮时所执行的操作。如图 7-17 所示为运行结果。

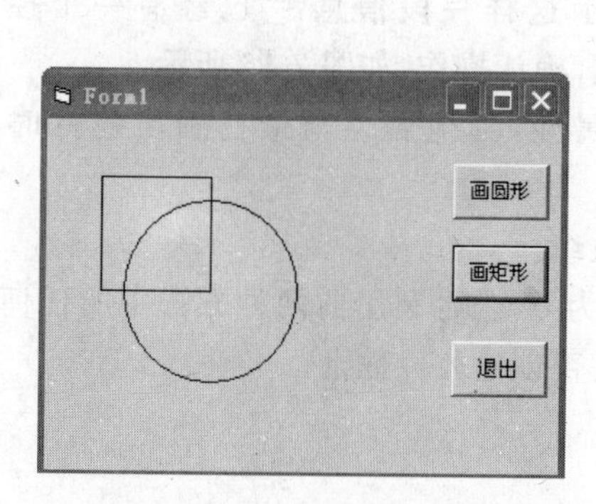

图 7-17　例 7-20 的运行结果

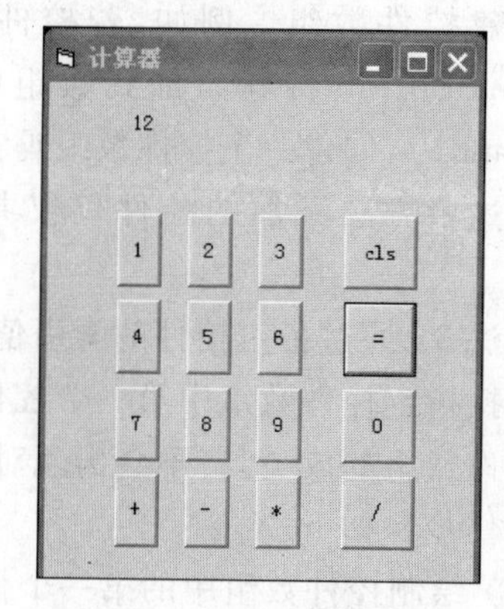

图 7-18　例 7-21 运行界面

【例 7-21】 设计一个简单计算器，能进行整数的加、减、乘、除运算。其运行界面如图 7-18 所示。

界面设计：一个标签用于计算器输出，数字按钮控件数组 Number，操作符控件数组 Operator，一个【=】命令按钮用于计算结果，一个【Cls】命令按钮用于清屏。

界面设计的详细情况如表 7-1、表 7-2 和表 7-3 所示。

表 7-1　计算器界面设计

操作步骤	属　性	设　置	操作步骤	属　性	设　置
添加一个标签	Name	Dataout	添加一个命令按钮	Name	Number
	Caption	空		Caption	0

操作：复制该命令按钮，然后在窗体上粘贴 9 次，把各个按钮的 Caption 属性分别设置为 1,2,3,4,5,6,7,8,9。

表 7-2　添加命令按钮属性表

添加一个命令按钮	Name	Operator
	Caption	+

操作：复制该命令按钮，然后在窗体上粘贴 3 次，把各个按钮的 Caption 属性分别设置为“－”,“＋”,“/”。

表 7-3　添加命令按钮属性表

添加一个命令按钮	Name	Clear	添加一个命令按钮	Name	Result
	Caption	Cls		Caption	=

程序代码如下：

```
'窗体级变量声明
Dim op1 As Byte                     '用来记录前面输入的操作符
Dim ops1&,ops2&                     '两个操作数
Dim res As Boolean                  '用来表示是否已算出结果

Private Sub clear_Click()
    dataout.Caption=""
End Sub

Private Sub Form_Load()
    res=False
End Sub

'按下数字键 0~9 的事件过程
Private Sub Number_Click(i1 As Integer)
    If Not res Then
        dataout.Caption=dataout.Caption & i1
    Else
        dataout.Caption=i1
        res=False
    End If
End Sub

'按下操作键+,-,*,/的事件过程
Private Sub Operator_Click(i2 As Integer)
    ops1=dataout.Caption
    op1=i2
    dataout.Caption=""
End Sub

'按下=键的事件过程
Private Sub result_Click()
    ops2=dataout.Caption
    Select Case op1
    Case 0
        dataout.Caption=ops1+ops2
    Case 1
        dataout.Caption=ops1-ops2
    Case 2
        dataout.Caption=ops1*ops2
    Case 3
        dataout.Caption=ops1/ops2
```

```
    End Select
    res=True                        '已算出结果
End Sub
```

【例 7-22】 演示"比较法"排序过程的程序。使用控件数组可以使排序更生动,如图 7-19 所示。

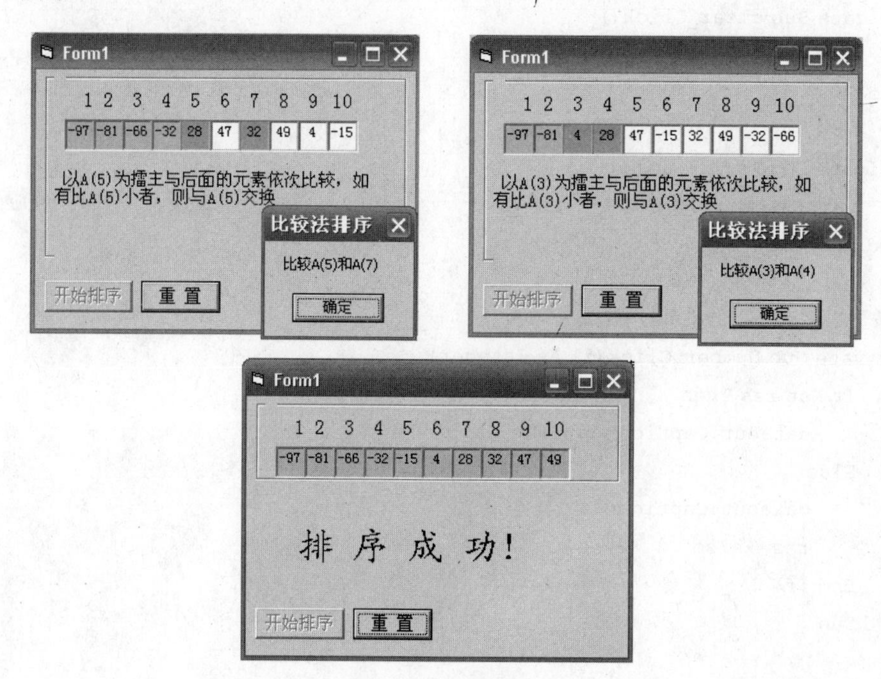

图 7-19 比较法排序

(1) 建立应用程序用户界面。选择【新建】工程,进入窗体设计器。首先增加一个用作容器的框架 Frame1,选中 Frame1,在其中增加一个文本框控件数组 Text1(1)～Text1(10),一个标签控件数组 Label1(0)～Label1(9)和一个标签 Label2。然后在窗体中增加一个命令按钮控件数组 Command1(0)～Command1(1),如图 7-20(a)所示。

将 Frame1 控件的 Height 属性改小,再在窗体中增加一个标签 Label3(如图 7-20(b)所示)。

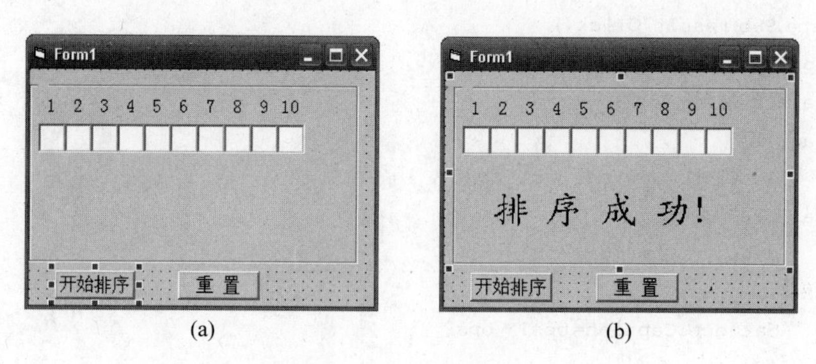

(a) (b)

图 7-20 建立程序界面

（2）设置对象属性如表 7-4 所示。

表 7-4　例 7-22 对象属性

对　　象	属性	属　性　值	对　　象	属性	属　性　值
Command1(0)	Caption	开始	Label3	Caption	排序成功
Command1(1)	Caption	重置		Caption	
Frame1	Caption		Text1(1)～Text1(10)	Alignment	2-Center
Label1(0)～Label1(9)	Caption	依次改为 1,2,…,10		Text	（无）
Label2	Caption				

（3）程序代码：

在窗体的通用过程中声明数组变量：

```
Dim a(11) As TextBox                    '显示数据的对象数组
```

编写窗体的 Activate 事件代码：

```
Private Sub Form_Activate()
    Randomize
    For i=1 To 10
        Set a(i)=Text1(i)
        a(i).Text=Int(Rnd * 199)-99
        a(i).BackColor=RGB(255,255,255)
    Next i
    Frame1.Height=2256
End Sub
```

编写命令按钮控件数组 Command1()的 Click 事件代码：

```
Private Sub Command1_Click(Index As Integer)
    Select Case Index
        Case 0
            Command1(0).Enabled=False
            For i=1 To 9
                a(i).BackColor=RGB(255,0,255)
            Label2.Caption="以 A(" & Trim(i)& ")为擂主与后面的元素依次比较,如有比_
                                A(" & Trim(i)+")小者,则与 A(" & Trim(i)& ")交换"
            For j=i+1 To 10
                a(j).BackColor=RGB(255,0,255)
                MsgBox "比较 A(" & Trim(i)& ")和 A(" & Trim(j)& ")",,"比较法排序"
                If Val(a(i).Text)>Val(a(j).Text)Then
                    p1="交换 A(" & Trim(i)& ")和 A(" & Trim(j)& ")"
                    p2="A(" & Trim(i)& ")>A(" & Trim(j)& ")"
                    MsgBox p1,,p2
```

```
                t=a(i).Text: a(i).Text=a(j).Text: a(j).Text=t
            End If
            a(j).BackColor=RGB(255,255,255)
        Next j
        a(i).BackColor=RGB(0,255,0)
    Next i
    a(10).BackColor=RGB(0,255,0)
    Label2.Caption=""
    Frame1.Height=1000
    Case 1
        Form_Activate
        Command1(0).Enabled=True
  End Select
End Sub
```

7.6 数组中常见错误和注意事项

1. 静态数组声明下标出现变量

```
n=InputBox("输入数组的上界")
Dim a(1 To n)As Integer
```

2. 数组下标越界

引用的下标比数组声明时的下标范围大或小。

```
Dim a(1 To 30)As Long,i%
a(1)=1: a(2)=1
For i=3 To 30
    a(i)=a(i-2)+a(i-1)
Next i
```

3. 数组维数错误

数组声明时的维数与引用数组元素时的维数不一致。

```
Dim a(3, 5) As Long
    a(I)=10
```

4. Aarry 函数使用问题

只能对 Variant 的变量或动态数组赋值。

5. 获得数组的上界、下界

使用 UBound 函数和 Lbound 函数。

习　题

1. 在窗体上添加一个命令按钮，然后编写如下代码：

```
Option Base 1
Private Sub Command1_Click()
    d=0: c=10
    x=Array(10,12,21,32,24)
    For i=1 To 5
        If x(i)>c Then
            d=d+x(i)
            c=x(i)
        Else
            d=d-c
        End If
    Next i
    Print d
End Sub
```

程序的运行结果是(　　)。

A. 89　　B. 99　　C. 23　　D. 77

2. 在窗体上添加一个文本框和一个命令按钮，编写如下事件过程代码：

```
Private Sub Command1_Click()
    Dim array1(10,10)As Integer
    Dim i,j As Integer
    For i=1 To 3
        For j=2 To 4
            array1(i,j)=i+j          '数组下标赋值
        Next j
    Next i
    Text1.Text=array1(2,3)+array1(3,4)
End Sub
```

程序运行后，单击命令按钮，在文本框中显示的值是(　　)。

A. 12　　B. 13　　C. 14　　D. 15

3. 设有如下事件代码：

```
Option Base 0
```

```
Private Sub Command1_Click()
    Dim a
    Dim i As Integer
    a=Array(1,2,3,4,5,6,7,8,9)
    For i=0 To 3
        Print a(5-i);
    Next i
End Sub
```

程序运行结果是(　　)。

A. 4 3 2 1　　B. 5 4 3 2　　C. 6 5 4 3　　D. 7 6 5 4

4. 用下面语句定义数组,其元素的个数是(　　)。

```
Dim A(-3 To 5)As Integer
```

A. 6　　B. 7　　C. 8　　D. 9

5. 运行下列程序,单击窗体,则运行结果是(　　)。

```
Option Base 1
Private Sub Form_Click()
    Dim a(10)
    For i=1 To 10
        a(i)=10-i+i Mod 2
    Next i
    For i=10 To 1 Step-2
        Print a(i);
    Next i
End Sub
```

A. 0 2 4 6 8　　B. 8 6 4 2 0　　C. 1 3 5 7 9　　D. 9 7 5 3 1

6. 利用随机数生成两个矩阵 A、B,两个矩阵均为 4×4 矩阵(矩阵 A 的每个数在 30～40 之间,矩阵 B 的每个数在 10～20 之间)。

要求:

(1) 将两个矩阵相乘,结果放入矩阵 C 中(注意矩阵的乘法规则)。

(2) 统计矩阵 C 中最大值和其下标及最小值和其下标。

(3) 将矩阵 A 第一行与矩阵 B 第三行对应元素交换位置,即矩阵 A 第一行元素放到矩阵 B 第三行;矩阵 B 第三行元素放到矩阵 A 第一行。

(4) 求矩阵 A 两条对角线元素的平均值。

(5) 将矩阵 A 按列的次序把各元素放入一维数组 D 中,显示结果。

7. 设某数组有 10 个元素,元素的值由键盘输入,要求将数组元素逆序存放,即第 1 个与第 10 个互换,第 2 个与第 9 个互换,……,以此类推。最后输出数组各元素原来的值和对换后各元素的值。

8. 设有如下两组数据：

A：2，5，6，7，89，12，3，90

B：12，34，56，78，88，11，－45，99

编程把上面两组数据分别读入两个数组中，然后把两个数组中对应下标的元素相加，即2＋88，8＋56，7＋34，…，25＋77，并把相应的结果放入第三个数组中，输出第三个数组。

9. 设有一个n×m的矩阵，编写程序，找出其中最大的元素及其所在的位置，即行号和列号，并输出其值、行和列号。

10. 编写程序，建立并输出一个10×10的矩阵，该矩阵对角线元素为1，其余元素为0，如图7-21所示。

11. 编程实现矩阵转置，如图7-22所示。即将一个n×m的矩阵的行和列互换。例如，将2×3的矩阵a转置后为矩阵b。

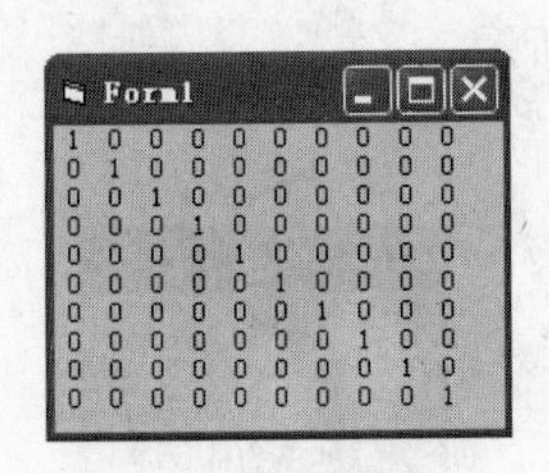

图7-21 编程题10

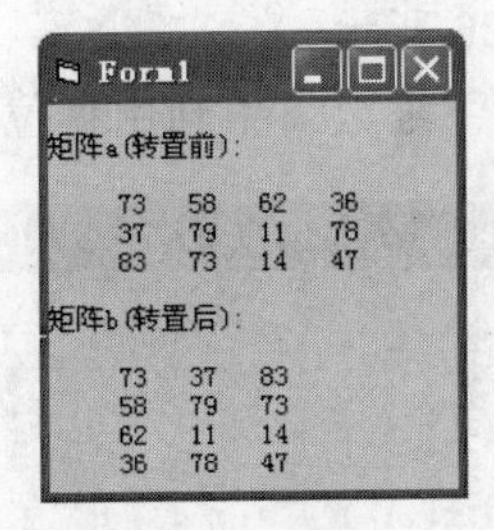

图7-22 编程题11

12. 杨辉三角形的每一行是$(x+y)^n$的展开式的各项的系数，其规律是：对角线和每行的第1列均为1，其余各项是它的上一行中前一个元素和上一行的同一列元素之和。

一般形式为：$a(i,j)=\begin{cases}1 & j=1 \text{ 或 } i=j \\ a(i-1,j-1)+a(i-1,j) & \end{cases}$

编程输出当n＝10的杨辉三角形，如图7-23所示。

13. 把两个按升序排序的数列A和B，即a(1)，a(2)，…，a(n)和b(1)，b(2)，…，b(m)，合并成一个仍为升序排序的新序列，如图7-24所示。

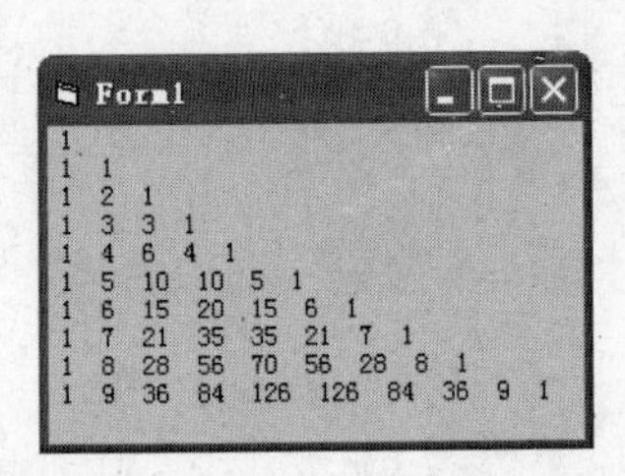

图7-23 杨辉三角形程序

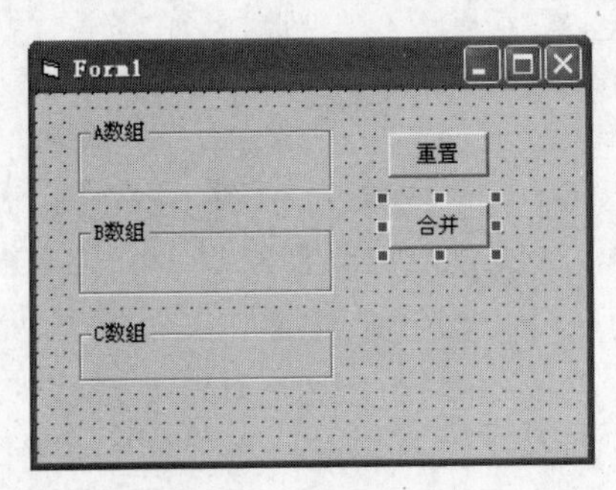

图7-24 合并程序题

14. 定义一个学生有关情况的记录，包括学号、姓名、英语、编程、网络的分数，在文本框中显示出来，如图 7-25 所示。

要求：把 5 个文本框定义为一个控件数组，所输入的数据依次显示在列表框中。

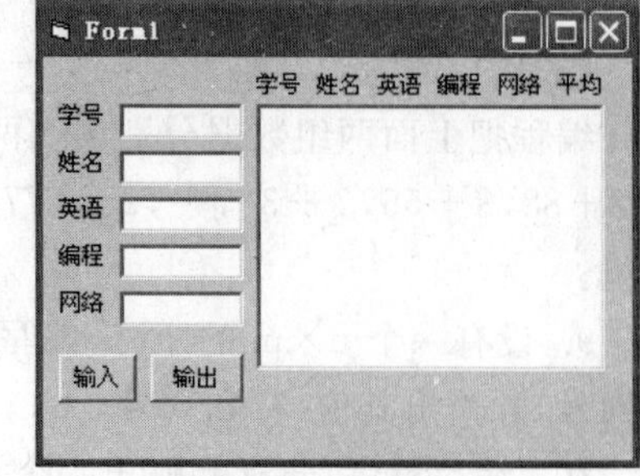

图 7-25　习题 14 程序

15. 在数组 a 中输入 n 个数，从键盘输入一个数 x，要求：从数组中删除与 x 相同的一个数组元素，并将其后的元素逐个向前递补，如果没有相同的，就删除最后一个，删除后的数组长度为 n－1。

16. 由键盘输入 n 个升序的整型数存到数组 a 中，分别用顺序检索与二分法检索两种方法查找由键盘输入的数据 x。如果找到了，输出“找到了”，否则输出“找不到”。

17. 输出大小可变的正方形图案，最外圈是第一层，要求每层上用的数字与层数相同，如图 7-26 所示。

18. 在一维数组中利用移位的方法显示如图 7-27 所示。

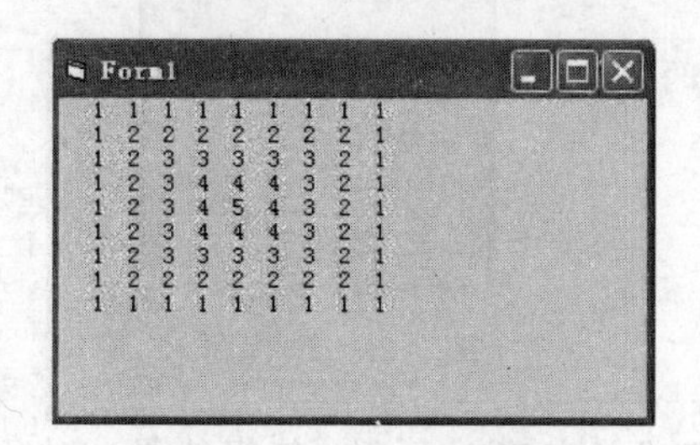

图 7-26　数字正方形图案

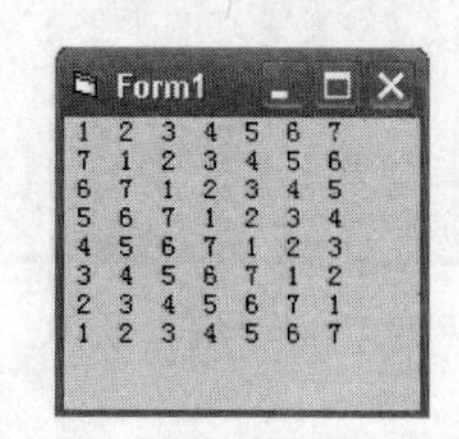

图 7-27　习题 18 运行结果

19. 现有一个递减的有序数列，随机输入一个数，并将其插入到按递减顺序排列的有序数列中，插入后使该序列仍有序，请编写程序。

第8章 过程

过程是用来执行特定任务的一段程序代码。若一个程序中有多处需要完成同一个功能，则可以将此代码段做成一个通用过程，在需要时，调用该通用过程完成相应的操作即可，这样能够实现代码的重用。通用过程包括子过程和函数过程，二者的区别在于函数过程可以返回一个结果。

VB应用程序（又称工程或项目）由若干过程组成，这些过程保存在文件中，每个文件的内容通常称为一个模块。在VB 6.0中，模块分为窗体模块（.frm）、标准模块（.cls）。可以说工程是模块的集合。一般VB的应用程序组成可用如图8-1所示描述。

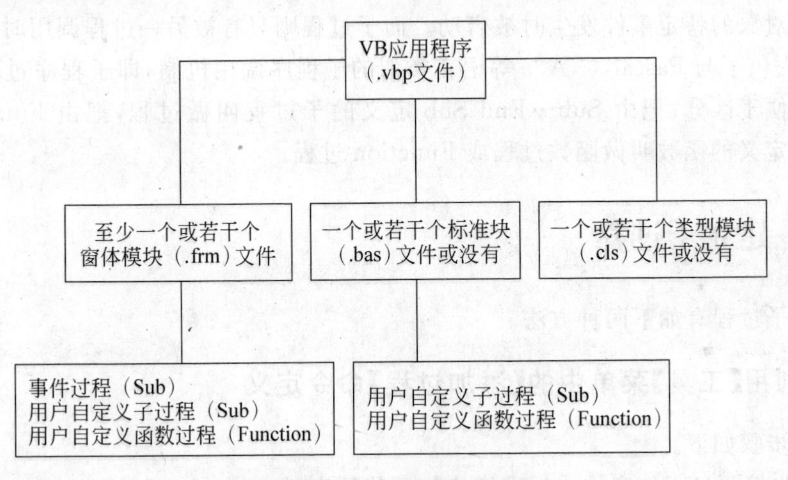

图8-1 VB应用程序的组成

前面所讲到的程序只涉及窗体模块。与窗体模块不同，标准模块不含窗体和控件的内容，只含有由程序代码组成的一般过程和函数。添加标准模块的方法如下：

在设计状态下，选择【工程】菜单中的【添加模块】命令，弹出【添加模块】对话框。

单击该对话框中的【打开】按钮，这时在工程窗口就会添加一个新的Module1标准模块图标，双击Module1就可打开其代码窗口。

在VB 6.0版本中，新增加了类模块，它包含了可作为OLE对象的类定义，主要用于在程序运行过程中生成一些对象。这里对它不再详细讨论。

VB中的过程主要有两类：一类是前面介绍过的系统提供的内部函数过程和事件过程（当发生某个事件如Click，Load时，对该事件做出响应的程序段），事件过程是构成VB应用程序的主体；另一类是用户根据自己的需要定义、供事件过程多次调用的自定义过程。

在程序设计过程中，将一些常用的功能编写成过程，可供多个不同的事件过程多次调用，从而可以减少重复编写代码的工作量，实现代码重用，使程序简练，便于调试和维护。在 VB 6.0 中，用户自定义过程分为：以 Sub 保留字开始的子过程，以 Function 保留字开始的函数过程，以 Property 保留字开始的属性过程以及以 Event 保留字开始的事件过程。

本章主要介绍用户自定义的子过程和函数过程。

8.1 子 过 程

子过程是用特定格式组织起来的一组代码，通常用来完成一个特定的功能，可以被其他过程作为一个整体来调用。在结构形式上，它与事件过程的唯一区别是在过程名上。事件过程的过程名由对象名和事件名连接而成，而子过程的名字是一个任意合法的标识符。在启动机制上，两种过程有很大的不同。事件过程虽然可以被其他过程调用，但通常是在特定对象的特定事件发生时被启动。而子过程则只有被另一过程调用时才会启动。

VB 提供了与 Pascal，C，Ada 等语言类似的子程序调用机制，即子程序过程和函数过程。为了便于区分，把由 Sub…End Sub 定义的子过程叫做过程，把由 Function…End Function 定义的函数叫做函数过程或 Function 过程。

8.1.1 建立子过程

定义子过程有如下两种方法。

1. 利用【工具】菜单中的【添加过程】命令定义

操作步骤如下。

(1) 为编写过程的窗体或标准模块打开代码窗口。

(2) 选择【工具】菜单中的【添加过程】命令，打开【添加过程】对话框，如图 8-2 所示。

(3) 在【名称】文本框中输入过程名(过程名中不允许有空格)。

(4) 在【类型】选项组中选择要建立的过程的类型，如果要建立子程序过程，则应选取【子程序】单选按钮定义子过程；如果要建立函数过程，则应选择【函数】。

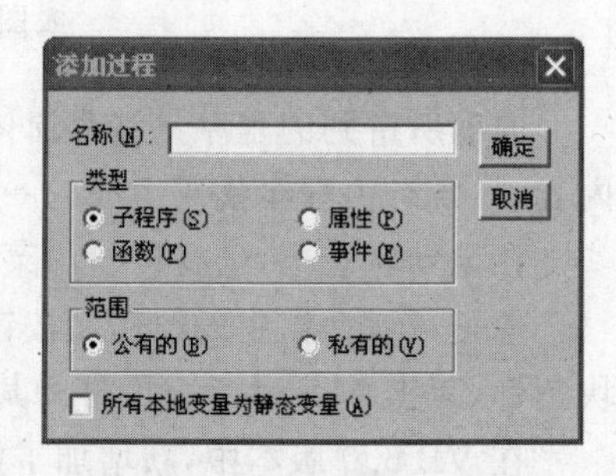

图 8-2 【添加过程】对话框

(5) 在【范围】选项组中选择过程的适用范围，可以选择【公有的】或【私有的】单选按钮。如果选取【公有的】单选按钮，则所建立的过程可用于本工程的所有窗体模块；如果选择【私有的】单选按钮，则所建立的过程只能用于本标准模块。

以上操作完成，单击【确定】按钮退出对话框后，就建立了一个子过程的模块，可以在

Sub 和 End Sub 之间编写代码了。

(6) 在过程内,不能再定义过程,但是可以调用其他 Sub 过程或 Function 过程。

2. 利用代码窗口直接定义

在窗体或标准模块的代码窗口把插入点放在所有现有过程之外,输入 Sub 子过程名即可。定义一般形式如下:

```
[Static][public|private]Sub 子过程名[(参数列表)]
    [局部变量或常数定义]
    [语句序列]
    [Exit Sub]
    [语句序列]
End Sub
```

说明:

(1) “子过程名”命名规则遵守标识符命名规则。

(2) “参数(也称为形参)列表”是用“,”分隔开的若干个变量,格式如下:

```
变量名 1[As 类型],变量名 2[As 类型],…
```

或

```
变量名 1[类型符],变量名 2[类型符],…
```

(3) [Exit Sub]表示中途退出子过程。

(4) [Static][Public][Private]其意义会在后面的章节中介绍。

下面是一个子过程的例子。

```
Sub sum(x%,y%,s%)
    s=x+y
End Sub
```

上面的子过程有 3 个形式参数,调用该过程可以实现求两数之和。

过程可以有参数,也可以不带任何参数。没有参数的过程称为无参过程。

例如:

```
Sub printhello
    Print "hello"
End Sub
```

上面的过程不带参数,当调用该过程时,打印输出 hello。

8.1.2 过程的调用

要执行一个过程,必须调用该过程。

子过程的调用有两种方式,一种是利用 Call 语句调用,另一种是把过程名作为一个语句来直接调用。

1. 用 Call 语句调用 Sub 过程

格式：

```
Call 过程名[(参数列表)]
```

例如：

```
call sum(a,b,c)
```

调用时应注意如下问题。

(1)“参数列表”称为实参，实参之间要用逗号隔开，并且实参必须与形参保持个数相同，位置与类型一一对应。

(2) 调用时把实参的值传递给形参称为参数传递。其中值传递(形参前有 Byval 说明)时，实参的值不随形参值的变化而变化，而地址传递时实参的值随形参值的改变而改变。

(3) 当参数是数组时，形参与实参在参数声明时应省略其维数，但括号不能省。

2. 把过程名作为一个语句来调用

格式：

```
过程名[参数列表]
```

与第一种调用方法相比，这种调用分式省略了关键字 Call，去掉了“参数列表”的括号。

例如：

```
sum a,b,c
```

3. 过程调用的执行过程

建立过程的目的之一就是减少重复代码，将公共语句放入分离开的过程(通用过程)中，并由事件过程来调用它。每次调用过程都会执行 Sub 和 End Sub 之间的＜语句序列＞。Sub 过程以 Sub 开始，以 End Sub 结束。当遇到 End Sub 时，将退出过程，并立即返回到调用语句的后续语句。

调用过程有诸多技巧，它们与过程的类型、位置及应用程序中的使用方法有关。过程调用如图 8-3 所示。

【例 8-1】 编一个求矩形面积的子过程，然后调用它进行计算。

程序代码如下：

```
Sub area(length!,width!)
    Dim rarea!
    rarea=length * width
```

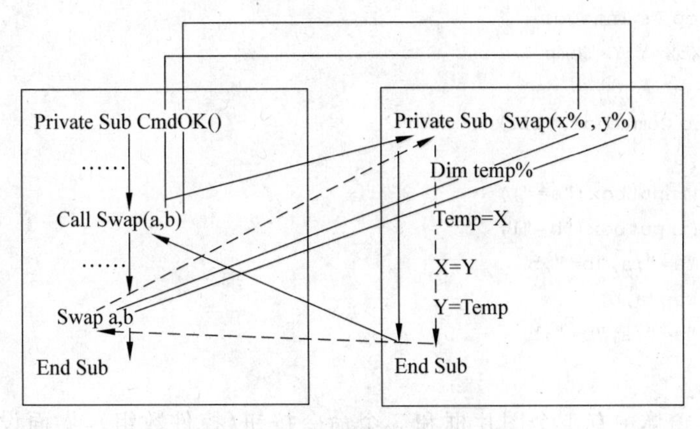

图 8-3 过程调用的执行过程

```
   Print "the area of rectangle is";rarea
End Sub

Sub form_Click()
   Dim a!,b!
   a=InputBox("输入矩形的长：")
   b=InputBox("输入矩形的宽：")
   area a,b
End Sub
```

【例 8-2】 编一个求 n!的子过程，然后调用它计算7!+11!−10!。

程序代码如下：

```
Sub jch(n%,p&)
   Dim i%
   p=1
   For i=1 To n
      p=p*i
   Next i
End Sub

Private Sub form_click()
   Dim a&,b&,c&,d&
   Call jch(7,a)
   Call jch(11,b)
   Call jch(10,c)
   d=a+b-c
   Print "7!+11!-10!=";d
End Sub
```

【例 8-3】 编一个交换两个整型变量值的子过程。

```
Private Sub Swap(X As Integer,Y As Integer)
```

```
    Dim temp As Integer
    Temp=X:X=Y:Y=Temp
End Sub
Private Sub Command1_Click()
    Dim a%,b%
    a=val(inputbox("a="))
    b=val(inputbox("b="))
    print "a=";a,"b=",b
    call swap(a,b)
    print "a=";a,"b=",b
End Sub
```

【例 8-4】 窗体中有1个图片框和3个命令按钮(控件数组),界面设计如图8-4所示。程序运行时,单击命令按钮,在图片中画出指定数目的同心圆,如图8-5所示。

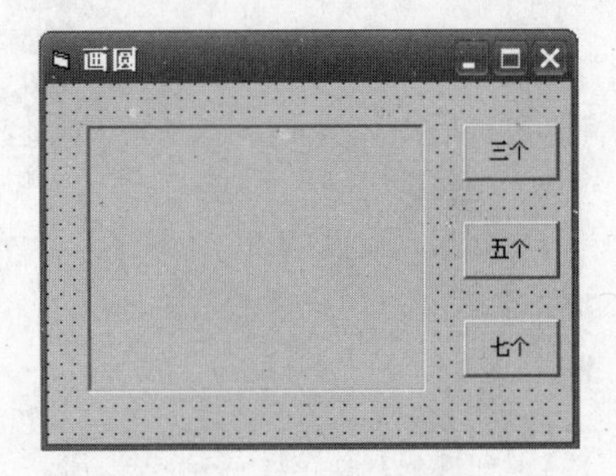

图 8-4 例 8.4 设计界面

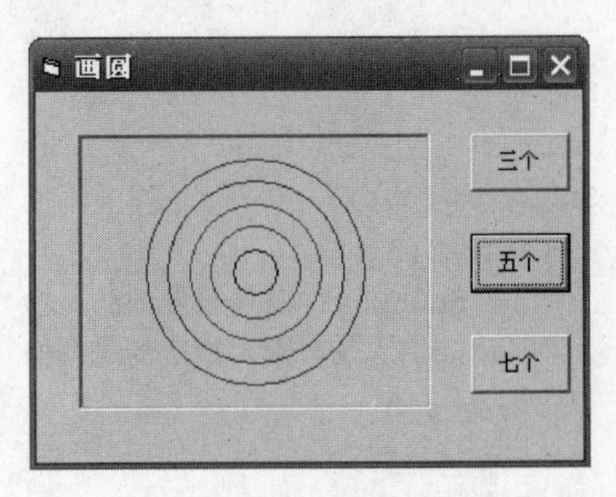

图 8-5 例 8.4 运行界面

操作步骤:

(1) 在窗体中添加所需控件,并按表8-1所示设置各对象的属性。

表 8-1 例 8-4 对象属性值

对 象	属 性	属 性 值	作 用
窗体	(名称) Caption	Frmex8_4 画圆	窗体名称 窗体标题
图片框	(名称)	picShow	图片框名称
命令按钮 控件组数	(名称) Caption Index	cmdCircle 三个、五个、七个 0、1、2	命令按钮名称 命令按钮标题 索引号

(2) 编写事件过程代码:

```
Private Sub Form_Load()
    Picshow.Scale(-55,-55)-(55, 55)          '通过 Scale 方法定义图片框的用户坐标系
End Sub
```

(3) 自定义名为 dcircle 的 Sub 过程:

```
Private Sub dcircle(n As Integer)
```

```
    Picshow.Cls
    For i=1 To n
        Picshow.Circle(0,0),i * 7,QBColor(i)
    Next i
End Sub
```

(4) 编写命令按钮控件数组的单击事件代码：

```
Private Sub CmdCircle_Click(Index As Integer)
    Select Case Index
        Case 0
            Call dcircle(3)                '调用 Sub 过程方式 1
        Case 1
            Call dcircle(5)                '调用 Sub 过程方式 2
        Case 2
            dcircle 7                      '调用 Sub 过程方式 3
    End Select
End Sub
```

8.2 函数过程

前面介绍了 Sub 过程,它不直接返回值,可以作为独立的基本语句调用。而函数过程是自定义过程的另一种形式,它除了具有 Sub 过程的所有功能和用法外,还可以进行计算并返回一个结果值。VB 提供了许多内部函数,如 sin(),sqr()等,在编写程序时,只需写出函数名和相应的参数,就可得到函数值。另外,VB 还允许用户自己定义函数过程。同内部函数一样,函数过程也有一个返回值,也可以在程序或函数嵌套中使用。

8.2.1 函数过程的定义

函数过程的定义方法也有两种。

1. 利用【工具】菜单中的【添加过程】命令定义

操作步骤与定义子过程相似,只是第(4)步改为在【类型】选项组中选取【函数】单选按钮。

2. 利用代码窗口直接定义

在窗体或标准模块的代码窗口把插入点放在所有现有过程之外,输入 Function 函数名即可。

定义形式如下:

```
[Static][Public|Private]Function 函数名([参数列表])[As 类型]
```

```
    [局部变量或常数定义]
    [语句序列 1]
    [Exit Function]        函数过程体
    [语句序列 2]
    函数名=表达式
End Function
```

说明：

(1)"函数名"的命名规则与变量的命名规则相同。

(2) As 类型：指明函数过程返回值的类型，若省略，则函数返回变体类型值(Variant)。

(3) 在函数过程中，至少应该有一个给函数过程名赋值的语句。从函数过程返回时函数名的值就是返回值。

(4)"参数列表"形式为：

```
[By Val]变量名[()] [As 类型][,[By Val]变量名[()] [As 类型]…]
```

参数也称为形参，只能是变量名或数组名(这时要加"()")，在定义时没有值。By Val 表示当该过程被调用时，参数是值传递。函数过程无参数时，函数过程名后面的括号不能省，这是函数区别变量的标志。

(5) [Exit Function]表示中途退出函数过程，常常与选择结构(If 语句或 Select Case 语句)联用，即当满足一定条件时，退出函数过程。

【例 8-5】 编写一个求最大公约数(GCD)的函数过程。

程序代码如下：

```
Function gcd(ByVal x As Integer,ByVal y As Integer)As Integer
    Do While y<>0
        reminder=x Mod y
        x=y
        y=reminder
    Loop
    gcd=x
End Function
```

说明：本例通过辗转除法求最大公约数，它有两个整型参数，函数值为整型。

8.2.2 函数的调用

调用函数过程可以由函数名带回一个值给调用程序，被调用的函数必须作为表达式或表达式中的一部分，再与其他的语法成分一起配合使用。因此，与子过程的调用与函数调用不同，函数不能作为单独的语句加以调用。

最简单的就是在赋值语句中调用函数过程，其形式为：

```
变量名=函数过程名([参数列表])
```

在调用时实参和形参的数据类型、顺序、个数必须匹配。函数调用只能出现在表达式中，其功能是求得函数的返回值。

【例 8-6】 用函数过程实现对例 8-2 的求解。

```
Function jch&(n%)
    Dim i%
    jch=1
    For i=1 To n
        jch=jch * i
    Next i
End Function

Private Sub form_click()
    Dim d&
    d=jch(7)+jch(11)-jch(10)
    Print "7!+11!-10!=";d
End Sub
```

对于同一个问题，若可以用函数过程实现，则也可以用子过程实现。函数过程与子过程的不同之处是函数过程有返回值，而子过程只通过实参的传递得到结果。当然，它们的调用方式也不同。

【例 8-7】 编写一个求最大公约数的函数过程。调用该函数求出两个正整数的最大公约数。

程序代码如下：

```
Function gcd%(ByVal x%,ByVal y%)
    Dim r%
    r=x Mod y
    Do While r<>0
        x=y
        y=r
        r=x mod y
    loop
    gcd=y
End Function
Private Sub Form_Click()
    Dim m%,n%
    m=InputBox("输入第一个正整数:")
    n=InputBox("输入第二个正整数:")
    Print m;"和";n;"的最大公约数是:"; gcd(m,n)
End Sub
```

【例 8-8】 编写程序，打印 1～1000 之间的伪随机数。要打印的伪随机数的个数在运行时指定，要求每行打印 5 个数，生成随机数的操作用一个 Function 过程来实现。

产生随机数的方法有很多种，用内部函数 Rnd 可以产生随机数。这里用线性同余法来产生随机数。根据题意，产生随机数的算法为：

```
x=(x*29+37)mod 1000
```

此外，x 要有一个初值，即“种子数”。

产生随机数的过程如下：

```
Dim x As Integer                    '在窗体层定义
Static Function rand()
    x=x*29+37
    x=x Mod 1000
    n=x
    rand=n
End Function
```

编写如下事件过程：

```
Private Sub Form_Click()
    FontSize=12
    x=777
    Cls
    rannum=InputBox("需要输出多少随机数?")
    rannum=Val(rannum)
    Print "输出 0~1000 之间的随机数:"
    Print
    For m=1 To rannum
        If m Mod 5=0 Then
            Print rand();"  ";
            Print
        Else

            Print rand();"  ";
        End If
    Next
End Sub
```

过程 Rand 用线性同余法产生随机数，该过程不带参数，是一个无参过程。每调用一次 Rand，就产生一个 1～1000 之间的伪随机数。在事件过程中，用 Mod 操作使伪随机数按每行 5 个打印。程序运行后，单击窗体，在输入对话框中输入“40”，输出所求数据，如图 8-6 所示。

变量 x 在窗体层定义，在事件过程中初始化，即设置“种子数”。如果改变“种子数”，则可产生不同的随机数序列。

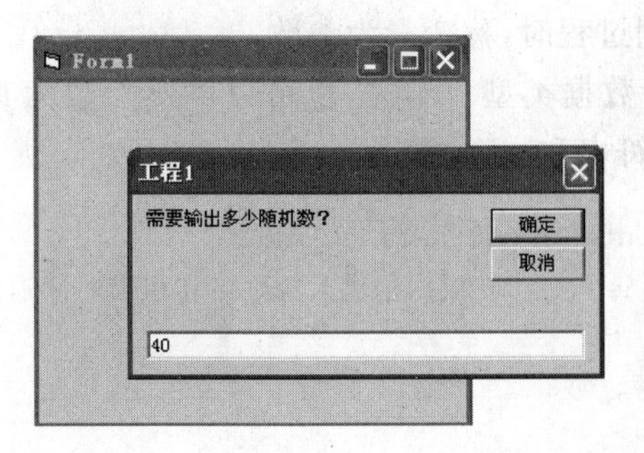

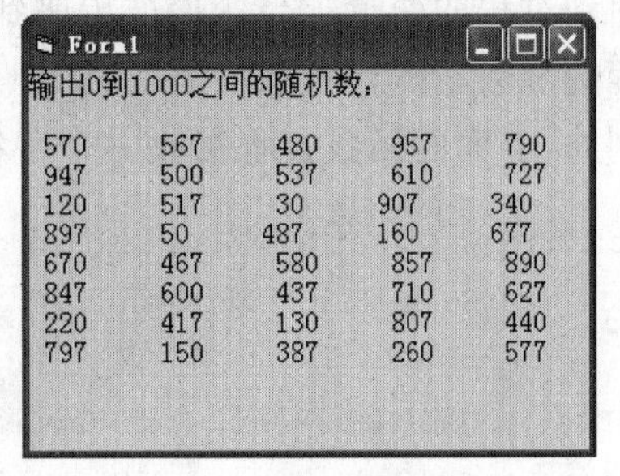

图 8-6　输出随机数

8.2.3　查看过程

1. 查看当前模块中的过程

为了查看现有的通用过程或 Function 过程,在【代码编辑器】窗口的对象框中选择【通用】,然后在过程框中选择过程名。或是为了查看事件过程,在【代码编辑器】窗口的对象框中选择适当的对象,然后在过程框中选择事件。

2. 查看其他模块中的过程

在【视图】菜单中选取【对象浏览器】(如图 8-7 所示),在【工程/库】框中选择工程,在【类/模块】列表中选择模块,并在【成员】列表中选择过程,选取【查看定义】。

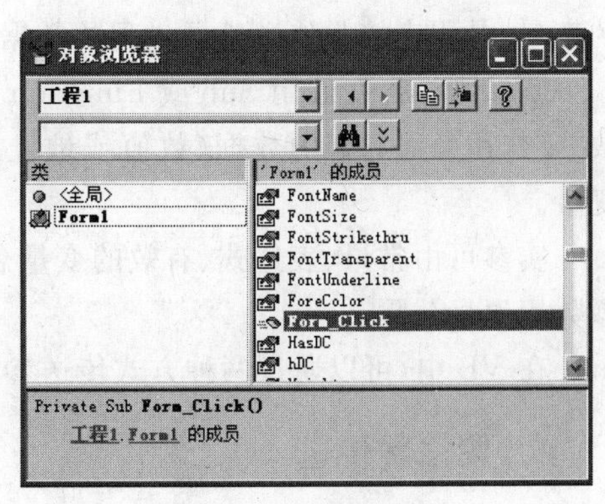

图 8-7　对象浏览器

8.3　参 数 传 递

在调用过程时,一般主调过程与被调过程之间有数据传递,即将主调过程的实参传递给被调过程的形参,完成实参与形参的结合,然后执行被调过程。在 VB 中,实参与形参的结合有两种方法:传址和传值。传址是默认的方法。两种结合方法的区分标志是 ByVal,形参前加 ByVal 关键字时是传值,否则为传址。本章前面的举例中,例 8-7 是传值,其余均为传址。

VB 中不同模块(过程)之间数据的传递方式有如下两种:

(1) 通过过程调用时的参数传送来实现。

(2) 使用全局变量实现在各过程中共享数据。

VB 的代码通常需要某些关于程序状态的信息才能完成其工作。这些信息包括在调用时传递到过程的变量。当变量被传递到过程时，称变量为参数。

过程的参数在默认状态下是 Variant 数据类型。不过，也可以声明参数为其他数据类型。例如，下面的函数过程接收一个字符串和一个整数。

```
Function Lend(UserName As String,Month As Integer)As Single
    If UserName="Sun" And Month<6 Then        '根据租借人的姓名和租借时间返回租金
        Lend=500
    Elseif UserName="Li" And Month<6
        Lend=1000
    End If
    If Month>6 Then Lend=2000
End Function
```

8.3.1 形参与实参

形参是指在定义通用过程时，出现在 Sub 或 Function 语句中的变量名后面圆括号内的变量，是用来接收传送给子过程的数据的，形参表中的各个变量之间用逗号分隔。

实参则是指在调用 Sub 或 Function 过程时，写入子过程名或函数名后圆括号内的参数，其作用是将它们的数据(数值或地址)传送给 Sub 或 Function 过程与其对应的形参变量。

实参可由常量、表达式、有效的变量名、数组名(后加括号，如 A())组成，实参表中各参数用逗号分隔。

在 VB 中，可以通过两种方式传送参数，即按位置传送和指名传送。

1. 按位置传送

按位置传送是多数语言处理子程序调用时所采用的方式，在前面的例子中，使用的就是按位置传送的方式。当使用这种方式时，实际参数的次序和形式参数的次序必须相匹配，即位置必须一致。如下面定义的过程：

```
Sub TestSub(p1 As Integer,p2 As Single,p3 As String)
⋮
End Sub
```

可以用下面的语句调用该过程：

```
Call TestSub(A%,B!,"Test")
```

这样就完成了形参与实参的结合，其关系如图 8-8 所示。

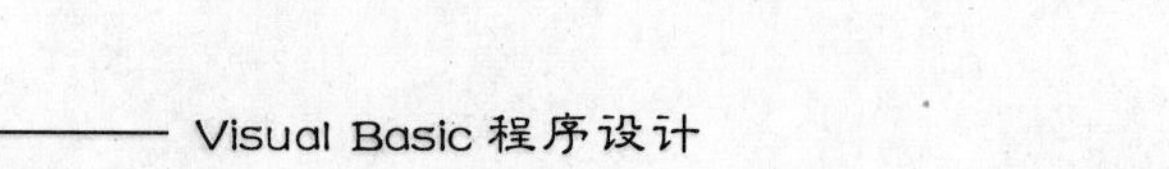

```
过程调用：Call TestSub(A%,        B!,          "Test")
                        ↓          ↓            ↓
过程定义：Sub TestSub(p1 As Integer , p2 As Single , p3 As String)
```

图 8-8 形参与实参的对应关系

在传送参数时，形参表与实参表中对应的变量名称不要求一致，但是它们所包含的参数个数必须相同，位置也必须相同（主要是类型）。

形参表中各变量间用逗号隔开，变量可以是：

字符串，数组名（带有括号）

在形参中，只能使用形如 x＄或 x As String 之类的定长字符串作为参数，不能使用形如 x As String * 8 之类的定长字符串作为参数。但是定长字符串可以作为实参传递给过程。

实参表中的参数间用逗号隔开，实参可以是：

常数、表达式、变量名、数组名（带有括号）

假设有如下的过程定义：

```
sub testsub(a as integer,array()as single,recvar as Rectype,c as string)
```

这是带有形参表的 Sub 过程定义的第一行。形参表中的第一个参数是整型变量，第二个参数是单精度数组，第三个参数是一个 Rectype 类型的记录，第四个参数是字符串。在调用上述过程时，必须把所需要的实际参数传送给过程，取代相应的形参，执行过程的操作，实参与形参必须按位置次序传送。可以使用下面的程序段调用过程 TestSub，并把 4 个实参传送给相应的形参：

```
Type rectype
    rand as string * 12
    serialnum as long
End type
Dim recv as rectype
Call testsub(x,a(),recv,"dephone")
```

2. 指名传送

VB 6.0 提供了与 Ada 语言类似的参数传送机制，即指名参数传送方式。

所谓指名参数传送，就是显式地指出与形参结合的实参，把形参用“：＝”与实参连接起来。与按位置传送方式不同，指名传送方式不受位置次序的限制。假如建立了如下的通用过程：

```
Sub addsum(first As Integer,second As Integer,third As Integer)
    c=(first+second) * third
    print c
End Sub
```

如果使用按位置结合方式，则调用语句如下：

```
Addsum 4,6,8
```

如果使用指名参数传送方式，则下面 3 个调用语句是等价的。

```
addsum first:=4,second:=6,third:=8
addsum second:=6,first:=4,third:=8
addsum third:=8,second:=6, first:=4
```

从表面上看,指名结合比按位置结合更烦琐,因为要多写一些东西,但是它能改善过程调用的可读性。此外,当参数较多,而且类型相似时,指名结合比按位置结合出错的可能性要小。

对于 VB 提供的方法,也可以通过指名参数进行调用。但是要注意,有些方法的调用不能使用指名参数,在使用时请查阅相关的帮助信息。

8.3.2 传值

传值的参数传递过程是:当调用一个过程时,系统将实参的值复制给形参,之后实参与形参便断开了联系。被调过程对形参的操作在形参自己的存储单元中进行,当过程调用结束时,这些形参所占用的存储单元也同时被释放。因此在过程中对形参的任何操作都不会影响到实参。

【例 8-9】 编写交换两个数的过程。

```
Sub swep(ByVal x%,ByVal y%)
    Dim t%
    Print "子过程执行交换前: ","x=";x,"y=";y
    t=x:x=y:y=t
    Print "子过程执行交换后: ","x=";x,"y=";y
End Sub

Private Sub form_click()
    Dim a%,b%
    a=5: b=10
    Print "调用前: ","a=";a,"b=";b
    swep a,b
    Print "调用后: ","a=";a,"b=";b
End Sub
```

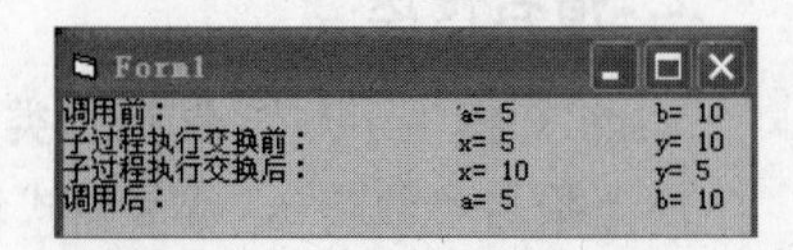

图 8-9 例 8-9 程序运行结果

程序运行结果如图 8-9 所示。

由程序运行结果可知,实参 a,b 的值在调用子过程时确实是传给了形参 x,y,并且在子过程执行过程中也确实交换了 x,y 的值,然而交换后的结果却没有在子过程执行时带回给调用过程,因此并未真正实现两数的交换。程序执行中参数的变化可用图 8-10 表示。

由图 8-10 可知,传值方式虽然可以在调用子过程时实现参数的传递,但并不能将子过程对形参的改变结果带回调用过程,这也是为什么例 8-9 不能通过调用子过程实现两个数交换的原因。

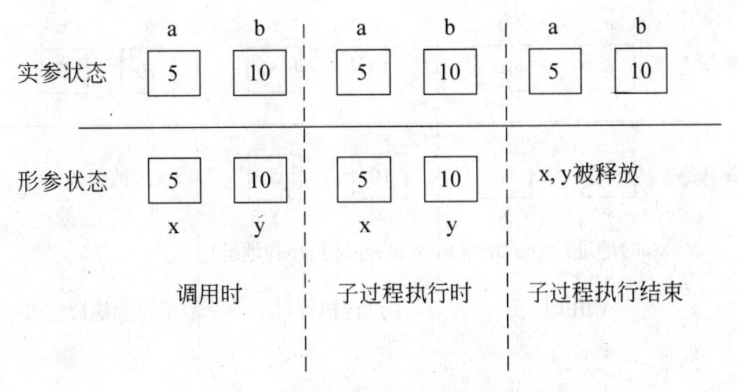

图 8-10 传值方式下的参数状态

8.3.3 传址

传址的参数传递过程是：当调用一个过程时，它将实参的地址传递给形参。因此在被调过程体中对形参的任何操作都变成了相应实参的操作，实参的值就会随形参的改变而改变。当参数是字符串或数组时，使用传址传递直接将实参的地址传递给过程，会使程序的效率提高。

【例 8-10】 将例 8-9 用传址的参数传递方式编程实现。

程序代码如下：

```
Sub swep(x%,y%)
    Dim t%
    t=x:x=y:y=t
End Sub

Private Sub form_click()
    Dim a%,b%
    a=5: b=10
    Print "调用前：","a=";a,"b=";b
    swep a,b
    Print "调用后：","a=";a,"b=";b
End Sub
```

程序运行结果为：

```
调用前：a=5     b=10
调用后：a=10    a=5
```

程序运行过程中参数状态的变化如图 8-11 所示。

从图 8-11 中可看出，传址调用子过程运行时，对应的实参和形参共享同一个存储单元，因此子过程对形参的改变当然会影响到实参。

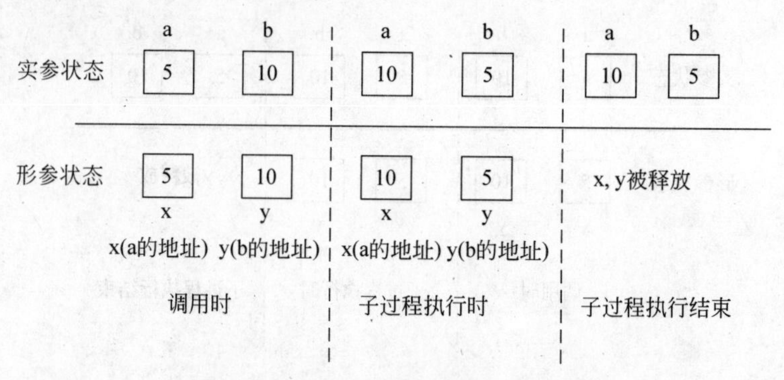

图 8-11　传址方式下不同阶段的参数状态

8.3.4　数组参数的传递

VB 允许把数组作为实参传送到过程中。例如，假定定义了如下过程：

```
Sub S(a(),b())
⋮
End Sub
```

该过程有两个参数，这两个参数都是数组。注意，用数组作为过程的参数时，应在数组名的后面加上一对括号，以免与普通变量相混淆。可以用下面的语句调用该过程：

```
Call S(p(),q())
```

这样就把数组 p 和 q 传送给过程中的数组 a 和 b。当用数组作为过程的参数时，使用的是“传址”方式，而不是“传值”方式，即不是把 p 数组中各元素的值一一传送给过程的 a 数组，而是把 p 数组的起始地址传给过程，使 a 数组也具有与 p 数组相同的起始地址，如图 8-12 所示。

2000	p数组，a数组
	2
	4
	6
	8
	10
	12
	14
	16
	18
	20

图 8-12　实参数组与形参数组

设 p 数组有 10 个元素，在内存中的起始地址为 2000。在调用过程 S 时，进行“实形结合”，p 的起始地址 2000 传给 a。因此执行该过程期间，p 和 a 同占一段内存单元，p 数组中的值与 a 数组共享，如 a(1)的值就是 p(1)的值，都是 2。如果过程 S 中改变了 a 数组的值，如：

```
a(4)=20
```

则执行完过程 S 后，主程序中数组 p 的第 4 个元素 p(4)的值也变成了 20。也就是说，用数组作过程参数时，形参数组中各元素的改变将被带回到实参。这个特性是非常有用的。

如前所述，数组一般通过传地址方式传送。在传送数组时，除遵守参数传送的一般规则外，还应注意以下几点：

(1) 为了把一个数组的全部元素传送给一个过程，应将数组名分别写入形参表中，并略去数组的上下界，但括号不能省略。

如：

```
Private Sub Sort(a()As single)
…
End Sub
```

其中形参 a( )即为数组。

(2) 被调过程可通过 Lbound 函数和 Ubound 函数确定实参数组的上下界。

(3) 当用数组作形参时，对应的实参必须也是数组，且类型一致。

(4) 实参和形参结合是按地址传递，即形参数组和实参数组共用一段内存单元。

例如：定义了实参数组 b(1 to 8)，给它们赋了值，调用 Sort() 函数过程的形式如下：

```
Sort b()
```

或

```
Call Sort(b())
```

实参数组后面的括号可以省略，但是为了便于阅读，建议最好不要省略。

调用时形参数组 a 和实参数组 b 进行虚实结合，共用一段内存单元，如图 8-13 所示。因此，在 Sort()过程中改变数组 a 的各元素值，也就相当于改变了实参数组 b 中对应元素的值，当调用结束时，形参数组 a 成为无定义。

b(1)	b(2)	b(3)	b(4)	b(5)	b(6)	b(7)	b(8)
1	2	3	4	5	6	7	8
a(1)	a(2)	a(3)	a(4)	a(5)	a(6)	a(7)	a(8)

图 8-13　参数为数组时的虚实结合示意图

数组可以作为过程的参数。过程定义时，形参列表中的数组用数组名后的一对空的圆括号表示。在过程调用时，实际参数表中的数组可以只用数组名表示，省略圆括号。

当用数组作为过程的参数时，进行的不是“值”的传递，而是“址”的传递，即将数组的起始地址传给被调过程的形参数组，使得被调过程在执行过程中，实参数组与形参数组共享一组存储单元，此时对形参数组操作，就等同于对实参数组操作，因此被调过程中对应形参数组的任何改变都将带回给实参数组。

如果被调过程不知道实参数组的上下界，可在被调过程中用 LBound 和 Ubound 求得。

【例 8-11】 用数组作参数，求一维数组中的所有负元素之和。

程序代码如下：

```
Function sun%(b%())
    Dim i%
    For i=LBound(b) To UBound(b)
    If b(i)<0 Then
        Sum=Sum+b(i)
    End If
    Next i
```

```
End Function

Private Sub Form_Click()
    Dim a%(10),s%,i%
    For i=1 To 10
        a(i)=Int(Rnd*100)-50
        Print a(i);
    Next i
    Print
    s=Sum(a())
    Print "数组中的负元素之和为："; s
End Sub
```

【例 8-12】 用随机数产生一个二维数组，求该数组中的最小值及其位置。

程序代码如下：

```
Option Base 1
Sub mini(b%(),minb%,iminb%,jminb%)
    Dim i%,j%,p1%,p2%,q1%,q2%
    p1=LBound(b,1)
    p2=UBound(b,1)
    q1=LBound(b,2)
    q2=UBound(b,2)
    minb=b(p1,q1)
    iminb=p1
    jminb=q1
    For i=p1 To p2
        For j=q1 To q2
            If b(i,j)<minb Then
                minb=b(i,j)
                iminb=i
                jminb=j
            End If
        Next j
    Next i
End Sub

Private Sub Form_Click()
    Dim a%(5,6),min%,i%,j%,imin%,jmin%
    For i=1 To 5
        For j=1 To 6
            a(i,j)=Int(Rnd*100)
            Print a(i,j);
        Next j
        Print
```

```
    Next i
    Print
    Call mini(a(),min,imin,jmin)
    Print "最小值为：";min,",它在";imin;"行";jmin;"列"
End Sub
```

如果不是将整个数组而只是将某个数组元素作为实参传递给被调过程，则应在数组名后的括号中指出该数组元素的下标。

【例 8-13】 将某正整数数组中的偶数都做加 1 操作。

程序代码如下：

```
Private Sub Form_Click()
    Dim a%(1 To 10),i%
    Call Inputa(a())                        '数组初始化
    Call printa(a())                        '打印数组中所有元素
    For i=1 To 10
        If a(i) Mod 2=0 Then
            a(i)=add(a(i))                  '单个数组元素作为参数
        End If
    Next i
    Call printa(a())                        '打印改变后的数组
End Sub

Sub Inputa(b%())
    Dim i%,l%,u%
    l=LBound(b)
    u=UBound(b)
    For i=1 To u
        b(i)=Int(Rnd * 50+1)
    Next i
End Sub

Sub printa(c%())
    Dim i%,l%,u%
    l=LBound(c)
    u=UBound(c)
    For i=1 To u
        Print c(i);
    Next i
    Print
End Sub

Function add%(p%)
```

```
    add=p+1
End Function
```

8.3.5 有关过程之间数据传递的几点说明

以上介绍了VB过程的参数传递，现补充以下几点说明：

1. 参数的数据类型

在定义子过程和函数过程时，一般要求说明形参变量的数据类型，若形参被默认类型说明，则此时形参为Variant数据类型，由调用时实参的数据类型来确定，这样程序的执行效率低，且容易出错。关于VB的数据类型，请参阅第3章有关内容。

2. 形参与实参数据类型要求相同

当按地址传递时，实参与形参的数据类型必须相同，否则会出错。当按值传递时，实参数据类型如果与形参的数据类型不同，系统将实参的数据类型转换为形参的数据类型，然后再传递(赋值)给形参，如果实参的数据类型不能转换，则会出错。

3. 实参使用形式决定数据的传递方式

在子过程和函数过程调用时，如果实参是常量(包括系统常量、用Const自定义的符合常量)或表达式，无论在定义时使用值传递还是地址传递，此时都是按照值传递的方式将常量或表达式的值传递给形参变量。

如果形参定义是按照地址传递的方式，但是调用时想使实参变量按值的方式传递，可以把实参变量加上括号，将其转换成表达式即可。

4. 子过程与函数过程的讨论

解决一个问题既可以使用子过程，也可以使用函数过程，在具体问题中，如果是需要求得一个值，通常使用函数过程，如果不是为了求一个值，而是完成一些操作，或是需要返回多个值，则使用子过程比较方便。

8.4 过程的嵌套和递归调用

8.4.1 过程的嵌套

VB的过程定义都是互相平行和相对独立的，也就是说在定义过程时，一个过程内不能包括另一个过程。VB虽然不能嵌套定义过程，但可以嵌套调用过程，也就是主程序可以调用子过程，在子过程中还可以调用另外的子过程，这种程序结构称为过程的嵌套。过程的嵌套如图8-14所示。

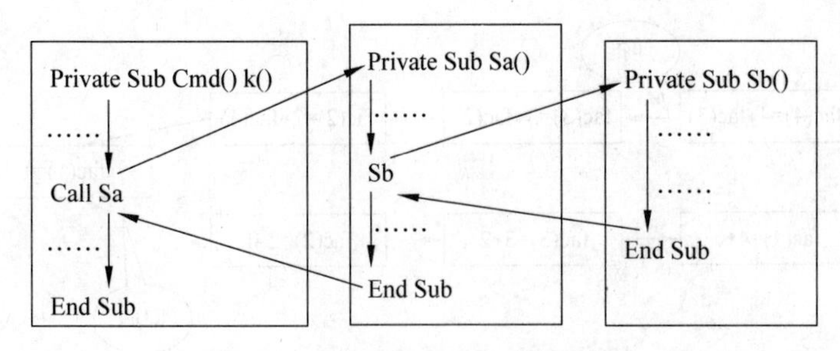

图 8-14　过程的嵌套调用执行过程

8.4.2　过程的递归调用

用自身的结构来描述自身，称递归。最典型的例子是阶乘运算，作如下的定义：

$$n!=n*(n-1)!$$

$$(n-1)!=(n-1)*(n-2)!$$

VB 允许在一个 Sub 子过程和 Function 过程的定义内部调用自己，即递归 Sub 子过程和递归 Function 函数。

【例 8-14】　编程求阶乘 fac(n)＝n!的递归函数。

程序代码：

```
Private Function fac(n As Integer)As Integer
    If n=1 Then
        fac=1
    Else
        fac=n * fac(n-1)
    End If
End Function
Private Sub Form_Click()
    n=InputBox("输入阶乘数：")
    Print "fac(";n;")=";fac(Val(n))
End Sub
```

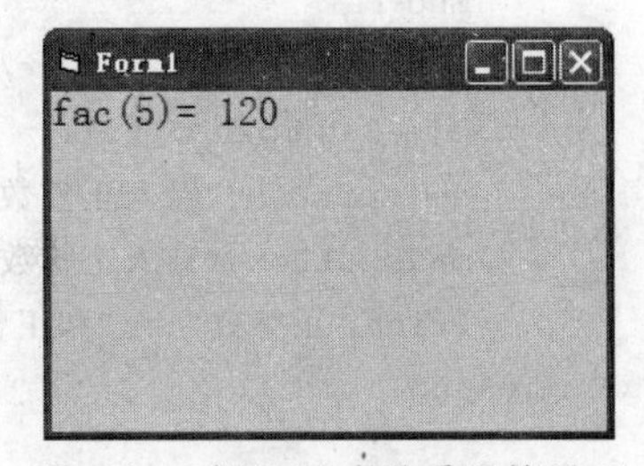

图 8-15　例 8-14 求阶乘运算界面

程序运行结果如图 8-15 所示。

递归处理一般用栈来实现，分为递推和回归两个过程，如图 8-16 所示。

说明：

(1) 递归处理一般用栈来实现，分递推和回归两个过程。

(2) 递推过程：每调用一次自身，把当前参数(形参、局部变量、返回地址等)压入栈，直到递归结束条件成立。

(3) 回归过程：然后从栈中弹出当前参数，直到栈空。

(4) 递归算法设计简单，解决同一问题，使用递归算法消耗的机时和占据的内存空间要比使用非递归算法大。

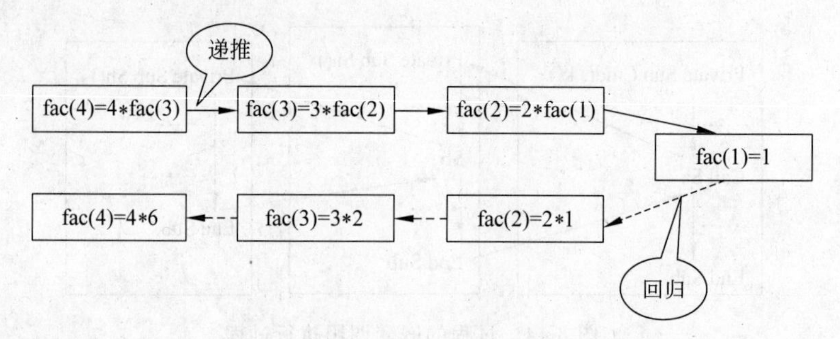

图 8-16　fac(n)递归函数的执行过程

(5) 使用递归算法必须要满足两个条件：

① 存在递归结束的条件及结束时的值。

② 能用递归形式表示，且递归向终止条件发展。

【例 8-15】 用递归方法求两个正整数 n 和 m 的最大公约数。

用递归方法求最大公约数，其算法描述如下：

$$gcd(m,n)=\begin{cases} n & m \text{ Mod } n=0 \\ gcd(n,m \text{ Mod } n) & m \text{ Mod } n\neq 0 \end{cases}$$

函数代码：

```
Private Function gcd(m As Integer,n As Integer)As Integer
    If(m Mod n)=0 Then
        gcd=n
    Else
        gcd=gcd(n,m Mod n)
    End If
End Function
Private Sub Form_Click()
    n=InputBox("输入正整数：")
    m=InputBox("输入正整数：")
    Print "正整数";m;"和正整数";n;"的最大公约数是";gcd(Val(m),Val(n))
End Sub
```

8.5　过程的可选参数与不定数量参数

VB 6.0 提供了十分灵活和安全的参数传送方式，允许使用可选参数和可变参数。在调用一个过程时，可以向过程传送可选的参数或是任意数量的参数。

8.5.1　可选参数

在前面的例子中，一个过程中的形参是固定的，调用时实参也是固定的。也就是说，如果一个过程有 3 个形参，那么，在过程调用时就必须按相同的顺序和数据类型提供 3 个实参。然而，在 VB 6.0 中，有些内部函数的参数是可选的，如随机函数 Rnd，子串查找函数 inStr。同时用户在自定义子过程或函数时也可以定义可选参数。要指定某个形参为可选参数，做法是在形参变量前加入 Optional 关键字即可。如果一个过程某个形参为可选参数，则在调用此过程时可以不提供对应这个参数的实参，若一个过程有多个形参，当它的一个形参被设定为可选参数时，则这个参数后面的其他参数也必须是可选的，并且要有 Optional 关键字声明，要在过程体中通过 IsMissing 函数测试调用时是否传送可选参数。

【例 8-16】

```
sub multi(first As Integer,sec As Integer,optional third)
    n=first * sec
    if not ismissing(third) then n=n * third
    print n
End Sub
```

上述过程有 3 个参数，其中前两个参数与普通过程中的书写格式相同，最后一个参数没有指定类型(使用默认类型 Variant)，而是在前面加上了 Optional，表明该参数为可选参数。在过程体中，首先计算前两个参数的乘积，并把结果赋给变量 n，然后测试第 3 个参数是否存在，如果存在，则把第 3 个参数与前两个参数的积相乘，最后输出乘积。

在调用上面的过程时，可以提供 2 个参数，也可以提供 3 个参数，都能得到正确的结果。例如，若用下面的事件过程调用：

```
Private Sub Form_Click()
    multi 10,20
End Sub
```

则结果为 200。而用下面的过程调用：

```
Private Sub Command1_Click()
    multi 10,20,3
End Sub
```

则结果为 6000。

【例 8-17】 可选参数的使用。

```
Private Sub Nadres(x As String,Optional y As String)
    Text1.text=x
    Text2.text=y
End Sub

Private Sub Command1_Click ()
Dim strName As String
Dim strAddress As String
strName="李  晶"
```

```
    strAddress="红旗街 1129 号"                    '提供了两个参数。
      Call Nadres(strName,strAddress)
    End Sub
```

上面的过程中只有一个可选参数,也可以有两个或多个。但是应注意,可选参数必须放在参数表的最后,而且必须是 Variant 类型。

说明:

(1) 检测可选参数是否被省略。

如果一个可选参数的类型为 Variant,在调用时未提供该参数,实际上将该参数作为具有 Empty 值的变体来赋值。在过程中可使用 VB 的内部函数 IsMissing(可选参数名)来测试过程被调用时,某个参数是否被省略。如果可选参数被省略了,则返回 True,未省略,返回 False。若可选参数是其他类型,则 IsMissing()总是返回 False,不能起到检测的作用。将例 8-16 改写成如下形式,调用时未提供全部可选参数:

```
Private Sub Nadres(x As String, Optional y As Variant)
    Text1.Text=x
    If Not IsMissing(y) Then
       Text2.Text=y
    End If
End Sub
Private Sub Command1_Click()
    Dim strName As String
    strName="李  晶"
    strAddress="红旗街 1129 号"
    Call Nadres(strName)                       '未提供第二个参数。
End Sub
```

(2) 指定可选参数的默认值。

也可以为可选参数指定默认值。在下例中,如果未将可选参数传递到函数过程,则返回一个缺省值。

```
Sub Nadres(x As String, Optional y As String="红旗街 1129 号")
    Text1.text=x
    Text2.text=y
End Sub
Private Sub Command1_Click()
    Dim strName As String
    strName="李  晶"                           '未提供第二个参数。
    Call Nadres (strName)                      '显示"李  晶"和"红旗街 1129 号"
End Sub
```

8.5.2 可变参数

一般说来,过程调用中的参数个数应等于过程说明的参数个数。若用 ParamArray

关键字指明，过程将接受任意个数的参数。

其定义形式如下：

```
Sub 过程名(ParamArray 数组名())
Function 函数名(ParamArray 数组名()) As 数据类型
```

【例 8-18】 编写一个计算任意多个数据总和的 Sum 函数。

```
Private Function Sum(ParamArray av())As Integer
    Dim i As Integer
    Dim y As Integer
    Dim intSum As Integer
    For i=LBound(av) To UBound(av)
        y=y+av(i)
    Next i
    Sum=y
End Function
Private Sub Form_Click()
    Print Sum(1,3,5,7,8)
    Print Sum(1,10)
End Sub
```

Form1
24
11

图 8-17 例 8-18 计算任意多个数据总和

程序运行后，单击窗体的输出结果如图 8-17 所示。

8.6 对象参数

与传统的程序设计语言一样，通用过程一般用变量作为形式参数。但是，与传统的程序设计语言不同的是，VB 语言还允许用对象，即窗体或控件作为通用过程的参数。在有些情况下，可以简化程序设计，提高效率。本节将介绍将窗体和控件作为通用过程参数的操作。

前文已经介绍了用数组、字符串、数值作为过程的参数，以及如何把这些类型的实参传送给过程。实际上，在 VB 中，还可以向过程传送对象，包括窗体和控件。

用对象作为参数与用其他数据类型作为参数的过程没有什么区别，其格式为：

```
Sub 过程名(形参表)
    语句块
    [Exit Sub]
    ⋮
End Sub
```

"形参表"中形参的数据类型通常为 Control 或 Form。注意，在调用含有对象的过程时，对象只能通过传地址的方式传送。因此在定义过程时，不能在其参数前加关键字 ByVal。

8.6.1 窗体参数

通过一个例子说明窗体参数的应用。

假设要设计一个含有多个窗体的程序，该程序有 4 个窗体，要求这 4 个窗体的位置、大小都相同。

窗体的大小和位置通过 Left、Top、Width 和 Height 属性来设置。可以这样编写程序：

```
⋮
Form1.Left=2000
Form1.Top=3000
Form1.Width=5000
Form1.Height=3000

Form2.Left=2000
Form2.Top=3000
Form2.Width=5000
Form2.Height=3000

Form3.Left=2000
Form3.Top=3000
Form3.Width=5000
Form3.Height=3000

Form4.Left=2000
Form4.Top=3000
Form4.Width=5000
Form4.Height=3000
⋮
```

每个窗体通过 4 个语句确定其大小和位置，除窗体名称不同外，其他都相同。因此，可以用窗体作为参数，编写一个通用过程：

```
Sub FormSet (FormNum As Form)
FormNum .Left=2000
FormNum .Top=3000
FormNum .Width=5000
FormNum .Height=3000
End Sub
```

上述通用过程有一个形参，该参数的类型为窗体(Form)。在调用时，可以用窗体作为实参。如：

```
FormSet Form1
```

按过程中给出的数值设置窗体 Form1 的大小和位置。

为了调用上面的通用过程，可以用【工程】菜单中的【添加窗体】命令建立 4 个窗体，即 Form1，Form2，Form3 和 Form4。在默认情况下，第一个建立的窗体（这里是 Form1）是启动窗体。

对 Form1 编写如下事件过程：

```
Private Sub Form_Load()
    FormSet Form1
    FormSet Form2
    FormSet Form3
    FormSet Form4
End Sub
```

对 4 个窗体分别编写如下的事件过程：

```
Private Sub Form_Click()
    Form1.Hide                    '隐藏窗体 Form1
    Form2.Show                    '隐藏窗体 Form2
End Sub
Private Sub Form_Click()
    Form2.Hide
    Form3.Show
End Sub
Private Sub Form_Click()
    Form3.Hide
    Form4.Show
End Sub
Private Sub Form_Click()
    Form4.Hide
    Form1.Show
End Sub
```

上述程序运行后，首先显示 Form1，单击该窗体后，Form1 消失，显示 Form2，单击 Form2 窗体后，Form2 消失，显示 Form3……所显示的每个窗体的大小和位置均相同。

8.6.2 控件参数

和窗体一样，控件也可以作为通用过程参数。即在一个通用过程中设置相同性质控件所需要的属性，然后用不同的控件调用此过程。

【例 8-19】 编写一个通用过程，在过程中设置字体属性，并调用该过程显示指定的信息。

```
Sub Fontout(TestCtrl1 As Control,TestCtrl2 As Control)
    TestCtrl1.FontSize=18
    TestCtrl1.FontName="楷体 _Gb2312"
```

```
        TestCtrl1.FontItalic=True
        TestCtrl1.FontBold=True
        TestCtrl1.FontUnderline=True
        TestCtrl2.FontSize=24
        TestCtrl2.FontName="宋体"
        TestCtrl2.FontItalic=False
        TestCtrl1.FontUnderline=False
    End Sub
```

上述过程有两个参数，其类型均为 Control。该过程用来设置控件上所显示的文字的各种属性。为了调用该过程，在窗体上建立两个文本框，然后编写如下事件过程：

```
    Private Sub Form_Load()
        Text1.Text="欢迎光临"
        Text2.Text="吉林建筑工程学院"
    End Sub
    Private Sub Form_Click()
        Fontout Text1,Text2
    End Sub
```

运行上面的程序，单击窗体，运行结果如图 8-18 所示。

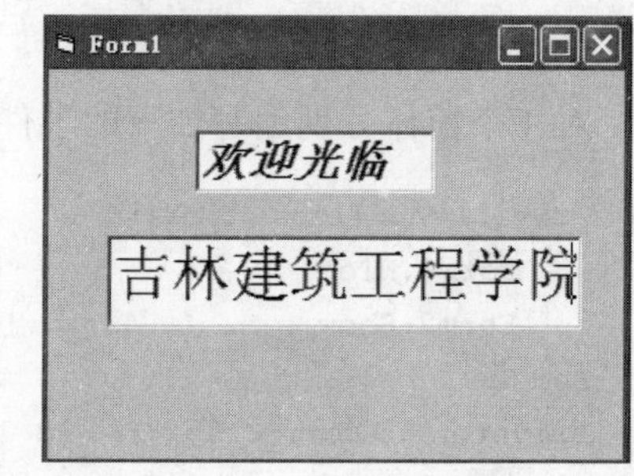

图 8-18　控件参数示例

8.7　过程与变量的作用域

应用程序中的过程、变量是有作用域的。所谓作用域，也就是过程、变量可以在哪些地方被使用。作用域的大小和过程、变量所处的位置及定义方式有关。

根据变量定义的位置不同，可以将变量分为局部变量、窗体变量/模块级变量和全局变量。

8.7.1　过程的作用域

通用子过程和函数过程既可以写在窗体模块中也可以写在标准模块中，在定义时可选用关键字 Private(局部)和 Public(全局)，来决定它们能被调用的范围。

过程可被访问的范围称为过程的作用域，它随所定义的位置和语句的不同而不同。过程的作用域分为窗体/模块级和全局级

这里只讨论窗体和标准模块文件。

(1) 窗体/模块级：指在某个窗体或标准模块内用 Private 定义的子过程或函数过程，这些过程只能被本窗体或标准模块中的过程调用。

(2) 全局级：指在窗体或标准模块中定义的过程，其默认是全局的，也可加 Public 进行说明。全局级过程可供该应用程序的所有窗体和所有标准模块中的过程调用，但根据过程所处的位置不同，其调用方式有所区别。

① 在窗体定义的过程，外部过程要调用时，必须在过程名前加定义该过程的窗体名。

② 在标准模块定义的过程，外部过程要调用时，但必须保证该过程名是唯一的，否则要加定义该过程的标准模块名。有关规则如表 8-2 所示。

表 8-2 过程的作用域

<table>
<tr><th rowspan="2">作用范围</th><th colspan="2">模块级</th><th colspan="2">全局级</th></tr>
<tr><th>窗体</th><th>标准模块</th><th>窗体</th><th>标准模块</th></tr>
<tr><td>定义方式</td><td colspan="2">过程名前加 Private
例如，Private sub sub(形参表)</td><td colspan="2">过程名前加 Public 或缺省
例如，Public sub sub2(形参表)</td></tr>
<tr><td>能否被本模块其他过程调用</td><td>能</td><td>能</td><td>能</td><td>能</td></tr>
<tr><td>能否被本应用程序其他模块调用</td><td>不能</td><td>不能</td><td>能，但必须在过程名前加窗体名。例如，Call 窗体名.sub2(实参表)</td><td>能，但过程名必须是唯一，否则要加标准模块名。例如，Call 标准模块名.sub2(实参表)</td></tr>
</table>

8.7.2 变量的作用域

变量的作用域决定了哪些子过程和函数过程可访问该变量。变量的作用域分为局部变量、窗体/模块级变量和全局变量。表 8-3 中列出了 3 种变量的作用范围及使用规则。

表 8-3 变量的作用域

<table>
<tr><th rowspan="2">作用范围</th><th rowspan="2">局部变量</th><th rowspan="2">窗体/模块级变量</th><th colspan="2">全局变量</th></tr>
<tr><th>窗体</th><th>标准模块</th></tr>
<tr><td>声明方式</td><td>Dim，Static</td><td>Dim，Private</td><td colspan="2">Public</td></tr>
<tr><td>声明位置</td><td>在过程中</td><td>窗体/模块的“通用声明”段</td><td colspan="2">窗体/模块的“通用声明”段</td></tr>
<tr><td>被本模块的其他过程存取</td><td>不能</td><td>能</td><td colspan="2">能</td></tr>
<tr><td>被其他模块存取</td><td>不能</td><td>不能</td><td>能，但在变量名前加窗体名</td><td>能</td></tr>
</table>

(1) 局部变量：指在过程内用 Dim 语句声明的变量(或不加声明直接使用的变量)，只能在本过程中使用，别的过程不可访问。当该过程被调用时，系统给局部变量分配存储单元并进行变量的初始化，执行该过程对局部变量的存取操作。但是，一旦该过程体执行结束，则局部变量的内容就会自动消失，所占用的存储单元也被释放。不同的过程中可有相同名称的变量，彼此互不相干。使用局部变量有利于程序的调试。

过程级变量的定义形式如下：

```
Dim 变量名 As 数据类型
```

或

```
Static变量名 As 数据类型
```

例如：

```
Dim a As Integer,b As Integer
Static str As String
```

对于任何临时计算，采用局部变量(过程级变量)是最佳选择。例如，可以建立多个不同的过程，每个过程都包含名为 i 的变量。只要每个 i 都声明为局部变量，那么每个过程只识别它自己的变量 i，改变它自己的变量 i 的值，不会影响其他过程中的变量 i 的值。

如果在过程中未作说明而直接使用某个变量，该变量也被当成局部变量。用 Static 说明的变量在应用程序的整个运行过程中都一直存在，而用 Dim 说明的变量只在过程执行时存在，退出程序后，这类变量就会消失。过程级变量通常用于保存临时数据。

局部变量可在主程序、子程序或函数中声明，但是只能在建立的过程内有效，即使是在主程序中建立的变量，也不能在子过程中使用。局部变量的作用域仅限于局部变量自己所在的过程，使用局部变量的程序比仅使用全局变量的程序更具有通用性。

(2) 窗体/模块级变量：指在一个窗体模块的任何过程外，即在"通用声明"段中用 Dim 语句或用 Private 语句声明的变量，可被本窗体/模块的任何过程访问。

如：

```
Private s As String
Dim a As Integer,b As Single
```

注意：在模块声明中使用 Private 或 Dim 作用相同，但是使用 Dim 会提高代码的可读性。

私有的模块级变量简称模块级变量。

(3) 全局变量：指在窗体或标准模块的任何过程或函数外，即在"通用声明"段中用 Public 语句声明的变量，可被应用程序的任何过程或函数访问。全局变量的值在整个应用程序中始终不会消失和重新初始化，只有当整个应用程序执行结束时，才会消失。

如：

```
Public a As Integer,b As Single
```

在标准模块中声明的全局变量，在应用程序的任何一个过程中都可以直接引用该变量，而在某个窗体模块中声明的全局变量，当其他窗体模块引用它时，必须用定义它的窗体模块名为前缀。例如，Form1.max，表示访问子 Form1 窗体中定义的全局变量 max。

全局变量是指在所有程序(包括主程序和过程)中都可以使用的内存变量。全局变量同在一个过程中定义的变量一样，在子过程中可以任意改变和调用，当某子过程执行完后，其值带回主程序。把变量定义为全局变量虽然方便，但是这样会增加变量在程序中被无意修改的机会，因此，如果有更好的处理变量的方法，就不要声明全局变量。

【例 8-20】 通过本例学习不同作用域变量的使用。

在 Form1 窗体代码窗口输入如下代码：

```
Private a%                                  '窗体/模块级变量
Private Sub Form_Click()
```

```
    Dim c%,s%                                 '局部变量
    c=20
    s=a+Form2.b+c                             '引用各级变量
    Print "s=";s
End Sub

Private Sub Form_Load()
    a=10                                      '给窗体/模块级变量赋值
    Form2.Show
End Sub
```

添加 Form2 窗体,在它的代码窗口输入如下代码:

```
Public b%                                     '定义全局变量
Private Sub Form_Load()
    b= 30                                     '给全局变量赋值
End Sub
```

运行程序,单击 Form1 窗体,结果如下:

```
s=60
```

在本例中,我们在 Form1 窗体的 Click 事件过程中引用了 Form2 窗体中定义的全局级变量 b,由此可以看出在代码窗口"通用声明"段中用 Public 定义的变量确实是在整个应用程序中起作用的。

如果将 Form1 代码窗口中的 Form_Click 事件过程做如下变动:

```
Private Sub Form_Click()
    Dim c%,s%,b%
    c=20
    b=40
    s=a+b+c
    Print "s=";s
End Sub
```

运行结果变为:

```
s=70
```

结果发生了变化,原因是在 VB 中,当同一应用程序中定义了不同级别的同名变量时,系统优先访问作用域小的变量。上例改动后,系统优先访问了局部变量 b,因此结果也相应地改变了。如果想优先访问全局变量,则应在全局变量前加上窗体/模块名。

8.7.3 静态变量

由表 8-3 中可知,局部变量除了用 Dim 语句声明外,还可用 Static 语句将变量声明为

静态变量,它在程序运行过程中可保留变量的值。也就是说,每次输出过程后,用 Static 说明的变量会保留运行后的结果。而在过程内用 Dim 说明的变量,每次调用过程结束,都会将这些局部变量释放掉。

其形式如下:

```
Static 变量名[As 类型]
Static Function 函数名 ([参数列表])[As 类型]
Static Sub 过程名[(参数列表)]
```

在函数名、过程名前加 Static,则表示该函数、过程内的局部变量都是静态变量。

【例 8-21】 调用函数实现变量自动增 1 的功能。

程序代码如下:

```
Private Static Function s%()
    Dim sum%
    sum=sum+1
    s=sum
End Function

Private Sub Form_Click()
    Dim i%
    For i=1 To 5
        Print "第" & i & "次结果为" & s()
    Next i
End Sub
```

因为在函数前加了 Static,因此在每次函数调用结束时,不再释放局部变量 sum,从而保留了上次调用后的结果,实现了自动增 1 的功能。

8.8 鼠标事件和键盘事件

鼠标对 Windows 应用程序设计来说几乎是必需的,尤其是在图形图像处理的程序设计中,显得更为重要。而鼠标应用的基础是鼠标事件。下面就来简单介绍一下窗体鼠标事件及其应用。

8.8.1 鼠标事件

除了单击(Click)事件和双击(DblClick)事件外,基本的鼠标事件还有 3 个:MouseDown,MouseUp 和 MouseMove。工具箱中的大多数控件都能响应这 3 个事件。

MouseDown:鼠标的任一键被按下时触发该事件。

MouseUp:鼠标的任一键被释放时触发该事件。

MouseMove：鼠标被移动时触发该事件。

以 Form 对象为例，它们的语法格式如下。

```
Private Sub Form_MouseDown(Button As Integer,Shift As Integer,X As Single,Y As Single)
Private Sub Form_MouseMove(Button As Integer,Shift As Integer,X As Single,Y As Single)
Private Sub Form_MouseUp(Button As Integer,Shift As Integer,X As Single,Y As Single)
```

说明：

(1) Button 是一个 3 位二进制整数，表示用户按下或释放的鼠标键。Button 值与鼠标键状态的对应关系如表 8-4 所示。

表 8-4　Button 值与鼠标状态的对应关系

二进制值	十进制值	VB 常数值	鼠标对应状态描述
001	1	vbLeftButton	按下左键
010	2	vbRightButton	按下右键
011	3	vbLeftButton＋vbRightButton	同时按下左键和右键
100	4	vbMiddleButton	按下中间按钮
101	5	vbLeftButton＋vbMiddleButton	同时按下左键和中间按钮
110	6	vbRightButton＋vbMiddleButton	同时按下右键和中间按钮
111	7	vbRightButton＋vbMiddleButton＋ vbLeftButton	同时按下鼠标三按钮

(2) Shift 是一个 3 位二进制整数，表示鼠标事件发生时 Shift 键、Ctrl 键和 Alt 键的状态。二进制位与 3 个键状态的对应关系如表 8-5 所示。

表 8-5　Shift 值与 Shift 键、Ctrl 键和 Alt 键状态的对应关系

二进制值	十进制值	VB 常数值	对应状态描述
001	1	vbShiftMask	按下 Shift 键
010	2	vbCtrlMask	按下 Ctrl 键
011	3	vbAltMask	按下 Alt 键
100	4	vbShiftMask＋vbCtrlMask	按下 Shift 键和 Ctrl 键
101	5	vbShiftMask＋vbAltMask	按下 Shift 键和 Alt 键
110	6	vbCtrlMask＋vbAltMask	按下 Ctrl 键和 Alt 键
111	7	vbShiftMask＋vbCtrlMask＋VbAltMask	按下 Shift 键、Ctrl 键和 Alt 键

(3) X，Y 返回的都是单精度数值，返回鼠标指针的当前位置。该鼠标位置的数值是参照接收鼠标事件的窗体的坐标系统确定的。

【例 8-22】　显示鼠标指针的当前位置。

程序代码如下：

```
Private Sub Form_MouseMove(Button As Integer,
Shift As Integer,X As Single,Y As Single)
    Text1.Text=X
    Text2.Text=Y
End Sub
```

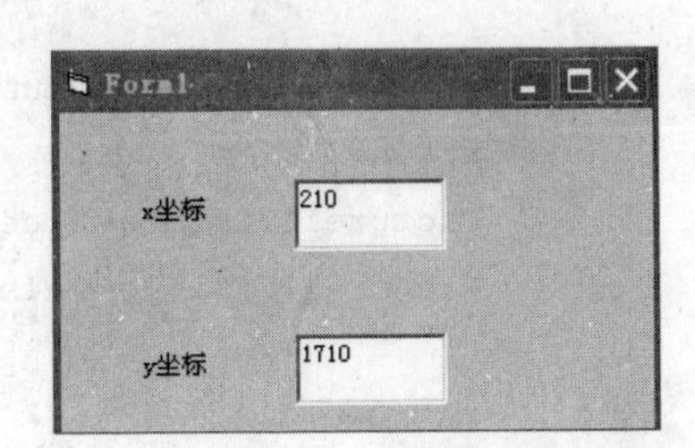

图 8-19　例 8-22 程序运行结果

程序运行结果如图 8-19 所示。

【例 8-23】 假设窗体上有两个图片框,在两个图片框内放置了两张图片。编写具有如下功能的程序:单击显示左边的图片,右击显示右边的图片。运行效果如图 8-20 和图 8-21 所示。

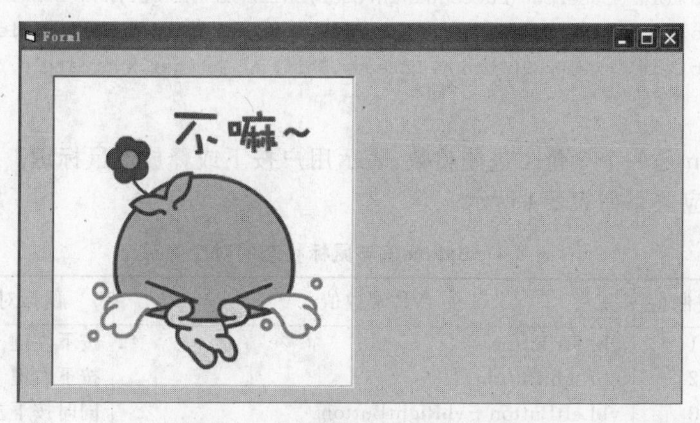

图 8-20 单击鼠标左键的运行结果

图 8-21 单击鼠标右键的运行结果

程序代码如下:

```
Private Sub Form_Load()
    Picture1.Visible=False
    Picture2.Visible=False
End Sub

Private Sub Form_MouseDown(Button As Integer,Shift As Integer,X As Single,Y As Single)
  If Button=1 Then
      Picture1.Visible=True
      Picture2.Visible=False
  Else
      If Button=2 Then
          Picture1.Visible=False
```

```
        Picture2.Visible=True
      End If
    End If
  End Sub
```

8.8.2 键盘事件

VB 中的对象识别键盘事件，包括 KeyPress，KeyUp 和 KeyDown 事件。用户按下并且释放一个 ANSI 键时就会触发 KeyPress 事件。用户按下一个键时触发 KeyDown 事件，释放引发 KeyUp 事件。在引发键盘事件的同时，用户所按的键盘码作为实参传递给相应的事件过程，供程序判断识别用户的操作。

KeyPress 事件只响应按下标准 ASCII 字符表中对应的键时的事件，如 Enter，Tab，Backpace 等以及标准键盘的字母、标点、数字键等。而 KeyDown 和 KeyUp 事件则提供了最低级的键盘响应。

它们的格式如下：

```
Sub Object_KeyPress([Index As Integer,]KeyASCII Integer)
Sub Object_KeyDown([Index As Integer,]KeyCode As Integer,Shift As Integer)
Sub Object_KeyUp([Index As Integer,]KeyCode As Integer,Shift As Integer)
```

说明：

(1) Object 是一个对象名称。

(2) KeyASCII 是返回一个标准 ANSI 键代码的整数。改变 KeyASCII 值时，通过引用传递给对象发送一个不同的字符。当 KeyASCII 改变为 0 时，可取消击键，对象便接收不到字符。

(3) KeyCode 是返回用户操作键的扫描代码。它告诉事件过程用户所操作的物理键位。也就是说，只要是在同一个键上的字符，它们返回的 KeyCode 的值是相同的。如对于字符 A 和 a，它们在 KeyUP 或 KeyDown 事件中的返回值都是相同的，而在 KeyPress 事件中的返回值却是不一样的。

(4) Shift 是一个正数，它的含义与鼠标事件过程中的 Shift 一样。

(5) Index 是一个整数，用来唯一地标识一个在控件数组中的控件。

【例 8-24】 在窗体上放一文本框，编写一事件过程，保证在该文本框内只能输入字母，且无论大小写，都要转换成大写字母显示。

程序代码如下：

```
Private Sub text1_keypress(keyascii As Integer)
    Dim str&
  If keyascii<65 Or keyascii>122 Then
    Beep
    keyascii=0
  ElseIf KeyAscii>=65 And KeyAscii<=90 Then
```

```
        text1=text1+Chr(keyascii)
      Else
        str=UCase(Chr(keyascii))
        keyascii=0
        text1=text1+str
        End If
    End Sub
```

【例 8-25】 设计一个事件过程,判断 Shift 键、Ctrl 键和 Alt 键之间及它们与其他键的组合。

```
    Private Sub Form_keydown(keycode As Integer,Shift As Integer)
        Select Case shift
            case1
                Print "你按下了 Shift 键和" & Chr(keycode),
            case2
                Print "你按下了 Ctrl 键和" & Chr(keycode),
            case3
                Print "你按下了 Shift 键、Ctrl 键和" & Chr(keycode),
            case4
                Print "你按下了 Alt 键和" & Chr(keycode),
            case5
                Print "你按下了 Shift 键、Alt 键和" & Chr(keycode),
            case6
                Print "你按下了 Atr 键、Ctrl 键和" & Chr(keycode),
            case7
                Print "你按下了 Shift 键、Ctrl 键、Alt 键和" & Chr(keycode),
            Case Else
                Print "你按下了" & Chr(keycode)& "键",
        End Select
        Print "keycode=";keycode
    End Sub
```

运行程序后可知,在键盘同一键上的字母或符号,无论输入谁,KeyCode 的返回值都是相同的。

8.9 综合应用

通过本章内容的学习,了解在比较复杂的程序的设计过程中,应用子过程和函数过程对简化程序结构、增强程序的可读性和方便程序调试是非常有用的。下面介绍几种 VB 中常用的涉及过程的算法。

8.9.1 查找

查找是在线性表(在此为数组)中,根据指定的关键值找出其值相同的元素。一般有顺序查找和二分法(也叫折半查找)两种方法。

1. 顺序查找

顺序查找的算法：将众多已有的数据先存放到数组中,然后将要查找的数据与已有的数据逐一进行比较,若相同则查找成功,将其显示或打印出来;若找不到,则给出查找失败信息。

【例 8-26】 利用顺序查找法找出数组中的某个数。

程序代码如下：

```
Public Sub search(a(),key,index%)
    Dim i%
    For i=LBound(a) To UBound(a)
        If key=a(i) Then            '找到,将元素的下标保存在 index 形参中,结束查找
            index=i
            Exit Sub
        End If
    Next i
    index=-1                        '找不到,index 形参的值为-1
End Sub

Private Sub Command1_Click()
    Dim b()
    b=Array(1,3,5,7,9,11,13)
    k=Val(InputBox("输入要查找的关键值："))
    Call search(b(),k,n%)
    If n=-1 Then
        MsgBox "没有找到您所输入的关键值!"
    Else
        MsgBox "您要找的关键值的位置为" & n
    End If
End Sub
```

运行结果如图 8-22 所示。

2. 二分法查找

顺序查找算法简单,但效率较低。如果数据较多,用二分法查找可提高效率。使用二分法查找的前提是数组必须有序。

折半查找的算法：将众多已有的数据先存放到数组中,并对数组中数据进行排序,然

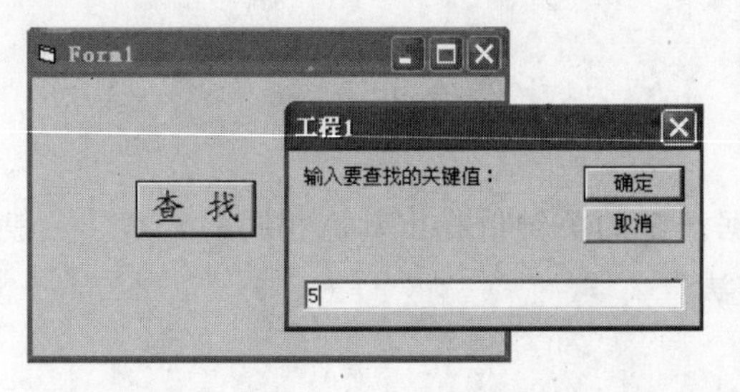

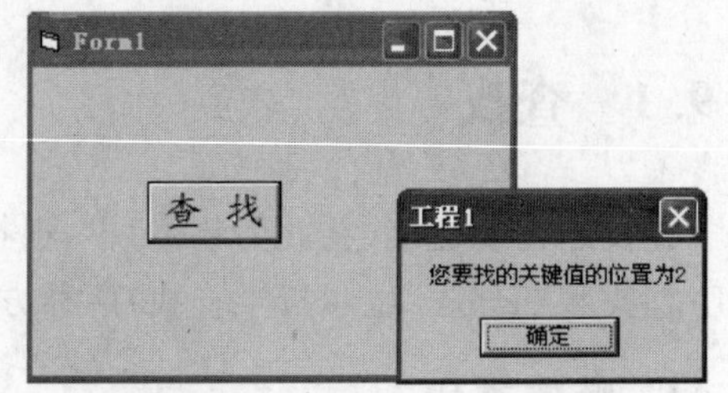

图 8-22 例 8-26 查找算法运行界面

后根据待查找的数据的大小，判断它是在数组的前半部分还是后半部分，取其一半；再将待查找的数据与剩余部分的数据比较，再取其一半；重复多次，直到找到为止。

【例 8-27】 利用二分法找出数组中的某个数。程序中涉及排序，这里使用插入法排序，插入法排序的基本思想如下：

(1) 查找 x 应在数组中的位置 j。

(2) 从最后一个数开始共 n−j 个数依次往后移，使位置为 j 的位置让出。

(3) 将数 x 放在数组中的位置 j，一个数插入完成。

对于如干个数的插入，则重复上述过程即可。

程序代码如下：

插入法排序的子过程：

```
Public Sub sort(x())                              '插入法排序
    m=LBound(x): n=UBound(x)
    For i=1+m To n
        t=x(i)
        j=i-1
        Do While t<x(j)
            x(j+1)=x(j)
            j=j-1
            If j<m Then Exit Do
            Loop
            x(j+1)=t
        Next
End Sub
```

二分法查找的子过程：

```
Public Sub birsearch(a(),ByVal low%,ByVal high%,ByVal key,index%)
    Dim mid As Integer
    mid=(low+high)/2                              '取查找区间的中点
    If a(mid)=key Then
        index=mid                                 '查找到,返回查找到的下标
        Exit Sub
    ElseIf low>high Then                          '二分法查找区间中无该元素,查找不到
        index=-1
        Exit Sub
```

```
        End If
        If key<a(mid) Then                              '查找区间在上半部
            high=mid-1
        Else
            low=mid+1                                   '查找区间在下半部
        End If
        Call birsearch(a,low,high,key,index)            '递归调用查找函数
    End Sub
```

主调过程：

```
    Private Sub Command1_Click()
        Dim b() As Variant
        b=Array(53,3,9,23,45,56,68,21,80,88,99)
        Call sort(b())
        k%=Val(InputBox("输入要查找的值:"))
        Call birsearch(b,LBound(b),UBound(b),k,n%)
        If n=-1 Then
            Print "没有找到"
        Else
            Print "找到了!该数的位置为" & n
        End If
    End Sub
```

程序运行界面如图 8-23 所示。

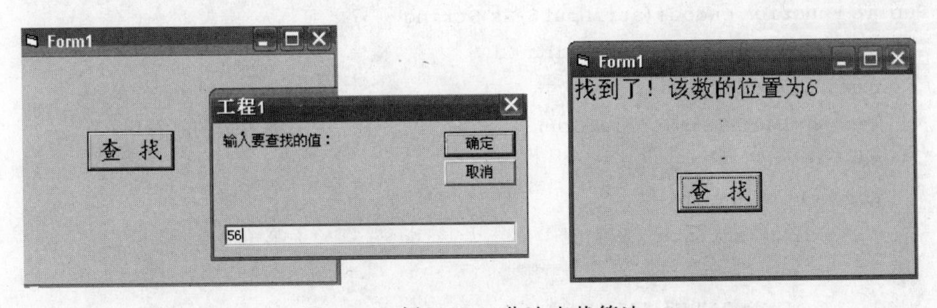

图 8-23　例 8-27 二分法查找算法

8.9.2　加密和解密

信息加密是信息安全性的措施之一。信息加密有各种方法，最简单的加密方法是将每个字母平移(称为密钥)。例如，后移 5 个位置，这时，A→F，B→G，…，Y→D，Z→E，a→f。解密是加密的逆操作。

【例 8-28】　编写一加密和解密的程序，即将输入的一行字符串中的所有字母加密，加密后还可再进行解密。程序运行界面如图 8-24 所示。

加密的思想：将每个字母 C 加(或减)一序数 K，即用它后面的第 K 个字母代替，变换式公式：

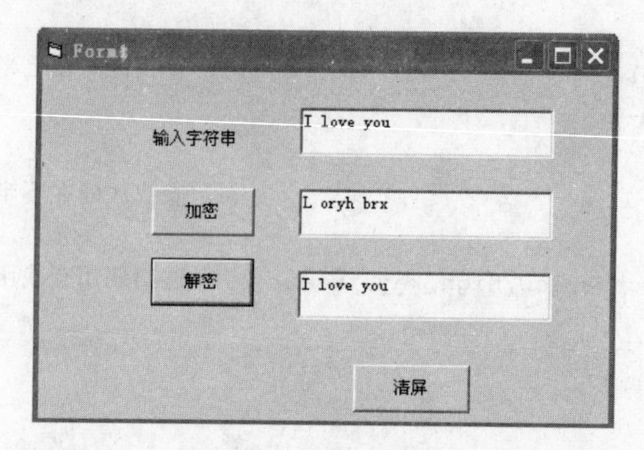

图 8-24　例 8-28 加密和解密程序运行界面

c＝chr(Asc(c)＋k)

例如序数 k 为 5，这时 "A"→"F"，"a"→"f"，"B"→"G"，……当加序数后的字母超过"Z"或"z"则 c＝Chr(Asc(c)＋k－26)。

例如：You are good→Dtz fwj ltti

解密为加密的逆过程：

将每个字母 c 减(或加)一序数 k，即 c＝chr(Asc(c)－k)，

例如序数 k 为 5，这时 "Z"→"U"，"z"→"u"，"Y"→"T"，……当加序数后的字母小于"A"或"a"则 c＝Chr(Asc(c)－k＋26)。

加密函数过程：

```
Public Function encode(strinput$)As String
   Dim code$,record$,c As String * 1
   Dim i%,length%,iAsc%
   length=Len(RTrim(strinput))                   '去掉右边的字符串
   code=""
   For i=1 To length
      c=Mid$(strinput,i,1)                       '去第 i 个字符
      Select Case c
         Case "A" To "Z"
            iAsc=Asc(c)+3                        '大写字母加 3 加密
            If iAsc>Asc("Z")Then iAsc=iAsc-26    '加密后字母超过 z
            code=code+Chr$(iAsc)
         Case "a" To "z"
            iAsc=Asc(c)+3                        '小写字母加 3 加密
            If iAsc>Asc("z")Then iAsc=iAsc-26
            code=code+Chr$(iAsc)
         Case Else                               '当第 i 个字符为其他字符时不加密
            code=code+c
         End Select
   Next i
   encode=code
```

```
End Function
```

解密函数过程：

```
Public Function decode(strinput$)As String
    Dim code$,record$,c As String * 1
    Dim i%,length%,iAsc%
    length=Len(RTrim(strinput))
    code=""
    For i=1 To length
        c=Mid$(strinput,i,1)
        Select Case c
            Case "A" To "Z"
                iAsc=Asc(c)-3
                If iAsc<Asc("A")Then iAsc=iAsc+26
                code=code+Chr$(iAsc)
            Case "a" To "z"
                iAsc=Asc(c)-3
                If iAsc<Asc("a")Then iAsc=iAsc+26
                code=code+Chr$(iAsc)
            Case Else
                code=code+c
            End Select
    Next i
    decode=code
End Function
Private Sub command1_click()
    Dim code$
    code$=Text1.Text
    Text2.Text=encode(code$)
End Sub

Private Sub command2_click()
    Dim code$
    code$=Text2.Text
    Text3.Text=decode(code$)

End Sub

Private Sub Command3_Click()
    Text1.Text=""
    Text2.Text=""
    Text3.Text=""
End Sub
```

8.9.3 用梯形法求定积分

梯形法求定积分的基本思想是：将积分区间[a,b]n 等分，小区间的长度为 $h=\frac{b-a}{h}$，第 i 块小梯形的近似面积为 $A_i=\frac{f(x_i)+f(x_i+1)}{2}h$，积分的结果为所有小面积的和（如图 8-25 所示），公式为：

$$s=\int_a^b f(x)dx\approx\sum_{i=1}^{n}\frac{f(x_i)+f(x_{i+1})}{2}h\approx\left\{\frac{1}{2}(f(a)+f(b))+\sum_{i=1}^{n-1}f(x_i)\right\}h$$

n 越大，求出的面积值越接近于积分的值。

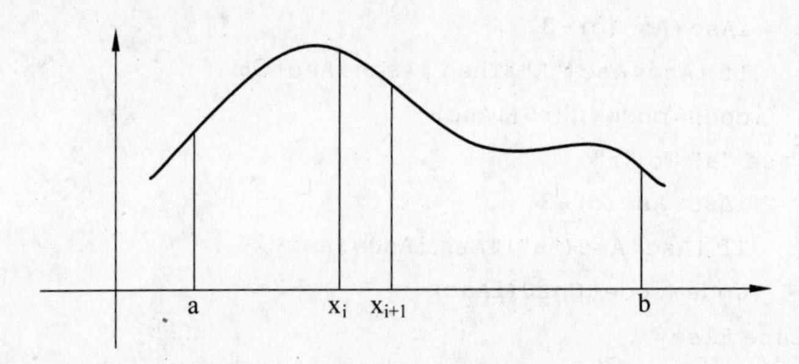

图 8-25　梯形法求定积分的示意图

【例 8-29】　用梯形法求定积分 $s=\int_2^4(x^3+3x+4)dx$ 的值。

分析：根据梯形法的算法，可以编写一个函数过程，在函数过程中定义 3 个形参，积分的上下限 a 和 b、等分 n 的值。为了方便调用，还可以编写一个被积函数的函数过程。

```
Public Function f(ByVal x!)
    f=x * x * x+3 * x+4
End Function
Public Function fun(ByVal a!,ByVal b!,ByVal n%)As Single
    Dim sun!,h!,x!
    h=(b-a)/n
    Sum=(f(a)+f(b))/2
    For i=1 To n-1
        x=a+i * h
        Sum=Sum+f(x)
    Next i
    fun=Sum * h
End Function
```

8.9.4 高次方程求根

对二次方程求根有求根公式，可求得精确解，对二次以上的高次方程求解，通常用牛顿切线法、二分法、弦截法等迭代法求得方程的近似解。

1. 牛顿切线法

牛顿切线法求根的基本思想是：为方程 f(x)＝0 给定一个初值 x_0，作为方程的近似根，然后用迭代公式 $x_{i+1}=x_i-\frac{f(x_i)}{f'(x_i)}$ 求解方程的更精确的近似值。其中 $f'(x_i)$ 是 $f(x_i)$ 的导数，当 $|x_{i+1}-x_i|<=\varepsilon$ 时，x_{i+1} 就可作为方程的近似解。牛顿切线法的实质是逐步以切线与 X 轴的交点来作为曲线与 X 轴交点的近似值，如图 8-26 所示。

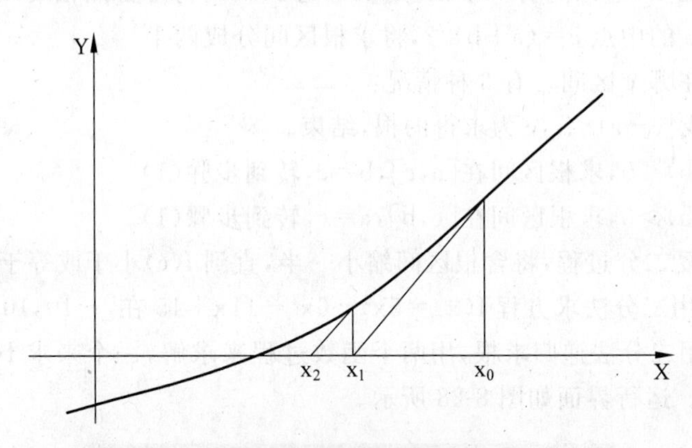

图 8-26　牛顿切线法示意图

【例 8-30】　使用牛顿切线法求解方程法 $f(x)=3x^3-4x^2-5x+13$ 的近似根。

分析：编写一个牛顿切线法的函数过程，形参有两个：一个是初值，另一个是精度。其运行界面如图 8-27 所示。

图 8-27　例 8-30 牛顿切线法程序运行界面

程序代码如下。

主调用过程：

```
Private Sub Command1_Click()
    Dim a#,jd#
    a=Text1.Text
    jd=Text2.Text
    Text3.Text=Newton(a,jd)
End Sub
```

函数过程：

```
Public Sub Newton(ByVal x0#,ByVal esp#)
    Dim fx#,f1x#,x#
    Do
        fx=3*x0*x0*x0-4*x0*x0-5*x0+13
        f1x=9*x0*x0-8*x0-5
        x=x0-fx/f1x
        If Abs(x-x0)<eps Then Exit Do
        x0=x
```

```
    Loop
    Newton=x
End Sub
```

程序运行结果如图 8-27 所示。

2. 二分法

二分法求根的思想与二分法查找的思想相似，在二分过程中不断缩小求根区间。即若方程 $f(x)=0$ 在 $[a,b]$ 区间有一个根，则 $f(a)$ 与 $f(b)$ 的符号必然相反，求根步骤如下。

(1) 取 a 和 b 的中点 $c=(a+b)/2$，将求根区间分成两半。

(2) 判断根在哪个区间。有 3 种情况：

① $f(c)\leqslant\varepsilon$ 或 $|c-a|<\varepsilon$，c 为求得的根，结束。

② 若 $f(a)f(b)<0$，求根区间在 $[a,c]$，$b=c$，转到步骤(1)。

③ 若 $f(a)f(b)>0$，求根区间在 $[c,b]$，$a=c$，转到步骤(1)。

这样不断重复二分过程，将含根区间缩小一半，直到 f(c)小于或等于给定的精度。

【例 8-31】 用二分法求方程 $f(x)=5x^3-6x^2-11x+15$ 在 $[-10,10]$ 之间的根。

分析：可以用二分法递归求根，用两个函数过程来求解，一个来求 f(x)的值，另一个用来二分法求解。运行界面如图 8-28 所示。

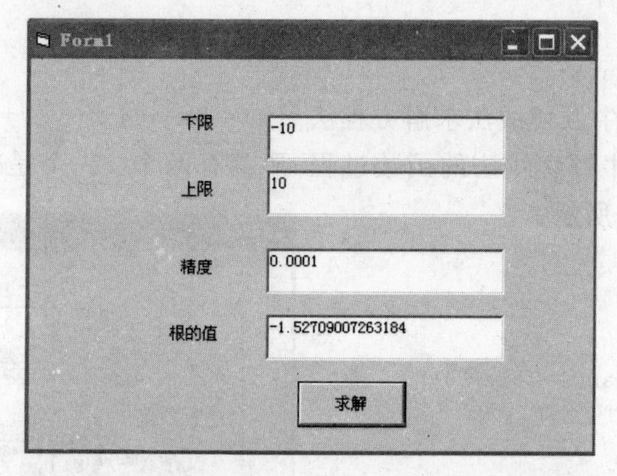

图 8-28　例 8-31 二分法求方程根程序运行界面

程序代码如下。

f(x)函数过程：

```
Public Function fun(ByVal x#)As Double
    fun=(5*x*x-6*x-11)*x+15
End Function
```

二分法函数过程：

```
Public Function root(a#,b#,eps#)
    Dim c#
    c=(a+b)/2
```

```
    If Abs(fun(c))<=eps Then
        root=c
    ElseIf fun(c) * fun(a)<0 Then
        b=c
        root=root(a,b,eps)
    Else
        a=c
        root=root(a,b,eps)
    End If
End Function

Private Sub Command1_Click()
    Dim a#,b#,c#
    a=Text1.Text
    b=Text2.Text
    c=Text3.Text
    Text4.Text=root(a,b,c)
End Sub
```

程序运行结果如图 8-28 所示。

习　题

1. 什么是 Sub 过程和 Function 过程？它们的区别是什么？

2. VB 有哪几种参数传递方式？分别是怎么实现的？

3. 编写求解一元二次方程 $ax^2+bx+c=0$ 的过程，要求 a,b,c 及解 x_1,x_2 都以参数传递的方式与主程序交换数据，输入 a,b,c 和输出 x_1,x_2 的操作放在主程序中。

4. 编制随机整数函数，产生 30 个 1～100 之内的随机数。

5. 编制一个求 3 个数中的最大值 Max 和最小值 Min 的过程，然后用这个过程分别求 3 个数、5 个数、7 个数中的最大值和最小值。

6. 编写程序，求 S=A!+B!+C!，阶乘的计算分别用 Sub 过程和 Function 过程两种方法实现。

7. 编写一个过程，以整型数作为形参，当该参数为奇数时输出 False，为偶数时输出 True。

8. 斐波纳契(Fibonacci)数列的第一项是 1，第二项是 1，以后各项都是前两项的和。试用递归算法和非递归算法各编写一个程序，求斐波纳契数列第 N 项的值。

9. 编写一个过程，用来计算并输出下式近似值：

$$\frac{\pi}{4}=1-\frac{1}{3}+\frac{1}{5}-\frac{1}{7}+\cdots+(-1)^{n-1}\frac{1}{2n-1}$$

在事件过程中调用该过程，并输出当 n=100,500,1000,5000,10 000 时 π 的近似值。

10. 编写用矩形法球定积分 $f=\int_a^b \cos x dx$ 的过程，用 a=0，b=1，n=10、100、1000、10 000 进行试验。

11. 已知 $m=\frac{max(a,b,c)}{max(a+b,b,c)+max(a,b,b+c)}$，其中 max(x,y,z)为求 x,y 和 z 这 3 个数最大值的自定义函数，编写程序，输入 a,b,c 的值，求 m 的值。

要求：分别用 Sub 过程和 Function 过程两种方法实现。

12. 在一个文本框中输入一个 4 位正整数，如 4567，将其逆序组合成 7654 后在另一文本框中输出，要求逆序组合由 Sub 过程实现。

13. 用递归过程求 5 个自然数的最大公约数。

14. 已知一个升序数组，包含 7 个数组元素。编写 3 个过程，第一个子过程实现数据插入，要求插入一个数据后数组仍然有序；第二个子过程实现删除指定的数组元素，删除后的数组尺寸为 n-1；第三个子过程要求实现二分法数据查找，找到数据，显示其数组下标。

15. 编写一个通用过程 DeleStr，从字符串 s1 中删除与字符串 s2 相同的所有子串。如：si="QABEDABXABS"，s2="AB"，则从 s1 中删除 s2 后的结果是"QEDXDS"。

输入"源字符串"和"子串"后，单击【删除子串】按钮，能够调用 DeleStr 过程，实现删除子串功能，并将结果显示在【结果字符串】对话框中。

16. 两质数的差为 2，称此对质数为质数对，编写程序找 100 之内的质数对，并成对显示结果。其中 isp 函数判断参数 m 是否是质数。

17. 编写子过程 Movestr()把字符数组移动 m 个位置，当 Tag 为 True 时左移，则前 m 个字符移到字符数组尾，如："abcdefghij" 左移 3 个位置后为："defghijabc"，当 Tag 为 False 时右移，则后 m 个字符移到字符数组前面。

第 9 章 标准控件与多窗体

VB 中的控件分为 3 类，即标准控件(或称为内部控件)、ActiveX 控件和可插入对象控件。启动 VB 后，工具箱中只有标准控件，共有 20 个。本章将从用途、属性、方法和事件 4 个方面系统地讨论 VB 中常用的标准控件，同时介绍 ActiveX 控件和 VB 系统对象，包括标签、文本框、图片框与图像框、直线和形状、命令按钮、定时器、单选按钮与复选框、框架、列表框与组合框滚动条、焦点与 Tab 顺序、多窗体。

9.1 概　　述

多数应用程序都包含菜单、按钮、工具栏等组成部分，对于编程人员，这些组成部分都是具有属性、方法和事件的对象，在 VB 中则把它们统称为控件。这些控件的属性、事件一般都是事先定义好的，如命令按钮控件，当用户用鼠标单击它之后就会触发该控件的 Click 事件，如果编程人员预先在该事件中编写了程序需要完成的某些功能代码，则事件发生时就可实现这些功能。

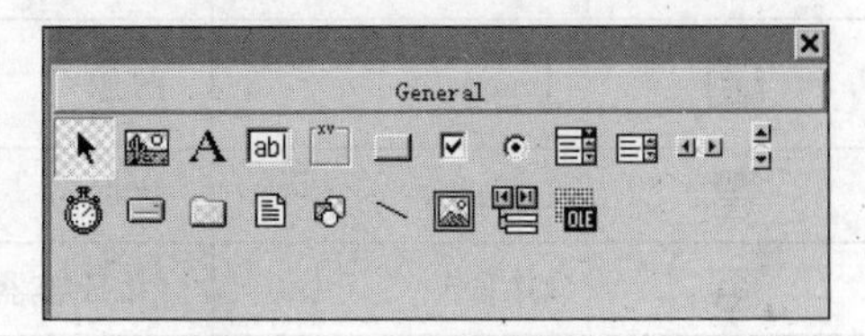

图 9-1　VB 的标准工具箱

VB 的标准工具箱提供很多常用的控件，如图 9-1 所示。

VB 提供了标准控件(或称为内部控件)、ActiveX 控件和可插入对象这 3 种控件。首先介绍标准控件，如表 9-1 所示。

表 9-1　VB 的标准控件

图　标	类　名	控件名	功　能　介　绍
	Pointer	指针工具	移动窗体和控件，改变它们的大小
	PictureBox	图片框	显示位图、JPEG 图像、GIF 图像、图标文件、文本或作为容器使用
A	Label	标签	显示静态文本，不可与用户交换
	TextBox	文本框	用户可输入或显示文本
	Frame	框架	控件可视化容器
	CommandButton	命令按钮	用户一般通过它来完成命令或操作

续表

图标	类名	控件名	功能介绍
	CheckBox	复选框	可在窗体上选择任意多个复选框,表示【是】或【否】等选项
	OptionButton	单选按钮	多个单选按钮组成选项组,用户只能选择一项
	ComboBox	组合框	文本框和列表框的组合,用户可输入选项,也可以从下拉列表框中选择
	ListBox	列表框	显示列表项目,用户可单选或多项
	HScrollBar	水平滚动条	可为不提供滚动条的控件添加滚动条
	VScrollBar	垂直滚动条	可为不提供滚动条的控件添加滚动条
	Timer	计时器	按指定时间间隔执行定时器事件
	DriveListBox	驱动器列表	显示有效的磁盘驱动器,并允许用户进行选择
	DirListBox	目录列表框	显示当前目录和路径,可供用户选择
	FileListBox	文件列表框	显示当前路径下的文件,用户可进行选择
	Shape	形状	在窗体上添加不同图形,如矩形、正方形、圆形、椭圆形
	Line	线段	在窗体上添加线段
	Image	图像	显示位图、JPEG图像、GIF图像、图标文件,单击类似于命令按钮
	Data	数据	连接数据库,并可与窗体控件相连接,显示数据
	OLE	OLE容器	将其他应用程序嵌入到VB应用程序中

9.2 图片框与图像框

图片框控件(PictureBox)和图像框控件(ImageBox)主要用于在窗体的指定位置显示图形信息。VB 6.0 支持.bmp,.ico,.wmf,.emf,.jpg,.gif 等格式的图形文件。

9.2.1 图片框、图像框的常用属性

1. Picture 属性

图片框和图像框中显示的图片由 Picture 属性决定。图形文件可以在设计阶段装入,也可以在运行期间装入。

1) 在设计阶段加入

在设计阶段,可以用属性窗口中的 Picture 属性装入图形文件。

2）在运行期间装入

在运行期间，可以用 LoadPicture 函数把图形文件装入图片框或图像框中。语句格式如下：

```
对象名.Picture=LoadPicture([filename])
```

说明：

(1) filename 是字符串表达式，指定一个被显示的图形文件名，可以包括文件的盘符和路径。如果图片框中已有图形，则被新装入的图形覆盖。

例如：

```
Picture.picture= LoadPicture("c:\windows\bubbles.bmp")
```

(2) 图片框与窗体一样是容器，其上可以添加其他控件。在图片框中添加其他控件后，如果删除或移动该图片框，则其上的控件同时被删除或移动。在图片框上添加控件的方法是，在窗体上先添加一个图片框，然后单击工具箱中所需控件的图标，最后在图片框上拖动鼠标，在图片框中的图形也可以用 LoadPicture 函数删除。例如：

```
Picture.Picture=LoadPicture()。
```

(3) 需要强调的是，编写代码时要使系统自动产生代码框架，而不要自己输入。

综上所述，在设计阶段和程序运行期间都可以装入图形文件。如果在设计阶段装入图形，这个图形文件将与窗体一起保存到文件中。当生成可执行性文件(.exe)时，不必提供需要装入的图形文件，因为图形文件已经包含在可执行性的文件中了。如果在运行期间用 LoadPicture 函数装入的图形，则必须确保能找到相应的图形文件，否则会出错。在设计阶段装入图形文件比运行阶段装入图形文件会更安全一些。

2. AutoSize 属性

AutoSize 属性用于图片框，决定控件是否自动改变大小以显示图像的全部内容。其默认值为 False，此时保持控件大小不变，超出控件区域的内容会被裁剪掉；若值为 Ture 时，自动改变控件大小以显示图片全部内容(注意：不是图形改变大小)。

3. Stretch 属性

Strech 属性用于图像框，用来自动调整图像框中图形内容的大小，既可以通过属性窗口设置，也可以通过程序代码设置。该属性的取值为 True 或 False。当该属性的取值为 False 时，图像控件将自动改变大小以与图形的大小相适应；当其值为 True 时，显示在控件中的图像的大小将完全适合于控件的大小，但这可能会使图片变形。

9.2.2 图片框、图像框的区别

图片框与图像框的用法基本相同，主要区别如下：

(1) 图片框控件可以作为其他控件的容器。例如可以在图片框内画一个命令按钮，

此时如果移动图片框，则命令按钮随之一起移动(命令按钮成为图片框的一个组成部分)。如果单独移动命令按钮，只能在图片框范围内移动，不能移到图片框外去。

图像框则不然，如果在图像框中再画一个命令按钮。这个命令按钮和图像框是彼此独立的，二者之间没有固定的联系。图像框中的命令按钮不从属于图像框，不是图像框的组成部分，当移动图像框时命令按钮仍在原来位置，不随之移动。如果单独移动命令按钮，可以把它移到到图像框之外。

(2) 图片框可以通过 Print 方法接收文本，而图像框则不能接收用 Print 方法输入的信息。

(3) 图像框比图片框占用的内存少，显示速度快。

【例 9-1】 在窗体上建立一个图像框 Image1，两个命令按钮 True 和 False。要求按下 True 按钮后，Image1 的 Stretch 属性值为 True，然后显示变形的图像，如图 9-2 所示。按下 False 按钮后，Image1 的 Stretch 属性值为 False，显示一幅正常的图像，如图 9-3 所示(假设图像文件为 C:\Documents and Settings\Administrator\桌面\m.jpg)。

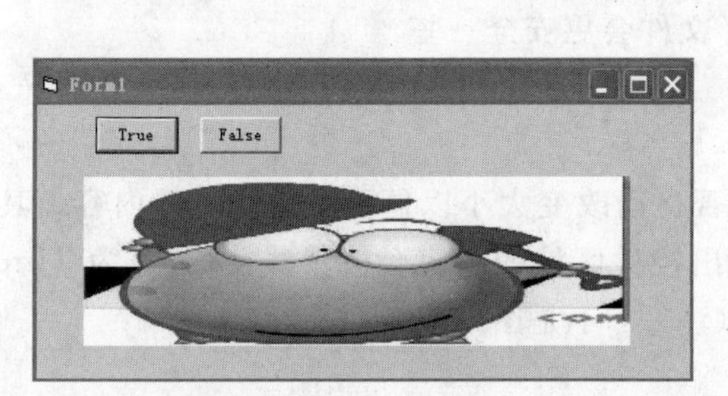

图 9-2 Stretch 属性为 True

图 9-3 Stretch 属性为 False

设计界面：在窗体上添加两个命令按钮、一个图形框控件，并设置有关属性。

程序代码如下：

```
Private Sub Command1_Click()
    Image1.Picture=LoadPicture()
    Image1.Stretch=True
    Image1.Picture=LoadPicture("C:\Documents and Settings\Administrator\桌面\m.jpg")
End Sub

Private Sub Command2_Click()
```

```
    Image1.Picture=LoadPicture()
    Image1.Stretch=False
    Image1.Picture=LoadPicture("C:\Documents and Settings\Administrator\桌面\m.jpg")
End Sub
```

说明：

只有先按下 True 按钮才会出现上述效果。若先按下 False 按钮，再按下 True 按钮，则显示图形均为正常。想一想，为什么？

9.3 定时器

VB 提供了一种叫定时器(Timer)的控件。定时器每隔一定的时间间隔就产生一次 Timer 事件(可理解为报时)，用户可以根据这个特性设置时间间隔控制某些操作或用于计时。

所谓时间间隔，是指各计时器事件间的时间，它以毫秒(千分之一秒)为单位。在大多数的个人计算机中，计时器每秒钟最多可产生 18 个事件，即两个事件之间间隔为 56/1000 秒。也就是说，时间间隔的准确度不会超过 1/18 秒。

1. 属性

定时器控件的属性不是很多，最常用的是 Interval 属性，该属性用来决定两次调用定时器的间隔，以 ms 为单位，取值范围为 0～65 535，所以最大时间间隔不能超过 65s，该属性的默认值为 0，即定时器控件不起作用。如果希望每秒产生 n 个事件，则应设置 Interval 属性值为 1000/n。

2. 事件

定时器只支持 Timer 事件。对于一个含有定时器控件的窗体，每经过一段由 Interval 属性指定的时间间隔，就产生一个 Timer 事件。

说明：

(1) Timer 控件只在设计时出现在窗体上，可以选定这个控件，查看属性，编写事件过程。运行时，定时器不可见，所以其位置和大小无关紧要。

(2) 由于大多数个人计算机系统硬件的限制，定时器每秒钟最多可产生 18 个事件，也就是说，实际时间间隔的准确度不会超过 1/18s(约 56ms)。所以，若将 Interval 属性值设为比 56ms 小的数，不会产生预期的效果。

(3) 在 VB 中可以用 Timer 函数获取系统时钟的时间。而 Timer 事件是 VB 中的模拟实时定时器的事件，和 Timer 函数是两个不同的概念。

【例 9-2】 建立数字计时器，要求每秒钟时间变化一次。

设计界面：在窗体上添加一个定时器控件、一个标签，如图 9-4(a)所示。并按表 9-2 设置属性。

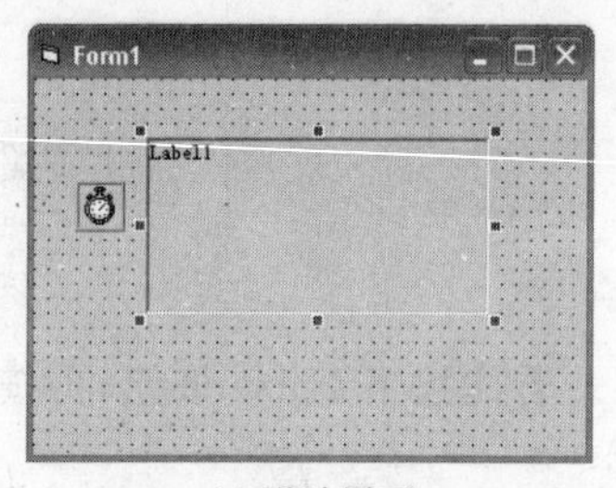

(a) 设计界面

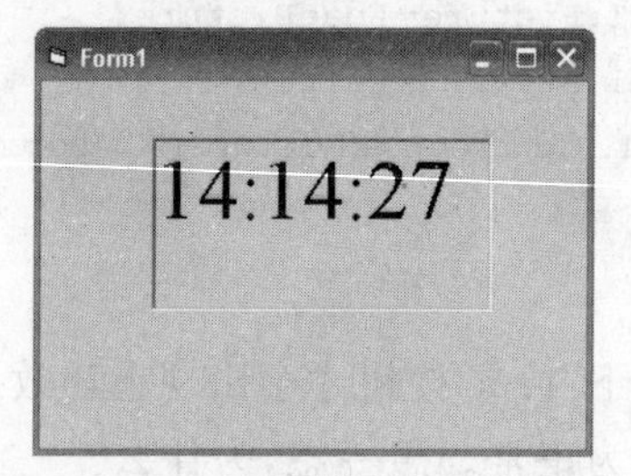

(b) 运行界面

图 9-4　建立数字计时器

表 9-2　控件属性设置

对　　象	属　　性	设　　置
Timer1	Interval	1000
Label1	FontName	宋体
	BorderStyle	1-Fixed single

程序代码如下：

```
Private Sub Timer1_Timer()
    Label1.FontSize=48
    Label1.Caption=Time                    '将 Time 函数返回的系统时间显示在标签中
End Sub
```

程序执行结果如图 9-4(b)所示，每隔 1s 显示一次时间。

【例 9-3】 用定时器实现控制时间延长。要求：单击命令按钮会出现 hello，world！字样，经过 3s 后，标签背景色变成红色。

设计界面：在窗体(Form1)上添加一个定时器、一个命令按钮和一个标签控件，如图 9-5(a)所示。把 Label1 的 Boderstyle 属性设置为 None，Timer1 的 Enabled 属性设置为 False。

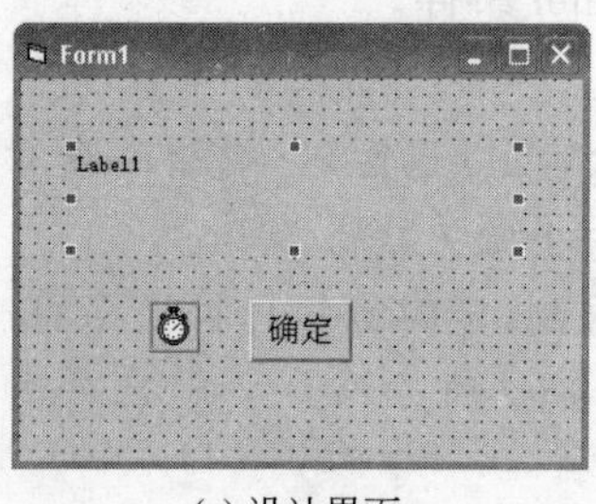

(a) 设计界面

hello, world!

确定

(b) 运行结果界面

图 9-5　定时器实现控制时间

程序代码如下：

```
Private Sub Command1_Click()
    Label1.BackColor=&H8000000F                    '将标签背景设置为灰色
```

```
        Label1.FontSize=30
        Label1.Caption="hello,world!"
        Timer1.Interval=3000
        Timer1.Enabled=True
    End Sub

    Private Sub Timer1_Timer()
        Label1.BackColor=&HFF&                    '将标签背景色设置为红色
        Timer1.Enabled=False
    End Sub
```

程序执行结果如图 9-5(b)所示。

9.4 选择控件——单选按钮与复选框

在实际应用中,有时需要用户做出选择,这些选择有的很简单,而有的则比较复杂。为此,VB 为用户提供了用于选择的标准控件,包括复选框、单选按钮、列表框和组合框。本节介绍复选框、单选按钮。

在应用程序中,复选框与单选按钮用来表示状态,可以在程序运行期间改变其状态。复选框用"√"表示选中,可以同时选择多个复选框。与此相反,在一组单选按钮中,只能选择其中的一个,当打开某个单选按钮时,其他单项按钮都处于关闭状态。

9.4.1 单选按钮

单选按钮(OptionButton)通常成组出现,主要用于处理"多选一"的问题。用户在一组单选按钮中必须选择一项,并且最多只能选择一项。当某一项被选定后,其左边的圆圈中出现一个黑点。若要创建多个组,则需要先创建框架或图片框,然后把同组选项按钮放进去,如图 9-6 所示,【小说】框架中的所有选项按钮为一组,【电影】框架中的所有选项按钮为一组,【戏剧】框架中的所有选项按钮为一组。

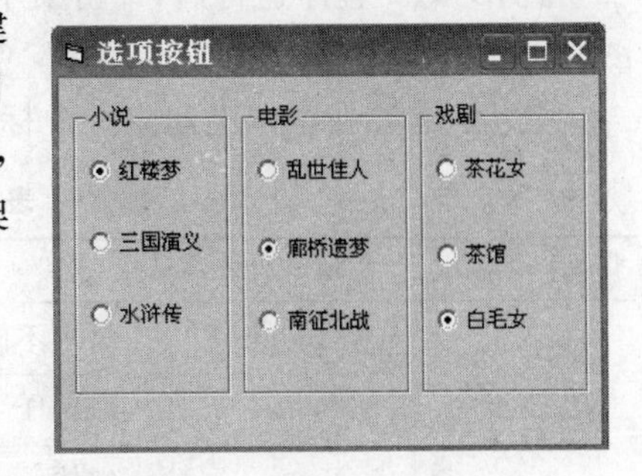

图 9-6 选项按钮分组示例

1. 属性

1) Value 属性

Value 属性表示单选按钮被选中或不被选中的状态。True 为被选中;False 为不被选中。若设置一个组内的某个单选按钮 Value 属性为 True 时,则组内其他按选按钮的该属性自动设置为 False,默认状态为 False。

2) Caption 属性

设置显示标题，说明单选按钮的功能。默认状态下显示在单选按钮的右方，如：⊙白毛女，也可以用 Alignment 属性改变 Caption 的位置。

3)Style 属性

Style 属性用来设置控件的外观。值为 0 时，控件显示如图 9-7 所示的标准式；值为 1 时，控件外观类似命令按钮。

一般说来，单选按钮总是作为一个组(单选按钮组)发挥作用的。如图 9-7 所示的关于颜色的单选按钮就是一个按钮组。

2. 方法

SetFocus 方法是单选按钮控件最常用的方法，可以在代码中通过该方法将 Value 属性设置为 True。与命令按钮相同，使用该方法之前，必须要保证单选按钮当前处于可见和可用状态(即 Visible 与 Enabled 的属性值均为 True)。

3. 事件

单选按钮常用事件是 Click 事件。当用户单击单选按钮时，会自动改变状态。

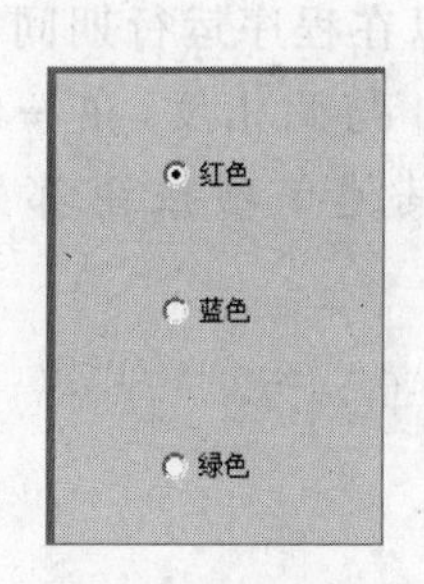

图 9-7 单选按钮

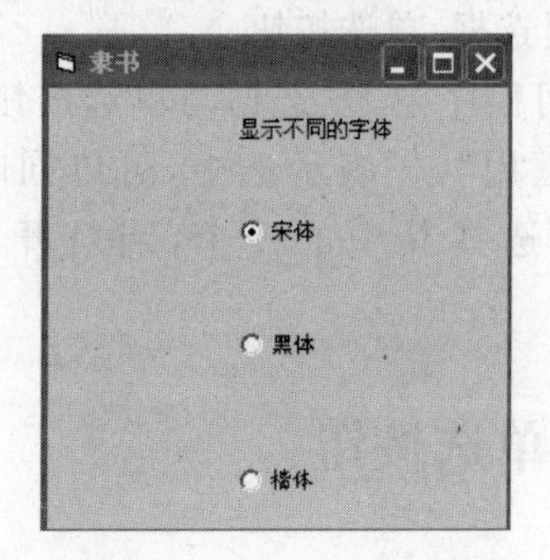

图 9-8 例 9-4 运行结果

【例 9-4】 程序运行后，单击某个单选按钮，在标签中显示相应的字体。运行结果如图 9-8 所示。

分析：需要在窗体上建立一个标签和 3 个单选按钮，其主要属性设置如表 9-3 所示。

表 9-3 控件属性设置

对 象	属 性	设 置	对 象	属 性	设 置
Label1	Caption	显示不同字体	Option2	Caption	隶书
	Name	Label1		Name	Li
	Font	宋体		Font	隶书
Option1	Caption	宋体	Option3	Caption	楷体
	Name	Song		Name	Kai
	Font	宋体		Font	楷体_GB2312

程序代码如下：

```
Private Sub kai_Click()
    Label1.FontName="楷体_GB2312"
End Sub
Private Sub li_Click()
    Label1.FontName="黑体"
End Sub
Private Sub song_Click()
    Label1.FontName="宋体"
End Sub
```

(1) 要使某个按钮成为单选按钮组中的缺省按钮，只要在设计时将其 Value 值设置成 True，它就可以保持被选中状态，直到用户选择另一个不同的单选按钮或用代码改变它。

(2) 一个单选按钮可以用下面这些方法选中。

① 在运行期间用鼠标单击单选按钮。

② 用 Tab 键定位到单选按钮组，然后用方向键定位单选按钮。

③ 用代码将它的 Value 属性设置为 True，即 Option1. value＝true。

(3) 要禁用单选按钮，可将其 Enabled 属性设置为 False。

9.4.2 复选框

复选框(CheckBox)也称检查框、选择框。单击复选框一次时被选中，左边出现“√”号，再次单击则取消选中，清除复选框中的“√”。可同时使多个复选框处于选中状态，这一点和单选按钮不同。如图 9-9 所示为 4 个复选框。

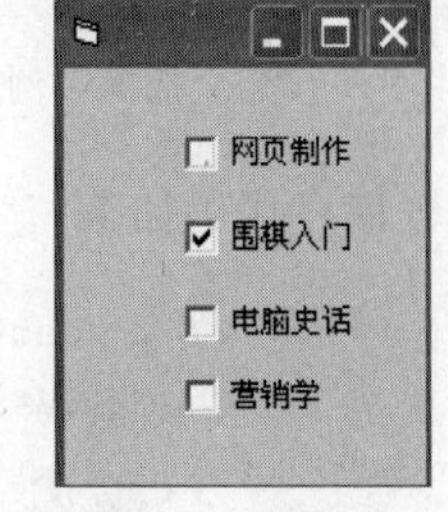

图 9-9 复选框

1. 属性

1) Value 属性

Value 属性是复选框最重要的属性，但与单选按钮不同，该控件的 Value 属性为数值型数据，可以取 3 个值，即：0—未选中(默认值)，1—已选中，2—变灰暗。同样用户可在设计阶段通过属性窗口或通过程序代码设置该属性值，也可以在运行阶段通过鼠标单击来改变该属性值。

注意：复选框的 Value 属性值为 2 并不意味着用户无法选择该控件，用户仍然可以通过鼠标单击或 SetFoucs 方法将焦点定位其上，若要禁止用户选择，必须将其 Enabled 属性设置为 False。

2) Picture 属性

Picture 属性用于指定当复选框被设计成图形按钮时的图像。

3) Caption 属性

设置显示标题。与一般控件不同，复选框的标题一般显示在复选框的右侧，主要是告诉用户复选框的功能。

2. 事件

复选框常用事件为 Click 事件。同样,用户无须为复选框编写 Click 事件过程,但其对 Value 属性值的改变遵循如下规则:

单击未选中的复选框时,Value 属性值变为 1;

单击已选中的复选框时,Value 属性值变为 0;

单击变灰的复选框时,Value 属性值变为 0。

【例 9-5】 用复选框控制文本是否加下划线和斜体显示。在程序执行期间,如果选择【加下划线】复选框,则文本框中的内容就加上了下划线,如果清除【加下划线】复选框,则文本框中的内容就没有下划线;如果选择【斜体】复选框,则文本框中的文字字形就变成斜体,如果清除【斜体】复选框,则文本框中的文字字形就不是斜体。程序运行界面如图 9-10 所示。

设计界面:在窗体上建立一个文本框、两个复选框。3 个控件的属性如表 9-4 所示。

图 9-10 复选框举例运行结果界面

表 9-4 控件属性设置

对 象	属 性	设 置
Text1	Text	复选框举例
Check1	Caption	加下划线
Check2	Caption	斜体

程序代码如下:

```
Private Sub Check1_Click()
    If Check1.Value=1 Then
      Text1.FontUnderline=True
    Else
      Text1.FontUnderline=False
    End If
End Sub

Private Sub Check2_Click()
    If Check2.Value=1 Then
      Text1.FontItalic=True
    Else
      Text1.FontItalic=False
    End If
End Sub
```

```
Private Sub Form_Load()
    Text1.FontSize=20
End Sub
```

Check1_Click()过程用来测试复选框的 Value 属性值是否为 1,若为 1 则把文本框的 FontUnderline 属性设置为 1(加下划线);否则设置 False(取消下划线)。Check2_Click()过程作用类型。

9.5 容器与框架

所谓容器,就是可以在其上放置其他控件对象的一种对象。窗体、图片框和框架都是容器。容器内的所有控件成为一个组合,随容器一起移动、显示、消失和屏蔽。

在 9.4 节的例 9-4 中,是在一个窗体上建立一组单选按钮,若要在同一窗体上建立几组相互独立的单选按钮,通常用框架控件(Frame)将每一组单选按钮框起来,这样在一个框架内的单选按钮成为一组,对一组单选按钮的操作不会影响其他组的单选按钮。

使用框架的主要目的,是为了对控件进行分组,即把指定的控件放到框架中。在窗体上创建框架及其内部控件时,应先添加框架控件,然后单击工具箱上的控件,用"+"指针在框架中以拖曳的方式添加控件,框架内的控件不能被拖出框架外。不能用双击的方式向控件中添加控件,也不能先画出控件再添加框架。如果要用框架将窗体上现有的控件进行分组,可先选定控件,将它们剪切后粘贴到框架中。

1. 属性

1) Caption 属性

Caption 属性即框架的标题,位于框架的左上角,用于注明框架的用途。

2) Enabled 属性

Enabled 属性用于决定框架中的对象是否可用,通常把 Enabled 属性设置为 True,以使框架内的控件成为可用的。默认为 True,当 Enabled 属性设置为 False 时,标题呈灰色,这时不允许对框架内的所有对象进行操作。

2. 事件

容器与框架的常用事件为 Click 和 DblClick。在大多数情况下,我们用框架控件对控件进行分组,没有必要响应其他事件。

【例 9-6】 使用两个单选框按钮组来改变文本框文字的颜色和大小。运行结果如图 9-11 所示。

设计界面:在窗体上添加一个标签控件、一个命令按钮;添加一个框架控件,在框架控件上画上 3 个单选按钮控件(颜色按钮组);再添加一个框架控件,在框架控件上画上两个单选按钮控件(字体大小按钮组)。两个框架的 Caption 的属性分别设置为"颜色"和"字体大小",其他控件属性的设置可以按照如图 9-11 所示进行。

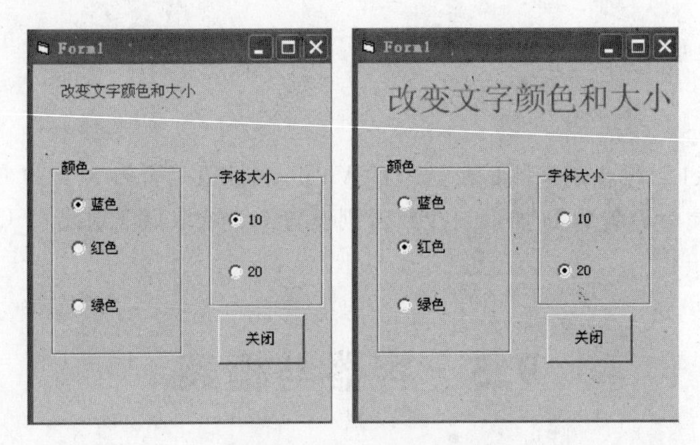

图 9-11　例 9-6 运行结果

程序代码如下：

```
Private Sub Command1_Click()
    End
End Sub

Private Sub Option1_Click()
    Label1.ForeColor=&HFF0000                    '蓝色单选按钮
End Sub

Private Sub Option2_Click()
    Label1.ForeColor=&HFF&                       '红色单选按钮
End Sub

Private Sub Option3_Click()
    Label1.ForeColor=&HFF00&                     '绿色单选按钮
End Sub

Private Sub Option4_Click()
    Label1.FontSize=10                           '文字大小为 10 单选按钮
End Sub

Private Sub Option5_Click()
    Label1.FontSize=20                           '文字大小为 20 单选按钮
End Sub
```

9.6　列表框与组合框

列表框(ListBox)控件将一系列的选项组合成一个列表，用户可以选择其中的一个或几个选项，但不能向列表清单中输入项目；组合框(ComBox)控件是综合文本框和列表框特性而形成的一种控件，用户可通过在组合框中输入文本来选定项目，也可从列表中选定项目。

9.6.1 列表框

列表框控件的主要用途是为用户提供可选择的列表，用户可从列表框中列出的一组选项中选取一个或多个所需的选项。如果有较多的选择项，超过了列表框设计时可显示的项目数，则系统会自动在列表框边上加一个垂直滚动条。

1. 常用属性

列表框所支持的标准属性包括 Enabled，FontBold，FontName，FontUnderline，Height，Left，Name，Top，Visible，Width。此外，列表框还具有以下特殊属性。

1）Columns 属性

Columns 属性用来确定列表框的列数。当该属性设置为 0（默认）时，所有的项目呈单列显示。如果该属性为 1，则列表呈多行多列显示；如果该属性大于 1 且小于列表框中的项目数，则列表呈单行多列显示。当默认设置（0）时，如果表项的总高度超过了列表框的高度，将在列表框的右边加上一个垂直滚动条，可通过它上下移动列表。当 Columns 的设置不为 0 时，如果表项的总高度超过了列表框的高度，将把部分表项移到右边一列或几列显示。当各列的宽度之和超过列表框的宽度时，将自动在底部增加一个水平滚动条。

2）List 属性

该属性用来列出表项的内容。List 属性是字符型的一维数组，每一个列表项都是这个数组中的一个元素，通过下标访问数组中的值，设计时可以在【属性】窗口中输入 List 属性来建立列表项，运行时对 List 数组从 0 到 ListCount-1 依次取值可以获得列表中的所有项目。

（1）在窗体上添加一个列表框，其外观如图 9-12 所示，图上所显示的 List1 是控件的名称，而不是列表项中的数据项。

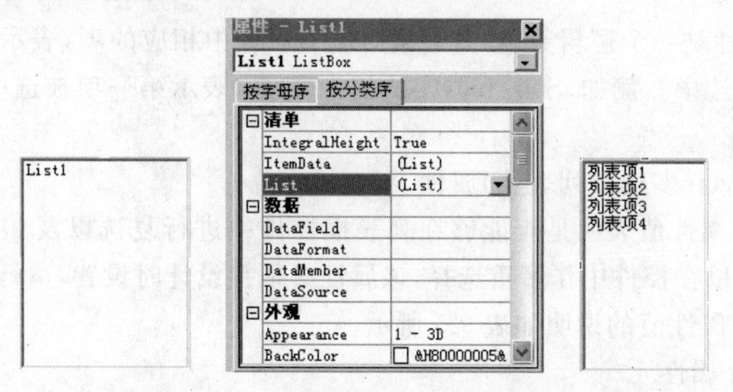

图 9-12 添加到窗体上的列表框外观、List 属性及输入列表项后的外观

(2) 用 List 属性设置列表项中数据项的方法如下:

选择属性列表中的 List 属性,按下它右方的按钮,输入列表项中的一项数据。需要说明的是,每一项数据输入后,按 Ctrl+Enter 键换行,接着输入下一项数据;输入最后一项后,按 Enter 键结束输入。

如图 9-12 所示,输入数据的顺序为"列表项 1 Ctrl+Enter……列表项 4 Enter"。完成后可以看到,列表框外观如图 9-12 所示。

(3) 在输入列表项数据后,可以重新编辑列表中的数据,方法是:选择列表框控件属性列表中的 List 属性,按下它右方的按钮,移动光标至要修改处进行修改即可。在程序运行中,则需要用列表框所提供的方法进行添加(AddItem)或删除数据(RemoveItem)的操作。

另外,也可以在程序中设置列表项的数据,其引用格式为:

```
列表框名.list(下标)
```

例如:

```
List1.list(3)="Li Ping"                    '把列表框 List1 第 4 项的内容设置为"Li Ping"
```

3) ListCount 属性

它表示列表框中列表项的数量,其值为整数。第一个列表项序号为 0,最后一个列表项序号为 ListCount-1 值。该属性只能在程序中设置或引用。如:

```
x=List1.listcount
```

4) ListIndex 属性

ListIndex 属性是 List 数组中被选中的列表项的下标值(即索引号)。如果用户选择了多个列表项,则 ListIndex 是最近所选列表项的索引号;如果用户没有从列表框中选择任何一项,则 ListIndex 为-1。程序运行时,可以使用 ListIndex 属性判断列表框中哪一项被选中。

例如,在列表框 List1 中选中第 2 项,即 List. list 数组的第 2 项,则 ListIndex=1 (ListIndex 从0 开始)。

ListIndex 属性不能在设计时设置,只有程序运行时才起作用。

5) Selected 属性

Selected 属性是一个逻辑数组,其元素对应列表框中相应的项,表示相应的项在程序运行期间是否被选中。例如,Selected(0)的值为 True,表示第一项被选中;如为 False,表示未被选中。

6) MultiSelect(多选择列表项)属性

MultiSelect 属性值表明是否能够在列表框控件中进行复选以及如何进行复选。它决定用户是否可以在控件中作多重选择,该属性必须在设计时设置,运行时只能读取该属性。MultiSelect 属性值的说明如表 9-5 所示。

7) SelCount 属性

SelCount 属性值表示在列表框控件中所选列表项的数目,主要在 MultiSelect 属性值

表 9-5 MultiSelect 属性说明

属性值	说　明
0(缺省值)	不允许复选
1-简单复选	可同时选择多个项,用鼠标单击或按下 Space 键(空格键)在列表中选中或取消中选
2-扩展复选	按下 Shift 键并单击鼠标或按下 Shift 键以及一个方向键(上箭头、下箭头、左箭头和右箭头)可以选定连续的多个选项;按下 Ctrl 键并单击鼠标可在列表中选中或取消选中不连续的多个选项

设置为 1(Simple)或 2(Extended)时起作用,通常与 Selected 数组一起使用,以处理控件中的所选项目。

2. 方法

ListBox 对应的控件方法有：AddItem,Clear 和 RemoveItem。

1) AddItem 方法

AddItem 方法向一个列表框中加入列表项,其格式为

```
Listname.AddItem  item[,index]
```

说明：

(1) Listname：列表框控件的名称。

(2) item：要加到列表框的列表项,是一个字符串表达式。

(3) index：索引号,即新增加的列表项在列表框中的位置。如果省略 index,新增加的列表项将添加到列表框的末尾;index 为 0 时,表示添加到列表框的第一个位置。

2) RemoveItem 方法

RemoveItem 方法用于删除列表框中的列表项,其格式为

```
Listname.RemoveItem    index
```

其中,Listname 表示列表框控件的名称,index 参数是要删除的列表项的索引号。需要注意的是,与 AddItem 方法不同,index 参数是必须提供的。

例如：

```
Listname.RemoveItem  0  '删除 List1 列表框中的第一个列表项
```

3) Clear 方法

Clear 方法删除列表框控件中的所有列表项。其格式为

```
Listname.Clear
```

其中,Listname 表示列表框控件的名称。

【例 9-7】 利用列表框和命令按钮编程,要求程序能够实现添加项目、删除项目和删除全部项目的功能。

设计界面：在窗体上添加一个列表控件,3 个命令按钮。控件属性设置如表 9-6 所示。

表 9-6 控件属性设置

对 象	属 性	设 置	对 象	属 性	设 置
Command1	Caption	添加项目	List1	MultiSelect	2
Command2	Caption	删除项目	Form1	Caption	列表框的操作
Command3	Caption	全部删除			

程序代码如下：

```
Private Sub Command1_Click()
    Dim entry
    entry=InputBox("输入添加内容","添加")
    List1.AddItem entry
End Sub

Private Sub Command2_Click()
    Dim i As Integer
    For i=List1.ListCount-1 To 0 Step-1
        If List1.Selected(i) Then List1.RemoveItem i
      Next i
End Sub

Private Sub Command3_Click()
    List1.Clear
End Sub
```

程序运行结果如图 9-13 所示。

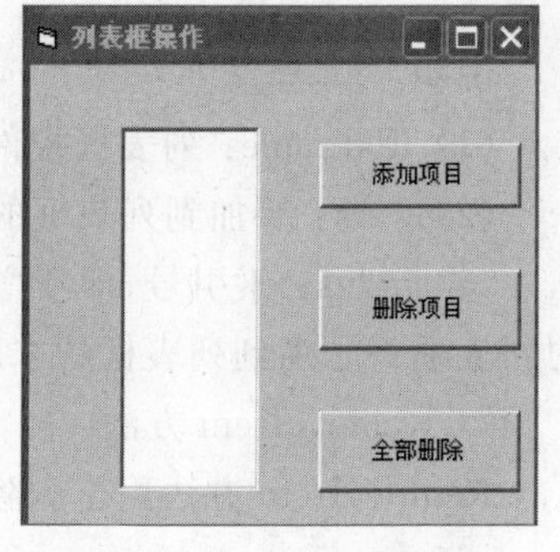

图 9-13 例 9-7 运行结果

说明：

(1) 在删除项目时，可以一次选一项，也可以多选。

(2) "删除项目"对应程序的循环中，采用的是由后往前扫描数组中的数据，主要是删除一个项目时，列表框控件的 ListCount 属性值自动减少，如果此时循环是由前往后扫描，在循环执行次数超过表中的项目数时，就会产生运行错误，而由后向前扫描则可以避免此种错误。

9.6.2 组合框

组合框(ComoBox)是一种兼有列表框和文本框功能的控件。也就是说，组合框是一种独立的控件，但是它兼有列表框和文本框的功能。它可以像列表框一样，让用户通过鼠标选择所需要的项目；也可以像文本框一样，用输入的方式选择项目。大多数列表框控件的属性和方法也适用于组合框控件，例如要访问控件的项目，可以用 List 数组；控件的当前选项由控件的属性 Text 属性确定；AddItem 方法将项目加入到组合框的项目列表中；RemoveItem 方法将组合框中选定的项目删除；Sorted 属性决定在组合框中显示的项目是否排序。

1. Style 属性

Style 属性是组合框的一个重要属性，其取值为 0，1，2，决定了组合框 3 种不同的类型，分别为下拉式组合框、简单组合框和下拉式列表框，如图 9-14 所示。

(1) 在默认设置(Style＝0)下，组合框为下拉式组合框(dropdown combo box)。用户可像在文本框中一样直接输入文本，也可单击组合框右侧的附带箭头打开选项列表进行选择，选中的项目显示在文本框中。

(2) Style 属性值为 1 的组合框称为简单组合框(simple combo box)，它由可输入文本的编辑区和一个标准列表框组成，其中列表框不是下拉式的，一直显示在屏幕上。可以选择表项，也可以在编辑区中输入文本，它识别 DblClick 事件。在设计时，应适当调整组合框的大小，否则执行时有些表项可能显示不出来。当选项数超过可显示的限度时将自动插入一个垂直滚动条。

(3) Style 属性值为 2 的组合框称为下拉式列表框(dropdown list box)。和下拉式组合框一样，它的右端也有个箭头，可供"拉下"或"收起"列表框。它与下拉式组合框的差别在于，用户不能在列表框中输入选项，只能在列表中选择。当窗体上的空间较少时，可使用这种类型的列表框。它不能识别 DblClick，Change 事件，但可识别 Dropdowm 事件。

以上 3 种不同类型的组合框如图 9-15 所示，自左至右依次为下拉式组合框、简单组合框和下拉式列表框。表面上第一种和第三种相似，两者的区别是，第一种组合框允许在编辑区输入文本，而第三种只能从下拉列表框中选择项目，不允许输入文本。

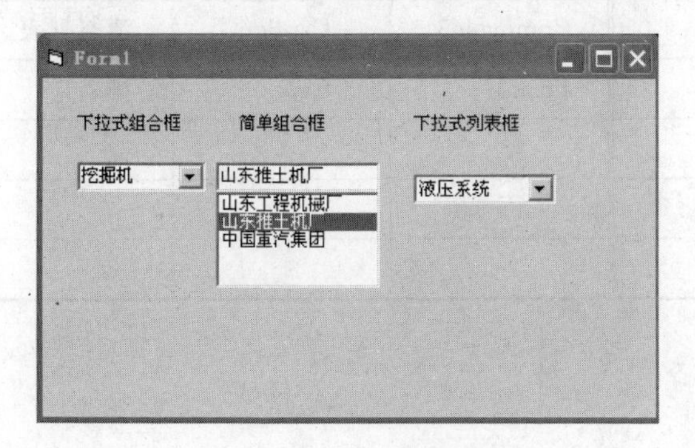

图 9-14　组合框类型

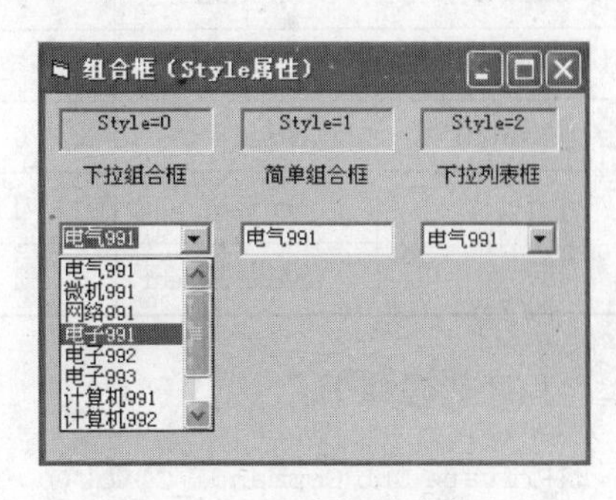

图 9-15　组合框基本类型

2. 事件

组合框所响应的事件依赖于其 Style 属性。例如，只有简单组合框(Style 属性值为 1)才能接受 DblClick 事件，其他两种组合框可以接收 Click 事件和 Dropdown 事件。对于下拉式组合框(Style 属性值为 0)和简单组合框(Style 属性值为 1)，可以在编辑区输入文本，且输入文本时可以接收 Change 事件。一般情况下，用户选择项目之后，只需要读取组合框的 Text 属性。

【例 9-8】 设计一个简单的报名窗口，界面如图 9-16 所示。要求：从文本框中输入学生姓名，在【班级】旁边的组合框中选择其所属班级(提供 4 种默认班级：电气 991、微机 991、网络 991 和电子 991，用户可以输入其他的班级名)，然后将学生姓名和班级添加到列表框中。用户可以删除列表框中所选择的项目，也可以把整个列表框清空。

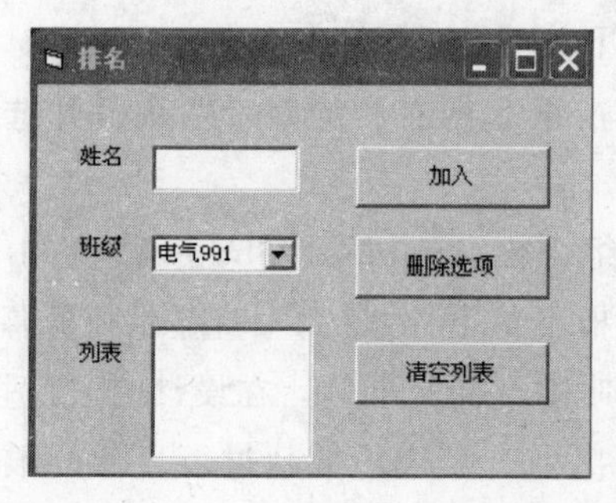

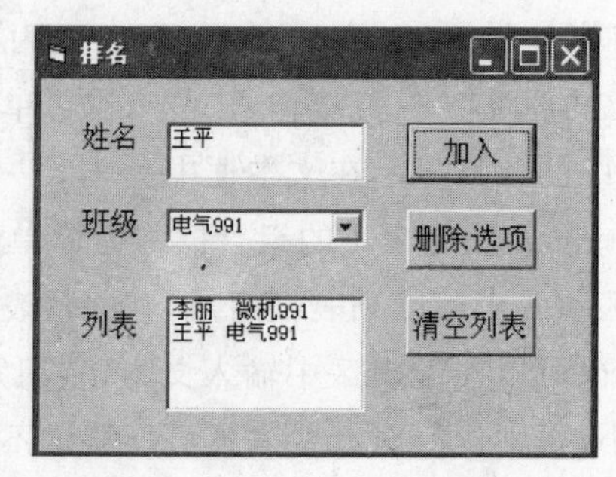

图 9-16 例 9-8 界面

设计界面：在窗体上加入 3 个标签、一个文本框、一个组合框、一个列表框以及 3 个命令按钮。各控件属性设置如表 9-7 所示。

表 9-7 控件属性设置

对 象	属 性	设 置	对 象	属 性	设 置
Label1	Caption	姓名	Command1	Caption	加入
Label2	Caption	班级	Command2	Caption	删除选项
Label3	Caption	列表	Command3	Caption	清空列表
Text1	Caption	空	Form1	Caption	排名
Combo1	Style	0			
List1	Sorted	True			
	MultiSelect	2			

程序代码如下：

```
Private Sub Command1_Click()
    If((Text1.Text<>"")And(Combo1.Text<>""))Then
        List1.AddItem Text1.Text+""+Combo1.Text
      Else
        MsgBox("请输入添加内容!")
    End If
End Sub

Private Sub Command2_Click()
    dim As Integer
    If List1.ListIndex>=0 Then
        For i=liat1.ListCount-1 To 0 Step-1
```

```
            If List1.Selected(i)Then List1.RemoveItem i          '删除被选中项目
        Next i
      End If
    End Sub

    Private Sub Command3_Click()
        List1.Clear                                              '清除列表
    End Sub

    Private Sub Form_Load()
        Combo1.AddItem"电气 991"
        Combo1.AddItem"微机 991"
        Combo1.AddItem"网络 991"
        Combo1.AddItem"电子 991"
        Combo1.Text=Combo1.List(0)
    End Sub
```

程序运行结果如图 9-16 所示。

9.7 滚 动 条

滚动条通常用来附在窗体边上帮助观察数据或确定位置，作为速度、数量的指示器来使用，也可以用来作为数据输入的工具。

滚动条分为水平滚动条(Hscrollbar)和垂直滚动条(Vscrollbar)，如图 9-17 所示。除方向不一样外，水平滚动条和垂直滚动条的结构与操作是完全相同的。

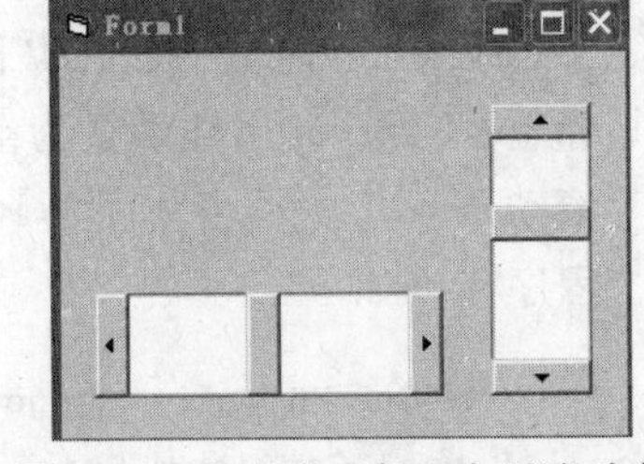

图 9-17　垂直滚动条和水平滚动条

滚动条的两端各有一个滚动箭头，在滚动箭头之间有一个滚动块。滚动块从一端移至另一端时，其值在不断变化。垂直滚动条的值由上往下递增，水平滚动条的值由左往右递增。其值均以整数表示，取值范围为－32 768～32 767。其最小值和最大值分别在两个端点，其坐标系和滚动条的长度(高度)无关。

1. 属性

1) Max 属性

Max 属性用于决定滚动条所能表示的最大值。即当滚动条处于底部或最右位置时，Value 属性的最大设置值。其取值范围为－32 768～32 767，默认值为 32 767。

2) Min 属性

Min 属性用于决定滚动条所能表示的最小值。即当滚动条处于顶部或最左位置时，Value 属性的最小设置值。其取值范围为－32 768～32 767，默认值为 0。

3) Value 属性

Value 属性表示当前滚动条所代表的值，范围在 Max～Min 之间。每当用户用鼠标单击滚动箭头、单击滚动块与箭头之间的区域或沿着滚动条拖拉滚动块的动作结束时，滚动条的 Value 属性就发生变化。

4) LargeChang 属性

LargeChang 属性即当用户单击滚动块和滚动箭头之间的区域时，滚动条控件(HScrollBar 或 VScrollBar)的 Value 属性值的改变量，默认值为 1。

5) SmallChange 属性

SmallChange 属性表示当用户单击滚动条两端的箭头时，Value 属性值的增加或减少的量，默认值为 1。

2. 事件

滚动条的最常用的是 Change 事件和 Scroll 事件。当用户在滚动条内移动滚动块时发生 Scroll 事件(当单击滚动箭头或滚动条时不发生该事件)。当用户改变滚动块的位置后发生 Change 事件。因此可以用 Scroll 事件来跟踪滚动条的动态变化，而用 Change 事件来得到滚动条的最后结果。

【例 9-9】 利用滚动条改变文本框中所显示文本的字号大小。要求程序运行效果如图 9-18 所示。

设计界面：在窗体上创建一个文本框、一个标签和一个水平滚动条。

各控件属性设置如下。

文本框：Text 属性设置为“同学们好”。

标签：Caption 属性设置为空。

滚动条：Max 属性设置为 100，Min 属性设置为 5。

程序代码如下：

图 9-18　例 9-9 运行界面

```
Private Sub HScroll1_Change()
    Label1.Caption=HScroll1.Value
    Text1.FontSize=HScroll1.Value
End Sub
```

程序运行结果如下所示 9-18。

在此例中，单击滚动条两端的滚动箭头或者单击滚动块与滚动箭头之间的区域，文本框中的字号都会发生改变。但是拖动滚动块时，文本框中的字号并不会发生变化，当松开鼠标左键时，字号才会改变。这是因为 Text1. FontSize＝HScroll1. Value 语句被放在了水平滚动条的 Change 事件中。如果想让文字随着滚动块的拖动而发生变化，可以添加对水平滚动条的 Scroll 事件的响应语句。

再次运行时，就会发现单击滚动条两端的滚动箭头、单击滚动块与滚动箭头之间的区域还是拖动滚动块时，文本框中的字号都会立即改变。

【例 9-10】 设计一个调色板应用程序。建立3 个水平滚动条作为红、绿、蓝 3 种基本颜色的输入工具，合成的颜色显示在右边的标签中(如图 9-19 所示)，用其背景颜色属性 BackColor 值的改变实现合成颜色的调色。

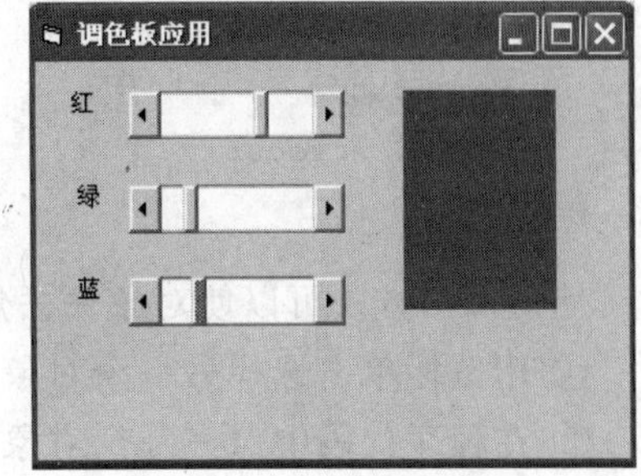

图 9-19 调色板程序

分析：

一定要将 3 个水平滚动条的 Max 属性设为 255，Min 属性设为 0。因为 3 个颜色的分量取值范围为 0～255。

程序代码如下：

```
Private Sub HScroll1_Change()
Label4. BackColor = RGB (HScroll1. Value,
HScroll2.Value,HScroll3.Value)
End Sub

Private Sub HScroll2_Change()
Label4.BackColor=RGB(HScroll1.Value,HScroll2.Value,HScroll3.Value)
End Sub

Private Sub HScroll3_Change()
Label4.BackColor=RGB(HScroll1.Value,HScroll2.Value,HScroll3.Value)
End Sub
```

9.8 焦点与 Tab 顺序

在可视化程序设计中，焦点(Focus)与 Tab 顺序是和控件接收用户输入有关的两个重要概念。本节将介绍如何设置焦点，同时介绍窗体上的 Tab 顺序。

9.8.1 焦点

焦点是对象鼠标或键盘输入的能力。当对象具有焦点时，就可以接受用户的输入。在 Microsoft Windows 界面，任一时刻可运行几个应用程序，具有多个窗口、多个控件，但只有具有焦点的应用程序才有活动标题，才可能接收用户的输入。在有几个 TextBox 的 VB 窗体中，只有具有焦点的 TextBox 才显示由键盘输入的文本。焦点的定位可由用户来设定，也可由程序代码设定。

当对象得到焦点时发生 GetFocus 事件，当对象失去焦点时发生 LostFocus 事件。LostFocus 事件过程通常用来对更新进行确认和有效性检查，也可以用于修正或改变 GetFocus 事件过程中设立的条件。窗体和多数控件支持这些事件。

可用以下方法将焦点赋给对象。

(1) 用鼠标选择对象，用 Tab 键移动，或用快捷键。

(2) 在程序代码中用 SetFocus 方法可以设置焦点。例如，可以在 Form1 窗体的

Load 事件中添加如下代码，使得程序开始时光标（焦点）位于文本框 Text3 中。

```
Private Sub Form_Load()
    Form1.show
    Text3.Setfocus
End Sub
```

使用以下方法可以使对象失去焦点。

① 用鼠标单击选择另一个对象，用 Tab 键移动，或用快捷键。

② 在程序代码中对另一个对象使用 SetFocus 方法改变焦点。

注意：

① 当对象的 Enabled 和 Visible 属性都为 True 时，它才能接收焦点。

② 并不是所有的对象可以接收焦点。如 Frame、Label、Menu、Image、Shape 和 Timer 等控件，都不能接收焦点。对于窗体，只有当窗体上的任何控件都不能接收焦点时，该窗体才能接收焦点。

9.8.2 Tab 顺序

所谓 Tab 顺序，就是用户按 Tab 键时，焦点在各个控件之间移动的顺序。在一般情况下，Tab 顺序由控件建立时的先后顺序确定。例如，假定在窗体上建立了 5 个控件，其中 3 个文本框，两个命令按钮，按以下顺序建立：Text1，Text2，Text3，Command1，Command2。执行时，焦点位于 Text1 上，每按一次 Tab 键，焦点就按 Text2，Text3，Command1，Command2 的顺序移动。当焦点位于 Command2 时，如果按 Tab 键，则焦点又回到 Text1。

通过设置控件的 TabIndex 属性改变它的 Tab 顺序。TabIndex 属性值决定了它在 Tab 顺序中的位置。按照默认规定，第一个建立的控件的 TabIndex 属性值为 0，第二个建立的控件的 TabIndex 属性值为 1，依次类推。当改变了一个控件的 TabIndex 属性值，VB 会自动对其他控件的 TabIndex 属性重新编号，以反映出插入和删除操作。可以在设计时用属性窗口或在运行时用程序代码来改变。上例中，如果要把 Command2 的 Tab 顺序由 4 改为 0，则修改前后，TabIndex 属性变化如表 9-8 所示。

表 9-8　TabIndex 属性变化

控　件	修改前的 TabIndex	修改后的 TabIndex	控　件	修改前的 TabIndex	修改后的 TabIndex
Text1	0	1	Command1	3	4
Text2	1	2	Command2	4	0
Text3	2	3			

运行时，按 Tab 键能选择 Tab 键顺序中的每一个控件。将控件的 TabStop 属性设置为 False(0)，便可将此控件从 Tab 键顺序中删除。

TabStop 属性已经置为 False 的控件，仍然保持它在 Tab 键顺序中的位置，只是在按

Tab 键时这个控件被跳过。

在 Windows 及其他一些应用软件中，通过 Alt 键和某个特定的字母，可以把焦点移到指定的位置。在 VB 中，通过把“&”加在标题的某个字母前可以实现这一功能，如下示例说明了这一点。

假定在窗体上按照表 9-9 所列的顺序建立 6 个控件。

表 9-9　控件建立顺序

建立顺序	控　件	Name	Caption	Text
1	左上标签	Label1	&Access1	无
2	左上文本框	Text1	无	空白
3	右上标签	Label2	&Basic	无
4	右上文本框	Text2	无	空白
5	中下标签	Label3	&Command	无
6	中下文本框	Text3	无	空白

界面显示如图 9-20 所示。

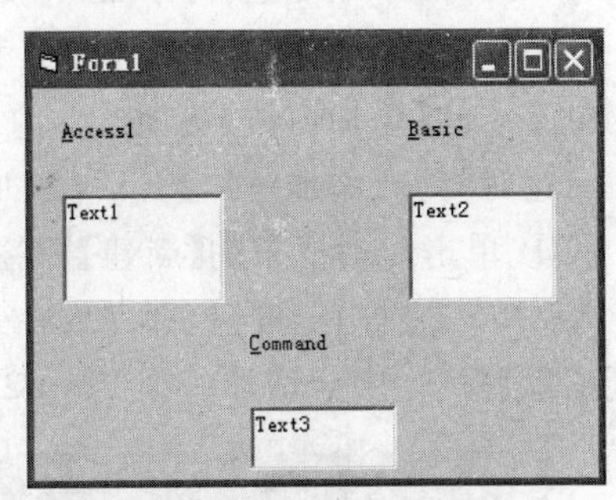

图 9-20　控件焦点显示

建立上面的控件时，对于每个标签的 Caption 属性，输入时必须在其前面加上一个“&”符号，如“&Basic”。“&”符号值出现在属性窗口，而不会在窗体标签控件上显示，但它使得该标签的标题的第一个字母下面有一条下划线。

运行程序后，通过 Alt 键和指定的字母键，就可以把焦点移到与相应标签邻近的文本框中（标签不能接收焦点）。例如，按 Alt 键和 A 键（按 Alt＋A 键）就可以把焦点移到文本框 Text1 上，同样，按 Alt＋B 键，就可以把焦点移到文本框 Text2 上。

注意：

(1) 不能获取焦点的控件以及无效的和不可见的控件，均不具有 TabIndex 属性，因而不包含在 Tab 顺序中。按 Tab 键时，这些控件将被跳过。

(2) 在一组单选按钮中只有一个 Tab 键，被选中的单选按钮（即 Value 属性的值为 True）的 TabStop 属性自动设置为 True，而其他单选按钮的 TabStop 属性被设置为 False。

9.9　多　窗　体

当一个应用程序包含两个或两个以上的窗体模块时，把这类应用程序称为多窗体应用程序。每个窗体都可以有自己的界面和程序代码来实现不同的功能。我们前面已设计了不少 VB 的应用程序，这些程序有的较简单，有的较复杂，但它们都有一个共同的特点，即只有一个窗体。在实际应用中，特别是对于较复杂的应用程序，单一窗体往往不能满足需要，必须通过多重窗体来实现。VB 允许对多个窗体进行处理，VB 中的窗体有普通窗体和多文档的窗体(MDI),前面使用的都是普通窗体。

多窗体是单一窗体的集合,而单一窗体是多窗体设计的基础,掌握单一窗体的设计,多窗体的程序设计就很容易了。

9.9.1 建立多窗体应用程序

多窗体应用程序的代码是针对各个窗体编写的,因此其设计基础是单个窗体的设计,而在多窗体应用程序中添加和删除窗体的操作需要使用【工程】菜单。

1. 在过程中添加窗体

添加窗体是指在当前工程中添加一个新的窗体或把一个属于其他工程的窗体添加到当前工程中。添加一个新窗体的方法有“菜单法”、“工具栏法”等。

(1) 在【工程】菜单中选择【添加窗体】菜单项。

(2) 在工具栏中选择【添加＜项＞】,单击其下拉箭头,从弹出的列表中选择【添加窗体】。

(3) 在工程资源管理器中的工程图标上单击鼠标右键,打开快捷菜单,选择【添加】子菜单下定的【添加窗体】选项。

这时打开【添加窗体】对话框,如图 9-21 所示,可继续如下步骤:

① 单击对话框中的【新建】标签,选择【窗体】。

② 单击【打开】按钮,即完成在当前工程中添加一个新窗体,同时工程资源管理窗口(【工程】窗口)中会增加一个 Form2 窗体,如图 9-22 所示。

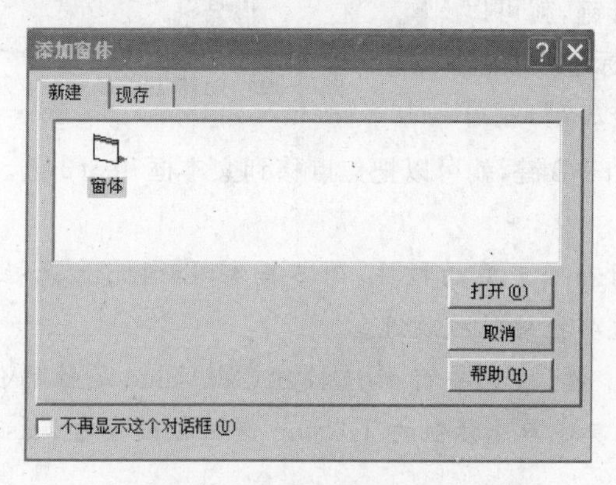

图 9-21 【添加窗体】对话框

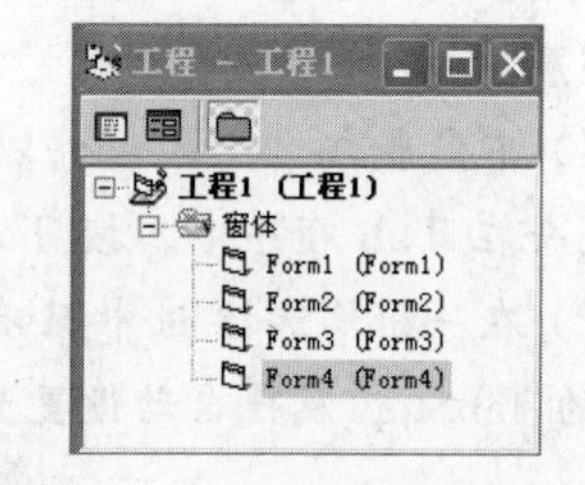

图 9-22 工程资源管理器窗口

新添加窗体的默认名称和标题,按工程中已有的窗体数自动排列序号。如第二个生成的窗体,其默认名称为 Form2,标题也为 Form2。若把步骤(2)改为单击【添加窗体】对话框中的【现存】标签,并且在其选项卡中选择一个窗体文件,则可以把一个属于其他工程的窗体添加到当前工程中。

2. 当前窗体的切换

使用工程窗体可以对多重窗体进行方便的管理。双击工程窗体中的窗体名,该窗体便成为当前窗体(被激活)。如图 9-22 所示,在【工程】窗口中双击 Form2,Form2 即成为当前窗体。

3. 在工程中删除窗体

从工程中删除窗体的方法有两种:

(1) 选定要删除的窗体,然后在【工程】菜单中选择【移除＜窗体名＞】命令。

(2) 在工程资源管理器中要删除的窗体名上单击鼠标右键,打开快捷菜单,选【移除＜窗体名＞】命令。

4. 多窗体程序的保存

将应用程序存盘保存时,多窗体程序中的每个窗体都作为一个文件单独保存,并保存其工程文件。若要保存某个窗体,在工程窗口中用鼠标右键单击想要保存的窗体名,在弹出的快捷菜单中的选择【保存窗体】或【窗体另存为】命令即可。

对于新建立的工程,在【文件】菜单中选择【保存工程】或【工程另存为】选项,系统将自动弹出对话框,提示用户保存工程的各个文件,如标准模块文件(.bas)、窗体文件(.frm)、工程文件(.vbp)。

5. 启动窗体的设置

拥有多个窗体的应用程序,默认情况下,在设计阶段建立的第一个窗体为启动窗体。即应用程序开始运行时,先运行这个窗体。如果要改变系统默认的启动窗体,需要另外设置。设置启动窗体的步骤如下。

(1) 选择【工程】菜单中的【工程属性】命令,打开【工程属性】对话框,如图 9-23 所示。

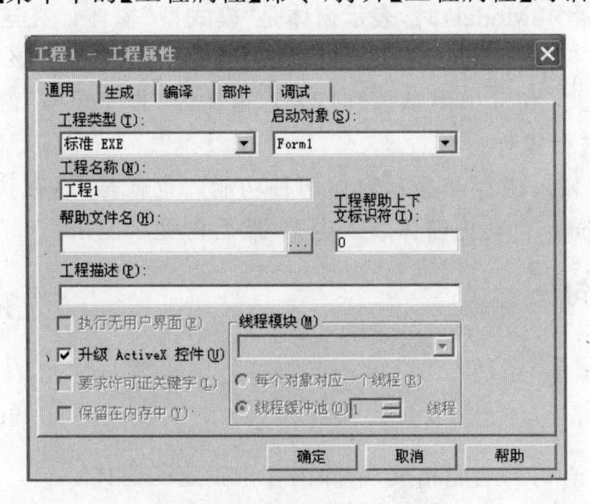

图 9-23 【工程属性】对话框

(2) 选择对话框中的【通用】选项卡。

(3) 在【启动对象】下拉列表框中选取要作为启动窗体的窗体。

(4) 单击【确定】按钮。

9.9.2 与多窗体程序设计有关的语句和方法

在单窗体程序设计中，所有的操作都在一个窗体中完成，不需要进行窗体切换。而在多窗体程序设计中，经常需要打开、关闭、隐藏或显示指定的窗体，这可以通过相应的语句和方法来实现，下面对它们进行简单介绍。

1. Load 语句

格式：

```
Load 窗体名称
```

Load 语句把一个窗体装入内存。“窗体名称”是窗体的 Name 属性。执行 Load 语句后，可以引用窗体中的控件及各种属性，但此时窗体没有显示出来。要显示窗体，可以使用 Show 方法。

2. Show 方法

格式：

```
[窗体名称.] Show [模式]
```

Show 方法用来显示一个窗体。

如果省略“窗体名称”，则显示当前窗体。

参数“模式”用来确定窗体的状态，可以取两种值，即 0 和 1（不是 False 和 True）。当“模式”值为 1（或常量 vbModal）时，表示窗体是“模式型”窗体。在这种情况下，鼠标只有在此窗体内起作用，不能移动到其他窗体内进行操作，只有在关闭该窗体后才能对其他窗体进行操作。当“模式”值为 0（默认值）时，表示窗体为“非模式型”窗口，不用关闭该窗体就可以对其他窗口进行操作。

Show 方法兼有装入内存和显示窗体两种功能。也就是说，在执行 Show 时，如果窗体不在内存中，则 Show 自动把窗体装入内存，然后再显示出来。

3. Unload 语句

格式：

```
Unload 窗体名称
```

该语句与 Load 语句的功能相反，清除内存中指定的窗体。

4. Hide 方法

格式：

```
[窗体名称.]Hide
```

Hide 方法使窗体隐藏，即不在屏幕上显示，但此时窗体仍在内存中。因此，它与

Unload 语句的作用是不一样的。

在多窗体程序中，经常要用到关键字 Me，它代表的是程序代码所在的窗体。例如，假如建立了一个窗体 Form1，则可通过下面的代码使窗体隐藏：

```
Form1.Hide
```

它与 Me. Hide 等价。

注意：Me. Hide 必须是 Form1 窗体或其他控件的事件过程中的代码。

9.9.3 多窗体程序设计举例

【例 9-11】 设计一个多窗体的程序，实现下面的功能，界面如图 9-24 所示。要求如下。

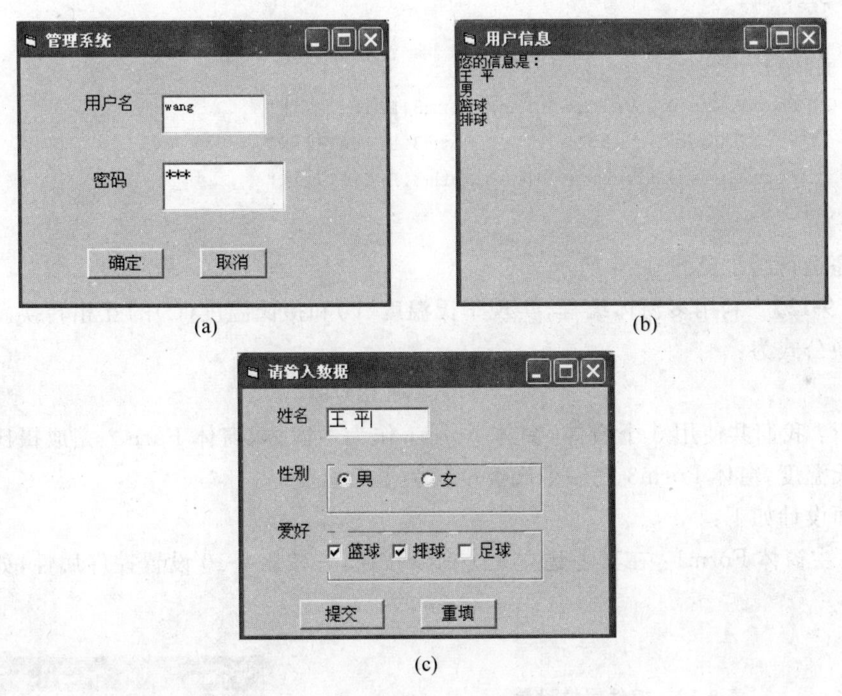

图 9-24 例 9-11 运行界面

(1) 有一个登录界面。

(2) 登录成功后，填写自己的信息，填写完毕后单击【提交】，系统即可判断用户提交的信息是否与图 9-24(b)中显示的信息一致，并提示相关信息。

程序代码如下：

```
Form1 中的程序代码：
Private Sub Command1_Click()
    If Text1.Text="xiao" And Text2.Text="123"Then
        Form2.Show
```

```
        Form1.Hide
    Else
        MsgBox"用户名或密码有误,请重新输入!"
    End If
End Sub
```

Form2 中的程序代码:

```
Private Sub Command1_Click()
    Form3.Show
    Form2.Hide
    Form3.Print"您的信息是:"
    Form3.Print Form2.Text2.Text
    If Form2.Option1.Value=True Then
        Form3.Print"男"
    Else
        Form3.Print"女"
    End If
    If Form2.Check1.Value=1 Then Form3.Print"篮球"
    If Form2.Check2.Value=1 Then Form3.Print"排球"
    If Form2.Check3.Value=1 Then Form3.Print"足球"
End Sub
```

程序运行结果见图 9-24 所示。

【例 9-12】 利用多窗体编程,实现华氏温度(F)和摄氏温度(C)的互相转换。

转换公式为:

$$C=5\times(F-32)/9$$

分析:我们共使用 3 个窗体,窗体 Form1 作为主窗体,窗体 Form2 完成摄氏温度转换为华氏温度,窗体 Form3 完成华氏温度转为摄氏温度。

界面设计如下:

(1) 主窗体 Form1:在其上建立 3 个命令按钮,并按表 9-10 设置控件属性,如图 9-25 所示。

表 9-10 控件属性设置

对 象	属 性	设 置
Command1	Caption	摄转华
Command2	Caption	华转摄
Command3	Caption	退出
Form1	Caption	主窗体

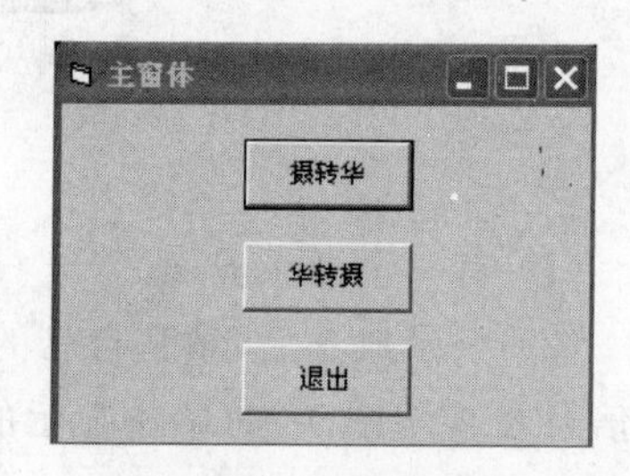

图 9-25 主窗体界面

主窗体的程序代码如下:

```
Private Sub Command1_Click()
    Form1.Hide                          '隐藏主窗体
```

```
    Form2.Show                              '显示摄转华窗体
End Sub

Private Sub Command2_Click()
    Form1.Hide                              '隐藏主窗体
    Form3.Show                              '显示华转摄窗体
End Sub
```

(2) Form2 窗体是单击了主窗体上的【摄转华】按钮后弹出的窗体，用于输入摄氏温度，求其对应的华氏温度。

Form2 的界面设置：在其上建立两个命令按钮、一个标签和两个文本框控件，并按表 9-11 设置控件属性。Form2 窗体如图 9-26 所示。

表 9-11 控件属性设置

对 象	属 性	设 置
Command1	Caption	求华氏温度
Command2	Caption	返回
Label1	Caption	请输入一个摄氏温度
Text1	Text	空
Text2	Text	空
Form2	Caption	摄转华

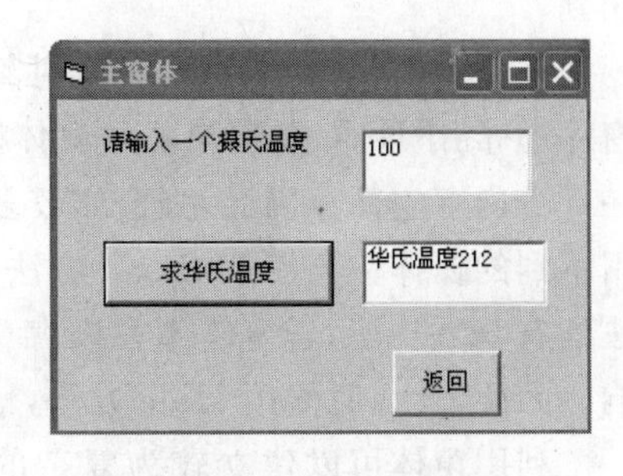

图 9-26 摄转华窗体界面

Form2 窗体的程序代码如下：

```
Private Sub Command1_Click()
    Dim c As Single,f As Single
    c=Text1.Text
    f=9/5*c+32
    Text2.Text="华氏温度"+CStr(f)
End Sub

Private Sub Command2_Click()
    Form2.Hide                                  '隐藏摄转华窗体
    Form1.Show                                  '显示主窗体
End Sub
```

(3) Form3 窗体是单击了主窗体上的【华转摄】按钮后弹出的窗体，用于输入华氏温度，求其对应的摄氏温度。可参照 Form2 窗体的设置完成 Form3 窗体的界面设置，如图 9-27 所示。

Form3 窗体的程序代码如下：

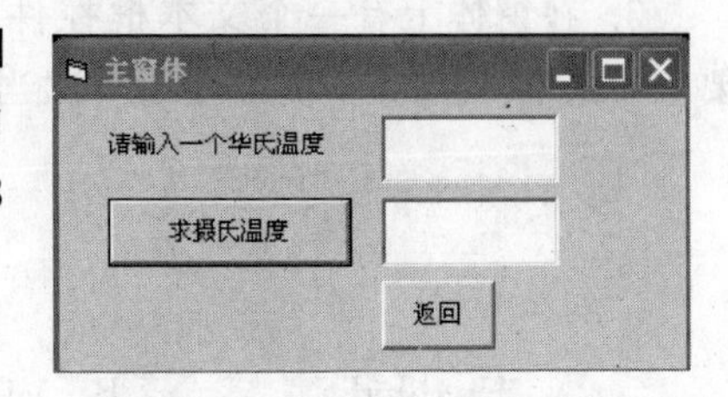

图 9-27 华转摄窗体界面

```
Private Sub Command1_Click()
```

```
    Dim c As Single,f As Single
    f=Text1.Text
    c=5/9*(f-32)
    Text2.Text="摄氏温度"+CStr(f)
End Sub

Private Sub Command2_Click()
    Form3.Hide                                  '隐藏华转摄窗体
    Form1.Show                                  '显示主窗体
End Sub
```

从上述举例可以看出,利用多窗体的设计,可以把一个较复杂的问题分解为若干个简单问题,每个简单问题可以使用一个窗体来实现。这种"分而治之"的方法在编程中经常用到。

在一般情况下,屏幕上某个时刻只显示一个窗体。为了提高执行速度,暂时不显示的窗体通常用 Hide 方法隐蔽。窗体隐藏后,只是不在屏幕上显示,仍在内存中,它要占用一部分内存空间。因此,当窗体较多时,有可能造成内存紧张。所以对于一部分预计将来用不到的窗体应当用 UnLoad 方法从内存中删除,需要时再用 Show 方法显示。Show 方法具有双重功能,若窗体不在内存中则先装入后显示,这样可能会对执行速度有一定影响。因此,什么时候用 Hide 方法,什么时候用 Unload 语句,需要仔细考虑。

利用窗体可以建立较为复杂的对话框。但是,在某些情况下,如果用 InputBox 和 MsgBox 函数能满足需要则不必用窗体作为对话框。

习　题

1. 以下能够触发文本框 Change 事件的操作是(　　)。

A. 文本框失去焦点　　B. 文本框获得焦点

C. 设置文本框的焦点　　D. 改变文本框的内容

2. 设窗体上有一个列表框控件 List1,且其中含有若干列表项,以下能表示当前被选中的列表项内容的是(　　)。

A. List1.List　　B. List1.ListIndex

C. List1.Index　　D. List1.Text

3. 在窗体上有一个文本框控件,名称为 TxtTime;一个计时器控件,名为 Timer1。要求每一秒钟在文本框中显示一次当前的时间。程序为:

```
Private Sub Timer1_(     )
    TxtTime.Text=Time
End Sub
```

A. Enabled　　B. Visible　　C. Interval　　D. Timer

4. 以下选项中,不是 VB 标准控件的是(　　)。

A. 命令按钮　　　B. 定时器　　　C. 窗体　　　D. 单选项

5. 只能用来显示字符信息的控件是(　　)。

A. 图像框　　　B. 图形框　　　C. 标签框　　　D. 文本框

6. 多窗体程序与单窗体程序有何区别?

7. 在多窗体中,怎样在各个窗体间切换?

8. VB的对话框分为哪几类?

9. 编程题:设计3个窗体,其中封面窗体如图9-28所示,将做过的两个作业分别显示在另外两个窗体中。

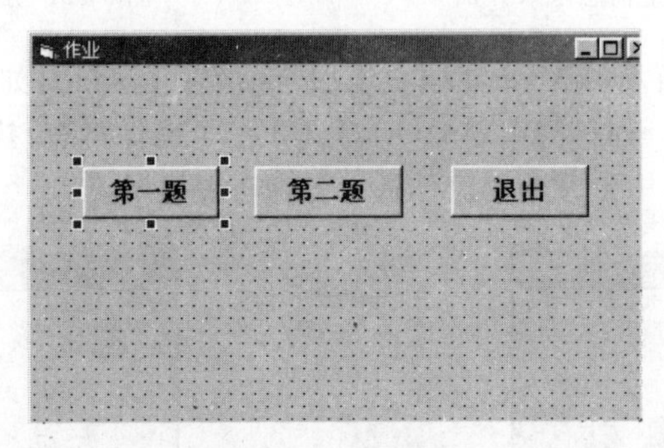

图9-28　封面窗体

10. 设计一个窗体,其中加载简单的控件,窗体及控件的属性由代码设置。

11. 设计一个窗体,其中的Label控件能显示鼠标在窗体内的左击、右击、双击、拖动等操作。

12. 设计一个窗体,其中包括一个文本框,设计一个弹出菜单,在编辑文本框数据时用于字符串的复制与粘贴操作。

13. 设计窗体的弹出式菜单,可实现窗体背景颜色的改变。

14. 编程实现用户输入学号、姓名,选择性别和年龄(18~26岁之间)后,用消息框输出学生信息。

界面如图9-29所示。

15. 甲、乙、丙同学,最初时分别有x粒、y粒、z粒糖果,现在他们做一个分糖果游戏。从甲开始,将他的糖果均分3份(如果有多余的,则他将多余的糖果吃掉),自己留一份,其余两份分给另外两个同学。接着乙与丙也分别这样做。请编写一个程序,输入3名同学的糖果数,求游戏结束后,每个同学手上分别有多少糖果?

界面设计,如图9-30所示。

16. 输入学生5门课程的成绩。计算总分及平均分,要求用3个窗体实现。

其中,第一个窗体可以设计为封面,第二个窗体设计为数据的路人,第三个窗体设计为计算总分和平均分。关键是要解决窗体2和窗体3之间的数据共享,可以采用标准模块的全局变量声明来解决。

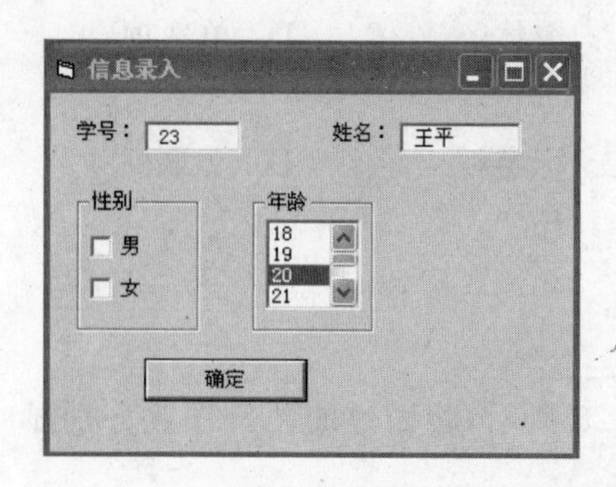

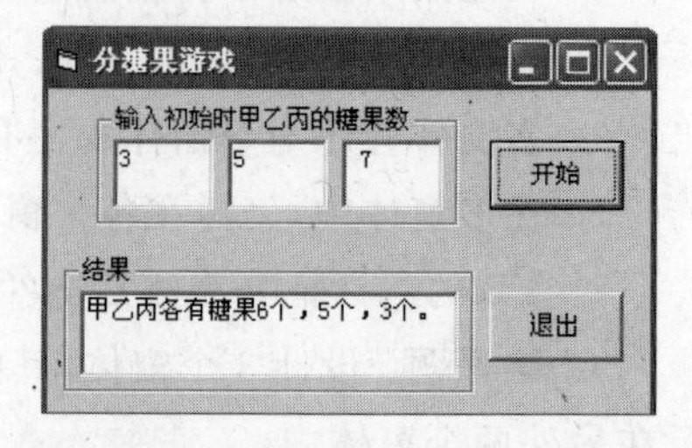

图 9-29 学生信息录入界面

图 9-30 分糖果游戏程序运行界面

17. 在如图 9-31 所示的 MDI 窗体中添加新菜单项【窗口】，如图 9-32 所示。运行程序后，执行菜单【文件】→【打开】菜单命令，打开 3 个子窗体，然后执行【窗口】菜单下的子菜单命令，对 MDI 窗体中打开的子窗体进行各种布置排列。

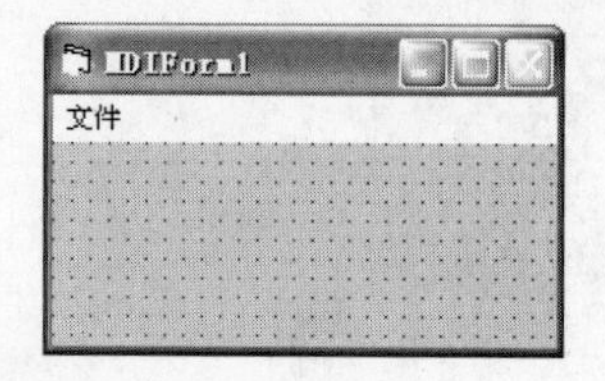

图 9-31 习题 17 设计界面 1

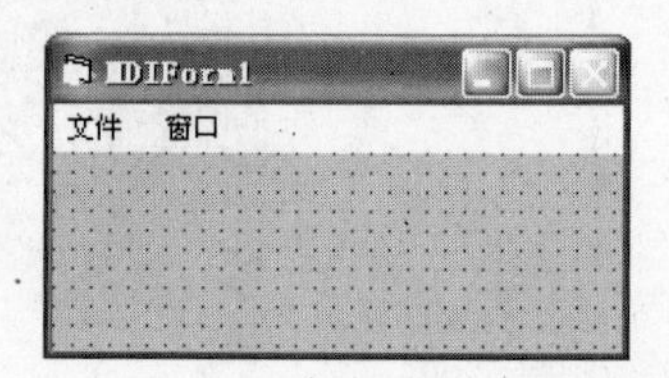

图 9-32 习题 17 设计界面 2

第10章 文件

所谓文件，一般是指存储在外部介质（如磁盘）上的数据的集合。每个文件都有一个文件名，用户和系统都通过文件名对文件进行访问。

通常情况下，计算机处理的大量数据都是以文件的形式存放在外部介质上的，操作系统也是以文件为单位管理数据的。如果想访问存放在外部介质上的数据，必须先按文件名找到所指定的文件，然后再从该文件中读取数据。要向外部介质存储数据也必须先建立一个文件（以文件名标识），才能向它输出数据。存放在磁盘中的文件通过"路径"来指明在磁盘的位置。"路径"由目录和文件名组成。在 Windows 操作系统中，目录称为文件夹。

VB 具有较强的对文件进行处理的能力，为用户提供了多种处理方法。它既可以直接读写文件，同时又提供了大量与文件管理有关的语句和函数以及用于制作文件系统的控件。程序员可以使用这些手段开发出功能强大的应用程序。

10.1 文件的基本概念

10.1.1 文件说明

文件说明是指文件的命名规则。在 VB 中，文件说明的格式为：

设备名：文件引用名

如：

```
C:mydocument.doc
D:\文件\2010\a.doc
```

说明：

(1) 设备名是存放文件的设备名称，如磁盘、打印机等。在计算机中，存放文件的主要设备是磁盘，其名称是 A、C、D、E 等驱动器以及移动硬盘、闪存等介质。

(2) 文件引用名由两部分组成，即文件名和扩展名。其中文件名通常以字母开头，在 Windows 下可以使用长度不超过 255 个字符的文件名。扩展名决定了文件的类型，由 1～3 个字母组成。文件名与扩展名之间由圆点分隔。

完整的文件说明由设备名和文件应用名构成。对于磁盘文件来说，还可以含有路径，如：

E:\jiaoxue\shiyan\ex_1.txt。

10.1.2 文件结构和分类

1. 文件结构

在计算机中，一般必须驻留内存的一些程序或正在执行的程序及少量数据被装入内存，其余大量的程序和数据在外存中存放，必要时才被调入内存。为能有效地存放数据，就必须将数据以某种方式存储，这种特定的存储方式就是文件结构。

VB的文件由记录组成，记录由字段组成，字段由字符组成，即一个文件是一个字符的序列，由许多字符按一定顺序和规则排列组成。

(1) 文件(File)：文件由记录构成，一个文件包含一条以上的记录。

(2) 记录(Record)：由一组相关的字符组成。

(3) 字段(Field)：也称为域，由若干个字符组成，用来表示一项数据。例如，在用来登记学生基本情况的表中，姓名、性别、家庭住址、联系电话等构成了一条记录，如表10-1所示。

表10-1 学生基本情况

姓 名	性 别	家庭住址	联系电话	邮政编码
张平	男	上海	021-56892341	200000
李东	女	北京	010-56781234	100000

(4) 字符(Character)：是构成文件的最基本单位。

字符可以是数字、字母、特殊符号或单一文字。这里所说的"字符"一般为西文字符，一个西文字符占一个字节的存储空间。如果是汉字字符，则包括汉字和"全角"字符，通常用两个字节存放。

2. 文件分类

在计算机中，存放文件的主要设备是磁盘，文件本身除了一系列定位在磁盘上的相关字节外，并不存在其他东西。但是，我们可以从不同的角度对文件进行分类。

1) 按数据性质来分

程序文件(Program file)：这种文件存放的是计算机可执行的程序，包括源文件和可执行文件。

数据文件(Data file)：数据文件用来存放普通的数据，这类数据必须通过程序进行存取和管理。

2) 按数据的存取方式和结构划分

顺序文件(Sequential file)：文件结构简单，文件中的记录一条接一条地存放。在这种文件中，只知道第1条记录的存放位置，其他记录的位置则无从知道。当要查找某个数据时，只能从文件头开始，一条记录一条记录地顺序读取，直到找到要查找的记录为止。

顺序文件的优点是文件结构简单，且容易使用；缺点是如果要修改数据，必须将所有数据读入到计算机内存(RAM)中进行修改，然后再将修改好的数据重新写入磁盘。由于无法灵活地随意存取，它只适于有规律的、不经常修改的数据，如文本文件。

随机存取文件(Random access file)：也称直接存取文件。简称随机文件或直接文件。与顺序文件不同，在访问随机文件中的数据时，不必考虑各个记录的排列顺序域的位置，也可以根据需要访问文件中的任一记录。

随机文件的优点是存取数据快，更新容易；缺点是所占存储空间大，设计程序较烦琐。

3) 按数据的编码方式划分

ASCII文件：又称文本文件(Text file)，它以ASCII方式保存文件，可以用字处理软件建立与修改(必须按纯文本文件保存)。

二进制文件(Binary file)：以二进制方式保存文件，不能用普通的字处理软件编辑，占存储空间小。

在VB中，应用程序访问一个文件时，应根据文件包含什么类型的数据，确定合适的访问类型。VB为用户提供了多种处理文件的方法，具有较强的文件处理能力。

10.2 文件的打开与关闭

在VB中，对文件的操作通常都有3个步骤，如图10-1所示。

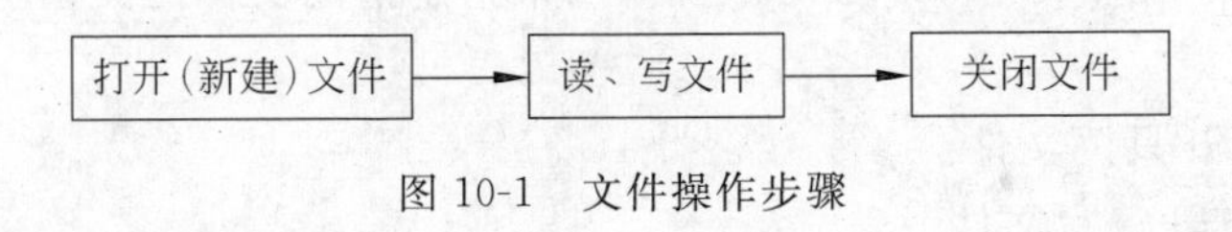

图10-1 文件操作步骤

(1) 打开(新建)文件。一个文件必须先打开或建立后才能使用。如果文件已经存在，则打开该文件；如果不存在，需要建立该文件。

(2) 读、写文件。在打开(或建立)的文件上执行要求的输入、输出操作。在文件处理中，把内存中的数据传输到相关联的外部设备并作为文件存放的操作叫做写数据，把数据文件的数据传输到内存程序中的操作称为读数据。

(3) 关闭文件。即将打开的文件关闭。

在VB中，数据文件的操作通过有关的语句和函数来实现。

10.2.1 文件的打开或建立

文件操作的第一步是打开文件。在创建新文件或使用旧文件之前，必须先打开文件。打开文件的操作，会为这个文件在内存中准备一个读写时使用的缓冲区，并且声明文件在什么地方，叫什么名字，文件处理方式如何。VB用Open语句打开或建立一个文件。格式为：

```
Open 文件名[For 方式][Access 存取类型][锁定]As[#]文件号[Len=记录长度]
```

Open 语句的功能是：为文件的输入输出分配缓冲区，并确定缓冲区所使用的存取方式。

说明：

(1) 格式中的 Open，For，Access，As 以及 Len 为关键字，“文件名”是要打开(或新建)的文件名称(包括路径)。即：

① 方式：指定文件的输入输出方式，可以是下述操作之一：

- Output：指定顺序输出方式。
- Input：指定顺序输入方式。
- Append：指定顺序输出方式。与 Output 不同的是，当用 Append 方式打开文件时，文件指针被定位在文件末尾。如果对文件执行写操作，则写入的数据附加到原来文件的后面。
- Random：指定随机存取方式，也是默认方式。在 Random 方式中，如果没有 Access 子句，则在执行 Open 时，VB 试图按如下顺序打开文件：读/写；只读；只写。
- Binary：指定二进制方式。在这种方式下，可以用 Get 和 Put 语句对文件中任何字节位置的信息进行读写。在 Binary 方式中，如果没有 Access 子句，则打开文件的类型与 Random 方式相同。

“方式”是可选的，如果采取默认方式，则为随机存取方式，即 Random。

② 存取类型：放在关键字 Access 之后，用来指定访问文件的类型。可以是如下类型之一：

- Read：打开只读文件。
- Write：打开只写文件。
- Read Write：打开读写文件。这种类型只针对随机文件、二进制文件及用 Append 方式打开的文件。

“存取类型”指出了在打开的文件中所进行的操作。如果要打开的文件已由其他过程打开，则不允许指定存取类型，否则 Open 失败，并产生出错信息。

③ 锁定：该子句只在多用户或多进程环境中使用，用来限制其他用户或进程对打开的文件进行读写操作。

④ 文件号：是一个整型表达式，其值在 1～511。执行 Open 语句时，打开文件的文件号与一个具体得到的文件相关联，其他输入输出语句或函数通过文件号与文件发生关联。

⑤ 记录长度：是一个整型表达式。当选择该参数时，为随机存取文件设置记录长度。对于用随机访问方式打开的文件。该值是记录长度；对于顺序文件，该值是缓冲字符数。“记录长度”的值不能超过 32 767 个字节。对于二进制文件，将忽略 Len 子句。

在顺序文件中，“记录长度”不需要与各个记录的大小相对应，因为顺序文件各记录的长度是可以不相同的。当打开顺序文件时，在把记录写入磁盘或从磁盘读出记录前，“记录长度”指出要装入缓冲区的字符数，即确定缓冲区的大小。缓冲区越大，占用的空间越多，文件的输入输出操作就越快。反之，缓冲区越小，剩余的内存空间越大，文件的输入输出操作就越慢。默认时缓冲区的容量为512字节。

(2) 为满足不同的存取方式，对于同一个文件可以用几个不同的文件号打开，每个文件号都有自己的一个缓冲区。对于不同的访问方式，可以使用不同的缓冲区。但是，当使用 Output 或 Append 方式时，必须先将文件关闭，才能重新打开文件。而当使用 Input，Random 或 Binary 方式时，不必关闭文件就可以用不同的文件号打开文件。

(3) Open 语句兼有打开文件和建立文件的功能。在对一个数据文件进行读、写、修改或增加数据之前，必须用 Open 语句打开或建立该文件。如果为输入(Input)打开的数据文件不存在，则产生"文件未找到"错误；如果为输出(Output)、附加(Append)或随机(Random)访问方式打开的文件不存在，则建立相应的文件；此外，在 Open 语句中，任何一个参量的值如果超出给定的范围，则产生"非法功能调用"错误，而且文件不能被打开。

下面是一些打开文件的例子：

```
Open"C:\wenjian\xiao.txt"for output as #1
```

含义是：新建并打开一个数据文件，将数据写到该文件中，如果该文件存在，新写入的数据则将覆盖原来的数据。

```
Open"C:\wenjian\xiao.txt"for Append as #1
```

含义是：打开已存在的数据文件，新写入的记录附加到文件的后面，原有的文件仍然保留在文件中。如果该文件不存在，Append 方式可以建立一个文件。

```
Open"C:\wenjian\xiao.txt"for Input as #1
```

含义是：打开已有的数据文件，从文件中读出数据。

```
Open"C:\wenjian\xiao.txt"for Random as #1 Len=120
```

含义是：用随机方式打开已存在的数据文件，记录长度为120个字节。

10.2.2 关闭文件

打开的文件使用(读/写)完后，必须关闭，否则会造成数据丢失。关闭文件会把文件缓冲区中的数据全部写入磁盘，释放掉该文件缓冲区占用的内存。

关闭文件所用的语句为 Close，其形式如下：

```
Close[[#]文件号][,[#]文件号]…
```

如：Close #1，#2，#3，该语句表示关闭1号、2号和3号文件。

如果省略了文件号，Close 语句将会关闭所有已经打开的文件。

10.2.3 文件操作语句和函数

VB 提供了许多语句和函数用于对各种文件的操作。本节对几个常用的语句和函数作简单介绍。

1. LOF 函数

格式：

```
LOF(文件号)
```

功能：返回一个已打开文件的大小，类型为 Long，单位是字节。

【例 10-1】 使用 LOF 函数获取 c:\vb\stu.dat 文件的大小。

```
Dim filelength As Long
Open"c:\vb\stu.dat"For Input As #1                    '打开文件
filelength=LOF(1)                                      '取得文件大小
Debug.Print filelength                                 '输出文件大小
Close #1                                               '关闭文件
```

2. FileLen 函数

格式：

```
FileLen(文件名)
```

功能：返回一个未打开文件的大小，类型为 Long，单位是字节。文件名可以包含驱动器以及目录。

【例 10-2】 使用 FileLen 函数获取一个未打开文件 c:\vb\workers.dat 的大小。

```
Dim Mysize as Long
Mysize= FileLen("c:\vb\workers.dat")
```

3. EOF 函数

格式：

```
EOF(文件号)
```

功能：用于判断读取的位置是否已到达文件尾。当读到文件尾时，返回 True，否则返回 False。对于顺序文件，用 EOF 函数测试是否到达文件尾；对于随机文件和二进制文件，如果读不到最后一个记录的全部数据，返回 True，否则返回 False。对于以 Output 方式打开的文件，EOF 函数总是返回 True。

【例 10-3】 把文本文件 c：\vb\tud.txt 的内容一行一行地读入文本框。

```
Text1.Text=""
Open"c:\vb\tud.txt"For Input As #1
Do While Not EOF(1)
Line Input #1,Dt
Text1.Text=Text1.Text & Dt & vbMewLine
Loop
Close #1
```

4. LOC 函数

格式:

```
LOC(文件号)
```

功能:返回文件当前读/写的位置,类型为 Long。对于随机文件,返回最近读/写的记录号;对于二进制文件,返回最近读/写的字节的位置。对于顺序文件,返回文件中当前字节位置除以 128 的值。对于顺序文件而言,LOC 函数的返回值无实际意义。

5. Input 函数

格式:

```
Input(字符数,#文件号)
```

功能:从打开的顺序文件读取指定数量的字符。Input 函数返回从文件中读出的所有字符,包括逗号、回车符、换行符、引号和空格等。

例如:

```
Text1.Text=Input(Lof(2),#2)
```

该语句是将 2 号文件的内容全部复制到文本框中。

【例 10-4】 使用 Input 函数,一次读取文件中的一个字符,并将它显示到立即窗口。本例假设 Testfile.txt 文件内含数行文本数据。

```
Dim MyChar
Open"c:\vb\Testfile.txt"For Input As #1                    '打开文件
Do While Not EOF(1)                                        '循环至文件尾。
    MyChar=Input(1,#1)                                     '读入一个字符
    Debug.print MyChar                                     '显示到立即窗口
Loop
Close #1
```

6. CurDir 函数

格式:

```
CurDir[(Drive)]
```

功能:利用 CurDir 函数可以确定指定驱动器的当前目录。

说明:可选的 Drive 参数是一个字符串表达式,它指定一个存在的驱动器。如果没有指定驱动器,或 Drive 是零长度字符串(“”),则 CurDir 会返回当前驱动器的路径。

例如:

```
str=CurDir("C:")
```

获得 C 盘当前目录路径,并赋值给变量 Str。

7. GetAttr 函数

格式：

```
GetAttr(FileName)
```

功能：返回代表一个文件、目录、或文件夹的属性的 Integer 数据。GetAttr 返回的值及代表的含义如表 10-2 所示。

表 10-2 GetAttr 返回值及含义

内部常数	数值	描　述	内部常数	数值	描　述
VbNormal	0	常规	VbDirectory	16	目录或文件夹
vbReadOnly	1	只读	VbArchive	32	上次备份以后，文件已经改变
VbHidden	2	隐藏	Vbalias	64	指定的文件名是别名
VbSystem	4	系统文件			

8. FileDateTime 函数

格式：

```
FileDateTime(FileName)
```

功能：返回一个 Variant(Date)值，此值为一个文件被创建或最后修改的日期和时间。

9. Len 函数

格式：

```
Len(<字符串表达式>)
```

功能：返回“字符串表达式”中包含的字符个数，或是存储一个变量所需的字节数。

说明：对于用户自定义类型，如一个记录类型变量，Len 函数返回该变量写入时的大小。

10. Shell 函数和 Shell 过程

在 VB 中，可以调用在 DOS 下或 Windows 下运行的应用程序。

函数调用形式：

```
ID=Shell(FileName[,WindowType])
```

说明：执行一个可执行文件，返回一个 Variant (Double)值，如果成功，返回值代表这个程序的任务 ID，它是一个唯一的数值，用来指明正在运行的程序。若不成功，则会返回 0。

过程调用形式：

```
Shell FileName[,WindowType])
```

FileName：是要执行的应用程序名，包括盘符、路径，它必须是可执行的文件。

WindowType：为整型值，表示执行应用程序打开的窗口类型，其取值如表 10-3 所示。

表 10-3　WindowType 取值及含义

内部常量	取值	描　　述
VbHide	0	窗口被隐藏，且焦点会移到隐式窗口
VbNormalFocus	1	窗口具有焦点，且会还原到它原来的大小和位置
VbMinimizedFocus	2	(默认)窗口会以一个具有焦点的图标来显示(最小化)
VbMaximizedFocu	3	窗口是一个具有焦点的最大化窗口
VbNormalNoFocus	4	窗口会被还原到最近使用的大小和位置，而当前活动的窗口仍然保持活动
VbMinimizedNoFocus	6	窗口会以一个图标来显示，而当前活动的窗口仍然保持活动

例如：

```
'调用执行 Windows 系统中的记事本
i=Shell("C:\WINDOWS\NOTEPAD.EXE")                   '进入 MS_DOS 状态
j=Shell("c:\command.com",1)
```

也可按过程形式调用：

```
Shell"C:\WINDOWS\NOTEPAD.EXE"
Shell"c:\command.com",1
```

注意：上面指定的执行文件，可能因不同计算机系统，文件的路径有所不同。

11. Seek 函数

格式：

```
Seek(<文件号>)
```

功能：返回一个用 Open 语句打开的文件的当前读写位置。

说明：对于随机文件，Seek 返回文件指针指向的将要读出或写入的记录号。对于二进制文件和顺序文件，Seek 返回将要读出或写入的字节位置。

12. ChDrive 语句

格式：

```
ChDrive drive
```

功能：改变当前驱动器

说明：如果 drive 为“”，则当前驱动器将不会改变；如果 drive 中有多个字符，则 ChDrive 只会使用首字母。

13. MkDir 语句

格式：

```
MkDir path
```

功能：创建一个新的目录。

14. RmDir 语句

格式：

```
RmDir path
```

功能：删除一个存在的目录

说明：只能删除空目录。

15. FileCopy 语句

格式：

```
FileCopy source,destination
```

功能：复制一个文件。

说明：FileCopy 语句不能复制一个已打开的文件。

16. Name 语句

格式：

```
Name oldpathname As newpathname
```

功能：重新命名一个文件或目录。

说明：

(1) Name 具有移动文件的功能。

(2) 不能使用通配符“*”和“?”，不能对一个已打开的文件使用 Name 语句。

17. Kill 语句

格式：

```
Kill pathname
```

功能：删除文件。

说明：pathname 中可以使用通配符“*”和“?”。

例如：

```
Kill"*.TXT"
```

18. Reset 语句

Reset 语句用于关闭 Open 语句打开的所有活动文件，并将文件缓冲区的所有内容写入磁盘。

19. Settattr

Settattr 语句用来为一个文件设置属性。VB 中的文件可分为以下 5 种。

(1) 系统文件：由有关操作系统及其他系统程序信息组成，它对用户不直接开放，而只能通过系统调用为用户服务。

(2) 隐含文件：在磁盘上实际存在，但用户通过文件目录列不出来。

(3) 只读文件：只能供用户读取，但不能向文件写入信息。

(4) 普通文件：可对该类文件进行任意的读写访问。

(5) 存档文件：标志文件是否被修改过，当新建或修改文件时，系统会自动设置文件的存档属性，它不影响文件的存取，只表明文件内容被更新，它提供了一种快速检索文件的方法。

Settattr 语句的语法格式为：

```
Settattr"文件名",attributes
```

其中，attributes 为必选参数，是常数或数值表达式，其总和用来表示文件的属性。

10.3 顺序文件

顺序文件用于处理一般的文本文件，它是标准的 ASCII 文件。顺序文件中数据的写入顺序、在文件中的存放顺序和从文件中的读出顺序三者是一致的。即先写入的数据放在最前面，也将最早被读出。如果要读第 100 个数据项，也必须从第一个数据读起，读完前 99 个数据后才能读出第 100 个数据，不能直接跳转到指定的定点。顺序存取是顺序文件的特点也是它的缺点，顺序文件的优点是占用空间较少。通常在存储少量数据且访问速度要求不太高时使用顺序文件。

顺序文件按行组织信息。每行由若干项组成，行的长度不固定，每行由回车换行符号结束。

10.3.1 顺序文件的打开与关闭

在对顺序文件进行操作之前，必须用 Open 语句打开要操作的文件。在对一个文件操作完成后，要用 Close 语句将它关闭。

1. Open 语句的一般格式

格式：

```
Open 文件名[For 打开方式]As[#]文件号
```

说明：

(1) 文件名：指要打开的文件名字，可以是字符串常数，也可以是字符串变量。

(2) 打开方式包括以下 3 种。

Input：向计算机输入数据，即从所打开的文件中读出数据。

Output：向文件写入数据，即从计算机向所打开的文件写数据。如果该文件中原来有数据，则原来已有的数据被抹去，即新写上的数据将原有的数据覆盖。通常在创建一个新的顺序文件时使用该方式。

Append：向文件添加数据，即从计算机向所打开的文件添加数据。与 Output 方式不同的是，Append 方式把新的数据添加到文件原有数据的后面，文件中原有的数据保留。

(3) 文件号：是一个 1～511 的整数。它用来代表所打开的文件，文件号可以是整数或数值型变量。

例如：

① Open"d:\shu1.dat"For Input As ＃1

该语句以输入方式打开文件 shu1.dat，并指定文件号为 1。

② Open"d:\shu2.dat"For Output As ＃5

该语句以输出方式打开文件 shu2.dat，即向文件 shu2.dat 进行写操作，并指定文件号为 5。

③ Open"d:\shu3.dat"For Append As ＃7

该语句以添加方式打开文件 shu3.dat，即向文件 shu3.dat 添加数据，并指定文件号为 7。

2. Close 语句的一般格式

格式：

```
Close[文件号列表]
```

说明：

"文件号列表"是用","隔开的若干个文件号，文件号与 Open 语句的文件号相对应。

例如：

① Close ＃1

该语句关闭文件号为 1 的文件。

② Close #2, #7, #8

该语句关闭文件号为 2,7,8 的文件。

③ Close

该语句关闭所有已打开的文件。

10.3.2 顺序文件的写操作

VB用Print语句或Write语句向顺序文件写入数据。创建一个新的顺序文件或向一个已存在的顺序文件中添加数据,都是通过写操作实现的。另外,顺序文件也可由文本编辑器(记事本、Word等)创建。

1. Print语句

Print语句的一般格式为

```
Print #文件号[,输出列表]
```

说明:

(1)"文件号"是在Open语句中指定的文件号。

(2)"输出列表"是准备写入到文件中的数据,可以是变量名也可以是常数,数据之间用","或";"隔开,输出列表中还可以使用Tab和Spc函数,它们的意义与前面讲的Print方法中介绍的一样。

例如:

```
Open"d:\shu2.dat"For Output As #2
Print #2,"zhang";"wang";"l"
Print #2,78;99;67
Close #2
```

执行上面的程序段,写入到文件中的数据如下:

```
Zhangwangli
78 99 67
```

如果把上面Print语句中的分号改为逗号,即:

```
Print #2,        "zhang";"wang";"li"
Print #2,        78;99;67
```

写入到文件中的数据为

```
Zhang         wang         li
78            99           67
```

每一个数据占一个输出区,每个输出区为14个字符长。

在实际应用中,经常把一个文本框的内容以文本的形式保存在磁盘上,以下程序段可把文本框Text1.text的内容一次性地写入到文件test.dat中。

```
Open"d:\test.dat"For Output As #1
```

```
Print #1,Text1.text
Close #1
```

2. Write语句

用Write语句向文件写入数据时，与Print语句不同的是，Write语句能自动在各数据项之间插入逗号，并给各字符串加上双引号。

Write语句的一般格式为

```
Write #文件号[,输出列表]
```

说明：

(1) “文件号”和“输出列表”的意义与Print语句相同。

(2) Write语句将表达式的值以紧凑格式写到与文件号相关的顺序文件中，每个Write语句向顺序文件中写入一条记录(不定长)，它会自动地用逗号分隔每个表达式的值，给字符串加上双引号。在最后一个字符写入后，插入一个回车换行符(Chr(13)+Chr(10))，以此作为记录结束的标记。

例如：

```
Open"d:\shua.dat"For Output As #6
Write #6,"zhang";"wang";"li"
Write #6,78;99;67
Close #6
```

执行上面的程序段后，写入到文件中的数据如下：

```
zhang";"wang";"li"
78;99;67
```

【例10-5】 Print与Write语句输出数据结果比较。

```
Private Sub Form_Load()
    Dim str As String,Anum As Integer
    Open"D:\Myfile.dat"For Output As 1
    str="ABCDEFG"
    Anum=12345
    Print #1,str,Anum
    Write #1,str,Anum
    Close #1
End Sub
```

程序运行后，在D盘根目录中，将建立一个D:\Myfile.dat的文本文件，并写入两行数据。使用记事本打开该文件，其输出结果如图10-2所示。

图10-2 Print与Write输出结果比较

10.3.3 顺序文件的读操作

顺序文件的读操作，就是从已存在的顺序文件中读取数据。在读一个顺序文件时，首先要用 Input 方式将准备读的文件打开。VB 提供了 Input，Line Input 语句和 Input 函数将顺序文件的内容读入。

1. Input 语句

Input 语句的一般格式为：

```
Input #文件号,变量列表
```

说明：

变量用来存放从顺序文件中读出的数据。“变量列表”中的各项用逗号隔开，并且变量的个数和类型应该与从磁盘文件读取的记录中所存储的数据状况一致。

使用该语句从文件中读出数据，并将读出的数据分别赋给指定的变量。为了能够用 Input 语句将文件中的数据正确地读出，在将数据写入文件时，要使用 Write 语句而不是用 Print 语句。因为 Write 语句可以确保将各个数据正确地区分开。

例如：

```
Private Sub form_click()
    Dim x$,y$,z$,a%,b%,c%
    Open"c:\_vb\shua.dat"For Input As #1
    Input #1,x,y,z
    Input #1,a,b,c
    Print x,y,z
    Print a,b,c
    Print a+b+c
    Close #1
End Sub
```

如果顺序文件 shua.dat 的内容如下：

```
zhang";"wang";"li"
78;99;67
```

执行 Form_Click 过程，在窗体上显示的内容为：

```
Zhang        wang        li
78           99          67
244
```

2. Line Input 语句

Line Input 语句是从打开的顺序文件中读取一行。

Line Input 语句的一般格式为：

```
Line Input #文件号,字符串变量
```

说明：

其中的“字符串变量”用来接收从顺序文件中读出的一行数据。读出的数据不包括回车及换行符。例如，如果顺序文件 shua.dat 的内容如下：

```
zhang";"wang";"li"
78;99;67
```

用 Line Input 语句将数据读出并且把它显示在文本框中。

```
Private Sub Command1_Click()
    Dim a$,b$
    Open"c:\_vb\shua.dat"For Input As #2
    Line Input #2,a
    Line Input #2,b
    text1.Text=a & b
End Sub
```

执行以上过程，文本框中显示的内容为：

```
zhang";"wang";"li"78;99;67
```

10.4 随机文件

使用顺序文件有一个很大的缺点，就是它必须顺序访问，即使明知所要的数据是在文件的末端，也要把前面的数据全部读完才能取得该数据。而随机文件则可直接快速访问文件中的任意一条记录，它的缺点是占用空间较大。

随机文件由固定长度的记录组成，一条记录包含一个或多个字段。具有一个字段的记录对应于任一标准类型，如整数或者长字符串。具有多个字段的记录对应于用户定义类型。随机文件中的每个记录都有一个记录号，只要指出记录号，就可以对该文件进行读写。

10.4.1 随机文件的打开与关闭

在对一个随机文件操作之前，也必须用 Open 语句打开文件，随机文件的打开方式必须是 Random 方式，同时要指明记录的长度。与顺序文件不同的是，随机文件打开后，可同时进行写入与读出操作。

1. 打开随机文件

Open 语句的一般格式为：

```
Open 文件名 For Random As #文件号 Len=记录长度
```

说明：

“记录长度”是一条记录所占的字节数，可以用 Len 函数获得。

例如，定义以下记录：

```
Type student
    Name As String * 10
    Age As Integer
End Type
```

就可以用下面的语句打开：

```
Open"d:\Test.dat"For Random As #9 Len=Len(student)
```

2. 关闭随机文件

随机文件的关闭同顺序文件一样，用 Close 语句。

10.4.2 随机文件的写操作

用 Put 语句进行随机文件的写操作。

Put 语句的一般格式为：

```
Put #文件号,记录号,变量
```

说明：

Put 语句把变量的内容写入文件中指定的记录位置。记录号是一个大于或等于 1 的整数。

例如：

```
Put #1,9,t
```

表示将变量 t 的内容送到 1 号文件中的第 9 号记录去。

【例 10-6】 建立一个随机文件，文件包含 3 个学生的学号、姓名和成绩信息。

```
'标准模块代码
Type student
no As Integer
name As String*10
score As Integer
End Type
'窗体代码
Private Sub command_click()
  Dim st As student
  Dim str1$,str2$,str3$,title$,i%
    Open"c:\_vb\student.dat"For Random As #1 Len=Len(st)
    title="写记录到随机文件"
    str1="输入学号"
```

```
    str2="输入姓名"
    str3="输入成绩"
    For i=1 To 3
      st.no=InputBox(str1.title)
      st.name=InputBox(str2,title)
      st.score=InputBox(str3,title)
      Put #1,i,st
  Next i
  Close #1
End Sub
```

10.4.3 随机文件的读操作

用 Get 语句进行随机文件的读操作。

Get 语句的一般格式为：

```
Get #文件号,记录号,变量
```

说明：

Get 语句把文件中由记录号指定的记录内容读入到指定的变量中。

例如：

```
Get #2,3,u
```

表示将 2 号文件中的第 3 条记录读出后存放到变量 u 中。

【例 10-7】 按指定记录号直接读取例 10-6 随机文件 student.dat 中的一条记录，记录内容显示在文本框中。

程序代码如下：

```
Private Sub command2_click()
  Dim st As student
  Dim str1$,str2$,str3$,title$,i%
    Open"c:\_vb\student.dat"For Random As #2 Len=Len(st)
    i=InputBox("输入一个记录号 1~3","读随机文件")
    Get #2,i,st
    Text1.Text=Str$(st.no)+st.name+Str$(st.score)
    Close #2
End Sub
```

【例 10-8】 编写一个读写随机文件的程序，要求如下。

(1) 可以追加记录，用 InputBox 函数实现，要有结束输入的条件。

(2) 将文件中的所有记录都显示在窗体上，程序运行界面如图 10-3 所示。

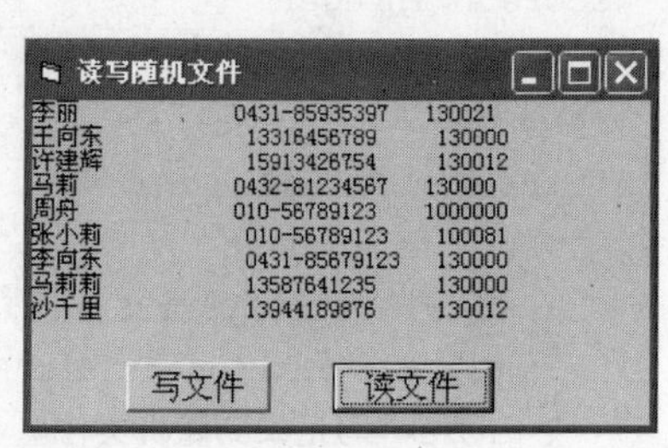

图 10-3 例 10-8 运行界面

程序代码如下：

```
Private Type Tele                                          '自定义数据类型
    name As String*15
    tel As String*15
    pos As Long
End Type
    Dim pers As Tele
    Dim RecNum As Integer

Private Sub Command1_Click()
    Open"t5.txt" For Random As #1 Len=Len(pers)           '打开随机文件
    RecNum=LOF(1)/Len(pers)                               '得出文件中总的记录数
    Do
        pers.name=InputBox("请输入姓名:")
        pers.tel=InputBox("请输入电话:")
        pers.pos=InputBox("请输入邮政编码:")
        RecNum=RecNum+1
        Put #1,RecNum,pers                                '追加记录,写入文件
        asp=InputBox("More(Y/N)?")
    Loop While UCase(asp)<>"N"                            '是否再追加的条件
    Close #1                                              '关闭文件
End Sub

Private Sub Command2_Click()
    Open"t5.txt" For Random As #1 Len=Len(pers)
    RecNum=LOF(1)/Len(pers)
    Cls
    For i=1 To RecNum
        Get #1,i,pers                                     '读出文件中的所有记录
        Print pers.name;pers.tel;pers.pos
    Next i
    Close #1
End Sub
```

10.5　二进制文件

二进制文件被看作是按字节顺序排列的。由于对二进制文件的读写是以字节为单位进行的，所以能对文件进行完全的控制。如果知道文件中的数据的组织结构，则任何文件都可以当做二进制文件来处理所用。

10.5.1 二进制文件的打开与关闭

二进制文件的打开用 Open 语句。其格式为：

```
Open 文件名 For Binary As# 文件号
```

关闭二进制文件使用 Close 语句。

10.5.2 二进制文件的读/写操作

对二进制文件的读/写同随机文件一样使用 Put 和 Get 语句。它们的格式如下：

```
Put #文件号,位置,变量
Get #文件号,位置,变量
```

说明：

其中，"位置"指定读写文件的开始地址，它是从文件头算起的字节数。Get 语句从该位置读 Len(变量)个字节到变量中；Put 语句则从该位置把变量的内容写入文件，写入的字节数为 Len(变量)。

例如：

```
Open"d:\fan.dat"For Binary As #8
s1$="I like VB."
Put #8,100,s1$
Close #8
```

以上程序段从文件 fan.dat 的位置 100 起写入一个字符串"I like VB."。

10.6 文件系统控件

VB 提供了 3 种可直接浏览系统目录结构和文件的常用控件：驱动器列表框(DriveListBox)、目录列表框(DirListBox)和文件列表框(FileListBox)，用户可以使用这 3 种控件建立与文件管理器类似的窗口界面，如图 10-4 所示。

10.6.1 驱动器列表框

驱动器列表框(DriveListBox)控件通常只显示当前驱动器的名称，单击其中的下拉箭头，就会显示计算机拥有的所有磁盘驱动器(如图 10-5 所示)，可供用户选择。

1. 重要属性

Drive 属性是驱动器列表框控件最重要和最常用的属性，该属性在设计时不可用。

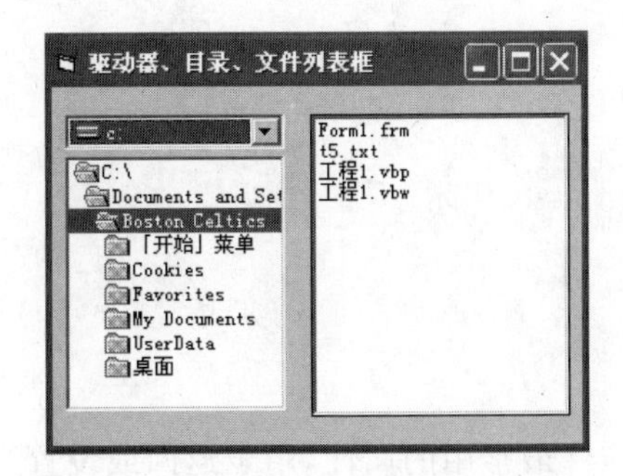

图 10-4　驱动器、目录、文件列表框

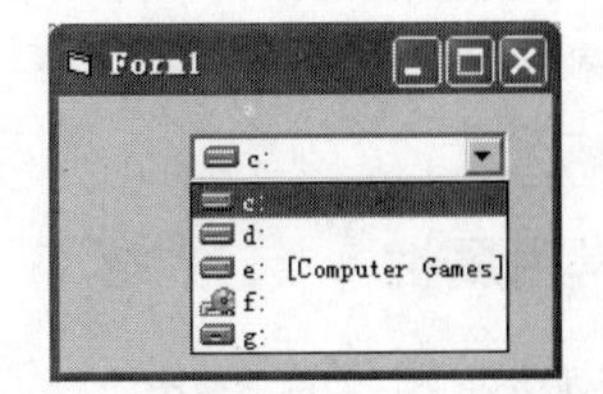

图 10-5　驱动器、目录、文件列表框

格式：

```
驱动器列表框名称.Drive[= 驱动器名]
```

说明："驱动器名"是指定的驱动器，如果"驱动器名"省略，在 Drive 属性中是当前驱动器。

"驱动器列表框"显示可用的有效驱动器。从列表框中选择驱动器并不能使计算机系统自动地变更当前的工作驱动器，必须通过 ChDrive 语句来实现，使用格式如下：

```
ChDrive ChDrive1.Drive
```

2. 重要事件

Change 事件是驱动器列表框的主要事件。在程序运行时，当选择一个新的驱动器或通过程序代码改变 Drive 属性设置时都会触发驱动器列表框的 Change 事件。如要实现驱动器列表框(Drive1)与目录列表框(Dir1)同步，就要在该事件过程中写入如下代码：

```
Dir1.Path=Drive1.Drive
```

10.6.2 目录列表框

目录列表框(DirListBox)控件用来显示当前驱动器目录结构及当前目录下的所有子文件夹(子目录)。供用户选择其中一个作为当前目录，如图 10-6 所示。

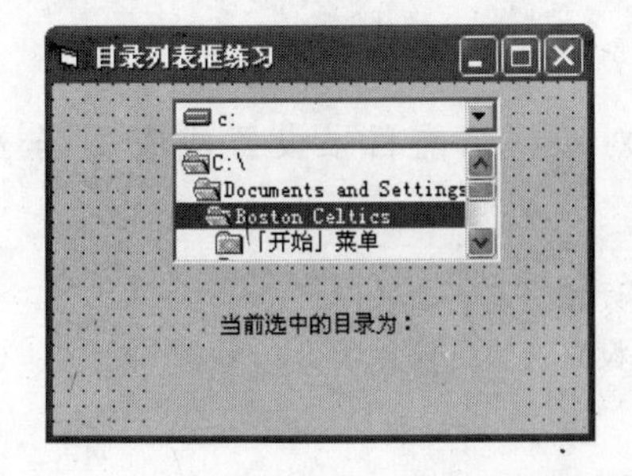

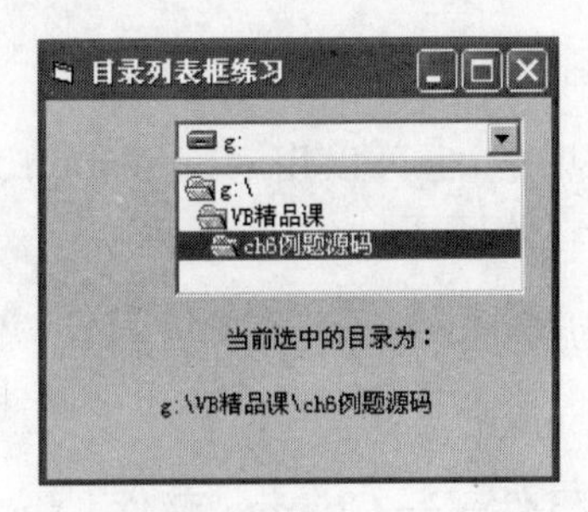

图 10-6　目录列表框练习界面及运行结果

单击目录列表框控件,程序代码如下:

```
Private Sub Dir1_Change()
    Dir1.Path=Drive1.Drive
    Label2.Caption=Dir1.Path
End Sub
```

1. 常用属性

目录列表框控件的 Path 属性是目录列表框控件最常用的属性,用于返回或设置当前路径。该属性在设计时不可用。

使用格式:

```
目录列表框名称.Path[=路径]
```

说明:"路径"是字符串表达式。如:Dir1. Path="C:\Mydir"。默认是当前路径。另外,Path 属性也可以直接设置限定的网络路径,如\\网络计算机\共享目录名\Path。

如果在程序中对指定目录及其他的下级目录进行操作,就要用到 List、ListCount 和 ListIndex 等属性,这些属性与列表框(ListBox)控件基本相同。

目录列表框中的当前目录的 ListIndex 值为-1。紧邻其上的目录 ListIndex 值为-2,再上一个的 ListIndex 值为-3,依次类推。当前目录(Dir1. Path)中的第一个子目录的 ListIndex 值为 0。若第一级子目录有多个目录,则每个目录的 ListIndex 值按 1、2、3…的顺序依次排列。ListCount 是当前目录的下一级子目录数。List 属性是一字符串数组,其中每个元素就是一个目录路径字符串。当前目录可用目录列表框的 Path 属性设置或返回,也可以用 List 属性来得到当前目录。

如:Dir1. Path 属性和 Dir1. List(Dir1. ListIndex)的值相同,都是:

```
C:\Program Files\Microsoft Office\Office\Bitmaps
```

单击目录列表框中的某个项目时将突出显示该项目。而双击目录时则把该路径赋值给 Path 属性,同时将其 ListIndex 属性设置为-1,然后重绘目录列表框以显示直接相邻的下级子目录。

注意:目录列表框并不在操作系统设置的当前目录,要设置当前工作目录应使用 ChDir 语句。例如,下面语句将当前目录变成目录列表框中显示的一个目录:

```
ChDir Dir1.Path
```

在应用程序中,也可以用 Application 对象将当前目录设置成应用程序的可执行(. exe)文件所在的目录:

```
ChDrive App.Path                    '设置当前驱动器
ChDir App.Path                      '设置当前目录
```

2. 重要事件——Change 事件

与驱动器列表框一样,在程序运行时,每当改变当前目录,即目录列表框的 Path 属性发生变化时，都要触发其 Change 事件。例如，要实现目录列表框(Drive1)与文件列表框(File1)同步，就要在目录列表框的 Change 事件过程中写入如下代码：

```
File1.Path=Dir1.Path
```

10.6.3 文件列表框

文件列表框(FileListBox)控件用来显示当前目录中的文件。

1. 重要属性

(1) Path 属性：用于返回和设置文件列表框当前目录，如果是根目录则带有"\"，如"C：\"；如果是子目录则不带"\"，如"C:\math\a. txt"。该属性设计时不可用。

说明：当 Path 值改变时，会触发一个 PathChange 事件。

(2) Filname 属性：用于返回或设置被选定文件的文件名，设计时不可用。

说明：Filname 属性不包括路径名。

如：要从文件列表框(File1)中获得全径的文件名 Fname $，可使用下面的程序代码：

```
If Right(file1.Path,1)="\"Then
    Fname$=file1.Path & file1.FileName
Else
    Fname$=file1.Path & "\" & file1.FileName
End If
```

(3) Pattern 属性：用于返回或设置文件列表框所显示的文件类型。可在设计状态下设置或在程序运行时设置。默认时表示所有文件。

格式：

```
文件列表框名称.Pattern[= 属性值]
```

其中属性值是一个用来指定文件类型的字符串表达式，可使用通配符("*"和"?")。如：

```
File1.pattern="*.txt"
File1.pattern="*.txt";"*.doc"
File1.pattern="???.txt"
```

注意：要指定显示多个文件类型，应使用";"作为分隔符。

(4) List、ListCount 和 ListIndex 属性：文件列表框中的 List、ListCount 和 ListIndex 属性与列表框(ListBox)控件的 List、ListCount 和 ListIndex 属性的含义和使用方法相同。在程序中对文件列表框中的所有文件进行操作，就会用到这些属性。

如：下面的程序段式将文件列表框(File1)中的所有文件名显示在窗体上。

```
For i= 0 to File1.ListCount-1
    Print File1.List(i)
```

```
Next i
```

(5) 文件属性：

Archive：True，只显示文档文件。

Normal：True，只显示正常标准文件。

Hidden：True，只显示隐含文件。

System：True，只显示系统文件。

ReadOnly：True，只显示只读文件。

(6) MultiSelect 属性：

文件列表框 MultiSelect 属性与 ListBox 控件中 MultiSelect 属性使用完全相同。默认情况是 0，即不允许选取多项。

2. 主要事件

文件列表框的主要事件为 PathChange 事件，当路径被代码中 FileName 或 Path 属性的设置所改变时，此事件发生。

要使文件列表框与目录列表框同步，可使用下面的程序代码：

```
Sub Dir1_Change()
    File1.path=Dir1.path
End Sub
```

1) PathChange 事件

当路径被代码中 FileName 或 Path 属性的设置所改变时，此事件发生。

说明：可使用 PathChange 事件过程来响应 FileListBox 控件中路径的改变。当将包含新路径的字符串给 FileName 属性赋值时，FileListBox 控件就调用 PathChange 事件过程。

2) PatternChange 事件

当文件的列表样式，如："*.*"，被代码中对 FileName 或 Path 属性的设置所改变时，此事件发生。

说明：可使用 PatternChange 事件过程来响应在 FileListBox 控件中样式的改变。

3) Click、DblClick 事件

例如：单击输出文件名。

```
Sub filFile_Click()
    MsgBox filFile.FileName
End Sub
```

【例 10-9】 编写一个文件的程序，程序运行界面如图 10-7 所示，单击【确定】按钮后，选中的文件的全路径名显示在文本框中。

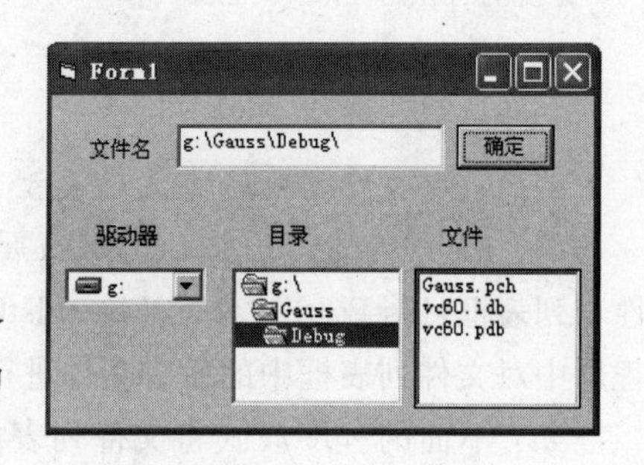

图 10-7 例 10-9 运行界面

程序代码如下：

```
Private Sub Command1_Click()
    If Right(File1.Path,1)="\"Then
      Text1.Text=File1.Path & File1.FileName
    Else
      Text1.Text=File1.Path & "\" & File1.FileName
    End If
End Sub
Private Sub Dir1_Change()
    File1.Path=Dir1.Path
End Sub
Private Sub Drive1_Change()
    Dir1.Path=Drive1.Drive
End Sub
```

10.7 文件应用举例

1. 文件管理

【例 10-10】 设计应用程序，使用文件系统控件，在文本框中显示当前选中的带路径的文件名，也可以直接输入路径和文件名；建立命令按钮，实现对指定文件的打开、保存和删除操作。

界面设计：在窗体上放置 4 个框架，3 个命令按钮，1 个文本框，分别在 4 个框架中放置 1 个文本、1 个驱动器列表框、1 个目录列表框、1 个文件列表框和 1 个组合框。界面如图 10-8 所示。

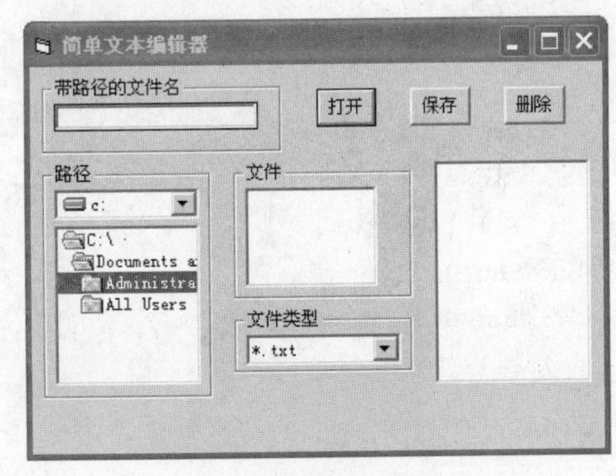

图 10-8 文件操作窗口

程序代码如下：

```
Private Sub Form_Load()
                                    '初始化部分属性
    Text1="": Text2=""
    Combo1.AddItem"*.txt"
    Combo1.AddItem"*.dat"
    Combo1.Text="*.txt"
    File1.Pattern="*.txt"
End Sub
Private Sub Dir1_Change()                       '使文件列表框与目录列表框关联
    File1.Path=Dir1.Path
End Sub
Private Sub Drive1_Change()                     '使目录列表框与驱动器列表框关联
    Dir1.Path=Drive1.Drive
End Sub
```

```
Private Sub File1_Click()                    '单击选中文件,并将全文件名显示在文本框中
    If Right(File1.Path,1)="\" Then
      Text2=File1.Path & File1.FileName
    Else
      Text2=File1.Path & "\" & File1.FileName
    End If
End Sub
Private Sub Combo1_Click()                   '设置文件列表框中显示的文件类型
    File1.Pattern=Combo1.Text
End Sub
Private Sub Command1_Click()                 '打开文件,并将其内容显示在文本中
    Dim inputStr As String
    Text1=""
    If Text2<>""Then
      Open Text2 For Input As #1
      Do While Not EOF(1)
        Line Input #1,inputStr
        Text1=Text1 & inputStr & Chr(13) & Chr(10)
      Loop
    Close #1
    End If
End Sub
Private Sub Command2_Click()                 '保存文件
    Open Text2 For Output As #1
    Print #1,Text1
    Close #1
    File1.Refresh                            '刷新文件列表框的显示
End Sub
Private Sub Command3_Click()                  '删除文件
    Kill Text2
    Text2.Text=""
    Text1=""
    File1.Refresh
End Sub
```

2. 文件加密与解密

【例 10-11】 设计一个对文件进行加密和解密的程序,程序密码由用户输入。程序运行界面如图 10-9 所示。

加密方法:以二进制打开文件,将密码中每个字符的 ASCII 码值与文件的每个字节进行异或运算,然后写回原文件位置即可。这种加密方法是可逆的,即对明文进行加密得到密文,用相同的密码对密文进行加密就得到明文。此方法适合各种类型的文件加密与解密。

界面设计:在窗体上放置两个标签、两个文本框、两个命令按钮。设置窗体外观如

图 10-10 所示。通过【工程】菜单中的【部件】命令，在【部件】对话框中选择 Microsoft Common Dialog Contol 6.0，将通用对话框控件添加到工具箱上，再在窗体上放置一个通用对话框控件。关于通用对话框的使用，将在后面介绍。

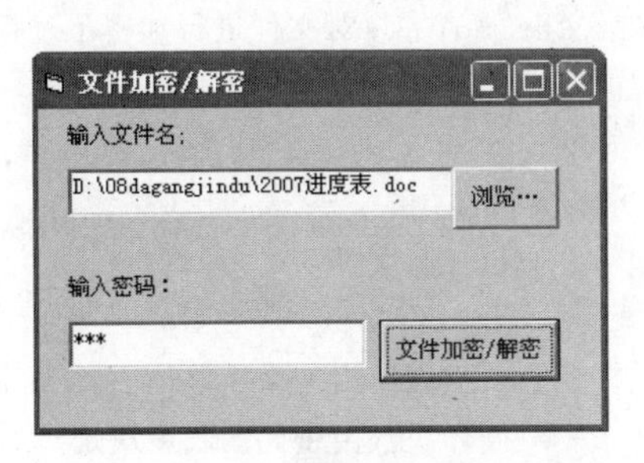

图 10-9 程序运行界面

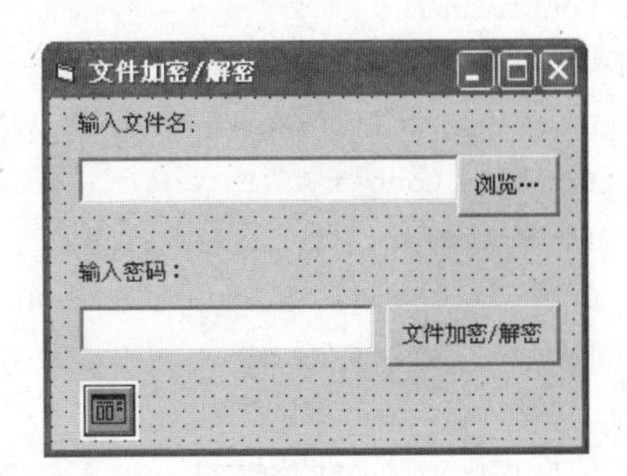

图 10-10 例 10-11 设计界面

主要控件属性设置如表 10-4 所示。

表 10-4 主要控件属性设置

对　象	属性(属性值)	属性(属性值)	说　　明
窗体	Name(Form1)	Caption("文件加密/解密")	
文本框 1	Name(text1)	Text("")	输入加密文件名
文本框 2	Name(textPassWord)	Text("")	输入密码
通用对话框 1	Name(CmmDlog)		
命令按钮 1	Name(Command1)	Caption("浏览…")	使用通用对话框选择加密文件
命令按钮 2	Name(Command2)	Caption("文件加密/解密")	

程序代码如下：

```
Private Sub Command1_Click()                            '浏览打开文件
    CmmDlog.DialogTitle="打开文件"
    CmmDlog.Filter="Word 文档(*.DOC)|*.DOC|文本文件(*.txt)|*.txt|所有文件(*.*)|
*.*"
    CmmDlog.Action=1
    Text1=CmmDlog.filename
End Sub

Private Sub Command2_Click()                            '文件加密/解密
    Dim n%,filn$,keym$
    keym=Trim(textPassWord)
    filn=Trim(Text1.Text)
    Call Filejmjm(filn,keym)                            '调用加密过程对文件进行解密
End Sub

Private Sub Form_Load()                                 '对输入密码文本框初始化
    textPassWord.PasswordChar="*"
    textPassWord.MaxLength=10
```

```
End Sub
Private Function encrypt(ByVal strSource As Byte,ByVal key1 As Byte) As Byte
    encrypt=strSource Xor key1
End Function
Private Sub Filejmjm(filename As String,keym As String)    '对文件进行加密子过程
    Dim char As Byte,key1 As Byte,fn As Byte
    Dim n As Long,i As Integer
    fn=FreeFile
    Open filename For Binary As #fn                          '打开源文件
    For n=1 To LOF(fn)
      Get #fn,n,char                                         '从文件读出一个字节
      For i=1 To Len(keym)                                   '循环次数由密码的长度决定
        key1=Asc(Mid(keym,i,1))                              '取一个密码字符的 ASCII 码
        char=encrypt(char,key1)                              '对文件的一个字节进行加密
      Next i
    Put #fn,n,char                                           '写入一字节到原位置
    Next n
    Close #fn
End Sub
```

习　题

1. 在 C 盘当前文件夹下建立一个名为 Student.dat 的顺序文件，当单击【输入】按钮时，可以使用输入对话框向文件中输入学生的学号和姓名，单击【显示】按钮时，可以将所有学生的学号和姓名显示在窗体上。

2. 通过界面输入每个人的序号、姓名、电话号码和通信地址，单击【确定】按钮将每个人的通信信息存入一随机文件中，文件的保存位置和名称任意。

3. 打开第 2 题建立的随机文件，在输入某人的姓名之后找出相应的通信信息，并将结果显示在窗体上。

4. 制作一个完善的记事本程序，能够实现外存文件的装入、修改并保存，可以新建文件。运行界面如图 10-11 所示。

5. 设计一个用户登录界面，若用户名和密码输入均正确，则给出“合法用户”的提示，否则给出“非法用户”提示。当单击【添加】按钮时，允许添加新用户(用户的名称和密码以一个文件保存)。

6. 用文件系统控件编写一程序，用该程序可显示计算机磁盘上任意一个文件的大小。要求组合框中列出 3 种文件类型，即所有文件(*.*)，文本文件(*.txt)和 Word 文件(*.doc)，程序运行后，可以在界面上选择磁盘上的任何文件，单击【确认】按钮后，在 MsgBox 消息框中显示该文件的大小。

7. 编写程序，用来处理活期存款的结算业务。程序运行后，先由用户输入一个表示

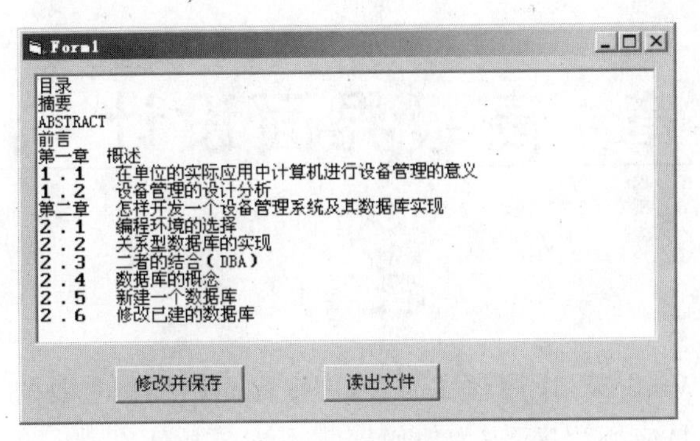

图 10-11 记事本程序读出文件

结存的初值，然后进入循环，询问是接收存款还是扣除支出。每次处理后，程序都要显示当前的结存，并把它存入一个文件中。要求：输出的浮点数保留两位小数。

8. 编写程序，按下列格式输出月历，并把结果存入一个文件中。

Sun	MON	TUE	WED	THU	FRI	SAT
1	2	3	4	5	6	7
8	9	10	11	12	13	14.
15	16	17	18	19	20	21
22	23	24	25	26	27	28
29	30	31				

9. 在窗体上建立一个文本框(名为 Text1，MultiLine 属性为 True，ScrollBars 属性为 2)和两个命令按钮(名称分别为 C1 和 C2，标题分别为“读入数据”和“计算保存”)，编写适当的事件过程。程序运行后，如果单击【读入数据】按钮，则读入 in.txt 文件中的 100 个整型数，放入一个数组中，同时在文本框中显示出来；如果单击【计算保存】按钮，则计算数组中大于或等于 400 并小于 800 的所有数之和，把求和结果在文本框 Text1 中显示出来，同时把结果存入文件 out.txt 中。

10. 利用随机文件创建一个简单的学生信息管理程序，要求具有添加一条学生记录的功能。

11. 在第 10 题中的学生信息录入界面中添加一个记录号文本框及一个查询按钮，当在记录号文本框中输入要查询的记录后，单击【查询】按钮，开始在随机文件中查询，查到后把记录中的各项信息写到相应的文本框中。

第11章 高级界面设计

对于任何一个 Windows 应用程序而言，用户界面始终是重要的、不可缺少的一部分。对用户来说，界面就是应用程序，因为他们感觉不到幕后正在执行的代码。因此，要想设计一个让用户真正满意的应用程序，首先就应该设计一个让用户感到“亲切友好”的应用程序界面。在本章中主要介绍菜单、对话框、多文档界面、工具栏等一些与界面设计有关的知识。

11.1 VB 中的菜单

菜单的基本作用有两个：一是提供人机对话的界面，以便让用户选择应用系统的各个功能；二是管理应用系统，控制各种功能模块的运行。一个高质量的菜单程序，不仅能使系统美观，也能使用户使用方便，并可避免由于误操作而带来的严重后果。

在 VB 应用程序窗口中加入菜单可以使用户方便、直观地选择命令和选项，让用户感到操作更简单、快捷，利用系统提供的工具可以非常方便地建立下拉式菜单和弹出式菜单，如图 11-1 所示，下拉式菜单一般通过单击菜单栏中菜单标题（如【文件】、【编辑】、【视图】等）的方式打开，弹出式菜单则通过用鼠标右键单击某一区域的方式打开。

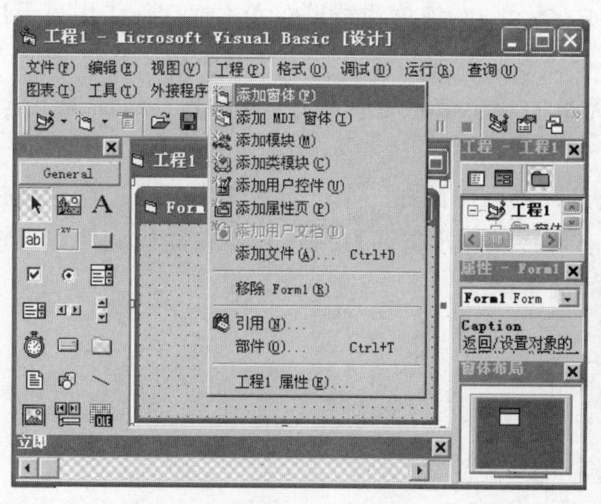

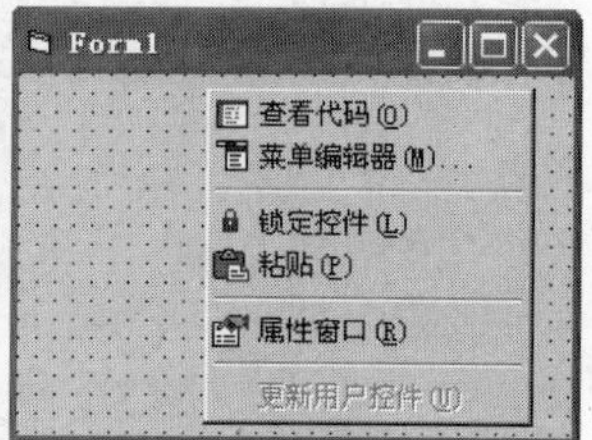

图 11-1　VB 的下拉式菜单及弹出式菜单

通常，不同的区域所弹出的菜单内容是不同的。如在 VB 的工具栏中弹出式菜单与窗体设计器中的弹出式菜单就完全不同。

11.1.1 下拉式菜单

在下拉式菜单中，一般有一个主菜单，称为菜单栏。每个菜单栏包含一个或多个选择项，称为菜单标题，如VB集成开发环境中的【文件】、【编辑】、【视图】、【工程】等。

在关闭状态下，下拉式菜单作为菜单栏位于窗口的标题栏下面，当单击其中某一项时，下拉出其相应的子菜单，如图11-2所示，VB的菜单系统最多可达6层，但是，在实际应用中一般不超过3层，因为菜单层次过多，会影响操作的方便性。

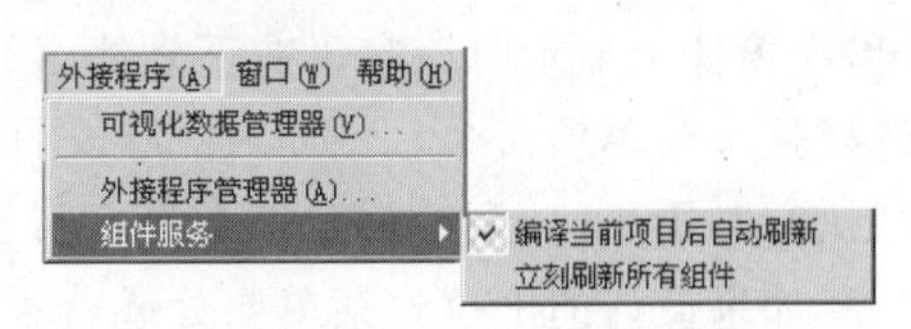

图11-2　下拉式菜单

单标题也就是基本菜单项，水平排列在窗体标题栏的下面。

子菜单由若干菜单项组成。菜单项可以包括菜单命令、分隔条和子菜单标题。

如果某一菜单项还有子菜单，也即该菜单项是一个子菜单标题，它的后面将会自动添加一个"▶"。

VB中的菜单通过菜单编辑器，即菜单设计窗口建立。将要建立下拉式菜单的窗体设为活动窗体后，可以通过4种方法进入菜单编辑器。

(1) 选择【工具】菜单中的【菜单编辑器】命令。

(2) 使用热键Ctrl＋E。

(3) 单击工具栏中的【菜单编辑器】按钮。

(4) 在要建立菜单的窗体上单击鼠标右键，在弹出的快捷菜单中选择【菜单编辑器】命令。通过以上任一方法，均可调出【菜单编辑器】对话框，如图11-3所示。

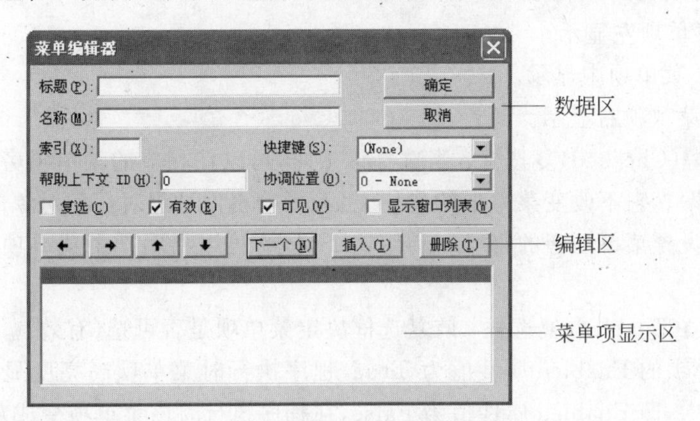

图11-3　【菜单编辑器】对话框

【菜单编辑器】对话框分为3部分，即数据区、编辑区和菜单项显示区。

1. 数据区/菜单属性设置区

数据区用来输入或修改菜单项，在VB中，下拉式菜单中的每个菜单项(主菜单或子菜单项)都被看作是一个图形对象,即控件,因此每个菜单项都具备某些与控件相同的属性。

(1)【标题】(Caption)文本框:让用户输入显示在窗体上的菜单标题,输入的内容会在【菜单编辑器】对话框下边的菜单项显示区显示出来。

如果输入时在菜单标题的某个字母前输入一个"&"符号,那么该字母就成了热键字母,在窗体上显示时该字母有下划线,操作时同时按住 Alt 键和该带有下划线的字母就可选择这个菜单项命令。例如,建立【文件】(File)菜单,在标题文本框内应输入"&File",程序执行时用 Alt+F 键就可以选择 File 菜单。

如果设计的下拉式菜单要分成若干组,则需要用分界符(Separator Bar)进行分割,在建立菜单时需在标题文本框中输入一个减号"-",这样菜单显示时会形成一个分隔条。

(2)【名称】(Name)文本框:由用户输入菜单项的名称,它不会显示出来,在程序中用来标识菜单项。在【标题】文本框中输入了一个菜单项,在【名称】文本框中应用一个对应的菜单名称。分隔条也要有相应的名称。

(3)【索引】(Index)文本框:用来为用户建立的控件数组设立下标。

(4)【快捷键】(Shortcut Key)下拉列表框:列出了很多快捷键,供用户为菜单项选择一个快捷键。菜单项的快捷键可以不要,但如果选择了快捷键,则会显示在菜单标题的右边。在程序运行时,用户按快捷键同样可以完成选择该菜单项并执行相应命令的操作。

(5)【帮助上下文 ID】(Help ConText ID)文本框:可以通过输入一个数值,在帮助文件(用 HelpFile 属性设置)中查找相应的帮助主题。

(6)【协调位置】(Negotiate Position)下拉列表:框通过这一下拉列表框,可以确定菜单或菜单项在窗体中是否出现或怎么出现。该下拉列表框有 4 个选项,作用如下。

0-None:菜单项不显示。

1-Left:菜单项左显示。

2-Middle:菜单项中显示。

3-Right:菜单项右显示。

(7)【复选】(Checked)复选框:当选择该项时,可以在相应的菜单项旁边加上指定的记号(例如"√")。它不改变菜单项的作用,也不影响事件过程对任何对象的执行结果,只是设置或重新设置菜单项旁的符号。利用这个属性,可以指明某个菜单项当前是否处于活动状态。

(8)【有效】(Enabled)复选框:该复选框决定菜单项是否可选(有效)。当该复选框被选中,表示菜单项的 Enabled 属性值为 True,程序执行时菜单项高亮度显示,是可选的;如果没有被选中,即 Enabled 属性值为 False,在程序执行时该菜单项变成灰色,不能被用户选择。

(9)【可见】(Visible)复选框:确定菜单项是否可见。不可见的菜单项是不能执行的,在默认情况下,该属性值为 True,即菜单项可见。当一个菜单项的【可见】属性值为 False 时,该菜单项将暂时从菜单中去掉;如果把它的【可见】属性值改为 True,该菜单项将重新出现在菜单中。

(10)【显示窗口列表】(Windows List)检查框:决定菜单控件上是否显示所打开的子

窗体标题。该检查框仅对 MDI 窗体和 MDI 子窗体有效,对普通窗体无效。

2. 编辑区

编辑区共用 7 个按钮,用来对输入的菜单项进行简单的编辑。菜单在数据区输入,在菜单项显示区显示。

(1)【←】和【→】按钮:菜单层次的选择按钮。若建立好一个菜单项后单击【→】按钮,则该菜单项在显示区中向右移一段,前面加内缩符号(…),表示该菜单项降为下一级的菜单项。如果选定了某项菜单后,单击【←】按钮,前面的一个内缩符号将被取消,表示该菜单项的级别上升一级。

(2)【↑】和【↓】按钮:用来改变菜单项的位置。选中某个菜单项后,单击【↑】按钮将使该菜单项上移,单击【↓】按钮将使该菜单项下移。

(3)【下一个】(Next)按钮:当用户把一个菜单项的各个属性设置完成后,单击此按钮,即可换行设置下一个菜单项。

(4)【插入】(Insert)按钮:在选定的菜单项前插入一个菜单项。

(5)【删除】(Delete)按钮:删除选定的菜单项。

3. 菜单项显示区

菜单项显示区位于菜单设计窗口的下部,输入的菜单项在这里显示出来,并通过内缩符号(…)表明菜单项的层次,一个内缩符号表示一层,一个菜单项前最多可有5 个内缩符号。

【例 11-1】 下拉式菜单的设计。建立一个图 11-4 所示的菜单,用户可以通过选择菜单中的菜单项改变文本框中内容的外观。

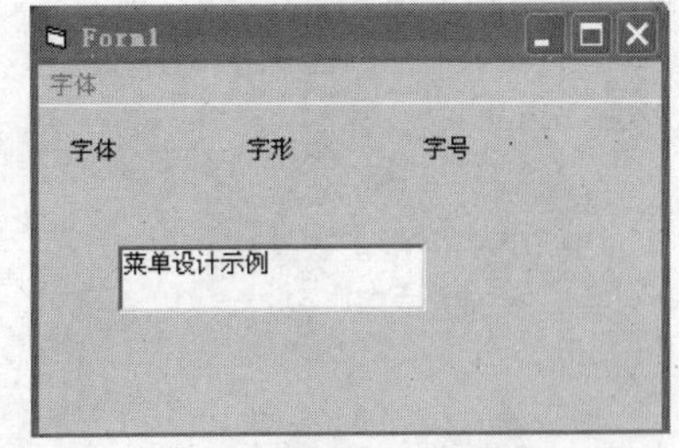

图 11-4 菜单设计示例

设计步骤如下:

(1) 建立控件:

在窗体上添加一个文本框,将它的 Text 属性置为空。

(2) 设计菜单:

在窗体设计状态下选择【工具】菜单下的【菜单编辑器】命令,调出【菜单编辑器】对话框。菜单项及其属性设置如表 11-1 所示。

表 11-1 菜单项及其属性设置

菜单项	名称	快捷键	菜单项	名称	快捷键
字体	Zt		…粗体	Ct	Ctrl+D
…宋体	St	Ctrl+A	…斜体	Xt	Ctrl+E
…黑体	Ht	Ctrl+B	…下划线	Xt	Ctrl+F
…隶书	Lsh	Ctrl+C	字号	Zh	
…—	Sep		…20 号	Er	Ctrl+G
…退出	Quit	Ctrl+Q	…10 号	Sh	Ctrl+H
字形	Zx				

当完成所有的输入工作后,【菜单编辑器】对话框就成为图 11-5 所示的窗口,单击【确定】按钮退出就完成了菜单的建立过程。

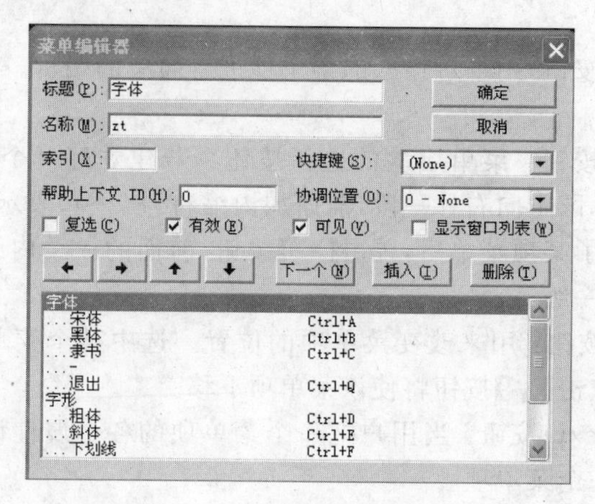

图 11-5　菜单项及其属性设计

(3) 把代码连接到菜单上:

在窗体窗口单击菜单标题,然后在下拉菜单中选择要连接代码的菜单项,在屏幕上就会出现代码窗口,并自动给出事件过程的头尾语句。只要在头尾语句间输入代码即可。

程序代码如下:

```
Private Sub ct_Click()
    text1.FontBold=Not text1.FontBold
End Sub

Private Sub er_Click()
    text1.FontSize=20
End Sub

Private Sub ht_Click()
    text1.FontName="黑体"
End Sub

Private Sub lsh_Click()
    text1.FontName="隶书"
End Sub

Private Sub quit_Click()
    End
End Sub

Private Sub sh_Click()
    text1.FontSize=12
End Sub
Private Sub st_Click()
```

```
    text1.FontName="宋体"
End Sub

Private Sub xhx_Click()
    text1.FontUnderline=Not text1.FontUnderline
End Sub

Private Sub xt_Click()
    text1.FontItalic=Not text1.FontItalic
End Sub
```

【例 11-2】 菜单控件数组。

因为 VB 将菜单项视为控件,因此就能运用控件数组的概念。菜单控件数组的作用主要有:

(1) 用于动态地增删菜单项。

(2) 简化编程,用一段代码处理多个菜单项。设计界面如图 11-6 所示。

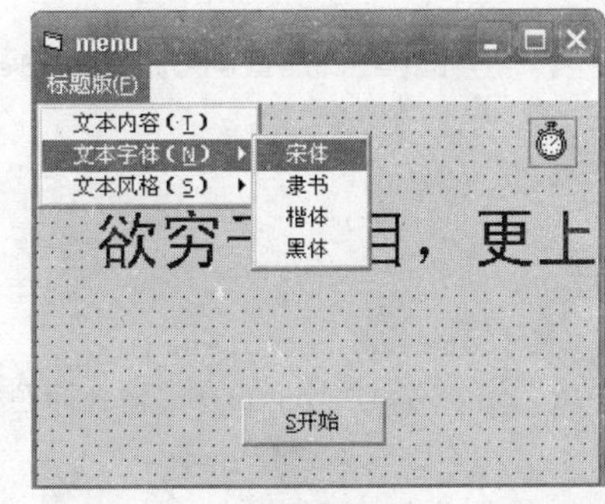

图 11-6 菜单控件数组设计界面

程序代码如下:

```
Private Sub Command1_Click()
    If Command1.Caption="&S 暂停" Then
      Command1.Caption="&C 继续"
      Timer1.Enabled=False
    Else
      Command1.Caption="&S 暂停"
      Timer1.Enabled=True
    End If
End Sub

Private Sub fname_Click(Index As Integer)
    Select Case Index
      Case 1
        Label1.FontName="宋体"
      Case 2
        Label1.FontName="隶书"
      Case 3
        Label1.FontName="楷体"
      Case 4
        Label1.FontName="黑体"
      End Select
End Sub

Private Sub styly_Click(Index As Integer)
```

```
    styly(Index).Checked=Not styly(Index).Checked
    Select Case Index
      Case 1
        Label1.FontBold=styly(Index).Checked
      Case 2
        Label1.FontItalic=styly(Index).Checked
      Case 3
        Label1.FontUnderline=styly(Index).Checked
      End Select
End Sub

Private Sub Timer1_Timer()
    If Label1.Left+Label1.Width>0 Then
      Label1.Move Label1.Left-20
    Else
      Label1.Left=Form1.ScaleWidth
      End If

End Sub

Private Sub txt_Click()
    temp=InputBox("请输入标题板的新内容","输入",Label1.Caption)
    If temp<>"" Then
      Label1.Caption=temp
    End If
End Sub
```

程序运行结果如图 11-7 所示。

图 11-7 菜单控件数组程序运行界面

【例 11-3】 菜单项的可用与不可用。

VB 的菜单可根据程序的运行状态动态地进行调整。当菜单项所指示的操作不适合当前环境时,可以暂时将其关闭,不让用户选择该菜单项,也可以把它隐藏起来,不让用户选择该菜单项,等条件成熟时,再重新显示被隐藏的菜单项。

如在例 11-2 中，当前文本的字体在菜单中被关闭——菜单呈灰色，可以选择未被选择的字体，如图 11-8 所示。

做法：只需在例 11-2 的基础上修改【文本字体】菜单中的菜单控件数组 fname 的 Click 事件代码：

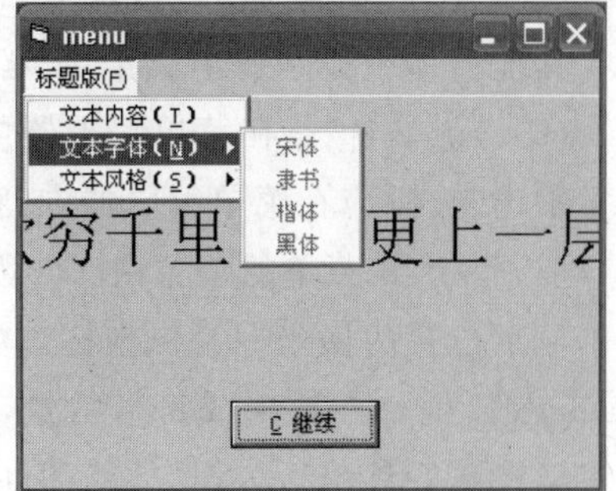

图 11-8　菜单项的可用与不可用

```
Private Sub fname_Click(Index As Integer)
    Select Case Index
      Case 1
        Label1.FontName="宋体"
      Case 2
        Label1.FontName="隶书"
      Case 3
        Label1.FontName="楷体_GB2312"
      Case 4
        Label1.FontName="黑体"
    End Select
    For Each x In fname
        x.Enabled=IIf(x.Index=Index,False,ture)
        Next
End Sub
```

11.1.2　弹出式菜单

在 Windows 95、Windows 98 或 Windows NT 的风格中，有按动鼠标右键弹出菜单的操作，在 VB 执行环境下，有一些控件本身具有弹出菜单的功能，如 TextBox 控件等，但大多数编辑类控件以及窗体本身却没有此功能，要在窗口中任意位置实现 PopUpMenu（弹出式菜单），可借助 VB 的菜单工具来实现。

与下拉式菜单不同，弹出式菜单（快捷菜单）不需要在窗口顶部下拉打开，而是通过单击鼠标右键在窗体的任意位置打开，因而使用方便，具有较大的灵活性。

弹出式菜单是一种小型的菜单，它可以在窗体的某个地方显示出来，对程序事件做出响应。通常用于对窗体中某个特定区域有关的操作或选项进行控制，例如用来设置某个文本区的段落格式等。

建立弹出式菜单通常有两步：首先用菜单编辑器中建立菜单，然后用 PopupMenu 方法弹出显示。第一步的操作与前面介绍的基本相同，唯一的区别是，如果不想在窗体顶部显示该菜单，就应把菜单名（即主菜单项）的【可见】属性设置为 False（子菜单项不要设置为 False）。

PopupMenu 方法用来显示弹出式菜单，其格式为

```
[对象.]PopupMenu 菜单名[,Flag[,x[,y[,BoldCommand]]]]
```

说明：

(1)“对象”是窗体名，当省略“对象”时，弹出式菜单只能在当前窗体中显示。如果需要在其他窗体中显示弹出式菜单，必须加上窗体名。

(2)“菜单名”是在菜单编辑器中定义的主菜单项名，如果主菜单项不需要在窗口顶部显示出来，则应在菜单编辑器中，将主菜单项的【可见】属性设置为 False。

(3) 弹出式菜单的位置由 x,y 及 Flags 参数共同确定。x 和 y 分别用来指定弹出式菜单显示位置的横坐标和纵坐标。如果省略，则弹出式菜单在鼠标光标的当前位置显示。Flags 参数是一个数组或符号常量，它的取值有两组，一组用于指定菜单位置，另一组用于定义特殊的菜单行为，具体描述如表 11-2 所示。

表 11-2 Flags 属性值描述

常量		值	说明
位置常量	VBPopupMenuLeftAlign	0	默认值，指定的 x 值定义为弹出式菜单的左边界位置
	VBPopupMenuCenterAlign	4	指定的 x 值定义为弹出式菜单的中心位置
	VBPopupMenuRightAlign	8	指定的 x 值定义为弹出式菜单的右边界位置
行为常量	VBPopupMenuLeftButton	0	默认值，菜单命令只接收鼠标右键单击
	VBPopupMenuRightButton	2	菜单命令可接收鼠标左键或右键单击

以上常数可单独使用，也可两组中各取一个常数，再用 Or 将其连接起来组成 Flags 参数。

(4) BoldCommand 的取值是弹出式菜单中某个菜单项的名字，如果选择该参数，则在弹出式菜单中用黑体显示指定的菜单项标题。

【例 11-4】 将例 11-1 中的【字形】菜单的内容作为弹出式菜单的内容。

只需在代码窗口添加如下代码：

```
Private Sub form_mousedown(button As Integer,shift As Integer,x As Single,y As Single)
    If button=2 Then
      PopupMenu zx,2
    End If
  End Sub
```

运行程序，用鼠标右键单击窗体，即可弹出【字形】菜单的菜单内容。如果不想在窗体顶部显示【字形】菜单，则可在窗体编辑器中将 zx 主菜单顶的【可见】属性设为 False 即可。

【例 11-5】 使用下拉式菜单和弹出式菜单控制在图片框中画图。程序运行界面如图 11-9(a)所示，包括下拉式菜单、图片框和弹出式菜单 3 部分。其中下拉式菜单包括【画圆】和【初始化】两个菜单，如图 11-9(b)所示。【画圆】包括【大圆】和【小圆】两个菜单项，【大圆】以当前坐标为圆心，绘制半径为 1000 的圆，【小圆】则半径为 100；【初始化】菜单用于清空图片框，用黑色画图。弹出式菜单用于设置图的颜色。

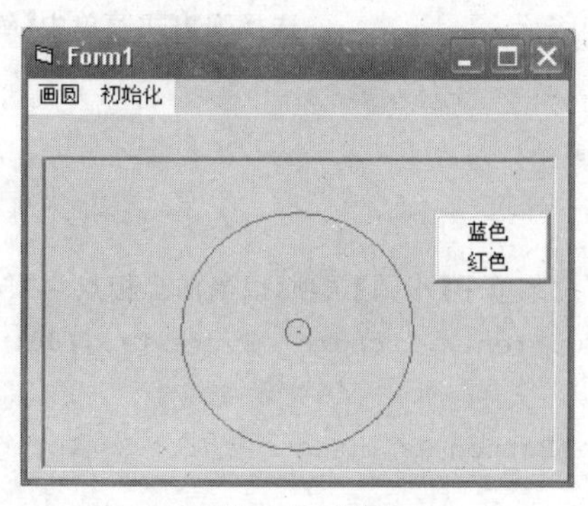

(a) 例11-5运行界面

(b) 下拉菜单

图 11-9　例 11-5 运行结果

程序设计步骤如下：

(1) 新建一个【标准 EXE】工程。

(2) 建立程序用户界面。在窗体上添加一个图片框和若干个菜单，菜单名称和属性设置如表 11-3 所示。

表 11-3　例 11-5 属性设置

名　称	标　题	缩　进	是否可见	快捷键
mnuCircle	画圆		是	
mnuSmall	小圆	…	是	Ctrl+S
mnuBig	大圆	…	是	Ctrl+B
mnuIni	初始化		是	
mnuColor	颜色		否	
mnuBlue	蓝色	…	是	
mnuRed	红色	…	是	

(3) 程序代码如下：

```
Private Sub mnuBig_Click()                          '选择下拉菜单中的【大圆】选项
    Picture1.Circle (Picture1.CurrentX,Picture1.CurrentY),1000,vbRed
End Sub

Private Sub mnuBlue_Click()                         '选择弹出式菜单中【蓝色】菜单项
    Picture1.ForeColor=vbBlue                       '设置前景颜色为蓝色
End Sub

Private Sub mnuIni_Click()
    Picture1.Cls                                    '清空图片框
    Picture1.ForeColor=vbBlack                      '恢复默认颜色为黑色
End Sub
```

```
Private Sub mnuRed_Click()                    '选择弹出式菜单中【红色】菜单项
    Picture1.ForeColor=vbRed
End Sub

Private Sub mnuSmall_Click()
                    '选择下拉菜单中【小圆】选项,以当前坐标点为圆心,100 为半径画圆
    Picture1.Circle (Picture1.CurrentX,Picture1.CurrentY),100,vbRed
End Sub
Private Sub picture1_MouseMove(Button As Integer,shift As Integer,x As Single,
y As Single)
    If Button=1 Then      '如果鼠标左键移动,则以鼠标所在点的坐标为圆心画图
      Picture1.PSet(x,y)
    End If
End Sub
Private Sub picture1_MouseUp(Button As Integer,shift As Integer,x As Single,y As
Single)
    If Button=2 Then PopupMenu mnuColor          '单击鼠标右键,弹出菜单
End Sub
```

11.2 对 话 框

所谓"对话框"是一种特殊的窗体,它的大小一般不可以改变,也没有最大化和最小化按钮,它只有一个关闭按钮(有时还包含一个帮助按钮)。如何设计出这种特殊的窗体,VB 提供了 3 种解决方案:系统预定义的对话框(InputBox 和 MsgBox)、用户自定义对话框和通用对话框控件。

11.2.1 通用对话框

VB 提供了一组基于 Windows 操作系统的常用的标准对话框界面,用户可以充分利用通用对话框(Common Dialog)控件在窗体上创建 6 种标准对话框,它们分别是【打开】(Open)、【另存为】(Save As)、【颜色】(Color)、【字体】(Font)、【打印机】(Printer)和【帮助】(Help)对话框。程序设计中如果所有的对话框都由设计人员来完成,将会耗费大量的时间,而利用系统提供的通用对话框则可以节省很大的工作量。

通用对话框不是标准框件,属于 VB 专业版和企业版所特有的 ActiveX 控件,位于文件 C:\Windows\System\Comdlg32.ocx 中,名称为 Microsoft Common Dialog Control 6.0,因此使用前需要先把通用对话框控件添加到工具箱中,操作步骤如下。

(1) 选择【工程】菜单中的【部件】命令打开【部件】对话框,如图 11-10 所示。

(2) 在【控件】选项卡中选择 Microsoft Common Dialog Control 6.0。

(3) 单击【确定】按钮退出。

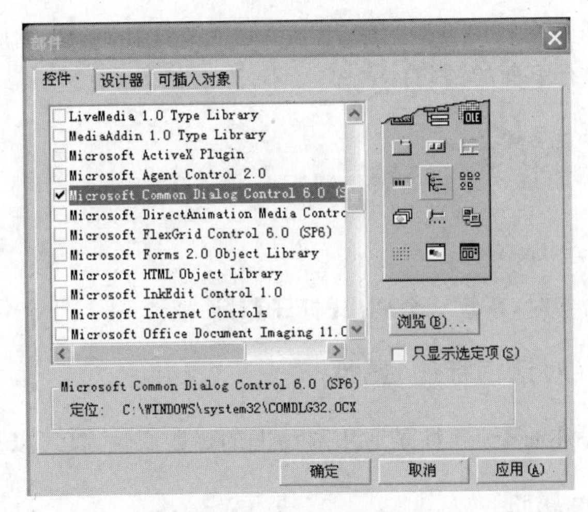

图 11-10 【部件】对话框

经过上面的操作后，通用对话框控件就出现在控件工具箱中，如图 11-11 所示。如果需要使用上面的某种对话框，就可以像使用标准控件一样把它添加到窗体中。

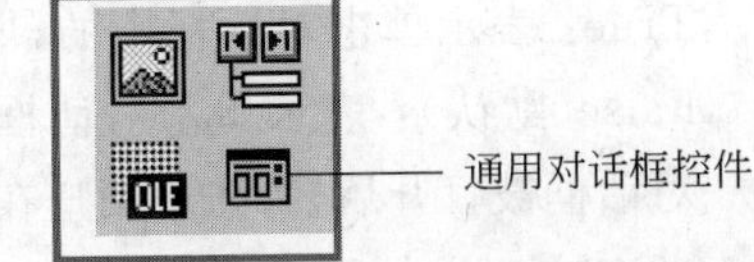

图 11-11 通用对话框

在设计状态，窗体上显示通用对话框图标，但在程序运行时，窗体上不会显示通用对话框，直到在程序中用 Action 属性或 Show 方法激活而调出所需的对话框。

通用对话框仅用于应用程序与用户之间进行的信息交互，是输入输出界面，不能实现打开文件、存储文件、设置颜色、字体打印等操作。

注意：通用对话框仅提供了一个用户和应用程序的信息交换界面，具体功能的实现需要编写相应的程序。

通用对话框的基本属性和方法：

1. 基本属性

Name 是通用对话框的名称属性，Index 是由多个对话框组成的控件数组的下标。Left 和 Top 表示通用对话框的位置。

2. Action(功能)属性

Action 属性直接决定打开何种类型的对话框。表 11-4 显示了通用对话框的 Action 属性值和打开通用对话框的 Show 方法。

表 11-4 Action 属性和 Show 方法

Action	Show	通用对话框的类型	Action	Show	通用对话框的类型
1	ShowOpen	【打开】对话框	4	ShowFont	【字体】对话框
2	ShowSave	【另存为】对话框	5	ShowPrinter	【打印机】对话框
3	ShowColor	【颜色】对话框	6	ShowHelp	【帮助】对话框

该属性不能在属性窗口内设置，只能在程序中赋值，用于调出相应的对话框。

如：在程序中若有下面的语句：

```
Commandialog.ShowOpen
```

或

```
Commandialog.Action=1
```

运行到上面的语句时，系统就会调出【打开】对话框。

3. DialogTitle（对话框标题）属性

DialogTitle（对话框标题）属性是通用对话框的标题属性，其可以是任意字符串。

4. CancelError 属性

CancelError 属性用于表示用户在与对话框进行信息交互时，单击【取消】按钮时是否产生出错信息。

True：表示单击对话框中的【取消】按钮时，便会出现错误警告。

False（默认）：表示单击对话框中的【取消】按钮时，不会出现错误警告。

对话框被打开后，为防止用户在未输入信息时便使用取消操作，可用该属性设置出错警告。当该属性设为 True 时，对话框中的【取消】按钮一经操作，自动将错误标志 Err 置为 32755（CDERR-CANCEL），供程序判断。该属性值在属性窗口及程序中均可设置。

在通用对话框的使用过程中，除上面的基本属性外，每种对话框还有自己的特殊属性。这些属性可以在【属性】窗口中进行设置，也可以在通用对话框控件上单击鼠标右键，在弹出的快捷菜单中选择【属性】命令即可调出通用对话框控件【属性页】对话框（如图 11-12 所示）。该对话框中有 5 个选项卡，可以分别对不同类型的对话框设置属性。例如，要对【字体】对话框设置，就选择【字体】选项卡。

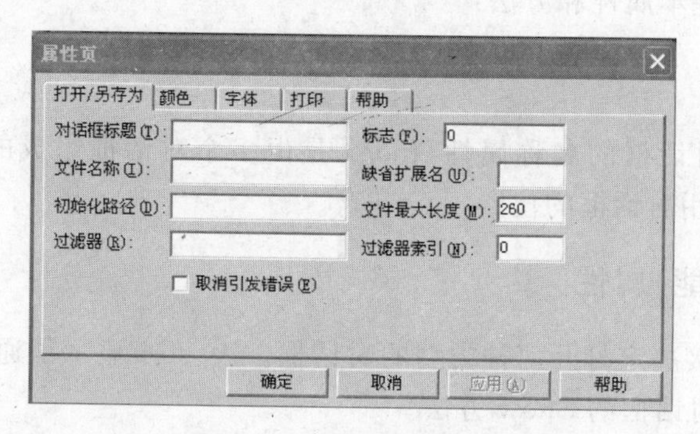

图 11-12 【属性页】对话框

11.2.2 【打开对话框】

【打开对话框】对话框是在应用程序中显示的一个带有驱动器、目录和文件名的对话框，主要进行文件操作。在程序运行时，通用对话框的 Action 属性被设置为 1，就立即弹出【打开对话框】对话框(如图 11-13 所示)。【打开对话框】对话框提供一个打开文件的用户界面，供用户选择所要打开的文件，打开文件的具体工作要通过编程来完成。

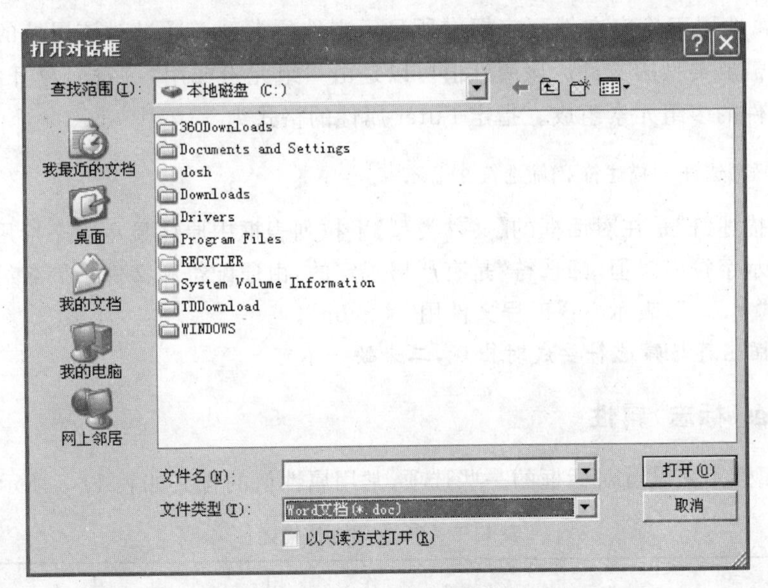

图 11-13 【打开对话框】对话框

对于【打开对话框】对话框，主要有下面几项属性需要设置。

1. DialogTitle(对话框标题)属性

DialogTitle 属性用来给出对话框的标题内容，默认值为“打开”。

2. FileName(文件名称)属性

FileName 属性用于设置在对话框的【文件名】文本框中显示的文件名，在程序中可用该属性值设置或返回用户所选定的文件名(包括路径名)，即程序执行时用户用鼠标选中某个文件名或用键盘输入的文件名被显示在【文件名】文本框，同时用此文件名为 FileName 属性赋值，FileName 属性得到的是一个包括路径名和文件名的字符串。

3. FileTitle(文件标题)属性

FileTitle 属性用于返回或设置用户所要打开的文件的文件名，它不包含路径。当用户在对话框中选中所要打开的文件时，该属性就立即得到了该文件的文件名。它与 FileName 属性不同，FileTitle 属性中只有文件名，没有路径名，而 FileName 属性中包含所选定文件的路径。

4. InitDir(初始化路径)属性

InitDir 属性用来指定【打开对话框】中的初始目录，若要显示当前目录，则该属性不需要设置。用户选定的目录也放在此属性中。

5. Filter(过滤器)属性

Filter属性用于确定文件列表框中所显示文件的类型。通过对该属性的设置,可以筛选出用户需要类型的文件。该属性值可以是由一组元素或用"|"符号分开的分别表示不同类型文件的多组元素组成。指定Filter属性的格式为

```
描述符1|筛选符1|描述符2|筛选符2|……
```

其中,"描述符"是在对话框的【文件类型】下拉列表框中原样显示出来给用户看的,作用类似于提示字符串。但"筛选符"是有严格规定的,由通配符和文件扩展名组成,如表示全部文件用"*.*",表示VB工程文件用"*.vbp"。

注意:描述符与筛选符要成对出现,二者缺一不可。

6. Flags(标志)属性

Flags属性用来设置对话框的一些选项,常用属性值的含义如表11-5所示。

表11-5 Flags属性值描述

Flags的值	作　　用
1	在对话框中显示【只读】(Read Only Check)选择框
2	如果用磁盘上已有该文件名的保存文件,则显示一个消息框,询问用户是否覆盖已有文件
4	不显示【只读】选择框
8	保留当前目录
16	显示一个Help按钮
256	允许在文件中有无效字符
512	允许用户选择多个文件
…	……

7. DefaulText(默认扩展名)属性

DefaulText属性用来指定对话框中文件的缺省扩展名(即指定缺省的文件类型)。

8. MavFileSize(文件最大长度)属性

MavFileSize属性用来指定FileName的最大长度,范围为1~2048,缺省值为260。

9. FilterIndex(过滤器索引)属性

FilterIndex属性用来指定在对话框中【文件类型】下拉列表框中显示的缺省的筛选符。如果指定在Filter属性时有一组文件类型,则这些文件类型按顺序排为1,2,3…

例如:

```
Commandialog1.Filter="all files(*.*)|*.*|vbp文件|*.vbp|word文档|*.doc"
Commandialog1.FilterIndex=3
```

执行上面的语句打开对话框时,【文件类型】下拉列表框中自动显示的就是“word 文档”

10. CancelError 属性

CancelError 属性用来确定当用户单击对话框内的【取消】按钮时,是否显示出错信息。如果设置属性时选中该项,则属性值为 True,当用户单击【取消】按钮时,系统将显示一个出错提示消息框;否则不显示。该属性的默认值为 False。

【例 11-6】 编写一个应用程序,运行结果如图 11-14 所示。

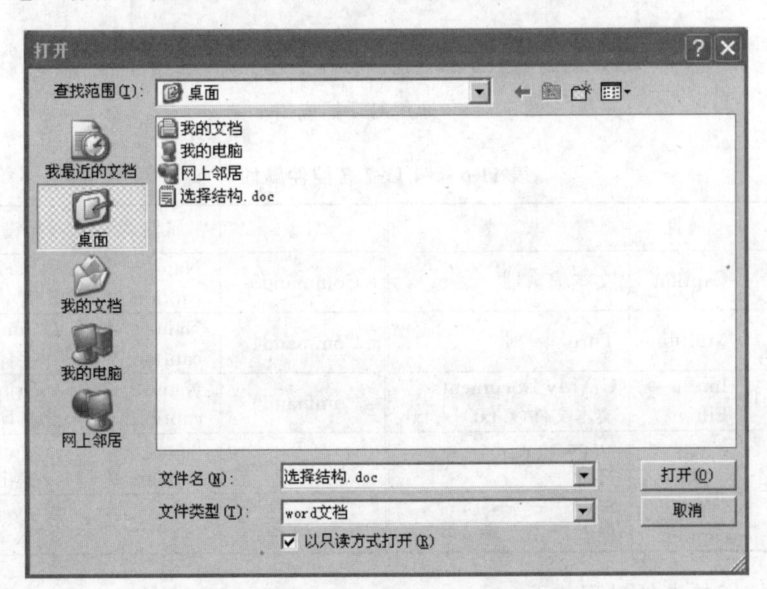

图 11-14 【打开】对话框应用示例

```
Private Sub Form_Click()
    Commondialog1.Filter="all files(*.*)|*.*|vbp文件|*.vbp|word文档|*.doc"
    Commondialog1.FilterIndex=3
    Commondialog1.InitDir="C:\Documents and Settings\Administrator\桌面"
    Commondialog1.Flags=1
    Commondialog1.Action=1
End Sub
```

我们可以用上面的代码实现,也可以直接在属性窗口直接定义(Action 属性除外),该例中没有出现的属性都采用缺省值。

说明:

在上例中,只是给出了一个打开文件的用户界面,当用户选择了其中某一文件并单击【确定】按钮退出对话框后,并没有实际地打开一个文件。如果要实际地打开该文件,还需要编程实现。

【例 11-7】 设计如图 11-15 所示的运行界面,并为【打开】按钮编写打开文本文件的代码,文本文件的内容显示在文本框中。

控件属性设置如表 11-6 所示。

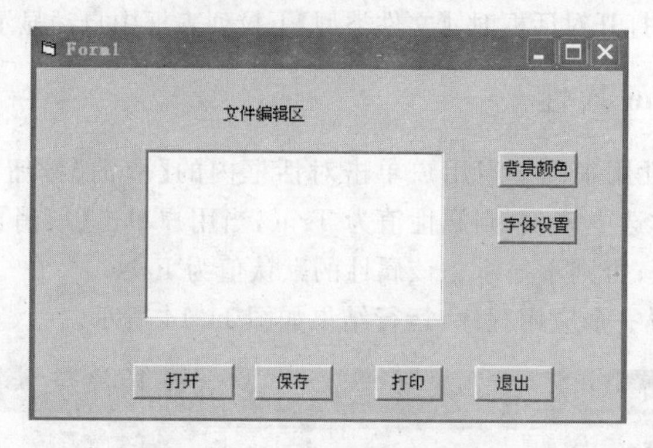

图 11-15　通用对话框应用示例

表 11-6　例 11-7 各控件属性

对象	属性	设　置	对象	属性	设　置
Label1	Caption	文本编辑器	Command3	Name caption	Backcolor 背景颜色
Text1	Multiline	Ture	Command4	Name caption	Font 字体设置
Commondialog1	Initdir Filter	C:\My Documents 文本文件(*.txt)|*.txt	Command5	Name caption	Print 打印
Command1	Name caption	Open 打开	Command6	Name caption	Quit 退出
Command2	Name caption	Save 保存			

【打开】按钮的事件过程如下：

```
Private Sub Open_Click()
    commondialog1.Action=1
    Text1.Text=""
    Open commondialog1.FileName For Input As #1
    Do While Not EOF(1)
      Line Input #1,inputdata
        Text1.Text=Text1.Text+inputdata+vbNewLine
      Loop
      Close #1
End Sub
```

11.2.3 【另存为】对话框

【另存为】对话框是当 Action 为 2 时的通用对话框。它为用户在存储文件时提供了一个标准用户界面，供用户选择或输入所要存入文件的驱动器、路径和文件名。同样，它并不能提供真正的存储文件操作，存储文件的操作需要编程来完成。

【另存为】对话框所涉及的属性基本上和【打开】对话框一样，首先应在窗体中增加

【公共对话框】控件，然后在【属性】对话框中设置属性，其中属性页的设置同【打开对话框】对话框。最后使用 CommonDialog 控件的 ShowSave 方法来显示【另存为】对话框。和【打开对话框】对话框不同的是，还有一个 DefaulText 属性，它表示所存文件的缺省扩展名。

【例 11-8】 为例 11-7 中的【保存】按钮编写事件过程，将文本框中的内容磁盘。

程序代码如下：

```
Private Sub Save_Click()
    Commondialog1.InitDir="c:\my documents"
    Commondialog1.Filter="文本文件(*.txt)|*.txt”
    Commondialog1.FilterIndex=2
    Commondialog1.DefaulText="txt”
    Commondialog1.Action=2
    Open Commondialog1.FileName For Output As #1
    Print #1,Text1.Text
End Sub
```

11.2.4 【颜色】对话框

【颜色】对话框是当 Action 的值为 3 时的通用对话框，它为用户提供了一个标准的调色板界面，如图 11-16 所示，供用户选择颜色。

对于【颜色】对话框，除了基本属性之外，还有个重要属性 Color。它返回或设置选定的颜色。

在调色板中提供了基本颜色(Basic Colors)，还提供了用户的自定义颜色(Custom Colors)，用户可自己调色，当用户在调色板中选中某颜色时，该颜色值(长整型)赋给 Color 属性。

【颜色】对话框的 Flags 属性有 4 种可能值，如表 11-7 所示。

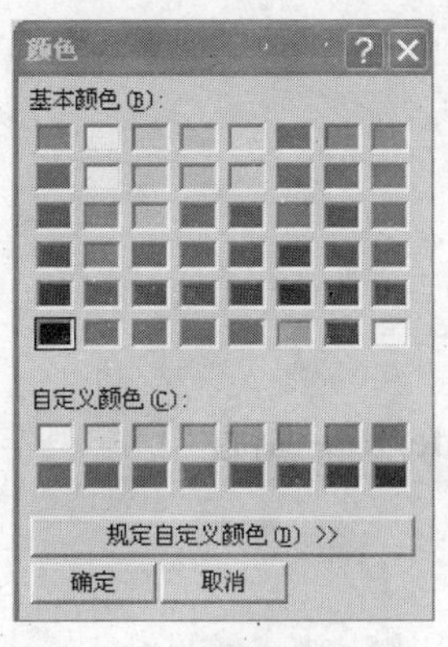

图 11-16 【颜色】对话框

表 11-7 Flags 属性值描述

Flags 属性值	描 述
1	使 Color 属性定义的颜色在首次显示对话框时显示出来
2	打开的对话框包括“自定义颜色”按钮
4	不能使用“规定自定义颜色”按钮
8	显示一个 Help 按钮

【例 11-9】 为例 11-7 中的【背景颜色】按钮编写事件过程。

程序代码如下：

```
Private Sub Backcolor_Click()
    Commondialog1.Action=3
        Text1.backcolor=Commondialog1.Color
End Sub
```

11.2.5 【字体】对话框

【字体】对话框是当 Action 为 4 时的通用对话框，如图 11-17 所示，供用户选择字体。

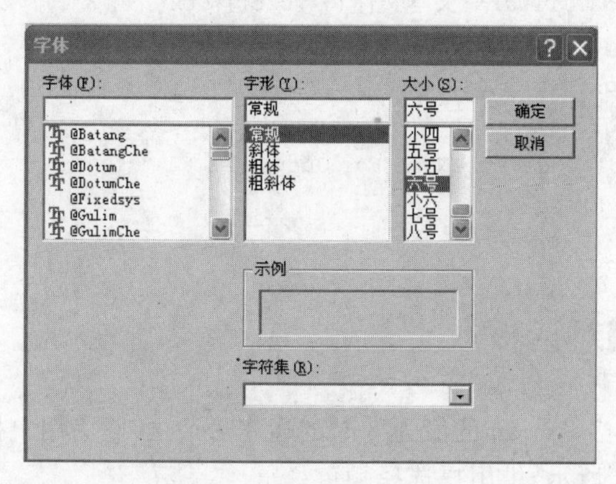

图 11-17 【字体】对话框

对于【字体】对话框有下列重要属性。

1. Color 属性

Color 属性值表示字体的颜色，当用户在【颜色】下拉列表框中选定某颜色时，Color 属性值即为所选颜色值。

2. FontName 属性

FontName 属性用来设置用户所选定的字体名称。

3. FontSize 属性

FontSize 属性用来设置用户所选定的字体大小。

4. FontBold，FontItalic，FontStrikethru，和 FontUnderline 属性

这些属性均为逻辑类型，即它们的值是 True 或 False.

5. Min，Max 属性

这两个属性用于设定用户在【字体】对话框中所能选择的最小值和最大值，即用户只能在此范围内选择字体大小，该属性以点(Point)为单位。

6. Flags 属性

在显示【字体】对话框之前必须设置 Flags 属性，否则将发生“不存在字体”的错误。Flags 属性应取如表 11-8 所示的常数。

表 11-8 Flags 属性值描述

常　数	值	说　明
cdlCFScreenFonts	&H1	显示屏幕字体
cdlCFPrinterFonts	&H2	显示打印机字体
cdlCFBoth	&H3	显示打印机和屏幕字体
cdlCFEffects	&H100	在【字体】对话框中显示删除线和下划线检查框以及颜色组合框

【例 11-10】 为例 11-7 中的【字体设置】按钮编写事件过程。

程序代码如下：

```
Private Sub Font_Click()
    Commondialog1.Flags=cdlCFBoth Or cdlCFEffects
    Commondialog1.Action=4
    Text1.FontName=Commondialog1.FontName
    Text1.FontSize=Commondialog1.FontSize
    Text1.FontBold=Commondialog1.FontBold
    Text1.FontItalic=Commondialog1.FontItalic
    Text1.FontStrikethru=Commondialog1.FontStrikethru
    Text1.FontUnderline=Commondialog1.FontUnderline
    Text1.FontColor=Commondialog1.color
End Sub
```

11.2.6 【打印】对话框

【打印】对话框是当 Action 为 5 时的通用对话框，是一个标准打印对话窗口界面，如图 11-18 所示。【打印】对话框并不能处理打印工作，仅仅是一个供用户选择打印参数的界面，所选参数存于各属性中，再通过编程处理打印操作。

对于【打印】对话框，除了基本属性之外，还有下列重要属性。

1. Copies(复制份数)属性

Copies 属性为整型值，存放指定的打印份数。

2. FromPage(起始页号)、Topage(终止页号)属性。

这两个属性用于存放用户指定的打印起始页和终止页号。

【例 11-11】 为例 11-7 中的【打印】按钮编写事件过程。

程序代码如下：

图 11-18 【打印】对话框

```
Private Sub Print_Click()
    Commondialog1.Action=5
    For i=1 To Commondialog1.Copies
        Printer.Print Text1.Text
    Next i
    Printer.EndDoc                                    '结束打印
End Sub
```

11.2.7 【帮助】对话框

【帮助】对话框是当 Action 为 6 时的通用对话框，是一个标准的帮助窗口，可以用于制作应用程序的在线帮助。【帮助】对话框不能制作应用程序的帮助文件，只能将已制作好的帮助文件从磁盘中提取出来，并与界面连接起来，达到显示并检索帮助信息的目的。

对于【帮助】对话框，除了基本属性之外，还有下列重要属性。

1. HelpCommand(帮助命令)属性

HelpCommand 属性用于返回或设置所需要的在线 Help 帮助类型，如上下文相关的帮助或特定关键字的帮助等。

2. HelpFile(帮助文件)属性

HelpFile 属性用于指定 Help 文件的路径及其文件名称。即找到帮助文件，再从文件中找到相应内容，显示在【帮助】对话框中。

3. HelpKey(帮助键)属性

HelpKey 属性用于指定帮助信息的内容，【帮助】对话框中显示由该帮助关键字指定的帮助信息。

4. HelpConText(帮助上下文)属性

HelpConText 属性用于返回或设置所需要的 HelpTopic 的 ConText ID,一般与 HelpCommand 属性(设置为 vbHelpContents)一起使用,指定要显示的 HelpTopic。

11.2.8 自定义对话框

自定义对话框是用户所创建的含有控件的窗体。这些控件包括命令按钮、单选按钮、检查框和文本框等,它们可以为应用程序接收信息。创建用户自定义对话框,一般有两种方法:一是用户根据应用程序的需要,在一个普通窗体上,使用标签、文本框、单选按钮、检查框和命令按钮等控件,通过编写相关的程序代码来实现人机交互的功能。二是使用 VB 系统提供的"对话框"模板,通过简单的修改便可以创建一个适合用户程序的自定义对话框。

一般来说,作为对话框的窗体与一般的窗体在外观上是有所区别的,对话框没有最大化、最小化按钮,不能改变它的大小,所以应对对话框进行如表 11-9 所示的属性设置。

表 11-9 自定义对话框属性设置

属　性	值	说　　明
BorderStyle	1	边框类型定义为固定单边框,运行时不能改变尺寸
MaxButton	False/True	当该属性值为 False 时,窗体取消最大化按钮,为 True 时表示窗体有最大化按钮。
MinButton	False/True	当该属性值为 False 时,窗体取消最小化按钮,为 False 时表示窗体有最大化按钮
ControlBox	False/True	该属性值为 True 时窗体显示控制菜单框,为 False 时不显示

1. 显示自定义对话框

设计好自定义对话框后,就要考虑如何显示对话框。显示自定义对话框可使用窗体对象的 Show 方法,通过设置不同参数可以显示两种不同类型的对话框。对话框分为模式和无模式两种类型。

1) 模式对话框

所谓模式对话框,就是在可以继续操作应用程序的其他部分之前,必须先关闭该对话框(隐藏或卸载)。如单击【确定】按钮、【取消】按钮或直接单击【关闭】按钮。通常,显示重要信息的对话框不允许用户无视其存在,因此需要被设置成模式对话框,其显示方法为:

```
窗体名.Show vbModel(其中 vbModel 是系统常数,值为 1)
如有一窗体 frmInput,如果将它显示为模式对话框,则为
frmInput.Show vbModel(其中 vbModel 是系统常数,值为 1)
```

2）无模式对话框

无模式对话框允许与其他窗体之间转移焦点而不用关闭对话框。当对话框正在显示时，可以在当前应用程序的其他地方继续工作。无模式对话框较少使用。其显示方法为：

```
窗体名.Show
```

用户可以根据需要选择不同的显示类型，这里不再描述。

2. 关闭自定义对话框

可使用 Hide 方法或 UnLoad 语句来关闭自定义对话框，其格式为

```
Me.Hide
```

或

```
窗体名.Hide
Unlode<窗体名>
```

这里 Me 是一个关键字，Me 代表正在执行的地方引用的具体实例，一般指当前窗体。显示或关闭的操作步骤会涉及多重窗体编程，关于多重窗体编程会在后面介绍。

11.2.9 实例

【例 11-12】 设计一个窗体（如图 11-19 所示），包含 1 个文本框（text1）和 6 个分别为【打开】（cmdOpen）、【另存为】（cmdSave）、【颜色】（cmdColor）、【字体】（cmdFont）、【打印】（cmdPrinter）和【帮助】（cmdHelp）的命令按钮。本例中只涉及前两种对话框的使用，当用户单击【打开】按钮时就弹出【打开】对话框，多用户选择一文本文件，便可将该文件内容读入到文本框；当单击【另存为】按钮时就打开【另存为】对话框。用户输入文件名后，便可以新的文件名保存文本框的内容。

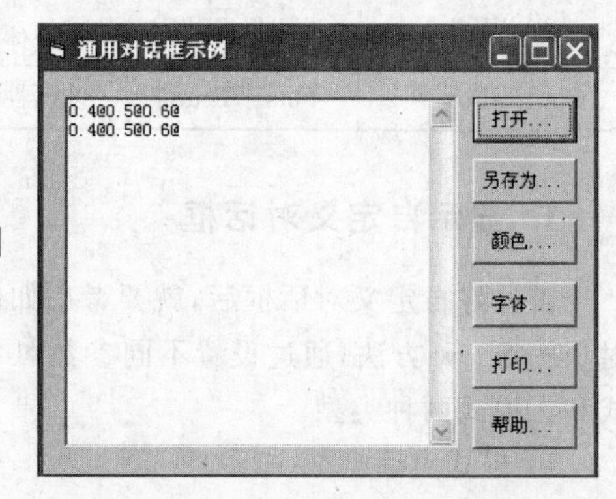

图 11-19 【通用对话框示例】窗口

程序代码如下：

```
Option Explicit

Private Sub cmdColor_Click()
On Error GoTo note
    CommonDialog1.ShowColor
    'CommonDialog1.Action=3
    Text1.ForeColor=CommonDialog1.Color                '设置文本框的前景色
note:
End Sub
```

```
Private Sub cmdFont_Click()
On Error GoTo note
With CommonDialog1
    .Flags=cdlCFScreenFonts Or cdlCFEffects
    .ShowFont
    '.Action=4
End With
With Text1
    .FontName=CommonDialog1.FontName
    .FontSize=CommonDialog1.FontSize
    .FontBold=CommonDialog1.FontBold
    .FontItalic=CommonDialog1.FontItalic
    .FontStrikethru=CommonDialog1.FontStrikethru
    .FontUnderline=CommonDialog1.FontUnderline
End With
note:
End Sub

Private Sub cmdHelp_Click()
With CommonDialog1
    .HelpCommand=cdlHelpContents
    .HelpFile="c:\windows\help\notepad.hlp"
    .ShowHelp
    '.Action=6
End With
End Sub

Private Sub cmdOpen_Click()
Dim StrText As String
On Error GoTo note                    '当出现错误时,不提示,继续执行下一语句
With CommonDialog1
    .DialogTitle="打开对话框"
    .InitDir="C: \"
    .Filter="Word 文档(*.doc)|*.doc|文本文件(*.txt)|*.txt|所有文件(*.*)|*.*"
    .FilterIndex=2
    .ShowOpen                         '或使用.Action=1  'Open 语句的用法可参看本章
    Open.FileName For Input As #1
End With

    Text1.Text=""
    Do While Not EOF(1)
        Line Input #1,StrText
        Text1=Text1+StrText+vbCrLf
        Text1=Text1+StrText+(Chr(13)+Chr(10))
```

```
        Loop
        Close #1
    note:
    End Sub

    Private Sub cmdPrinter_Click()
        Dim i As Integer
        CommonDialog1.ShowPrinter
        'CommonDialog1.Action=5
        For i=1 To CommonDialog1.Copies
            Printer.Print Text1.Text
        Next i
        Printer.EndDoc                    '结束打印
    End Sub

    Private Sub cmdSave_Click()
    Dim i As Integer
    On Error GoTo note
    With CommonDialog1
        .DialogTitle="另存为对话框"
        .InitDir="C:\"
        .Filter="Word文档(*.doc)|*.doc|文本文件(*.txt)|*.txt|所有文件(*.*)|*.*"
        .FilterIndex=2
        .DefaultExt="*.Txt"
        '.ShowSave
        .Action=2
        Open .FileName For Output As #2
    End With
        For i=1 To Len(Text1)
            Print #2,Mid$(Text1,i,1);
        Next i
        Close #2
    note:
    End Sub
```

11.3 多重文档界面(MDI)

多文档界面允许同时打开多个文档,每一个文档都显示在自己的被称为子窗体的窗体中,如我们非常熟悉的 Word 97,Excel 97 等都是多文档界面。多文档界面由父窗体和子窗体组成。在 VB 中,父窗体就是 MDI(MDI,Multiple Document Interface)窗体,子窗体就是指 MDIChild 属性为 True 的普通窗体。

1. 创建 MDI 窗体

用户要建立一个 MDI 窗体,可以选择【工程】菜单中的【添加 MDI 窗体】命令,弹出如图 11-20 所示的【添加 MDI 窗体】对话框,选择【MDI 窗体】,再单击【打开】按钮即可。如图 11-21 所示。

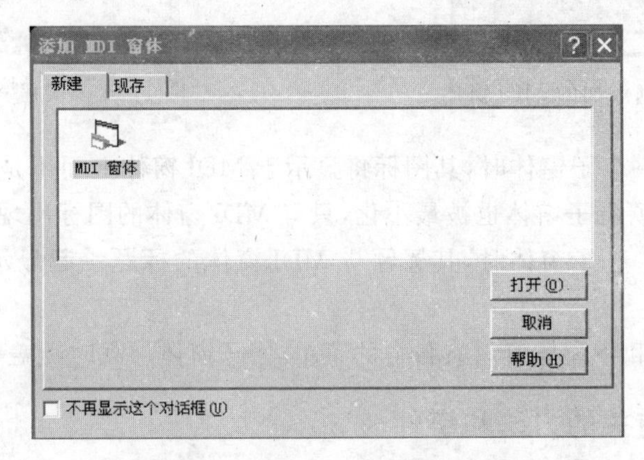

图 11-20 【添加 MDI 窗体】对话框

需要注意的是,一个应用程序只能有一个 MDI 窗体,但是可以有多个 MDI 子窗体。如果 MDI 子窗体有菜单,那么,当 MDI 子窗体为活动窗体时,子窗体的菜单将自动取代 MDI 窗体的菜单。

MDI 窗体上可以放置菜单和 PictureBox 控件以及具有 Align 属性的自定义控件。为了把其他的控件放入 MDI 窗体,应该先在 MDI 窗体上绘制一个 PictureBox 图片框,然后在图片框中绘制其他控件。可以在 MDI 窗体的图片框中使用 Print 方法显示文本,但是不能在 MDI 窗体上显示文本。

2. 子窗体及其创建

MDI 子窗体是一个 MDIChild 属性为 True 的普通窗体。因此,要创建一个 MDI 子窗体,应先创建一个新的普通窗体,然后将它的 MDIChild 属性设置为 True。

MDI 子窗体的设计与 MDI 窗体无关,但在运行时总是包含在 MDI 窗体中,当 MDI 窗体最小化时,所有的子窗体都被最小化。每个子窗体都有自己的图标,但只有 MDI 窗体显示在任务栏中。子窗体相互之间没有约束关系,它们可以用不同的方式排列。

在工程资源管理器中,MDI 窗体和 MDI 子窗体有确定的显示图标,如图 11-22 所示,其中 MDEForm1 是父窗体,它有两个子窗体 Form1 和 Form2。

3. 多文档界面的特点

(1) 所有子窗体均显示在 MDI 窗体(父窗体)的工作区中。用户可以改变、移动子窗体的大小,但被限制在 MDI 窗体中。

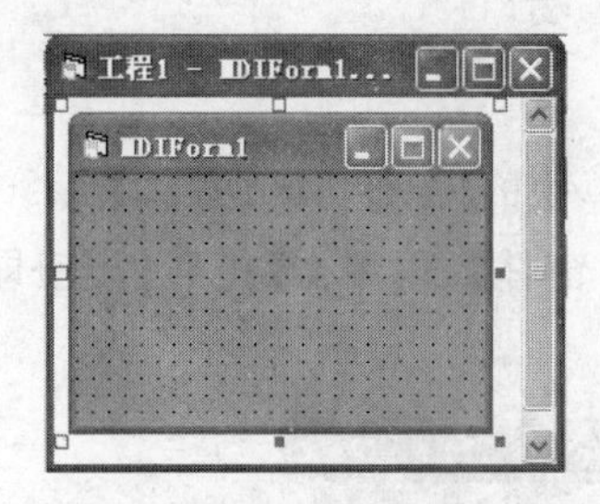

图 11-21　新添加的 MDI 窗体

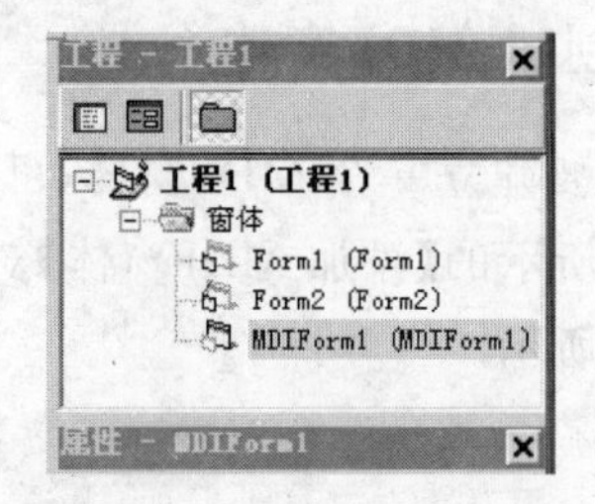

图 11-22　工程资源管理器

(2) 当最小化一个子窗体时,其图标将显示于 MDI 窗体上而不是在任务栏中。当最小化 MDI 窗体时,所有子窗体也被最小化,只有 MDI 窗体的图标出现在任务栏中。

(3) 当最大化一个子窗体时,其标题与 MDI 窗体的标题一起显示在 MDI 窗体的标题栏上。

(4) MDI 窗体和子窗体可以有各自的菜单,当子窗体加载时覆盖 MDI 窗体的菜单。

4. 与 MDI 有关的方法和事件

1) Arrange 方法

Arrange 方法用来以不同的方式排列 MDI 中的窗体或图标。其格式为

```
<MDI 窗体名>.Arrange<方式>
```

其中“方式”是一个整数值,用来指定 MDI 窗体中子窗体或图标的排列方式,可以取代以下 4 种值,如表 11-10 所示。

表 11-10　MDI 窗体排列方式取值说明

文字常量	值	说　明
vbCascade	0	对 MDI 子窗体进行层叠排列
vbTileHorizontal	1	对 MDI 子窗体进行水平平铺
vbTileVerticel	2	对 MDI 子窗体进行垂直平铺
vbArrangeIcons	3	对最小化的 MDI 子窗体的图标进行排列

2) 显示 MDI 窗体及其子窗体的方法

显示 MDI 窗体及其子窗体的方法是 Show,如 MDIForm1. show。加载子窗体时,其父窗体(MDI 窗体)会自动加载并显示。而加载 MDI 窗体时,其子窗体并不会自动加载。

3) QueryUnload 事件

当用户从 MDI 窗体的控制菜单框中选择【关闭】命令,或者从提供的菜单项中选择【退出】命令时,系统就会试图卸载 MDI 窗体,此时就会触发 QueryUnload 事件,然后每一个打开的子窗体也都触发该事件。若在这些 QueryUnload 事件过程中没有代码,则取消 QueryUnload 事件,逐个卸载子窗体,MDI 窗体最后卸载。

由于 QueryUnload 事件在窗体卸载之前被触发,因此在窗体卸载以前可以给用户一

个保存变动后的窗体信息的机会。

下面通过一个例子来进一步了解多文档界面应用程序的设计。

【例 11-13】 设计一个 MDI 窗体,它有两个子窗体 Form1,Form2。其中,Form1 上有一文本框,可以显示文本内容,Form2 上有一图像框,可以加载显示图像。

运行时可以同时打开两个子窗体,在文本框显示某文档的内容,单击 Form2 会在图像框显示某幅图片。当关闭窗体或选择【文件】菜单下的【退出】命令时,系统会提示保存文本框中已变动的内容。另外,可以通过【窗口】菜单对两个子窗体进行不同方式的排列。

设计步骤如下。

(1) 创建 MDI 窗体。从【工程】菜单中选择【添加 MDI 窗体】命令,从弹出的对话框中选择【MDI 窗体】并单击【打开】按钮,此时就建好了一个 MDI 窗体。

(2) 创建 MDI 窗体的子窗体。单击工程窗口中的 Form1,把它的 MDIChild 属性设为 True,使它成为 MDI 窗体的子窗体,在该窗体上放一文本框。选择【工程】菜单中的【添加窗体】命令,建立一个新的窗体 Form2,把它的 MDIChild 属性设为 True,在该窗体上放一图像框。这样,MDI 窗体就有了两个子窗体。

(3) 按表 11-11 设置两个子窗体及文本框、图像框的属性。

表 11-11　MDI 子窗体及其控件属性设置

对 象	属 性	设 置	对 象	属 性	设 置
Form1	MDIChild	True	Form2	MDIChild	True
Text1	multilineText	True 无	Picture		

(4) 指定 MDI 窗体为启动窗体。

(5) 按表 11-12 设计 MDI 窗体的菜单。

表 11-12　MDIForm1 窗体的菜单项属性设置

菜 单 项	名 称	快 捷 键	菜 单 项	名 称	快 捷 键
文件	file	空白	…打开子窗口	Openchild	Ctr+O
…打开	Openfile	Ctr+F	…层叠	Cas	Ctr+C
…保存	Savefile	Ctr+S	…平铺	Hor	Ctr+H
…退出	Quit	Ctr+Q	…排列图标	Arr	Ctr+R
窗口	Win	空白			

(6) 在 MDIForm1 窗体的代码窗口编写如下代码。

```
Dim f As Boolean
Public changetrue As Boolean
Private Sub arr_click()
    MDIform1.Arrange vbArrangeIcons
End Sub

Private Sub cas_click()
    MDIform1.Arrange vbArrangeIcons
```

```
End Sub

Private Sub hor_click()
    MDIform1.Arrange vbTileHorizontal
End Sub

Private Sub MDIForm_Load()
    f=False
End Sub

Private Sub Openchild_click()
    Form1.Show
    Form2.Show
End Sub

Private Sub Openfile_click()
    If Not f Then
      Form1.Show
      Call Form1.Openf
      f=True
    Else
      Form2.Show
    End If
End Sub

Private Sub quit_Click()
    Unload MDIForm1
    End
End Sub
Private Sub Savefile_Click()
    Call Form1.savef
End Sub
```

在 Form1 子窗体编写如下代码。

```
Public Sub Savef()
    Commondialog1.Action= 2
    Open Commondialog.FileName For Output As #1
    Print #1,Text.Text
    Close #1
End Sub

Public Sub Openf()
    Commondialog1.Action= 1
    Text1.Text=""
```

```
    Open Comondialog1.FileName For Input As #1
    Do While Not EOF(1)
        Line Input #1,inputdata
        Text1.Text= Text1.Text+ inputdata+ Chr(13)+ Chr(10)
    Loop
    Close #1
    End Sub

Private Sub Form_QueryUnload(Cancel As Integer,UnloadMode As Integer)
    If MDIForm1.changetrue Then
      If MsgBox("要保存更改后的内容吗?",vbQuestion+ vbYesNo)= vbYes Then
          Call Savef
          MDIForm1.changetrue= False
        End If
      End If
    End Sub
Private Sub Text1_Change()
    MDIForm1.changetrue= True
End Sub
```

在 Form2 子窗体编写如下代码。

```
Private Sub Form_Click()
    Commondialog1.FileName="*.bmp"
    Commondialog1.InitDir="c:\windows"
    Commondialog1.Filter="pictures|*.bmp|all files|*.*"
    FilterIndex= 1
    CommonDialog1.ShowOpen
    picture1.Picture=LoadPicture(CommonDialog1.FileName)
End Sub
```

11.4 文件操作控件

在应用程序中,对文件的处理是一个比较常用的操作,如打开、保存文件等。VB 提供了 3 种文件系统控件:驱动器列表框(DriveListBox)、目录列表框(DirListBox)和文件列表框(FileListBox)。利用文件系统控件可以设计出用户所喜爱的、具有不同风格的对话框,利用它们进行文件管理十分方便。

11.4.1 驱动器列表框

驱动器列表框控件在工具箱中(如图 11-23 所示),可以通过单击该图标并用鼠标在窗体上拖曳出一个驱动器列表框。可以看到它的右端有一个向下的箭头,在程序运行时,单击此箭头可以打开一个列表,列出当前系统中所有能用的驱动器的名字。打开列表时,列表框的顶部显示当前驱动器的名字,用户若单击列表框中某一驱动器的名字,则顶部立即改为用户所选的驱动器名。

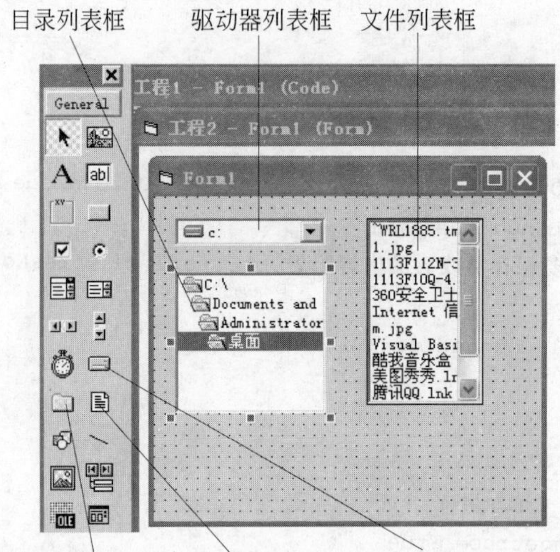

图 11-23　文件系统控件

1. 常用属性

驱动器列表框最重要的属性是 Drive 属性,它用来设置当前驱动器,但不能在设计阶段使用此属性,必须在程序中设置或引用,格式如下:

```
[对象.]drivte[=drive]
```

其中,"对象"是驱动器列表框的名字。当用户单击列表框中的某一驱动器名时,该驱动器名就成为该列表框的 Drive 属性值,也就是说,Drive 属性可以用来设置当前驱动器,也可以接收并返回用户选定的驱动器名。例如:

```
Drive1.drive="a"
```

执行此赋值语句后当前驱动器改为"a:"。当 Drive 属性值发生改变时,会触发 Change 事件。例如,执行上面的赋值语句后,就触发 Drive1_Change()事件过程。

Drive 属性的有效驱动器包括运行时控件创建的和刷新时系统已有的,或连接到系统上的所有驱动器。使用该属性时,按下列格式之一返回所选驱动器。

(1) 软磁盘:"a:"或"b:"。

(2) 固定介质:C:[volume id]。

(3) 网络连接:x:\\server\share。

设置 Drive 属性时应注意以下几点:

(1) 字符串不区分大小写。

(2) 改变 Drive 属性的设置会触发 Change 事件。

(3) 选择不存在的驱动器会产生错误。

2. 常用事件和方法

驱动器列表框的主要事件是 Change 事件，当选择一个新的驱动器或通过代码改变了 Drive 属性时触发该事件。

3. 应用实例

【例 11-14】 设计一个界面如图 11-24 所示的窗体，包含两个标签、一个命令按钮、一个驱动器列表框。完成功能如下：

(1) 程序运行之后，单击【修改驱动器号为 c 盘根目录】按钮，驱动器列表框中的驱动器将访问到 c 盘根目录下。

(2) 当驱动器列表框中的驱动器发生变化时，标签框中将显示当前选中的驱动器号。

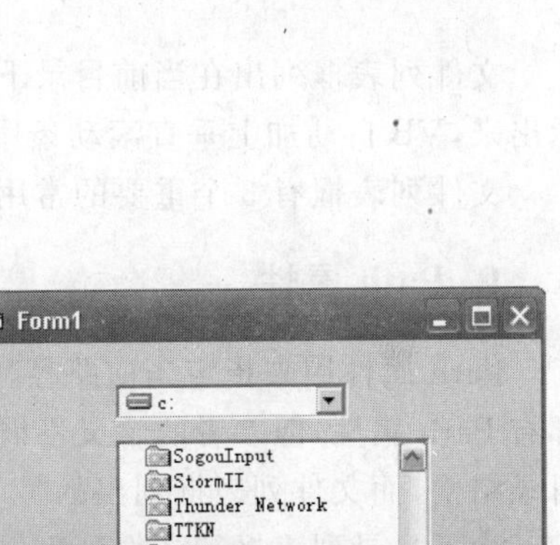

图 11-24 驱动器列表框练习

程序代码如下：

```
Private Sub Command1_Click()
    Drive1.Drive="c:\"
  '修改驱动器号为 c 盘根目录
    Label3.Caption=Drive1.Drive
End Sub
```

程序运行界面如图 11-25 所示。

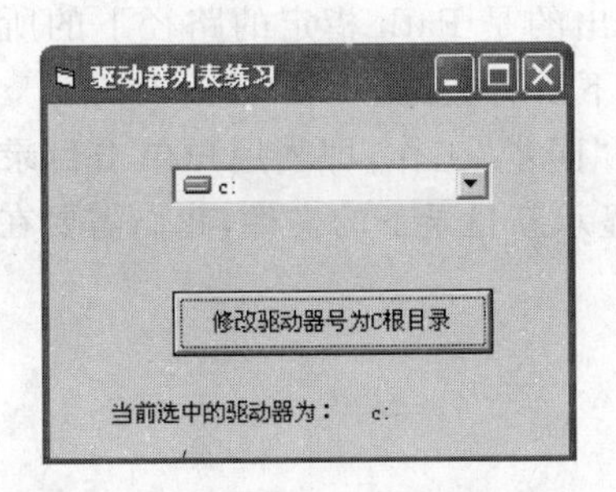

图 11-25 驱动器列表框运行界面

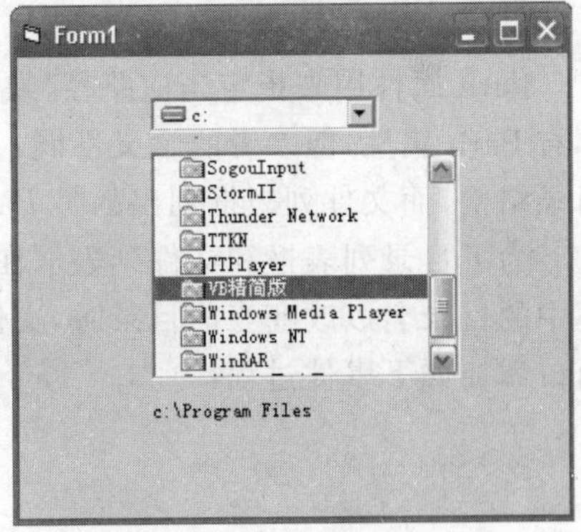

图 11-26 目录列表框应用实例

11.4.2 目录列表框概述

目录列表框用于显示当前磁盘驱动器下的目录。当把目录列表框控件添加到窗体后，从图 11-26 中可以看到顶部是根目录“c:\”，下面列出“c:\”下的子目录名，其中 VB98 被选中，表示它是系统的当前目录。列表框右侧有一个垂直滚动条，在程序运行时移动滚动条可以浏览全部目录。

目录列表框有一个重要属性——Path(路径)属性,用来设置和返回当前的路径。Path属性也不能在设计状态时设置。格式如下:

```
[对象.]Path[=pathName]
```

其中,"对象"是指目录列表框或文本列表框。PathName是一个路径名字符串。同驱动器列表框一样,每次Path属性的改变都会引发Change事件。

可把驱动器列表框和目录列表框结合起来用,使二者"同步",这需要编程实现。如在代码窗口加入如下事件过程:

```
Private Sub Drive1_Change()
    Dir1.Path=Drive1.Drive
End Sub
```

当驱动器列表框中改变驱动器时,就会触发Change事件,执行Drive1_Change过程,在过程执行时就把刚选定的驱动器目录结构赋给目录列表框Dirl的Path属性,因此在目录列表框中就"同步"显示选定的驱动器的目录结构。

11.4.3 文件列表框

文件列表框列出在当前目录下的文件名。由于文件数量多,无法在列表框中全部显示出来,VB自动加上垂直滚动条用以浏览。

文件列表框有3个重要的常用属性:Path,Pattern和FileName。

1. Path属性

Path属性用来指定当前路径,缺省值为系统的当前路径。目录列表框和文件列表框都有Path属性,但二者的含义不同:目录列表框列出的是Path指定的路径下的所有的目录结构,而文件列表框列出的是Path指定的路径下所有文件。

为了目录列表框和文件列表框在程序运行时能"同步"工作,即当用户单击目录列表框中的目录名以改变当前目录时,文件列表框也要显示新目录下的文件,我们需要在代码窗口添加如下事件过程:

```
Sub dir1_change()
    File1.Path=dir1.Path
End Sub
```

这样就会使文件列表框"同步"显示目录列表框中新选定目录下的所有文件。

2. Pattern属性

Pattern属性用来指定在文件列表框显示的文件类型,它的缺省值为"*.*",即显示所有文件的名字。Pattern属性值既可以在设计阶段在属性表中设置,也可以在运行阶段由语句实现,格式如下:

```
[对象.]Pattern[=value]
```

其中,"对象"是指文件列表框名称,value 是文件类型的字符串。例如:

```
File1.pattern="*.frm"
```

则文件列表框中只显示.frm 文件。每次 Pattern 属性值的改变都会触发 PatternChange 事件。

3. FileName 属性

FileName 属性用来在程序运行时设置或返回所选中的文件名。格式如下:

```
[对象.]FileName[=pathName]
```

其中,"对象"是文件列表框,pathName 是一个指定文件名及其路径的字符串。例如:

```
File1.fileName="c:\xyf\example.vbp"
```

表示将 c 盘中 xyf 目录下的 example.vbp 文件作为当前文件。但是,需要注意的是,FileName 的属性值是返回选定文件的文件名,即为 example.vbp,要访问该文件的路径,则只有引用 Path 属性才能得到。如果用户单击文件列表框中一个文件名,则也是将此文件名送到了列表框控件的 FileName 属性。

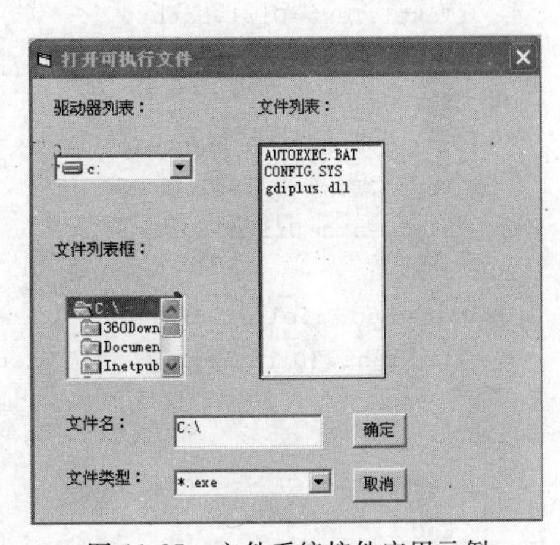

图 11-27 文件系统控件应用示例

下面通过一个例子来说明驱动器列表框、目录列表框和文件列表框的使用,从而帮助读者设计自己喜欢的文件管理界面。

【例 11-15】 设计一个如图 11-27 所示的【打开可执行文件】管理界面。

控件属性设置如表 11-13 所示。

表 11-13 例 11-15 控件属性

对象	属性	设置	对象	属性	设置
Form1	Caption	打开可执行文件	Label3	Caption	文件列表:
	BorderStyle	1-Fixed Single	Label4	Caption	文件名:
	MaxButton	False	Label5	Caption	文件类型:
	MinButton	False	Text1	Text	空白
Label1	Caption	驱动器列表:	Command1	Caption	确定
Label2	Caption	文件夹列表:	Command2	Caption	取消

其他控件属性均使用默认值。

程序代码如下：

```
Dim fullName As String
Private Sub Combo11_Click()
    File1.Pattern=Combo11.Text
End Sub
Private Sub Command1_Click()
    File1_DblClick
End Sub

Private Sub Command2_Click()
    Unload Me
End Sub
Private Sub Dir1_Change()
    Text1.Text=Dir1.Path
    File1.Path=Dir1.Path
End Sub
Private Sub Drive1_Change()
    Text1.Text=Drive1.Drive
    Dir1.Path=Drive1.Drive
End Sub
Private Sub File1_Click()
    If Right$(Dir1.Path,1)="\" Then
      sep=""
    Else
      sep="\"
    End If
    fullName=Dir1.Path+sep+File1.FileName
    Text1.Text=fullName
End Sub
Private Sub File1_DblClick()
    fid=shell(fullName,1)
End Sub
Private Sub Form_Load()
    Combo1.AddItem"*.exe"
    Combo1.AddItem"*.com"
    Combo1.AddItem"*.bat"
End Sub
```

在上面的事件过程中用到了 Shell 函数，使用该函数可以调用外部应用程序。格式为：

```
Shell(pathname[,windowstyle])
```

其中，pathName 是可执行的命令字符串或应用程序的执行文件名，windowstyle 用来指定应用程序的窗口样式，具体取值与窗口样式的对应关系如表 11-14 所示。

表 11-14　windowstyle 取值说明

常　　数	值	描　　述
VbHide	0	隐藏窗口，焦点也被移动隐藏的窗口
vbNormalFocus	1	窗口以原来的大小和位置显示，且拥有焦点
vbMinimizedFocus	2	窗口以一个具有焦点的最大化窗口
vbMaximizedFocus	3	窗口显示为具有焦点的最大化窗口
vbNormalNoFocus	4	窗口被还原到最近使用的大小和位置，不拥有焦点
vbMinimizedNoFocus	6	窗口以一个图标的方式显示，不拥有焦点

如果 Shell 函数顺利地执行了所要运行的文件，则会返回一个文件的标识符 ID。如果 Shell 函数不能打开指定文件，就会产生错误信息。如打开记事本就可以用下面的语句：

```
Dim Rid
Rid=Shell("c:\windows\notepad.exe",1)                    '打开记事本
```

11.4.4　目录列表框

目录列表框会从目录的最高层开始显示系统当前驱动器的目录结构。

1. 常用属性

目录列表框对应控件工具箱中的 DirListBox 按钮，它的常用属性主要是 Path 属性。

Path 属性用于设置或返回目录列表框中所显示的目录路径。该属性在界面设计阶段无效，只能在程序运行时通过代码操作。格式如下：

```
对象名.Path[=路径字符串]
```

2. 常用事件和方法

目录列表框主要事件是 Change 事件，当该控件的 Path 属性发生变化时，就触发 Change 事件。需要注意的是：对于目录列表框，系统默认只有双击目录列表框中列表项时才会改变该控件的 Path 属性，并触发 Change 事件。

目录列表框对应的方法使用较少。

3. 应用实例

【例 11-16】 3 个文件系统控件组合使用，创建一个文件选择对话框。程序运行界面如图 11-28 所示。

程序代码如下：

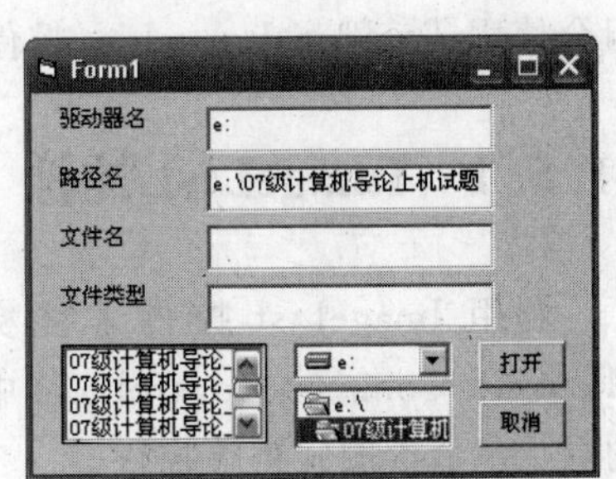

图 11-28　运行结果

```
Private Sub Command1_Click()
   Text1.Text=File1.FileName
```

```
End Sub
Private Sub Command2_Click()
    End
End Sub
Private Sub Dir1_Change()
    File1.Path=Dir1.Path
    Text3.Text=Dir1.Path
End Sub
Private Sub Drive1_Change()
    Dir1.Path=Drive1.Drive
    Text4.Text=Drive1.Drive
End Sub
Private Sub File1_DblClick()
    Text1.Text=File1.FileName
End Sub
Private Sub Form_Load()
    File1.Pattern=Text2.Text
End Sub
Private Sub Text2_KeyPress(KeyAscii As Integer)
    If KeyAscii=13 Then
        File1.Pattern=Text2.Text
    End If
End Sub
Private Sub Text2_LostFocus()
    File1.Pattern=Text2.Text
End Sub
```

11.5 工 具 栏

工具栏为用户提供了对应用程序中最常用的菜单命令的快速访问，它进一步增强了应用程序的菜单界面，现在已成为 Windows 应用程序的标准功能。工具栏的制作有两种方法：一是手工制作，即利用图形框和命令按钮，这种方法比较烦琐；另一种方法是通过组合使用 ToolBar、ImageList 控件来创建工具栏，非常容易且方便。

11.5.1 ImageList 控件

利用 ImageList 控件才能实现在工具栏上显示图片。ImageList 控件包含在 Microsoft Common Control 6.0 中，可为其他 Windows 控件保存图片，也可以将该控件的图片赋值给图片框等控件。

ImageList 控件可添加任意大小的图片，不过在显示时大小都相同。通常，以加入到该控件的第 1 幅图像大小为标准。

ImageList 控件利用 ListImage 对象集合中的图片，该对象具有集合对象的标准属性，如 Key、Index、Count，可用标准的集合方法如 Add、Remove、Clear 来操作。

也可使用 ImageList 控件的属性页（如图 11-29 所示）来设置该控件的属性。在将该控件与其他控件相关联之前，需要向其中添加图片。

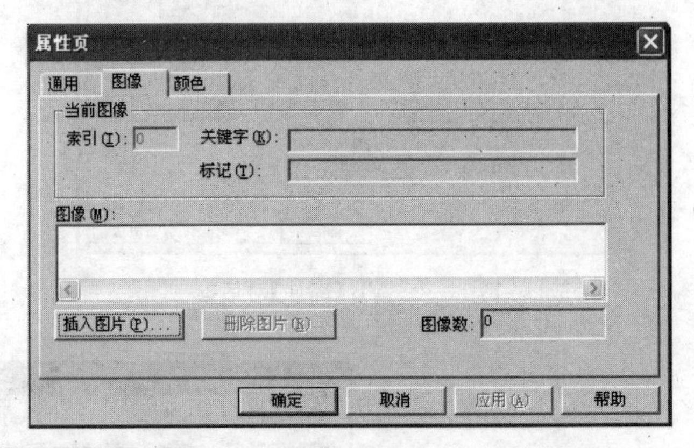

图 11-29 ImageList 控件的【属性页】对话框

11.5.2 ToolBar 控件

用户使用 ToolBar 控件可以方便地在应用程序中创建工具栏，它提供了许多属性来定义定制的工具栏。

11.5.3 如何建立工具条

【例 11-17】 建立如图 11-35 所示的工具条。

操作步骤如下。

(1) 新建一个"标准 EXE"类型的工程。

(2) 选择【工程】菜单中的【部件】命令，在【部件】对话框中选择【控件】选项卡，从列表项中选择 Microsoft Windows Commom Controls 6.0（如图 11-30 所示），单击【确定】按钮退出，此时就把 Toolbar 和 ImageList 控件添加到了当前工程的工具箱中。

(3) 将 Toolbar 和 ImageList 控件放在窗体上。

(4) 用鼠标右键单击 ImageList 控件，从快捷菜单中选择【属性】命令，打开【属性页】对话框，如图 11-31 所示。

(5) 在 ImageList 控件的【属性页】对话框中选择【图像】选项卡，单击【插入图片】按钮，通过【选定图片】对话框将想显示在工具栏按钮上的一些图片添加到 ImageList 控件中，系统将按添加的顺序给每幅图片赋一个索引值。最后单击【确定】按钮退出。

(6) 用鼠标右键单击窗体上的 ToolBar 控件，然后从快捷键菜单中选择【属性】命令，打开 ToolBar 控件的【属性页】对话框，如图 11-32 所示。

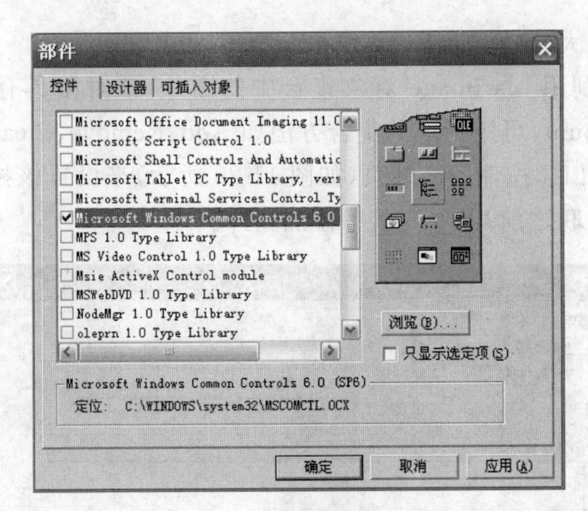

图 11-30 VB【部件】对话框

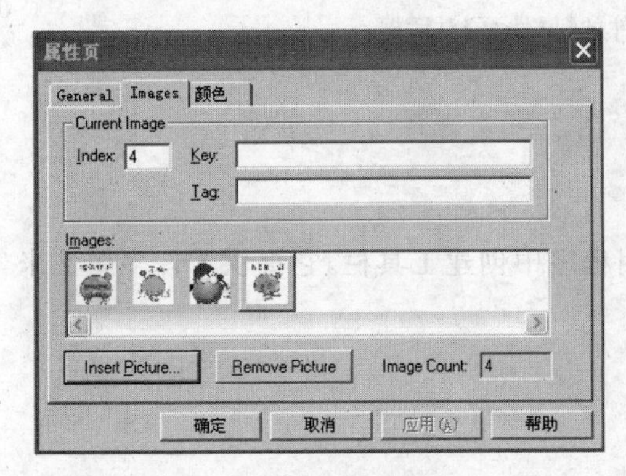

图 11-31 例 11-17 的【属性页】对话框

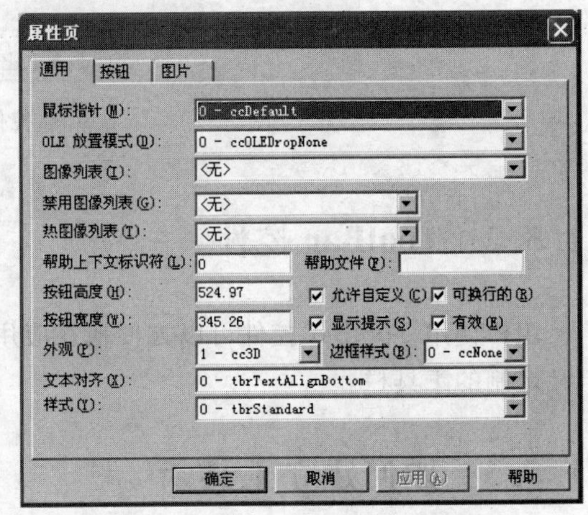

图 11-32 ToolBar 控件的【属性页】对话框

(7) 选中 ToolBar 控件【属性页】对话框的【通用】选项卡，从【图像列表】下拉列表框中选择前面添加了图片的 ImageList1 控件，这样就将这两个控件关联起来了。

(8) 选择【按钮】选项卡，单击【插入按钮】按钮，在 ToolBar 控件上添加一个按钮。然后在【图像】文本框中输入 ImageList1 控件中的某个图片的索引值，如要在第一个按钮上显示 ImageList1 控件中的第一幅图片，那么就在【图像】文本框中输入“1”，如图 11-33 所示。

(9) 重复步骤(8)，在 ToolBar 控件上添加 3 个按钮，在它们上面分别显示 ImageList1 控件上的前三幅图片。最后单击【确定】按钮，退出 ToolBar 控件的【属性页】对话框。

经过以上步骤的操作，就在窗体上创建了一个工具条。但如果要实现图标所代表的功能，还要在 ToolBar 控件的 ButtonClick 事件中编写代码。可以通过编写一段代码来判断用户单击了工具条中的哪一个按钮。

程序代码如下：

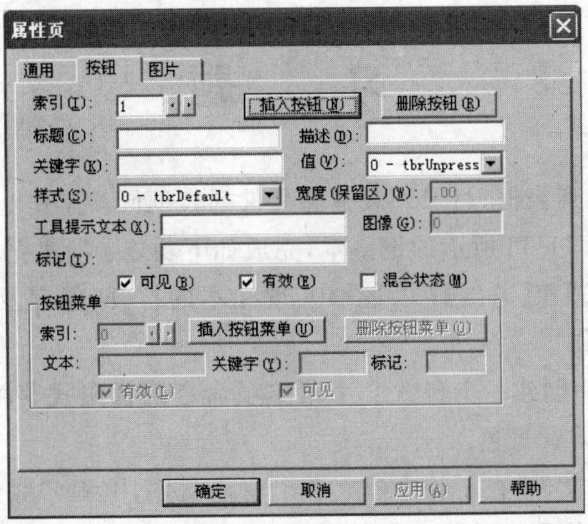

图 11-33 【按钮】选项卡

```
Private Sub Toolbar1_ButtonClick(ByVal Button As MSComctlLib.Button)
    Select Case Button.Index
        Case 1
          MsgBox"你选择了文件夹图标"
        Case 2
          MsgBox"你选择了图表图标"
        Case 3
          MsgBox"你选择了复制图标"
    End Select
End Sub
```

运行应用程序,单击工具条上的任何一个按钮,结果如图 11-34 所示。

如果要在鼠标指向工具条上某个按钮时出现图 11-35 所示的提示文字,则只需选择 ToolBar 控件【属性页】对话框中的【按钮】选项卡,在【工具提示文本】文本框中加入提示文字即可。

图 11-34 运行结果

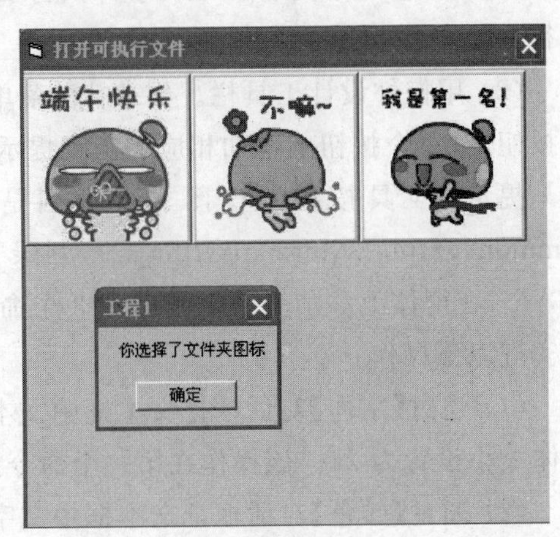

图 11-35 设置【工具提示文本】后的效果

习　题

1. 如何使驱动器列表框、目录列表框和文件列表框同步工作？

2. 编程设计如图 11-36 所示的记事本，完成如下功能：①建立 4 个顶级菜单，分别是【文件】、【编辑】、【格式】和【退出】；②能够实现文本的打开、保存及退出；③可对打开的文本内容进行编辑操作。

3. 编写一个程序，创建一个包含 6 个菜单项命令的弹出式菜单，各菜单命令的功能是设置颜色不同的窗体背景色。

4. 建立一个工程文件，在工程中建立一个窗体文件，工程名称为“工程 1”，窗体名称为 Form1 的菜单。操作要求：

(1) 菜单格式与内容如图 11-37 所示。

图 11-36　记事本设计界面

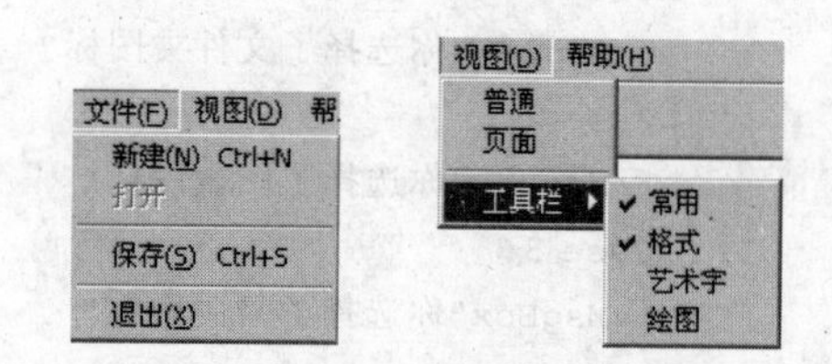

图 11-37　习题 4 设计菜单要求

其中，菜单栏含【文件】、【视图】和【帮助】3 个菜单栏项；【文件】、【视图】含下拉式菜单；【视图】－＞【工具栏】又含子菜单。【文件】－＞【打开】菜单项运行时不可见。(F)等为访问键，Ctrl＋N 为快捷键，“……”为分隔线，“√”为筛选标记。

除【退出】子菜单的 Click()事件执行 End 语句外，其他菜单和子菜单的 Click()事件执行：msgbox“此模块正在建设中”。

(2) 用控件设计工具栏。要求：在菜单程序基础上添加【新建】、【打开】和【保存】工具按钮，在每个按钮上增加相应的工具提示文本。

提示：工具按钮的位图文件分别是 c:\program files\microsoft visual studio\common\graphics\bitmaps\tlbr_w95 目录下的 new.bmp、open.bmp 和 save.bmp。

5. 在窗体上添加一个文本框和 3 个命令按钮，在文本框中输入一段文本(汉字)，然后实现以下操作：

(1) 通过【字体】对话框把文本框中文本的字体设置为黑体，字体样式设置为粗斜体，字体大小设置为 24。该操作在第一个命令按钮的事件过程中实现。

(2) 通过【颜色】对话框把文本框中文字的前景色设置为红色。该操作在第二个命令按钮的事件过程中实现。

(3) 通过【颜色】对话框把文本框中文字的背景色设置为黄色。该操作在第三个命令按钮事件过程中实现。

6. “三十六计”中前四计的内容如下：

第一计：瞒天过海。

备周则意怠，常见则不疑。阴在阳之外。太阳，太阴。

第二计：围魏救赵。

共敌不如分敌，敌阳不如敌阴。

第三计：借刀杀人。

敌已明，友未定，引友杀敌，不自出力，以损推演。

第四计：以逸待劳。

困敌之势，不以战，损则益柔。

建立一个弹出式菜单，该菜单包括4个命令，分别为【瞒天过海】、【围魏救赵】、【借刀杀人】和【以逸待劳】。程序运行后，单击弹出的菜单中的某个命令，在标签中显示相应的“计”的标题，而在文本框中显示相应的“计”的内容。

7. 建立多窗体程序。

设计一个“古诗选读”程序，该程序由6个窗体构成，其中一个窗体为封面窗体，一个窗体为列表窗体，其余4个窗体分别用来显示4首诗的内容。程序运行后，先显示封面窗体，接着显示列表窗体，在该窗体中列出所有阅读的古诗的目录(4个)，双击某个目录后，在另一个窗体的文本框中显示相应的诗文内容，每首诗用一个窗体显示。

要显示的4首诗为：

(1) 望天门山

天门中断楚江开，
碧水东流至此回。
两岸青山相对出，
孤帆一片日边来。

(2) 送孟浩然之广陵

故人西辞黄鹤楼，
烟花三月下扬州。
孤帆远影碧空尽，
唯见长江天际流。

(3) 黄鹤楼

昔人已乘黄鹤去，
此地空余黄鹤楼。
黄鹤一去不复返，
白云千载空悠悠。
晴川历历汉阳树，
芳草萋萋鹦鹉洲。
日暮乡关何处是，
烟波江上使人愁。

(4) 蜀相

丞相祠堂何处寻，
锦官城外柏森森。
映阶碧草自春色，
隔叶黄鹂空好音。
三顾频烦天下计，
两朝开济老臣心。
出师未捷身先死，
长使英雄泪满襟。

8. 在窗体上建立一个驱动器列表框、目录列表框、文件列表框、图片框、文本框。要求程序运行后，驱动器列表框Drive1的默认驱动器设置为D盘，选择File1中所列的图片文件(*.bmp，*.gif 和 *.jpg)，则相应的图片显示在图片框 Picture1 中，文件的路径显示在文本框中。程序运行结果如图 11-38 所示。

图 11-38　习题 8 运行结果

第12章 图形操作

VB为用户提供了强大的绘图处理功能。用户不仅可以把图片装入窗体、图片框或图像框架中，还可以直接在窗体、图片框等对象上使用绘图方法，使用画点的Pest、画直线和矩形的Line、画圆和椭圆的Circle等方法绘制图形，也可以用直线Line控件、形状Shape控件创建变化灵活的图形。VB中进行绘图操作有3个途径，一是利用图形控件，二是利用图形方法，三是利用API调用。本章介绍前两种方法。

12.1 图形控件

VB提供了两种绘图方式：一是使用画图的图形控件，即直线控件(Line)和形状控件(Shape)；二是使用绘图方法，如Line方法、Circle方法等。用图形控件画图无须编写代码，只需在设计阶段在需要画图的地方拖动鼠标即可，但是提供的图形样式有限，只能实现简单的功能，要想实现高级功能，还需使用绘图方法。

12.1.1 直线控件

直线控件(Line)用于画各种线型和宽度的直线，在工具箱中显示为⟍。操作步骤如下。

(1) 单击工具箱中的Line图标。

(2) 移动到画线的起始位置。

(3) 按下鼠标左键拖拉到直线的终点，松开鼠标左键。

直线控件的常用属性如下。

1. BorderStyle属性

BorderStyle属性用于设置直线的类型，共有下列7种类型。

(1) 0-Transparent：透明的，即不显示出线来。

(2) 1-Solid：实线。

(3) 2-Dash：虚线。

(4) 3-Dot：点线。

(5) 4-Dash-Dot：点划线。

(6) 5-Dash-Dot-Dot：双点划线。

(7) 6-Inside Solid：内实线。

只有当 BorderWidth 为 1 时才可以用以上 7 种类型的线，如果 BorderWidth 不为 1，则上述 7 种类型中只有第(1)种和第(7)种有效。

2. BorderWidth 属性

BorderWidth 属性用于设置线的粗细。

3. BorderColor 属性

BorderColor 属性用于设置颜色。

4. X1，Y1 和 X2，Y2 属性

这些属性用于控制线的两个端点的位置。

12.1.2 形状控件

形状控件(Shape)可以用来画矩形、正方形、圆、椭圆、圆角矩形以及圆角正方形。

画某一形状的图形的步骤如下：

(1) 单击工具箱中的 Shape 图标。

(2) 在窗体内将鼠标移到要画图形的左上角位置。

(3) 按下鼠标左键拖拉到要画图形右下角的结束处。

(4) 松开鼠标左键，屏幕上出现一个矩形。

为该矩形设置不同的 Shape 属性，可以得到不同的形状。

形状控件的常用属性如下。

1. Shape 属性

Shape 属性确定图形的类型，一共有如下 6 种类型。

(1) 0-Rectangle：矩形。

(2) 1-Square：正方形。

(3) 2-Oval：椭圆。

(4) 3-Circle：圆。

(5) 4-Rounded Rectangle：圆角矩阵。

(6) 5-Rounded Square：圆角正方形。

Shape 属性的缺省值是 0(矩形)。

2. Borderstyle 属性

Borderstyle 属性用于设置边框线型。

3. Fillstyle 属性和 FillsColor 属性

Fillstyle 属性确定以什么样的样式来填充图形。如果 Fillstyle 值不为 1(缺省值是 1);可以用 FillsColor 属性来确定所填充的线条的颜色,缺省值是 0(黑色)。

Fillstyle 属性的取值及含义如下。

(1) 0-Solid：实心。

(2) 1-Transprent：透明。

(3) 2-Horizontal Line：水平线。

(4) 3-Verticel Line：垂直线。

(5) 4-Upward Diagonal：向上对角线。

(6) 5-Down Ward Diag：向下对角线。

(7) 6-Cross：交叉线。

(8) 7-Diagonal Cross：对角交叉线。

填充示例如图 12-1 所示。

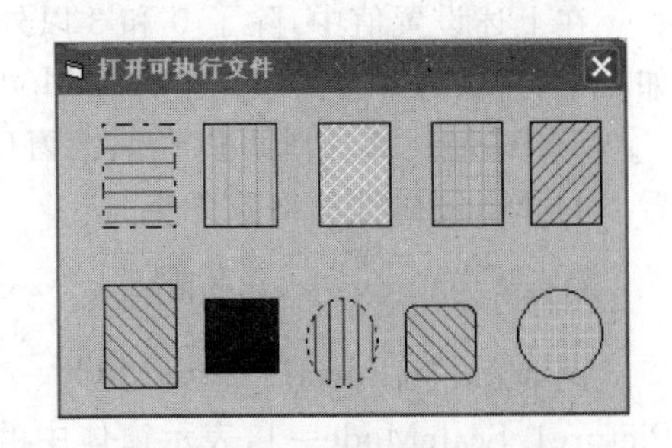

图 12-1　填充示例

12.2　VB 坐标系

12.2.1　坐标系

VB 系统中的容器就是对象的载体。为描述对象在载体上的位置,VB 规定了坐标系。系统默认的坐标系统为：其坐标原点(0,0)总是在其左上角,水平向右为 X 轴,垂直向下为 Y 轴。默认坐标的刻度单位是缇(Twip),如图 12-2 所示。

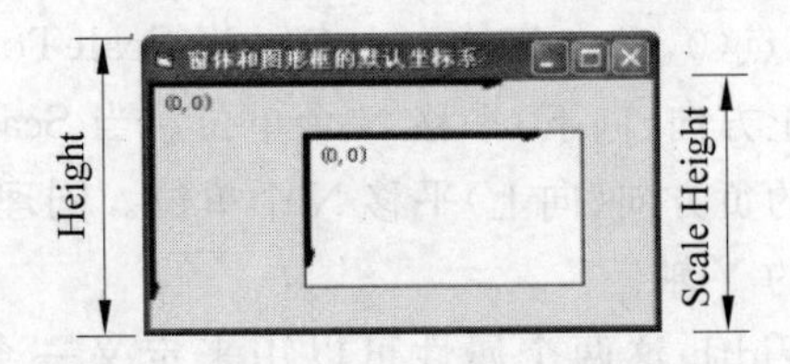

图 12-2　窗体、图片框容器的默认坐标系

12.2.2　坐标单位

系统默认的指标单位是 Twip(缇)。1Twip＝1/20 点＝1/1440 英寸＝1/567 厘米。用户也可以通过对容器 ScaleMode 属性的重新设置更改坐标单位。

ScaleMode 属性有 8 种选择,即可以设定 8 种坐标单位,具体如下。

(1) 0-User：用户自定义,详见第 12.2.3 节。

(2) 1-Twip：缇,系统缺省设置。

(3) 2-Point：磅,每英寸约为 72 磅。

(4) 3-Pixel：像素，像素是监视器或打印机分辨率的最小单位。每英寸像素的数目由系统设备的分辨率决定。

(5) 4-Character：字符，打印时，一个字符高 1/6 英寸，宽 1/12 英寸。

(6) 5-Inch：英寸，每英寸为 2.54 厘米。

(7) 6-Millimeter：毫米。

(8) 7-Centimeter：厘米。

在上述设置值中，除了 0 和 3 以外，其他所有模式都是打印机所打印的单位长度。例如，某对象长为 4 个单位，当 ScaleMode 属性设为 5 时，打印时就是 4 英寸长。

ScaleMode 属性既可以在属性窗口中设置，也可以在程序代码中设置，用程序代码设置 ScaleMode 属性的格式如下：

```
对象名.ScaleMode=属性值
```

例如，语句 form1. ScaleMode = 6，表示窗体坐标系的坐标单位是毫米。语句 Picture1. ScaleMode=1，表示窗体中的图片框 Picture1 坐标系的坐标单位是 Twip。

12.2.3 自定义坐标系

系统规定的坐标系难以表示负值坐标，为此用户可用自定义坐标系来解决。通过容器对象的 ScaleTop，ScaleLeft，ScaleWidth 和 ScaleHeight 4 个属性可以改变容器的坐标系，其方法如下。

1. 重定义坐标原点

属性 ScaleTop，ScaleLeft 的值用于控制容器对象的左上角坐标，所有容器对象的 ScaleTop，ScaleLeft 属性的缺省值都是 0，坐标原点(0,0)在容器对象的左上角。

例如，窗体坐标系的原点(0,0)在窗体左上角。当 ScaleTop 属性设置成(负数)－N 时，表示将 X 轴向 Y 轴的正方向(向下)平移 N 个单位。当 ScaleTop 属性设置成(正数) N 时，表示将 X 轴向 Y 轴的负方向(向上)平移 N 个单位。同理，ScaleLeft 属性的设置值可向左或向右平移坐标系的 Y 轴。

我们知道，Heigh 和 Width 这两个属性可以用来定义一个窗体的大小。Heigh 和 Width 属性所代表的是窗体的实际大小，包括了标题栏这类无法任意改变大小的部分。真正可以控制的显示区域(工作区)，它的高度和宽度分别记录在 ScaleWidth 和 ScaleHeight 这两个属性中，如图 12-3 所示。

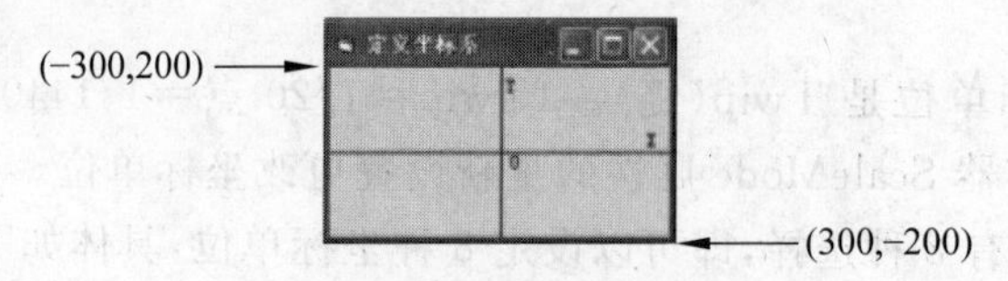

图 12-3 用户自定义坐标系

例如，在设计阶段定义窗体 Form1 的坐标属性如下：

```
Form1.ScaleWidth=640
Form1.ScaleLeft=-320
Form1.ScaleTop=240
```

以上定义了窗体工作区宽为 640,窗体工作区高为 480,窗体左上角坐标是(－320,240)

2. 重定义坐标轴方向

ScaleWidth ,ScaleHeight 属性的值可确定对象坐标系 X 轴与 Y 轴的正向及最大坐标值。缺省时其值均大于 0,此时,X 轴的正向向右,Y 轴的正向向下。对象右下角坐标值为(ScaleLeft＋ScaleWidth ,ScaleTop＋ScaleHeight)。

如果 ScaleWidth 属性的值小于 0,则 X 轴的正向向左,如果 ScaleHeight 属性的值小于 0,则 Y 轴的正向向上。

另外,VB 还提供了一种方便高效地设置坐标系的办法,这就是利用 Scale 方法设置坐标系。该方法通过自定义左上角和右下角坐标来设置新的坐标系统。

语句格式如下:

```
[对象.]Scale[(xLeft,yTop)-(xRight,yBottom)]
```

其中,对象为容器对象,(xLeft,yTop)表示对象左上角的坐标值,(xRight,yBotton)表示对象右下角的坐标值。

例如:

```
Scale(-320,240)-(320,-240)
```

(－320,240)为左上角坐标,(320,－240)为右下角坐标,若窗体工作区是 640×480,则该语句将坐标系的原点设在了工作区的中央,向右为 X 轴正方向,向上为 Y 轴正方向。

若 Scale 不带参数,则取消用户自定义的坐标系,而采用缺省坐标系。

12.3 图 形 方 法

12.3.1 Pset 方法画点

Pset 方法是在屏幕上单纯地画一个点。

格式:

```
[对象名.]pset[Step](x,y)[,颜色]
```

例如,Pset(100,200),是在窗体上(100,200)处画一个点。

(1) 对象名:指窗体或图片框,缺省时为窗体。

(2) (x,y):指画点的坐标位置。

(3) Step:关键字,当选用该参数时,则 x,y 是在当前光标所在点坐标的增量,例如,Pset Step(x,y)语句,是在(CurrentX＋x,CurrentY＋y)处画点。其中 CurrentX,CurrentY 是画图对象的一种属性,用于返回或设置在绘图时的当前坐标。

(4) 颜色：点的颜色，缺省时画出点的颜色是对象的前景色(ForeColor 属性值)。采用背景颜色(BackColor)可清除某个位置上的点。如果需要其他颜色，可使用 RGB 函数或 QBColor 函数来指定。例如：

Pset(100,200),RGB(255,0,0)表示画一个红点。

RGB 函数的语法格式为：

RGB(red,green,blue)

参数 red,green,blue 分别代表颜色的红、绿、蓝成分，取值都是 0～255 的整数，三色组合形成特定颜色。表 12-1 列出了一些颜色的组合。

颜色也可用 QBColor 函数来表示。

语法格式为：

```
QBColor(color)
```

Color 参数是一个界于 0～15 的整数。例如，QBColor(6)表示红色。其他颜色如表 12-2 所示。

表 12-1　RGB 函数颜色效果

颜色	红色值	绿色值	蓝色值
黑色	0	0	0
蓝色	0	0	255
绿色	0	255	0
青色	0	255	255
红色	255	0	0
洋红色	255	0	255
黄色	255	255	0
白色	255	255	255

表 12-2　QBColor 函数颜色效果

值	颜色	值	颜色
0	黑色	8	灰色
1	蓝色	9	亮蓝色
2	绿色	10	亮绿色
3	青色	11	亮青色
4	红色	12	亮红色
5	洋红色	13	亮洋红色
6	黄色	14	亮黄色
7	白色	15	亮白色

【例 12-1】 用 Pest 方法在图片框中画一条斜线。

添加一个图片框控件、一个命令按钮控件到窗体，命令按钮的 Caption 属性值设置为画图。

程序代码如下：

```
Private Sub Command1_Click()
    Picture1.Scale (0,0)-(640,480)
                '定义图片框左上角、右下角坐标
    For i=30 To 320
        Picture1.PSet (i,i),QBColor(12)
                '画亮红色像素点
        Next
End Sub
```

程序运行结果如图 12-4 所示。

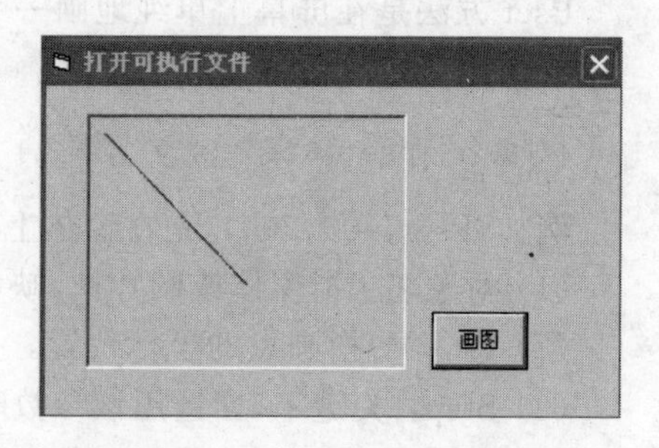

图 12-4　例 12-1 运行结果

12.3.2 Line方法画直线或矩形

Line方法是在窗体或图片框上画一个直线或矩形。

格式：

```
[对象名.]Line[Step](x1,y1)[Step](x2,y2),[颜色][,B[F]]
```

说明：

(1) 对象名：窗体或图片框名。

(2) Step：表示坐标为相对坐标，即为CurrentX和CurrentY属性表示的当前图形位置的相对距离。

(3) (x1,y1)：线段起点或矩形左上角坐标。如果省略，线起始于由CurrentX和CurrentY属性指示的位置。

(4) (x2,y2)：线段终点或矩形右下角坐标。

(5) 颜色：线的颜色，可使用RGB函数或QBColor函数来指定。

(6) B：利用对角坐标画出矩形。

(7) F：如果使用了B选项，则F选项规定矩形就以矩形边框的颜色填充。不能不用B而用F。如果不用F只用B，则矩形用当前的FillColor和FillStyle属性填充。FillStyle属性的缺省值为transparent(透明)。

例如：

```
Form1.Line(500,500)-(1000,1000),QBColor(12),B
```

该语句是在窗体上画一个红色矩形，矩形左上角坐标为(500,500)，右下角坐标为(1000,1000)。

还有一个问题需要说明，VB提供了两个专门的属性DrawWidth和DrawStyle用来控制直线或矩形边框的粗细和线型(实线、虚线等)。

DrawWidth属性用于控制线的粗细，取值为1～32 767，其单位为像素，值越大，线越粗，默认值为1。

DrawStyle属性用于控制线的风格，取值及含义如下。

(1) 0-实线(默认值)。

(2) 1-虚线。

(3) 2-点线。

(4) 3-点划线。

(5) 4-双点划线。

(6) 5-透明线。

(7) 6-内实线。

DrawWidth属性一律使用像素(Piexl)为单位，因为像素是屏幕显示所使用的最小单位。只有当DrawWidth属性等于1时，DrawStyle属性才会发生作用。

【例 12-2】 在图片框中画如图 12-5 所示的图案。

添加一个图片框控件、一个命令按钮控件到窗体，命令按钮的 Caption 属性值设置为“开始”。程序代码如下：

```
Private Sub Command1_Click()
    Picture1.Scale (0,0)-(320,320)
    For i=1 To 320 Step 10
        Picture1.Line (0,160)-(i,0)
        Picture1.Line (0,160)-(i,320)
        Picture1.Line (320,160)-(320-i,320)
        Picture1.Line (320,160)-(320-i,0)
        Next
End Sub
```

图 12-5　例 12-2 运行结果

【例 12-3】 在窗体上画同心的矩阵和菱形。

程序代码如下：

```
Private Sub Form_Click()
    Dim cx,cy,f,f1,f2,i
    ScaleMode=3
    cx=ScaleWidth/2
    cy=ScaleWidth/2
    DrawWidth=8
    For i=50 To 0 Step - 2
        f=i/50
        f1=1-f: f2=1+f
        ForeColor=QBColor(i Mod 15)
        Line (cx*f1,cy*f1)-(cx*f2,cy*f2),,BF
    Next i
    If cy>cx Then
        DrawWidth=ScaleWidth/25
    Else
        DrawWidth=ScaleHeight/25
    End If
    For i=0 To 50 Step 2
        f=i/50
        f1=1-f:f2=1+f
        Line (cx * f1,cy)-(cx,cy*f1)
        Line-(cx*f2,cy)
        Line-(cx,cy*f2)
        Line-(cx*f1,cy)
        ForeColor=QBColor(i Mod 15)
    Next i
End Sub
```

图 12-6　例 12-3 运行结果

程序运行结果如图 12-6 所示。

【例 12-4】 绘制正弦对画曲线。

添加一个图片框控件、一个命令按钮控件到窗体,命令按钮的 Caption 属性值设置为“正弦曲线”。

程序代码如下:

```
Const pi=3.14159
Dim a
Private Sub Command1_Click()                    '画正弦曲线
    '首先清除 picture1 内的图形
    Picture1.Cls
    'Scale 方法设定用户坐标系,坐标原点在 Picture1 中心
    Picture1.ScaleMode=0
    Picture1.ScaleMode=3
    Picture1.Scale(-10,10)-(10,-10)
    '设置绘线宽度
    Picture1.DrawWidth=1
    '绘坐标系的 X 轴及箭头线
    Picture1.Line(-10,0)-(10,0)
    Picture1.Line (9,0.5)-(10,0)
    Picture1.Line -(9,-0.5)
    Picture1.Print"X"
    '绘坐标系的 Y 轴及箭头线
    Picture1.Line (0,10)-(0,-10)
    Picture1.Line (0.5,9)-(0,10)
    Picture1.Line -(-0.5,9)
    Picture1.Print"Y"
    '指定位置显示原点 O
    Picture1.CurrentX=0.5
    Picture1.CurrentY=-0.5
    Picture1.Print"O"
    '重设绘线宽度
    Picture1.DrawWidth=2
    '用 For 循环绘点,使其按正弦规律变化.步长值很小,使其形成动画效果
    For a=-2*pi To 2*pi Step pi/6000
        Picture1.PSet (a,Sin(a)*5)
    Next
    '指定位置显示描述文字
        Picture1.CurrentX=pi/2
        Picture1.CurrentY=-7
        Picture1.Print"正弦曲线示意图"
End Sub
```

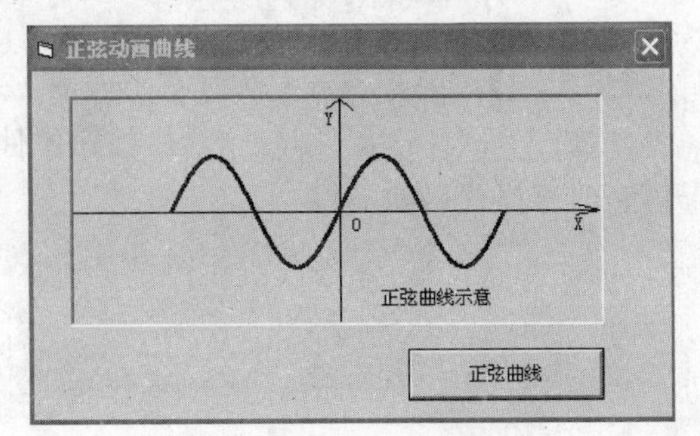

图 12-7　例 12-4 运行结果

程序运行结果如图 12-7 所示。

12.3.3 Circle方法画圆、椭圆、圆弧和扇形

利用Circle方法可以画出圆、椭圆、圆弧和扇形。

格式：

```
[对象名.]Circle[[Step](x,y),半径[,颜色][,起始角][,终止角][,纵横比]]
```

说明：

(1) 对象名、Step和颜色：含义与前述相同。

(2) (x,y)：为圆心坐标。

(3) 半径：圆或圆弧的半径，如画椭圆，则为其长轴半径。

(4) 起始角和终止角：画圆弧时的起始角度和终止角度，单位为弧度。圆弧和扇形通过参数起始角、终止角控制。当起始角、终止角取值为0～2π时为圆弧，当起始角、终止角取值前加一负号时，画出扇形，负号表示画圆心到圆弧的径向线。

(5) 纵横比：纵轴与横轴的点数之比，圆的纵横比是1(或缺省)。当画椭圆时必选该项，当纵横比大于1时，画的是细长椭圆；而当纵横比小于1时，画出的是扁平椭圆。

例如：

```
Picture1.Circle(600,600),500                        '画圆
Picture1.Circle(1800,600),500,,,,1.6                '画椭圆
Picture1.Circle(3000,600),500,,0.5,2.6              '画圆弧
Picture1.Circle(4200,600),500,,-0.9,-3.1            '画扇形
```

上述4条语句画出图形的效果如图12-8所示。

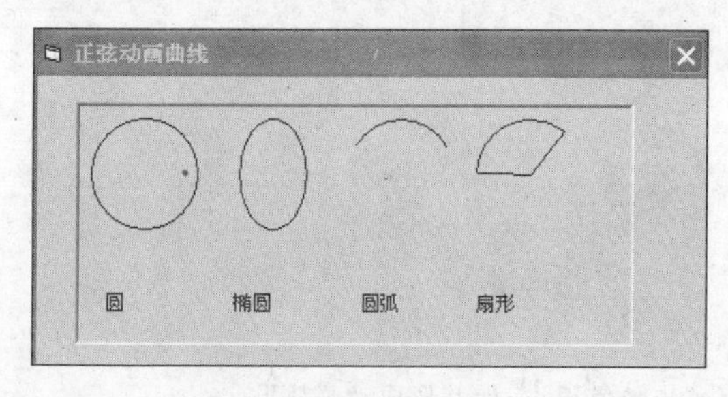

图12-8　Circle方法示例

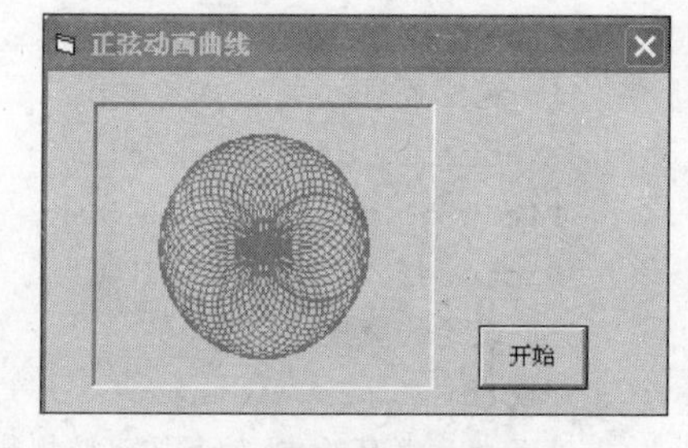

图12-9　例12-5运行结果

【例12-5】 用Circle方法画一个如图12-9所示的由圆组成的图案。

添加一个图片框控件、一个命令按钮控件到窗体、命令按钮的Caption属性值设置为“开始”。程序代码如下：

```
Private Sub Command1_Click()
    Const pi=3.14159
    Picture1.Scale (0,0)-(640,480)
    m=100
```

```
    For a=0 To 2 * pi Step pi/24
    '设定圆心坐标
    X1=m * Cos(a)
    Y1=m * Sin(a)
    X2=X1+320
    Y2=Y1+240
    '画圆
    Picture1.Circle (X2,Y2),100,QBColor(12)
    Next a
End Sub
```

12.4 应用举例

【例 12-6】 利用绘图方法及绘图属性，根据给定的数据绘制直方图、饼图等统计图形。

设计思路：

(1) 采用动态数组存放数据。

(2) 散点图用 Pset 语句绘制。

(3) 折线图可用 Line 语句实现；直方图可用带参数 B、F 的 Line 语句来绘制。

(4) 饼图绘制用 Circle 语句，绘图时需要计算出每个绘图数据在圆内占的百分比，定出该数据对应扇形的起始角和终止角。

设计窗口如图 12-10 所示。

程序代码如下：

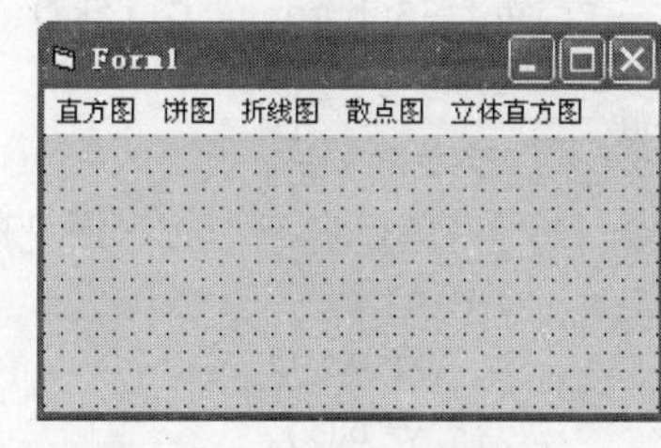

图 12-10 例 12-6 设计窗口

```
    Dim a(),b% (),n,max

    Private Sub zbx()
    Cls
    n=0
    max=0
    Open"data.txt" For Input As #1
    Do While Not EOF(1)
    n=n+1
    ReDim Preserve a(n)
    ReDim Preserve b(n)
    Input #1,a(n),b(n)
    If b(n)>max Then max=b(n)
    Loop
    Close #1
    Form1.Scale(-3,max * 1.2)-(max * 1.2,-max * 0.1)
    Line (0,0)-(max * 1.2,0): Line (0,max * 1.2)-(0,0)
```

```
    CurrentX=-3: CurrentY=-1
    Print"数据:";
    For i=1 To UBound(a)
    Print a(i);b(i);",";
    Next i
End Sub

Private Sub menu1_Click()
    zbx
    X1=max/2/n
    w=X1
    For i=1 To n
        X2=X1+w
        Y2=b(i)
        Line (X1,0)-(X2,Y2),QBColor(9),BF
        CurrentX=X1
        CurrentY=Y2+max*0.1
        Print a(i)
        X1=X2+w
    Next i
End Sub

Private Sub menu2_Click()
    zbx
    w=max/2/n
    CurrentX=max/2/n: CurrentY=b(1)
    For i=1 To n
        x=w*i
        y=b(i)
        Line-(x,y)
        DrawWidth=10
        PSet(x,y)
        DrawWidth=1
    Next i
End Sub

Private Sub menu3_Click()
    zbx
    w=max/2/n
    DrawWidth=10
    For i=1 To n
        x=i*w
        y=b(i)
```

```
        PSet(x,y)
        Next i
End Sub

Private Sub menu4_Click()
    zbx
    x=Abs(Me.ScaleHeight/2)-10
    r=max/4
    For i=1 To n
    Sum=Sum+b(i)
    Next i
    a1=0
    FontSize=10
    For i=1 To n
        a2=a1+2*3.14159*b(i)/Sum
        Form1.FillStyle=0
        FillColor=QBColor(Rnd*15)
        Circle(x,x),r,,-a1,-a2
        CurrentX=x+r*Cos((a2+a1)/2)
        CurrentY=x+r*Sin((a2+a1)/2)
        Print Format(b(i)/Sum*100,"0.00");"%"
        a1=a2
    Next i
End Sub

Private Sub menu5_Click()
    zbx
    w=max/2/n
    X1=w
    For i=1 To n
        X2=X1+w
        Y2=b(i)
        Line (X1,0)-(X2,Y2),QBColor(9),BF              '绘制平面矩形框
        Line (X1,Y2)-(X2-w/2,Y2+w/2)                   '上方平行四边形
        Line-(X2+w/2,Y2+w/2)
        Line-(X2,Y2)
        Line (X2+w/2,Y2+w/2)-(X2+w/2,w/2)              '右侧平行四边形
        Line-(X2,0)
        X1=X1+2*w
    Next i
End Sub
```

运行结果如图 12-11 所示。

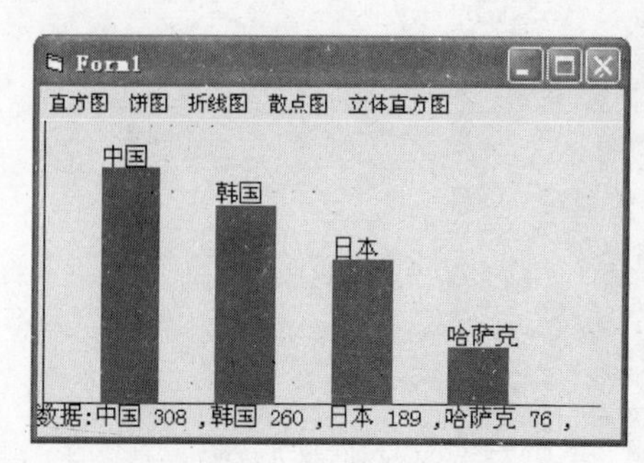

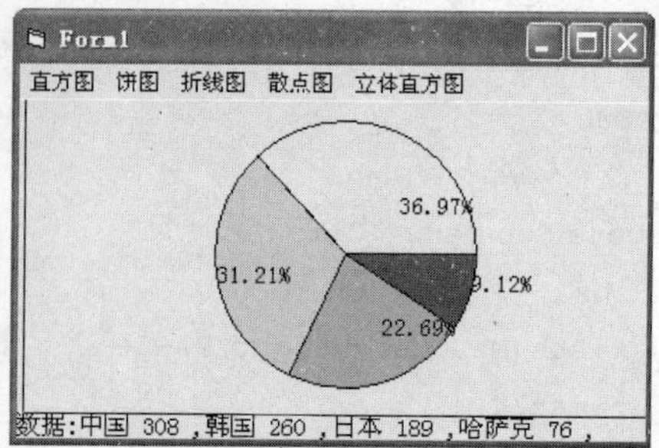

图 12-11 例 12-6 运行结果界面

【例 12-7】 设计程序模拟行星运动,运行界面如图 12-12 所示。

设计思路:

(1) 在时钟的 Timer1_Time 事件内有规律地改变对象的形状、尺寸或位置,就可形成动画效果。

(2) 太阳和行星运动用 Circle 语句完成。行星在轨道上的方程: x=rx * cos(alfa),y=ry * sin(alfa)。

(3) 窗体的 DrawMode 属性设置为 Xor 或 Invert ,在相同位置上重复绘置相同图形,可起到擦除的作用。

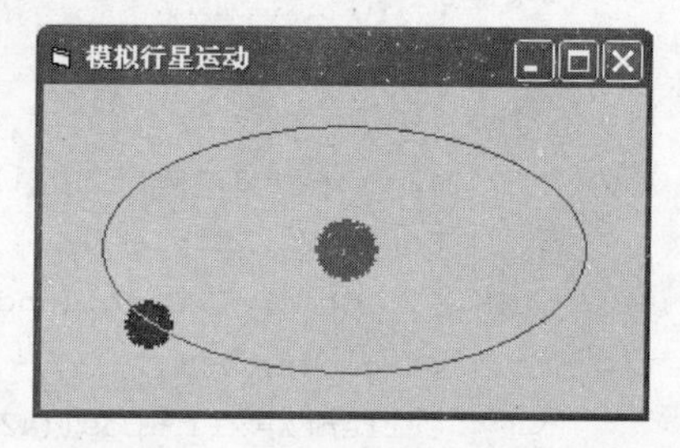

图 12-12 行星运行模拟

程序代码如下:

```
Private Sub Form_Click()
    Scale(-2000,1000)-(2000,-1000)                    '用户坐标为 2:1
    FillStyle=0
    FillColor=vbRed
    Circle (0,0),200,vbRed
    Me.FillStyle=1
    Circle (0,0),1600,vbBlue,,,0.5
    DrawMode=6
    Timer1.Enabled=True
    Me.FillStyle=0
End Sub

Private Sub Timer1_Timer()
    Static alfa,flag
    flag=Not flag
    If flag Then alfa=alfa+0.314
    If alfa>6.28 Then alfa=0
    x=1600*Cos(alfa)
    y=800*Sin(alfa)
    Circle(x,y),150
End Sub
```

【例 12-8】 设计一个大图片浏览器。

在 VB 中通过窗体和图片框可以显示图片，如果要显示的图片尺寸大于窗体或图片框时，则只能显示图片的左上角部分，可以通过编程使用滚动条来实现大图片的浏览。

设计方法：

程序界面设计如图 12-13 所示。在窗体上放置 1 个命令按钮【选择图片】、1 个通用对话框控件 CommonDialog1、1 个图片框 Picture1，并在 Picture1 上再放置 1 个图片框 Picture2、在 Picture1 右边放置 1 个垂直滚动条、下边放置 1 个水平滚动条，如图 12-14 所示。

图 12-13　大图片浏览

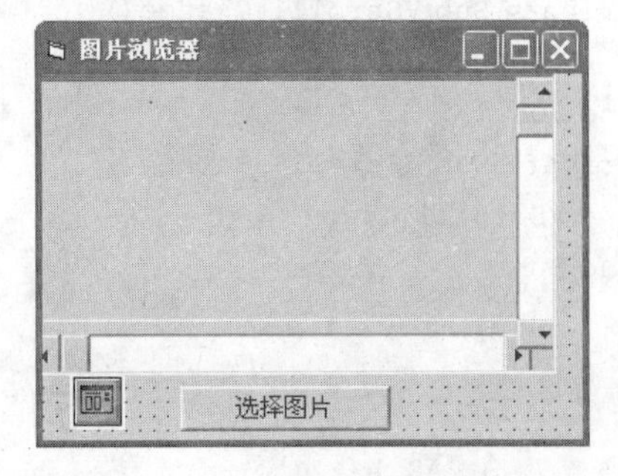

图 12-14　大图片浏览设计界面

当单击【选择图片】命令按钮时，通用对话框控件显示为【打开】对话框，选择图片文件打开后，将图片载入图片框 Picture2 中。如果图片的宽度或高度超过容器 Picture1 的宽度或高度时，则可以使用水平或垂直滚动条移动 Picture2 在 Picture1 中的位置进行浏览。

各控件的主要属性设置在窗体的 Load 事件中完成。程序代码如下：

```
Private Sub Form_Load()                          '初始化
    Picture2.Left=0: Picture2.Top=0
    HScroll1.Value=0: VScroll1.Value=0
    Picture2.AutoSize=True
End Sub
Private Sub Command1_Click()                     '【选择图片】命令按钮的单击事件代码
    CommonDialog1.Action=1                       '打开文件对话框
    Picture2.Picture=LoadPicture(CommonDialog1.FileName)
    If Picture2.Height>Picture1.Height Then      '下面语句为设置垂直滚动条
        VScroll1.Enabled=True
        VScroll1.Min=0
        VScroll1.Max=Picture2.Height-Picture1.Height
    Else
        VScroll1.Enabled=False
    End If
    If Picture2.Width>Picture1.Width Then        '下面语句为设置水平滚动条
        HScroll1.Enabled=True
        HScroll1.Min=0
        HScroll1.Max=Picture2.Width-Picture1.Width
    Else
        HScroll1.Enabled=False
```

```
    End If
End Sub
Private Sub HScroll1_Change()                    '当单击水平滚动条两端或空白处
    Picture2.Left=-HScroll1.Value
End Sub
Private Sub HScroll1_Scroll()                    '当移动水平滚动条滑块时
    HScroll1_Change
End Sub
Private Sub VScroll1_Change()                    '当单击垂直滚动条两端或空白处
    Picture2.Top=-VScroll1.Value
End Sub
Private Sub VScroll1_Scroll()                    '当移动垂直滚动条滑块时
    VScroll1_Change
End Sub
```

习　题

1. VB 6.0 有哪几种坐标系统?

2. 分别用图形控件和图形方法在窗体上画三角形。

3. 在窗体上显示 6 种可以使用的形状,并用不同的线形和填充图案。程序运行界面如图 12-15 所示。

4. 画一个圆及其外切正方形,正方形用蓝色填充。运行界面如图 12-16 所示。

5. 用不同的方法画一个空心矩形,一个实心矩形。运行界面如图 12-17 所示。

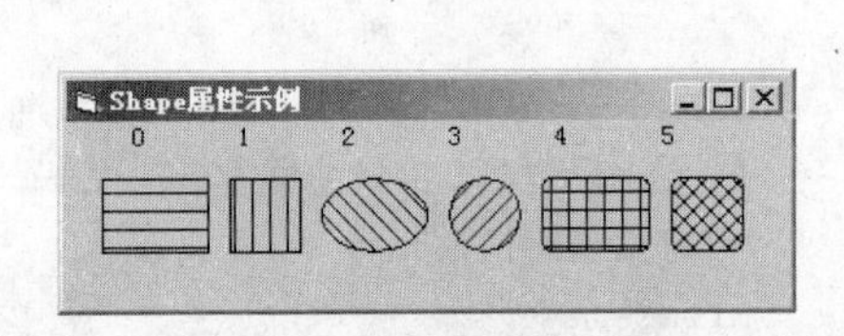

图 12-15　6 种可以使用的形状

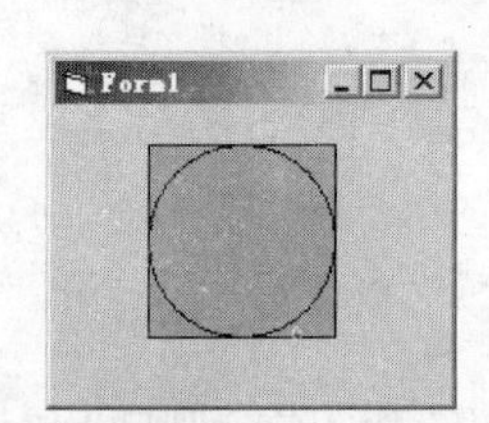

图 12-16　习题 4 运行界面

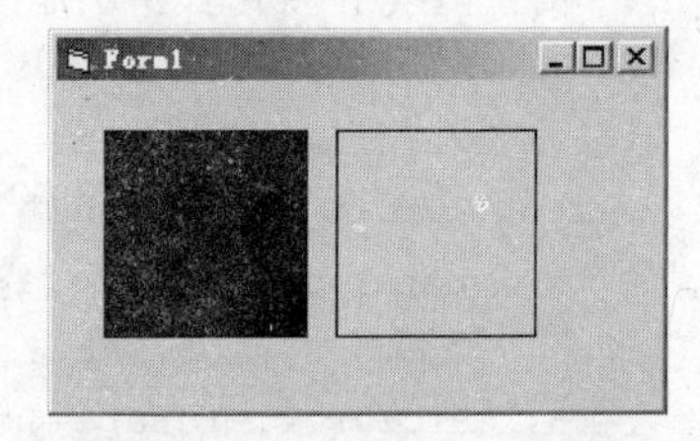

图 12-17　习题 5 运行结果

6. 绘制一组圆心逐渐偏移且用图案填充的椭圆,如图 12-18 所示。

7. 编程实现 8 色调色板。要求在窗体上安置 8 个单选按钮和 1 个图片框,每个单选按钮代表 1 种颜色,选好后作为图片框的背景颜色。运行界面如图 12-19 所示。

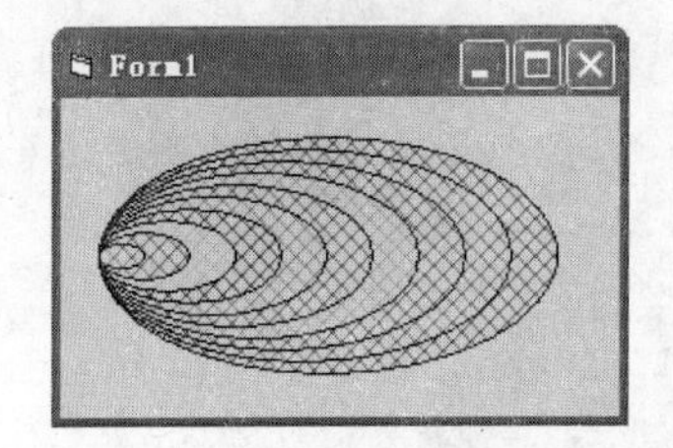

图 12-18　用 Circle 方法绘制的一组椭圆

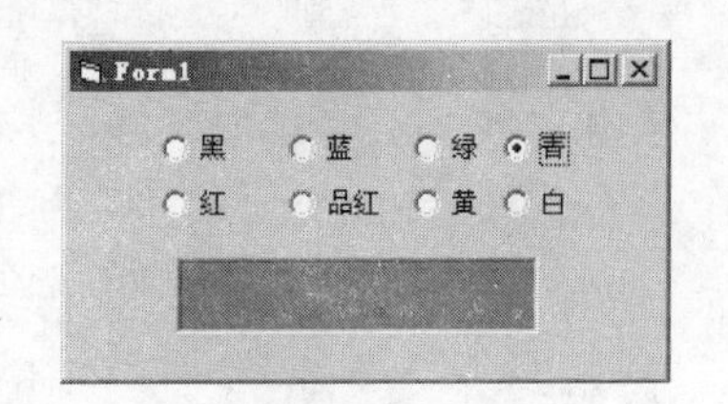

图 12-19　习题 7 运行界面

8. 用 Pset 方法绘制几何图形，用户界面及运行结果如图 12-20 所示。

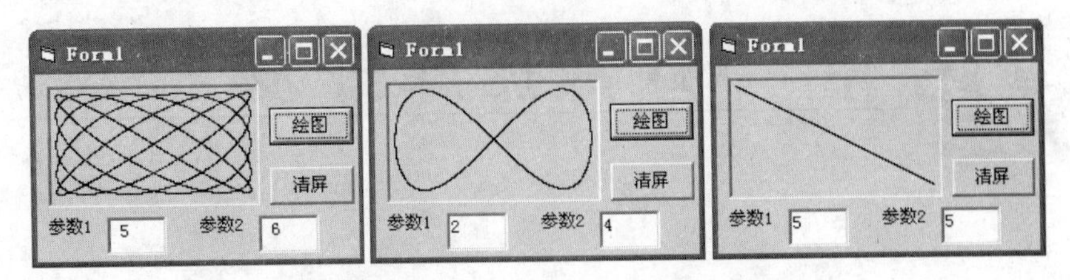

图 12-20　用 Pset 方法绘制的几何图形

9. 在窗体上建立两个图片框，然后在第一个图片框的随机位置画圆，用随机颜色填充，并把它复制到第二个图片框中。运行界面如图 12-21 所示。

10. 画出数学函数 y＝x^2＋x＊3＋12 的曲线，其中自变量的取值范围为－10≤x≤10。运行界面如图 12-22 所示。

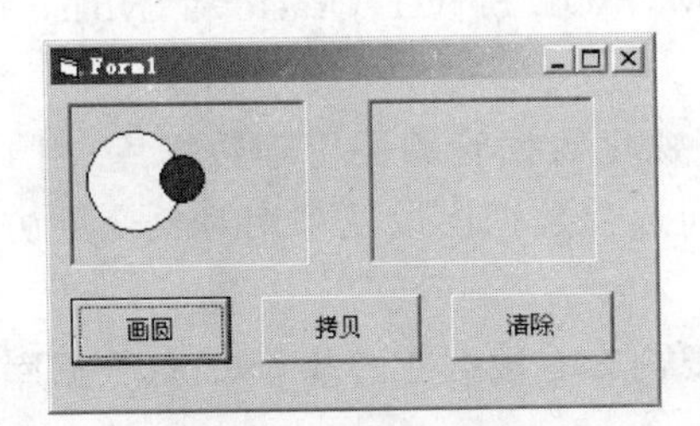

图 12-21　习题 9 运行界面

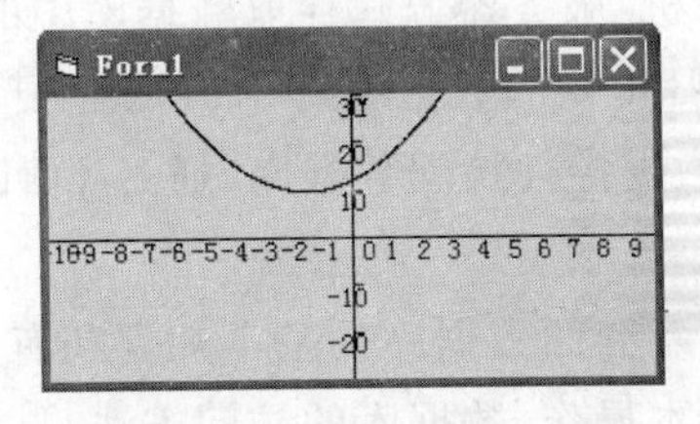

图 12-22　习题 10 运行界面

11. 画阿基米得螺线参数方程。

12. 绘制圆环。

13. 用 Circle 方法绘制出如图 12-23 所示的圆弧及扇形。

14. 以厘米为单位，以窗体的中心点为坐标原点，以窗体的宽度与高度绘制坐标轴，并以窗体宽度与高度中最小值的 1/3 为半径画一蓝色实心圆，程序运行界面如图 12-24 所示。

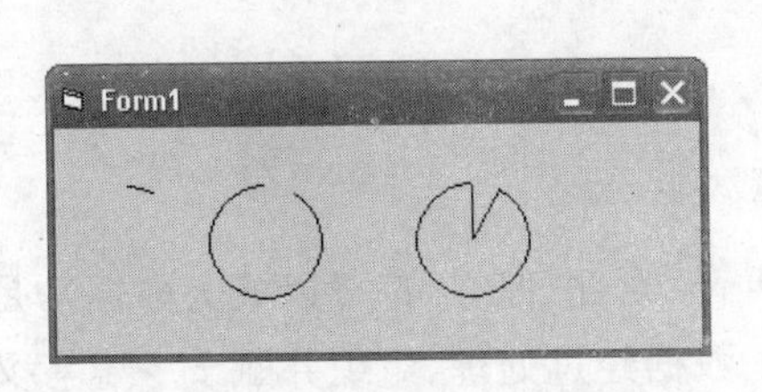

图 12-23　习题 13 运行界面

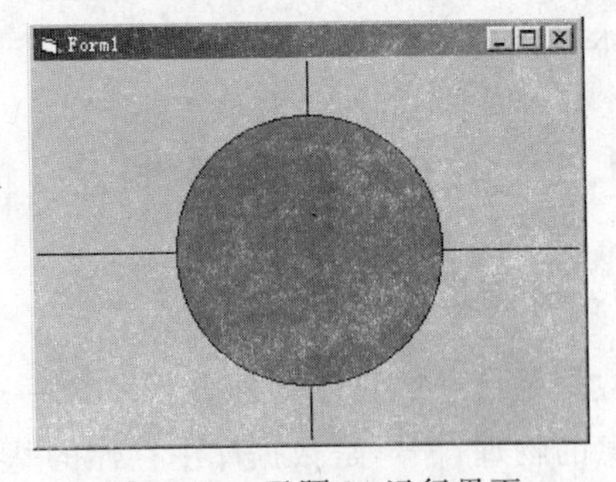

图 12-24　习题 14 运行界面

15. 编写程序，利用 PaintPicture 方法实现对一幅原始图片的翻转和比例缩放，要求自行设计用户界面且自行设定原始图片。

16. 利用画线方法和 RGB 函数使窗体颜色产生渐变效果。要求：

(1) 单击【水平渐变】按钮，自左至右窗体的背景被越来越深的蓝色覆盖。

(2) 单击【垂直渐变】按钮，自上至下窗体的背景被越来越深的绿色覆盖。

第13章 VB数据库开发

数据库可以科学地组织和存储数据，并根据条件高效地获取和处理数据。VB在数据库方面提供了强大的功能和丰富的工具。利用VB提供的数据库管理功能，可以很容易地进行数据库应用程序的开发。

VB中提供了多种访问数据库的方法，可以访问的数据库类型有dBase、FoxPro和Access数据库。另外可以通过ODBC方式访问MS SQL Server、Oracle和Sybase等，并以客户机/服务器方式存取数据库中的数据。

VB提供的数据库访问方法主要有：使用可视化数据管理器管理数据库，用Data、ADO数据控件访问数据库，通过ODBC方式访问远程数据库以及采用对象变量访问数据库等。

本章介绍数据库的基本知识和有关操作，主要内容有数据库的基本知识、数据库的创建及基本操作、数据库的访问方法。

13.1 数据库基本知识

数据的组织有多种数据模型，即数据的组织方式，分为层次模型、网状模型和关系模型。目前主要的数据模型是关系数据模型，它以二维表格（关系）的形式组织数据，简单直观。本章讨论的数据库是关系数据库。

13.1.1 数据库的基本概念

1. 数据（Data）

数据是信息的具体物理表示（如数字、符号、声音、光、图像等，都可以成为数据），是载荷信息的物理符号，是数据库中存储的基本对象。数据经过处理、组织并赋予一定意义后即可以成为信息。如数据“87”，可以解释为某学生的数学成绩为87分，还可以解释为第87名同学等。因此，“数据”需要经过加工处理，才能变为有用的信息。

2. 信息（Information）

信息是一种已经加工为特定形式的数据，这种数据形式对接收者来说是具有确定意义的，它不会对人们当前和未来的活动产生影响，而且会对接收者的决策提供有价值的参考。数据与信息有着不可分割的联系，信息是由处理系统加工过的数据，它们是原料和成品之间的关系，如图 13-1 所示。

信息的特性：事实性、等级性、精确性、完整性、可压缩性、及时性、扩展性、传输性、经济性和共享性。

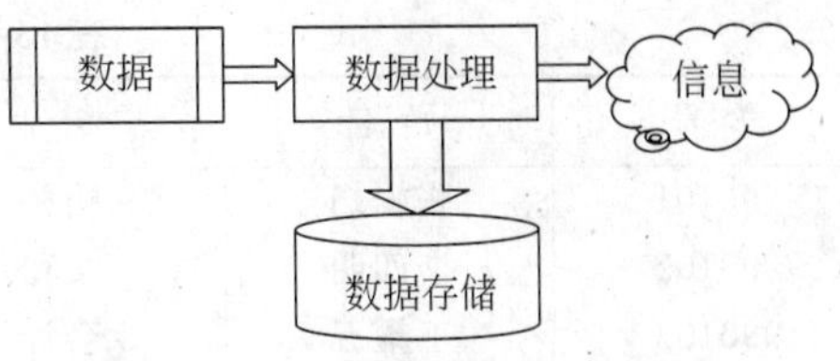

图 13-1　数据与信息的关系

3. 数据库(DataBase，DB)

数据库，是指存储在计算机存储介质上的、有一定组织形式的、可共享的、相互关联的数据集合。数据库中的数据按一定的数据模型组织、描述和存储，具有较小的冗余度、较高的数据独立性和易扩展性，并可为不同用户所共享。

4. 数据库系统(DataBase System，DBS)

数据库系统是指以数据库方式管理的拥有大量共享数据的计算机应用系统，一般是由计算机硬件系统、操作系统、数据库管理系统、数据库、应用程序和用户(最终用户和数据库管理人员)组成。

5. 数据库管理系统(DataBase Management System，DBMS)

数据库管理系统是指能够帮助用户使用和管理数据库的系统软件，位于用户和操作系统之间，在操作系统的支持下，提供一系列数据库的操作命令。用户使用各种操作命令完成对数据库的各种管理工作，以及开发数据库应用程序，都需要通过数据库管理系统才能实现。数据库管理系统提供了数据描述语言，用来描述数据库的结构，供用户建立数据库；提供了数据操作语言，用来对数据库进行数据的查询、数据的统计汇总和数据存储(包括数据的增加、删除和修改)等操作；还提供了其他管理和控制功能(安全、通信控制)等。

6. 数据库应用程序

数据库应用程序是指针对实际工作需要而开发的各种基于数据库管理方式的应用程序。可以利用 DBMS 提供的各种命令直接开发，也可以使用 VB 等开发工具在开发前台界面的同时，去访问后台的数据库。如学生信息管理系统、物业管理系统等。

7. 用户

用户是指最终操作使用应用程序的人员和数据库管理员。应用程序运行中的操作一般由实际工作的人员承担，而数据库管理员负责数据库的维护和管理。大型数据库的管理一般都需要配备专业的数据库管理员来承担管理工作。

13.1.2　关系型数据库

数据库按其结构可分为层次数据库、网状数据库和关系数据库。其中关系数据库是应用最多的一种数据库，库中保存的是如表 13-1 所示的有一定格式的数据表。这种以表格形式组织数据，通过建立数据表之间的关系来定义结构的数据库称为关系型数据库。

表 13-1　学生成绩表

学号	姓名	专业	高数	计算机	英语
990101	张姗姗	路桥	90	70	90
990102	李四明	文秘	80	90	70
990103	王耀五	会计	90	80	90
990104	赵刘生	经管	80	80	60
…	…	…	…	…	…

关系型数据库是根据表、记录和字段之间的关系进行组织和访问的，以行和列组成的二维表形式存储数据，并且通过关系将这些表联系在一起。另外，可以使用结构化查询语言(SQL)来描述关系数据库的查询问题，极大地提高了查询的效率。关系型数据库中涉及许多概念，下面介绍一些基本的概念。

1. 数据表

数据表是一组相关的数据按行和列排列形成的二维表格，简称为表。每个数据表都有一个表名，一个数据库由一个或多个数据表组成，各个数据表之间可以存在某种关系。例如，表 13-1 可以认为是某学校的学生数据库文件所包含的一个数据表。

2. 字段、记录

数据表一般都是多行和多列构成的集合。每一列称为一个字段(Field)，字段名是它所对应表格中的数据项的名称，如表 13-1 中的"学号"、"姓名"等都是字段名。一个字段代表了一个记录(行)的一种属性。创建一个数据表时，要为每个字段确定数据类型、最大长度等字段属性。字段可以是普通的变量型(如 Text，Integer，Long 等)，也可以是 Memo 和 Binary 类型。Memo 用来存放大段文本，Binary 用来存放二进制数据，如声音和图片等。

数据表中的每一行就是一条记录(Record)，它是字段值的集合。如学号为 990101 对应行中所有的数据即是一条记录。

3. 关键字

如果数据表中某个字段能唯一地确定一条记录，则称该字段名为候选关键字。一个表中可以存在多个候选关键字，选定其中一个关键字作为主关键字的值各不相同。

4. 索引值

索引是为了加快访问数据库的速度并提高访问的效率，特别赋予数据表中的某一个字段的性质，使得数据表中的记录按照该字段的某种方式排序。为了更快地访问数据，大多数数据库都使用索引。

5. 关系型数据库的分类

在 VB 中，关系型数据库一般可以分为两类：一类是本地数据库，如 Access，FoxPro

等；另一类就是客户/服务器数据库，如 SQLServer，Oracle 等。

本地数据库主要用于小型的、单机的、单用户的数据库应用程序，也是初学者常用的数据库类型。客户/服务器数据库主要适用于大型的、多用户的数据库管理系统。

13.2 数据库的创建

为了开发数据库应用程序，首先要创建一个数据库。创建数据库的方法有多种：可以利用专门的数据库开发系统创建，如 Access，Visual FoxPro，还可以使用一些其他软件工具。本节主要介绍利用 VB 提供的非常实用的工具程序——可视化数据管理器（Visual Data Manager）创建数据库的方法。利用可视化数据管理器可以方便地建立数据库、数据表和进行数据查询。可视化数据管理器使用可视化的操作界面，用户很容易掌握、使用它。

13.2.1 创建数据库

VB 提供的可视化数据管理器可以建立多种类型的数据库。在此以 Microsoft Access 数据库为例，因为这种数据库是 VB 内联的。

我们不妨以表 13-1 为例，假设该表为档案管理数据库（数据库文件名为 Exam_1.mdb）中的一个表。接下来详细说明其创建过程。

1. 启动数据管理器

在 VB 集成环境中启动数据管理器的过程如下。

(1) 打开一个新工程。

(2) 选择主菜单【外接程序】中的【可视化数据管理器】命令，会弹出如图 13-2 所示的窗口。

2. 创建数据库

(1) 选择 VisData 窗口【文件】菜单中的【新建】命令，在弹出菜单中选择 Microsft Access 命令，如图 13-3 所示。

图 13-2 可视化数据管理器

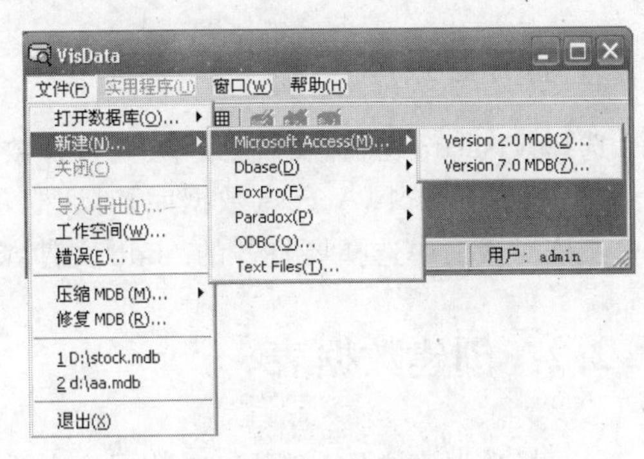

图 13-3 【新建】菜单

(2) 选择 Version 7.0 MDB 命令，打开创建数据库对话框，如图 13-4 所示。在该对话框中输入文件名为“Exam_1”。

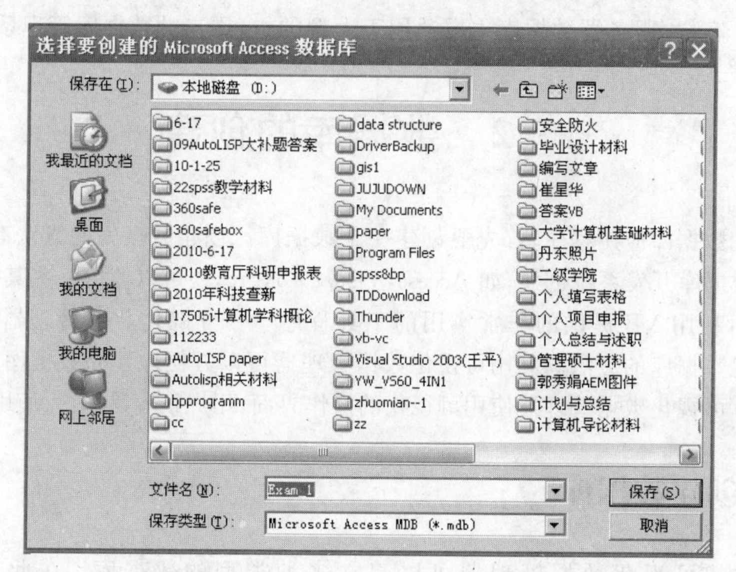

图 13-4　Access 数据库创建窗口

(3) 单击【保存】按钮后，在 VisData 窗口中将出现【数据库窗口】和 SQL 语句两个子窗口。在【数据库窗口】窗口中单击 Properties 旁边的“+”号，将列出新建数据库的常用属性，如图 13-5 所示。

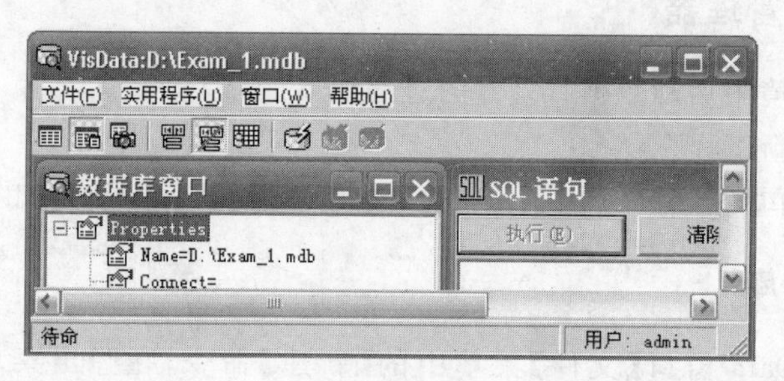

图 13-5　新建数据库的常用属性

3. 打开数据库

选择 VisData 窗口【文件】菜单下【打开数据库】子菜单中的 MicrosoftAccess 命令，将显示【打开 Microsoft Access 数据库】对话框，如图 13-6 所示。

在该对话框中选择要打开的.mdb 文件，单击【打开】按钮即可打开选定的文件。

13.2.2　创建数据表

建立好数据库之后，就可以向数据库中添加数据表了。Access 数据库使用大型数据库的数据组织方法，数据库中包含多个数据表，数据保存在数据表中。每个数据表不是以

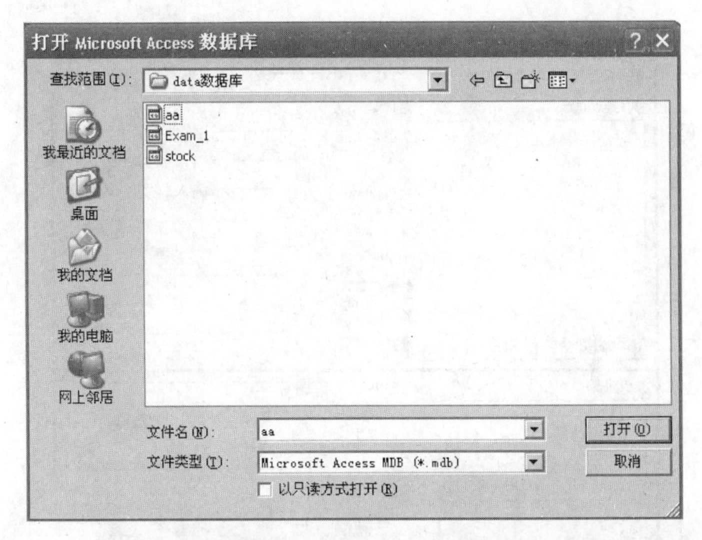

图 13-6 【打开 Microsoft Access 数据库】对话框

文件的形式保存在磁盘上,而是包含在数据库文件中。通常,将一个管理系统软件所涉及的数据表都放在一个数据库中。在数据库中不仅仅存放数据,而且还包含数据表之间的关系、视图、数据准则和存储过程等。下面以表 13-1 中的内容为例介绍建立和添加 Access 数据表的方法。

1. 建立数据表结构

在创建数据表之前,必须了解实际情况中需要哪些数据,用来确定表的字段、字段类型、长度、取值范围等。"学生成绩"表的结构如表 13-2 所示。

表 13-2 "学生成绩"表结构

字段号	数据类型	字段长度	索引	字段号	数据类型	字段长度	索引
学号	字符型	6	主索引	高数	整型	2	
姓名	字符型	6		计算机	整型	2	
专业	字符型	10		英语	整型	2	

在图 13-5 所示的【数据库窗口】窗口中,用鼠标右键单击 Propertis,在弹出的快捷菜单中选择【新建表】命令,弹出【表结构】对话框,如图 13-7 所示。

在【表结构】对话框中首先输入将要建立的数据表的名字,然后通过单击【添加字段】按钮和【删除字段】按钮进行字段的添加和删除。需要建立索引则可单击【添加索引】按钮向【索引列表】列表框中添加索引。对于前面的"学生成绩"表,建立步骤如下。

(1) 在【表名称】文本框中输入表名"学生成绩"。

(2) 单击【添加字段】按钮打开【添加字段】对话框,如图 13-8 所示。

按照表 13-2 的定义,在【名称】文本框中填入第一个字段("学号"字段)的字段名"学

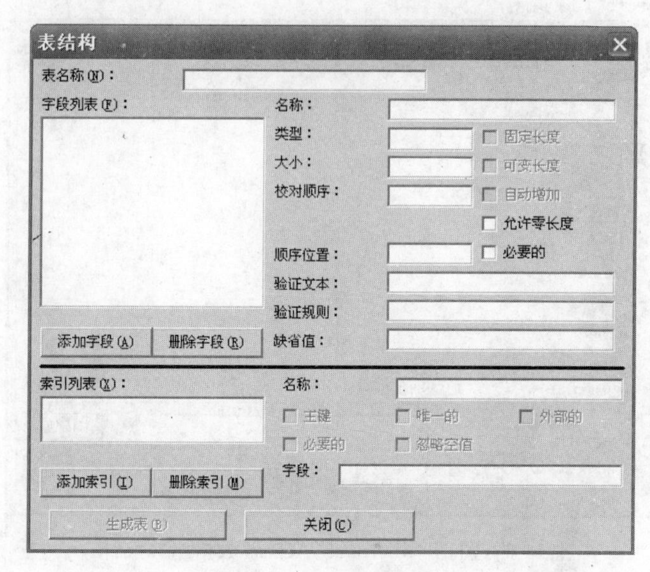

图 13-7 【表结构】对话框

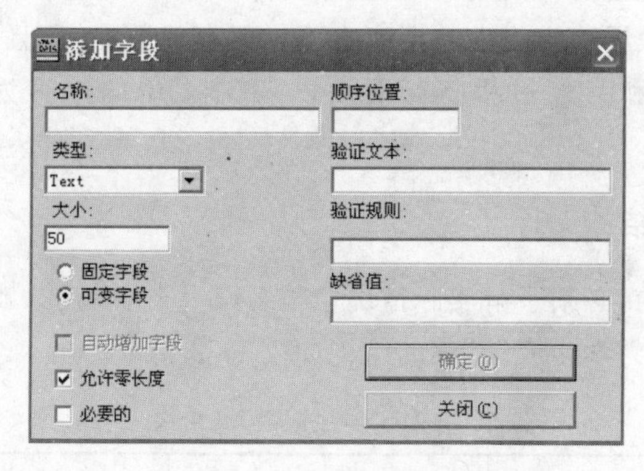

图 13-8 【添加字段】对话框

号”，数据类型为 Text，长度为 6 个字符，而且选择【固定字段】单选按钮，不选【允许零长度】复选框。单击【确定】按钮后，可以继续添加其他字段，对高数、计算机、英语等字段还可以在【验证规则】文本框中添加对取值范围的约束，如“＞0 and ＜100”。完成字段的定义后，单击【关闭】按钮，就可看到刚刚建立的各字段显示在如图 13-9 所示的【表结构】对话框中。单击【添加索引】按钮，输入“学号”索引名称，选择学号作为唯一的主索引。

关闭【表结构】对话框，则在【数据库窗口】窗口中增加了“学生成绩”表。

2. 修改数据表结构

建立表结构后，可以根据需要修改表结构，如添加字段、删除原有字段、修改表名等，可以在可视化数据管理器中修改已经建立的数据表结构。操作步骤如下。

(1) 打开要修改数据表结构的数据库。在【数据库窗口】窗口中单击鼠标右键，弹出如图 13-10 所示的快捷菜单。

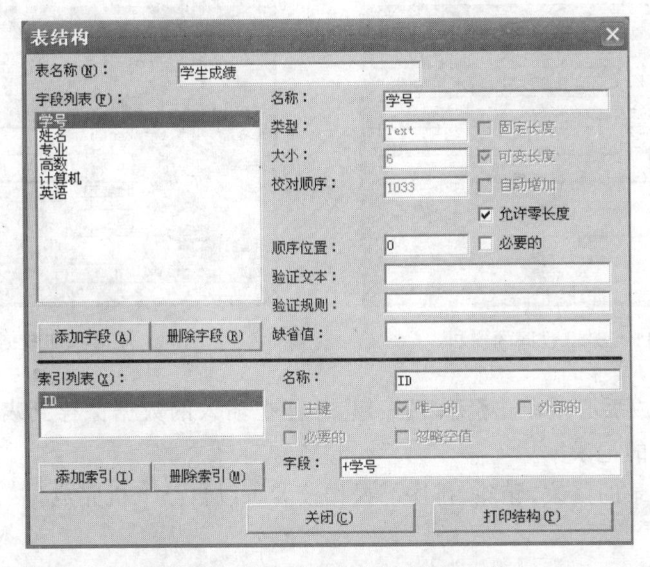

图 13-9 输入后的【表结构】对话框

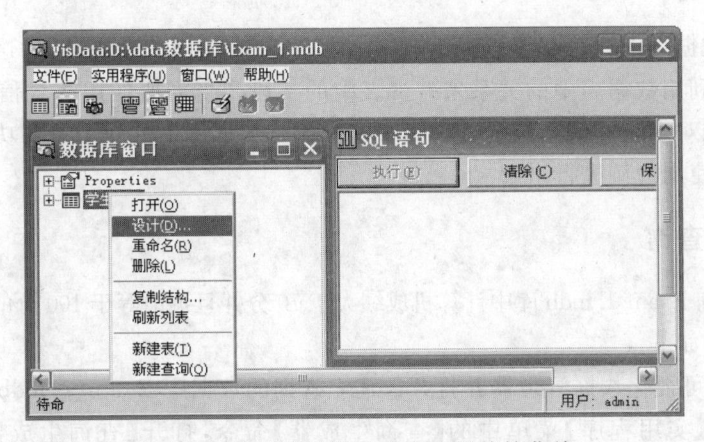

图 13-10 【数据库窗口】窗口中的快捷菜单

(2) 选择快捷菜单中的【设计】命令，打开【表结构】对话框，即可以进行修改。但要注意在可视化数据管理器中对字段的修改是有限的，如字段的数据类型、宽度等不能直接修改。

(3) 修改完成以后，单击【关闭】按钮。

3. 输入数据

完成了表结构的建立后，就可以向表中输入数据，方法如下。

(1) 在【数据库窗口】窗口中用鼠标右键单击“学生成绩”表。

(2) 在弹出的快捷菜单中选择【打开】命令，出现如图 13-11 所示的窗口。通过该窗口可以添加、更新、删除和查找记录。

(3) 如果要输入数据，可单击【添加】按钮，出现如图 13-12 所示的窗口，直接在各字段名对应的输入栏中输入各个字段的数据。

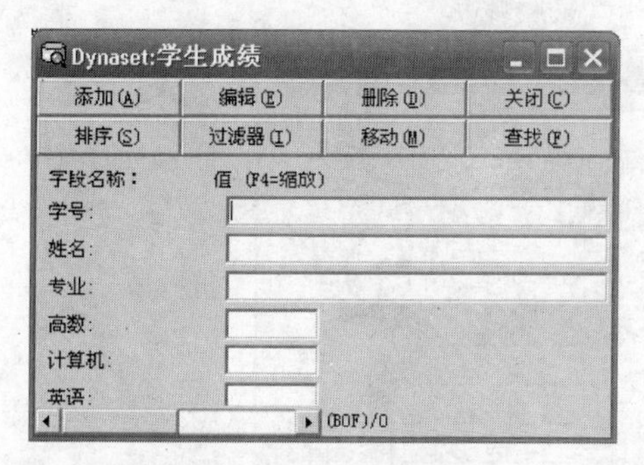

图 13-11　编辑数据的窗口

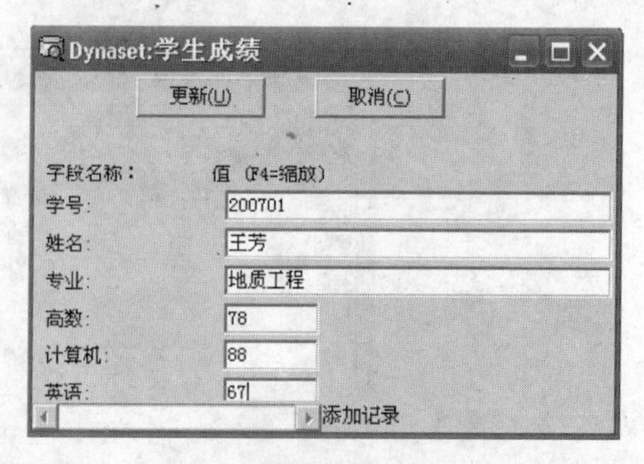

图 13-12　添加数据的窗口

(4) 输入完成后必须单击【更新】按钮,才能把输入的数据保存到表中。按同样的方法可以输入所有的记录。

按照表中记录的修改、删除、排序等操作读者可以自己上机完成。

13.2.3　查询

如果在数据库中存在有多张表,并且各表中存在有相同的字段信息,这时为了避免数据冗余,通常利用数据表中的关系来减少表中的字段。当需要使用综合信息时可以通过创建查询实现对多表的信息组合,因此,查询操作是数据库中的一个重要功能,在此以"查询生成器"的使用为例进行讲解。

1. 创建查询

例如,查询 Exam_1.mdb 库中计算机成绩大于 70 分并且英语等于 100 分的学生的学号。操作步骤如下。

(1) 启动可视化数据管理器并打开欲建立查询的数据库 Exam_1.mdb。

(2) 选择【实用程序】菜单中的【查询生成器】命令,打开【查询生成器】对话框,如图 13-13 所示。

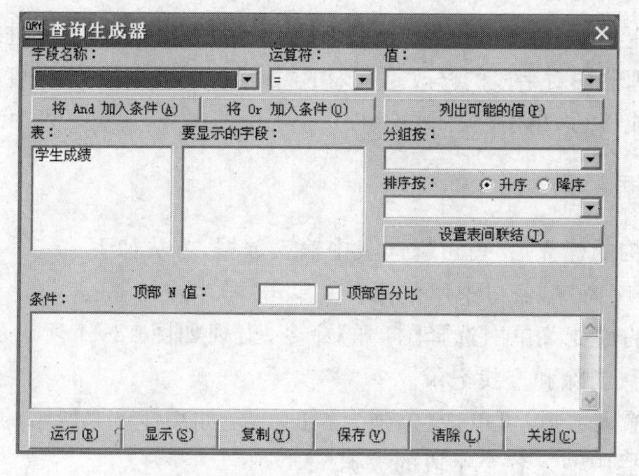

图 13-13　【查询生成器】对话框

在【表】列表框中，选择要查询的“学生成绩”表。

① 在【要显示的字段】列表框中，选择“学生成绩.学号”。

② 在【字段名称】下拉列表框中，选择“学生成绩.计算机”，在【运算符】下拉列表框中选择“>”，在【值】下拉列表框中输入“70”。

③ 单击【将 or 加入条件】按钮，将条件添加到【条件】列表框中。

④ 参照以上步骤，同理可以把第二个条件加入。

⑤ 单击【运行】按钮，弹出图 13-14 所示的确认对话框。

⑥ 单击【否】按钮，将显示查询结果窗口，单击【关闭】按钮结束查询。

图 13-14　确认对话框

⑦ 保存查询。在【查询生成器】对话框中，单击【保存】按钮打开保存对话框，输入查询名，如“查询分数”，将查询保存到数据库。在可视化数据管理器的【数据库窗口】窗口中可以看到刚刚建立的查询，如图 13-15 所示。双击该查询，即可以运行，如图 13-16 所示。

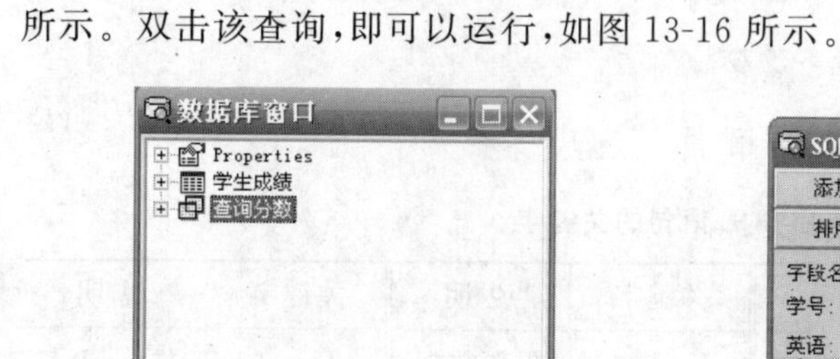

图 13-15　建立“查询分数”

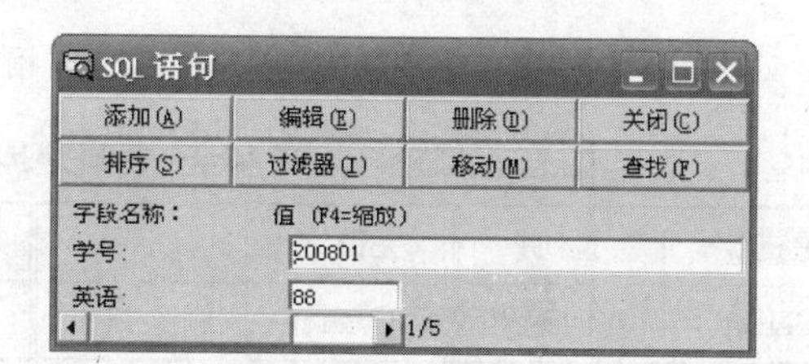

图 13-16　运行查询

2. 修改查询

(1) 右击可视化数据管理器中【数据库窗口】窗口的“查询成绩”，从快捷菜单中选择【设计】命令，在【SQL 语句】窗口中就可以看到所建立的查询内容，如图 13-17 所示。

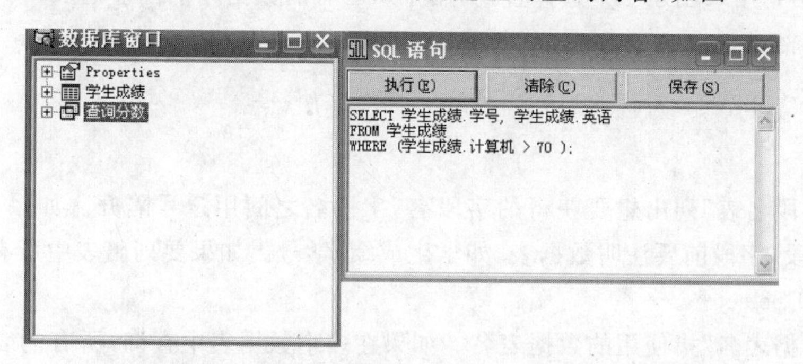

图 13-17　在【SQL 语句】窗口中显示所建立的查询内容

(2) 在窗口进行修改之后，单击窗口中的【保存】按钮即可。

其实，在【SQL 语句】窗口中可以直接建立数据库查询，读者等学完下一节后可以自己进行练习。

13.3 结构化查询语言(SQL)

结构化查询语言(Structure Query Language,SQL)是一种用于数据查询的编程语言。由于它功能丰富,使用方法灵活,语言简洁易学,备受计算机专业人员和普通用户的欢迎。它已成为关系数据库语言的国际标准。使用SQL可以完成定义关系模型、输入数据、建立数据库、查询、更新、维护数据库、数据库重构、数据库安全性控制等一系列的操作。

对于VB中的关系数据库,一旦数据存入数据库以后,就可以用SQL同数据库"对话"。通常,都是用户用SQL来"发问",数据库则以符合发问条件的记录来"回答"。查询的语法中通常包含表名、字段名及一些条件。SQL语句以关键字开头,后跟完整描述一个操作的短语。例如,下面的语句可以从学生成绩表中查询到所有文秘专业学生的记录。

```
Select * Form  学生成绩  where 专业='文秘'
```

如表13-3列出了常用的SQL语句的关键字。

表13-3 常用SQL语句的关键字

关键字	说 明	关键字	说 明	关键字	说 明	关键字	说 明
Select	查询记录	Delete	删除记录	Updata	更新数据	Insert	插入记录

接下来分别介绍表13-3中列出的常用SQL语句的所有方法。

1. Select 语句

1) 语句功能

Select语句用来创建一个选择查询,用于从已有的数据库中检索记录。

2) 使用格式

```
Select<字段名表>Form<数据表名>[Where<筛选条件>]
```

说明:

(1) "字段名表"列出想要获得的字段名,字段名之间用逗号隔开。如果从多个不同的表取得字段,字段前要注明数据表,如学生成绩.学号。如果要列出表中所有字段,可用"*"代替,如Select*。

(2) "数据表名"指使用的数据表名。如果在多个数据表中查询,所有的表都要列出,表名之间用逗号分隔。

(3) "筛选条件"是逻辑表达式或条件表达式。如果要选择所有记录则可省略Where短语。

例如,从"学生成绩"表中检索出王东东同学的记录。

```
Select 学号,姓名,专业,高数  Form 学生成绩  Where 姓名='王东东'
```

2. Select into 语句

1）语句功能

Select into 语句用来为表做备份或将表输出到其他数据库中。新表的结构与原表相同与否，取决于字段个数和顺序的选择。

2）使用格式

```
Select<字段名表>Into<新表名>From<源表名>
```

“字段名表”说明内容同 Select 语句。

例如，创建与“学生成绩”表一样的表，表名为“学生成绩 2”。

```
Select * into 学生成绩 2 Form 学生成绩
```

3. Update

1）语句功能

Update 语句用来创建一个更新查询，按照指定条件修改表中的字段值。

2）使用格式

```
Update<数据表名>Set<字段 1>=<表达式>[,<字段 2>=<表达式>,…]Where<筛选条件>
```

说明：

“表达式”的数据类型应该与“字段”类型一致。

例如，更新“学生成绩”表中学号为 994206 的记录，其专业改为“文秘”。

```
Update  学生成绩 Set 专业='文秘' Where 学号='994206'
```

4. Delete 语句

1）语句功能

Delete 语句可以创建一个删除查询，用来按照指定条件删除表中的记录。

2）使用格式

```
Delete  Form<数据表名>Where<筛选条件>
```

例如，从数据表中删除王东东的记录。

```
Delete Eorm 学生成绩 Where 姓名='王东东'
```

5. Insert 语句

1）语句功能

Insert 语句可以建立一个添加查询，向数据中添加一个或多个记录，有两种基本格式。

2）格式一

```
Insert Into<目标表名>Select<字段 1>[,<字段 2>…]Form<源表名>
```

说明：

其中“目标表”和“源表”的结构应当相同，或者与源数据表列出的字段集相同。用此命令可以从其他数据表中将记录批量地加入到目录数据表。

例如，将专业为“经管”的所有学生记录加入到“经管专业”表中。

```
Insert Into 经管专业 Select * Form 学生成绩 Where 专业='经管'
```

3）格式二

```
Insert Into<目标表名>(<字段 1>[,<字段 2>…])Values(<值 1>[,<值 2>…])
```

说明：

“值 1”、“值 2”等表达式的顺序位置与“字段 1”、“字段 2”的顺序应一致。用此命令可插入一个记录，并对字段赋值。

例如，向数据表中加入一条新的记录。

```
Insert Into  学生成绩(<字段 1>(学号,姓名,专业,高数,计算机,英语)
Value('992308','王政','交通',85,75,90)
```

13.4 访问数据库

13.4.1 数据访问接口

VB 提供的数据访问接口有：可视化数据管理器、数据控件(Data Control)、数据访问对象(Data Access Object，DAO)、远程数据对象(Remote Data Object，RDO)、Active 数据对象(Active Data Object，ADO)等。

传统的可视化数据管理器的使用方法，在前面已经作了介绍。数据控件的使用简单、方便、快捷，只需编写少量的代码即可访问多种数据库中的数据。可以使用 3 种类型的 Recordset 对象(Table，Snapshot 和 Dynaset)来提供对存储在数据库中的数据的访问。而要实现对底层数据库以及对不同的数据库同时操作，就要用到 DAO、RDO 以及 ADO。

ADO 是 Microsoft 公司在 VB 6.0 中最新推出的数据访问策略，实际是一种访问各种数据类型的访问机制。ADO 将逐步替代 DAO 和 RDO 成为主要的数据访问接口。在 VB 6.0 中，ADO 是连接应用程序和 OLE DB 数据源之间的一座桥梁，它提供的编程模型可以完成几乎所有的访问和更新数据源的操作。

本章主要介绍关于 ADO 数据访问的方法。ADO 数据访问的方法主要有 ADO 对象模型数据访问和 ADO 数据控件访问方法。

13.4.2 ADO 对象模型数据访问

1. ADO 对象模型简介

ADO 数据对象模型包括如表 13-4 所示的可编程对象。

表 13-4　可编程对象

名　称	说　明	名　称	说　明
Connection(连接)	通过“连接”可以访问数据库	Error(错误)	返回数据库的错误信息
Command(命令)	通过发出“命令”操作数据库	Parameter(参数)	指明命令中包含的参数
Recordset(记录集)	建立记录集	Filed(字段)	指定记录集中的字段信息

ADO 的核心是 Connection、Recordset 和 Command 对象。以下将介绍这些核心对象的方法和属性。

(1) 连接(Connection)对象

Connection 对象用于建立和数据源的连接。在客户/服务器结构中，该对象实际代表了同服务器实际的网络连接。“连接”是指在应用程序和数据源之间建立一个数据“通道”，用于传递数据和命令。Connetion 对象用于指定连接数据源和有关参数。如表 13-5 列出了 Connection 对象的常用属性和方法。

表 13-5　Connection 对象的常用属性和方法

名　称	说　明
Connection string 属性	连接时提供连接字符串
Open 方法	打开数据源的连接
Execute 方法	执行的操作
Cancel 方法	取消 Open 或 Execute 方法的调用
Close 方法	关闭 Connection 建立的连接对象

Connection 对象代表打开了的、与数据源的连接，每一个成功的连接代表和数据源的一次会话，包括从打开数据源到关闭与数据源连接之间的所有操作。建立与数据源的连接后，可以使用 Connection 对象的方法和属性执行各种操作。

(2) 命令(Command)对象

Command 对象定义了将对数据源执行的指定命令，其作用相当于一个查询。Command 对象是与打开的连接相关的。在打开的连接下，使用 Command 对象的方法、属性可以完成许多与查询有关的操作。一般来说，Command 对象可以在数据源中添加、删除或更新数据，或者在表中以行的形式检索数据。表 13-6 列出了 Command 对象的常用属性和方法。

表 13-6　Command 对象常用属性和方法

名　称	说　明
Active connection 属性	设置数据源的连接信息
Command text 属性	指定发出的命令字符串
Command type 属性	设置或返回 Command text 的类型
Execute 方法	执行 Command text 的类型
Cancel 方法	取消 Execute 方法的操作

(3) 记录集(Recordset)对象

Recordset 对象描述来自数据源或执行命令后的记录集合。Recordset 对象在 ADO 对象中是最重要的对象，是获得记录和修改记录最主要的方法，常用于指定检索记录、移动记录、指定移动记录的顺序，添加、更改或删除记录。表 13-7 列出了 Recordset 对象的常用属性和方法。

表 13-7　Recordset 对象的常用属性和方法

名　称	说　　明
ActiveConnection 属性	返回 Recordset 对象所属的 Connection 对象
Source 属性	返回或设置 Recordset 对象的生成方式，如 Command 对象、SQL 语句或存储过程
RecordCount 属性	返回记录集中记录个数
BOF，EOF 属性	返回当前记录指针是否位于首记录前、末记录后
BookMark 属性	返回或设置记录集中当前记录的书签
CursorType 属性	设置或返回记录集中使用的游标类型
Filter 属性	设置记录集中的数据筛选条件
Sort 属性	设置记录集中的排序字段
Open 方法	打开数据表、查询结果的记录集的游标
Move 方法	移动记录集中当前记录指针到指定位置
MoveFirst，MoveLast，MoveNext，MovePrevious 方法	移动记录集中当前记录指针到首记录、末记录、下一条记录、上一条记录
AddNew 方法	添加一条空记录
Requery 方法	重新执行生成记录集对象的查询，以更新记录集中的记录
Update 方法	保存当前记录的修改
CancelUpdate 方法	取消对 Update 方法的调用
Delete 方法	删除当前记录或记录组

2. 使用 ADO 对象访问数据库

若要在 VB 中使用 ADO 对象，必须在工程中添加对 ADO 对象的引用。在 VB 中，根据用户对 ADO 功能需求的大小，提供了两种类型的 ADO 类型库：ADODB 和 ADODR。ADODB 功能齐全，包含了主要的 ADO 对象，是开发数据库时理想的选择；ADODR 是 ADODB 的一个子集，主要提供了对记录集的操作等功能，是为较低的系统需求和 ADO 功能需求设计的，如果用户只想操作记录集的话，那么 ADODR 可能比较适合。

要添加对 ADO 对象的引用，可选择【工程】菜单中【引用】命令，打开【引用】对话框，如图 13-18 所示，在【可用的引用】列表框中，选择想引用的 ADO 对象库。如果想使用 ADODB，选择 Microsof ActiveX Data Objects 2.0 Library；如果想使用 ADODR，则选中

Microsoft ActiveX Data Objects Recordset 2.0 Library，然后单击【确定】按钮。

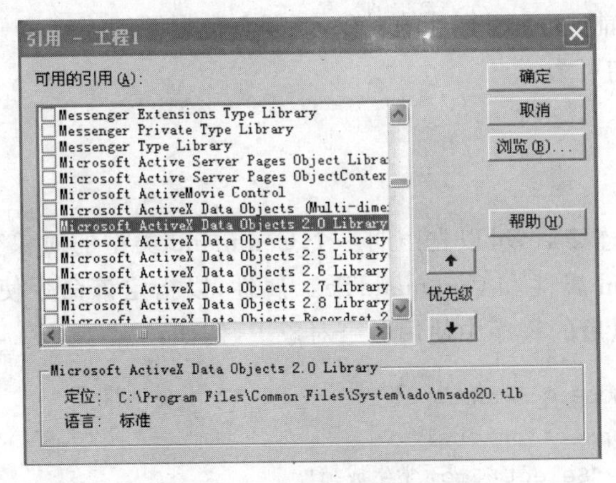

图 13-18 【引用】对话框

在应用程序中添加了对 ADO 对象库的引用后，必须先声明一个 Connection 对象变量，再生成一个 Connection 对象的实例。

例如：

```
Dim ans1 As ADODB.Connection                  '声明 ans1 是一个 Connection 变量
Set ans1=New ADODB.Connection                 '生成一个实例
```

或者两步合二为一：

```
Dim ans1 As New ADODB.Connection
```

使用 ADO 编程一般要按照以下几个步骤：

- 创建连接。
- 创建命令。
- 运行命令返回记录集。
- 操作记录集。

1）创建连接

ADO 有两种方法建立连接，它们是连接对象 Open()方法和记录集 Open()方法。使用连接对象的语法如下：

```
Connection.Open ConnectionString,UserID,Password,OpenOptions
```

用户要在 ConnectionString 处给出“提供者”和数据源名，如果访问数据库，还要给出数据库的路径和文件名。

例如，下面的代码建立与数据库 F:\数据库\dag1.mdb 的连接。

```
Dim ans1 As Connection
Set ans1=New Connection
ans1.CursorLocation=adUseClient
ans1.Open"PROVIDER= Microsoft.Jet.OLEDB.3.51;" & "Data Source= D:\data 数据库\
```

```
Exam_1.mdb;"
```

应用程序结束之前,应关闭打开的对象,断开与数据源的连接。

上例中,关闭语句可为:

```
ans1.Close
```

2) 创建命令

建立和数据源的连接后,可以先声明一个 Command 类型的对象变量,然后设置该对象的 ActiveConnection 属性和 CommandText 属性,以指定该命令使用的连接和命令文本字符串,就可以在以后的程序中使用命令对象了,例如:

```
Dim cmd As New ADODB.Command
Set cmd.ActiveConnection=ans1
cmd.CommandText="Select * From 学生成绩"
```

3) 运行命令返回记录集

创建命令对象后,有 Connection. Execute、Command. Execute 以及 Recordset. Open 3 种方法来运行命令、返回 Recordset 对象。这 3 种方法各有特点,分别应用于不同的场合。下面给出 Recordset. Open 的完整语法:

```
Recordset.Open Source,ActiveConnection,CursorType,LockType,Options
```

下面的代码定义了一个 Recordset 对象 rst1,然后用它的 Open()方法运行上面的命令 cmd。

```
Dim rst1 As New ADODB.Recordset
rst1.CursorLocation= adUseClient
rst1.Open cmd,,adOpenStatic,adLockBatch,Optimistic
```

4) 操作记录集

ADO 对象的记录集与 DAO 对象的记录集的使用方法类似。可以使用 Recordset 对象的 Move 方法移动记录指针,使用 AddNew 方法向记录集添加记录等。

下面的代码将记录集按学号排序,筛选条件设置为"计算机>80",最后在窗体上打印记录集中的学生姓名和专业。

```
rst1.Sort="学号"
rst1.Filter="计算机>80"
rst1.MoveFirst
For i=1 To rst1.RecordCount-1
Print rst1.Fields("姓名") & "" & rst1.Fields("专业")
rst1.MoveNext
Next i
```

【例 13-1】 根据上述编程步骤,设计一个简单程序,对前面所创建的数据库(D:\data 数据库\Exam_1. mdb)进行查询,输出计算机成绩在 75 分以上的同学的姓名、专业。

程序代码如下：

```
Private Sub Command1_Click()
    Dim i%
    Dim ans1 As ADODB.Connection
    Dim cmd As New ADODB.Command
    Dim rst1 As New ADODB.Recordset
    Set ans1=New ADODB.Connection
    ans1.CursorLocation=adUseClient
    ans1.Open"PROVIDER= Microsoft.Jet.OLEDB.3.51;" & "Data Source=D:\data 数据
库\Exam_1.mdb;"
    Set cmd.ActiveConnection=ans1
    cmd.CommandText="Select * From 学生成绩"
    rst1.CursorLocation=adUseClient
    rst1.Open cmd,,adOpenStatic,adLockBatchOptimistic
    rst1.Sort="学号"
    rst1.Filter="计算机> 75"
    rst1.MoveFirst
    For i=0 To rst1.RecordCount-1
    Print rst1.Fields("姓名") & "" & rst1.Fields("专业")
    rst1.MoveNext
    Next i
    Set rst1=Nothing
    Set cmd=Nothing
    Set ans1=Nothing
End Sub
```

图 13-19　例 13-1 的运行结果

程序运行结果如图 13-19 所示。

13.5　ADO 控件

ADO 是基于 OLEDB 的技术，它通过其内部的属性和方法提供统一的数据访问接口方法，是一个便于使用的应用程序接口。ADO 是独立于开发工具和开发语言的简单的数据接口。

在应用程序中，可以直接使用 ADO 数据对象，完全通过代码访问数据库，但程序代码设计比较复杂。如果采用 VB 6.0 中提供的 ADO 数据控件，不必编写很多代码就可以更方便地创建 ADO 对象，实现对本地或远程数据源的访问。

13.5.1　添加 ADO 数据控件

ADO 数据控件属于 ActiveX 控件，每次创建工程前都要先将其添加到工具箱中，这样在以后的程序设计中就可以像常用控件一样使用。

使用 ADO 连接 Access 数据库的方法：新建 Visual Basic 工程，同时添加对 Microsoft ActiveX Data Objects 2.5 Library 和 Microsofft ADO Ext 2.8 for DDL and Security 对象库的引用。选择【工程】|【引用】命令，在弹出的【引用】对话框中选择对象库，然后单击【确定】按钮，如图 13-20 所示。

在【工程】菜单中选择【部件】命令，打开【部件】对话框，选择 Microsoft ADO Data Control 6.0 (OLEDB)复选框，系统自动定位选择 MSADODC.OCX 文件名，单击【确定】按钮，就可将 ADODC 类型的控件添加到工具箱中。其图标如图 13-21 所示。

在设计应用程序窗体时，双击 ADO 数据控件图标，或者单击控件后，在窗体创建控件，就可以在窗体上添加 ADO 数据控件。ADO 数据控件外观如图 13-22 所示。中间空白处可以给出有关记录的信息，两侧各有两个按钮，代表当前记录指针移动到下一条、上一条、最后一条和第一条记录。如果记录集没有记录，则按钮颜色为灰色。记录指针的移动完全由控件完成，不需编写代码。

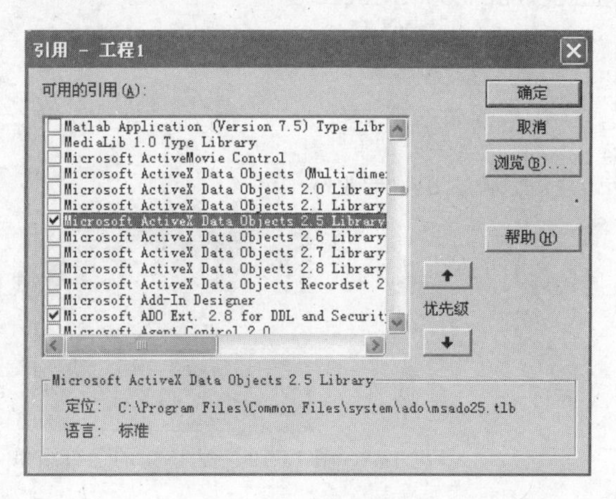

图 13-20　添加对象库

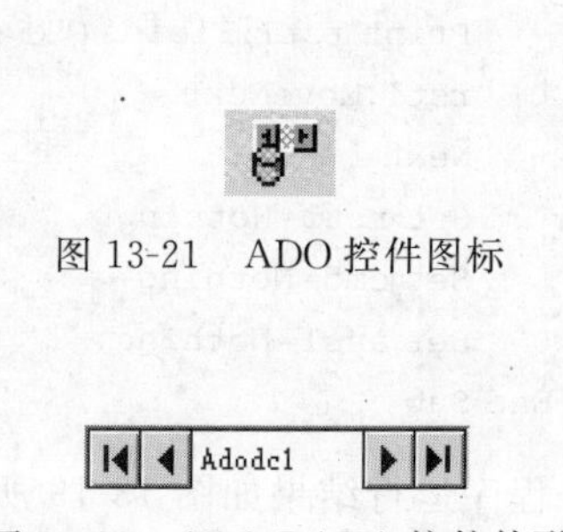

图 13-21　ADO 控件图标

图 13-22　ADO DATA 控件外形

13.5.2　使用 ADO DATA 控件连接数据库

使用 ADO DATA 控件连接数据源的操作步骤如下。

(1) 创建一个新工程，并在工具箱中加入 ADO 数据控件。

(2) 在窗体上添加一个 ADO 数据控件。

(3) 右击该控件，在弹出的快捷菜单中选择【ADODC 属性】命令，系统会自动打开一个【属性页】对话框，如图 13-23 所示。

选择【通用】选项卡，并选择【使用连接字符串】单选按钮，单击【生成】按钮，出现【数据链接属性】对话框，如图 13-24 所示。

选择【提供者】选项卡，选择数据源提供者名称。VB 可以提供多种数据库的连接，对于 Access 数据库，应该选择 Microsoft OLE DB Provider For SQL Server。单击【下一步】按钮，打开【连接】选项卡，单击【选择或输入数据库名称】文本框右边的【…】按钮，选择所需的数据库路径和名字(如F:\数据库\dag1.mdb)。在【输入登录数据库的信息】中可

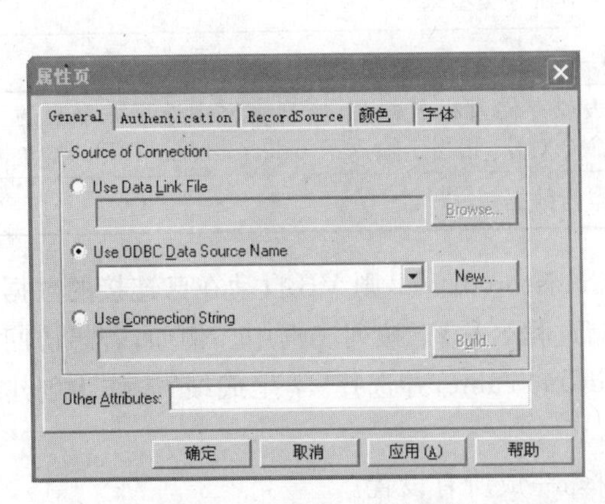

图 13-23 【属性页】对话框

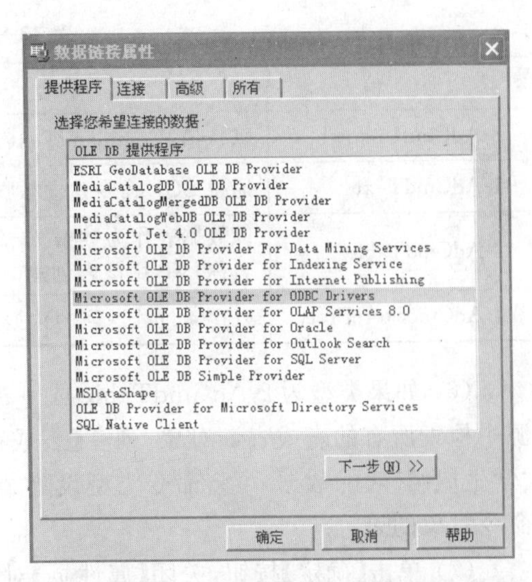

图 13-24 【数据链接属性】对话框

以输入用户名称和密码，如图 13-25 所示。

（4）单击【测试连接】按钮，测试刚才的设置是否正确以及数据库是否可用。如果当前设置的数据源正确而且可用，就会提示测试连接成功，否则会警告连接失败并给出失败的原因。当连接成功后，单击【确定】按钮，返回【属性页】对话框。这时在【使用连接字符串】文本框中已经生成了一个连续的字符串：

```
Provider=Microsoft.Jet.OLEDB.3.51;Persist Security Info=False;Data Source=F:\
数据库\dag1.mdb
```

（5）在【属性页】对话框中选择【记录源】选项卡，如图 13-26 所示。在此可以设置 ADO 控件返回记录的记录源。可用的选择如表 13-8 所示。

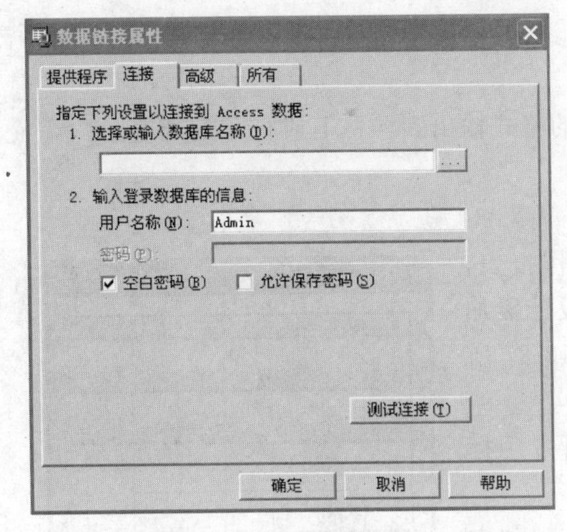

图 13-25 【连接】选项卡

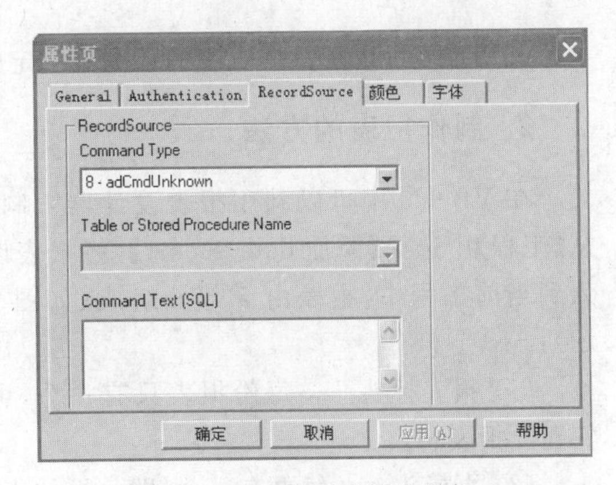

图 13-26 【记录源】选项卡

表 13-8 类型取值

取 值	说 明
8-AdCmdUnkown	默认值,CommandText 属性中命令类型未知
1-AdCmdText	通过 SQL 命令建立数据源
2-AdCmdTable	以数据表作为数据源,在【表或存储过程名称】下拉列表框中选择一个表的名称,VB 用该表创建一个命令对象,相当于输入了 Select * from Table 语句
4-AdCmdStoreProc	以存储过程返回的数据集作为数据源

(6) 如果类型为 2-AdCmdTable 或 4-AdCmdstoredProc,则 VB 自动在已连接的数据源中检索所有的表或查询对象,列在【表或存储过程名称】下拉列表框中。例如,若想访问"学生成绩"表的数据,可将命令类型设为 2-AdCmdTable,并选择"学生成绩"表作为创建命令对象的表。

(7) 单击【确定】按钮,关闭【属性页】对话框,完成所有设置。

(8) 新建工程,向窗体上添加 7 个标签、7 个文本框和 4 个命令按钮。设置文本框 DataSource 属性值为 ADODC1,再设置 DataField 属性,使其显示某个字段的内容。其余控件的属性按图中所示来设置。运行时,ADO Data 控件获取了数据库中的数据,并将记录显示在数据绑定控件中。

通过上述操作,建立了和本机数据源的连接,并创建了一个命令对象访问"学生成绩"表中的数据。可以看出,使用 ADO Data 控件建立和远程数据源的连接是非常简单方便的,其连接和记录源的设置都是通过鼠标的操作完成的,使用户需要做的工作更少。用户无须深入掌握 ADO 对象模型和有关 ODBC 的详细知识,也能建立和远程数据源的访问。

13.6 报表制作

1. 报表的概念

利用报表可以把数据表中的数据按一定的格式输出到屏幕上或打印到纸上。

2. 制作报表的方法

在 VB 6.0 中可以利用报表设计器来制作报表,从【工程】中选择【添加 data report】,将报表设计器加入到当前工程中,报表由 5 部分组成(如图 13-27 所示):

(1) 报表标头——每份报表只有一个,可以用标签建立报表名。

(2) 页标头——每页有一个,即每页的表头,如字段名。

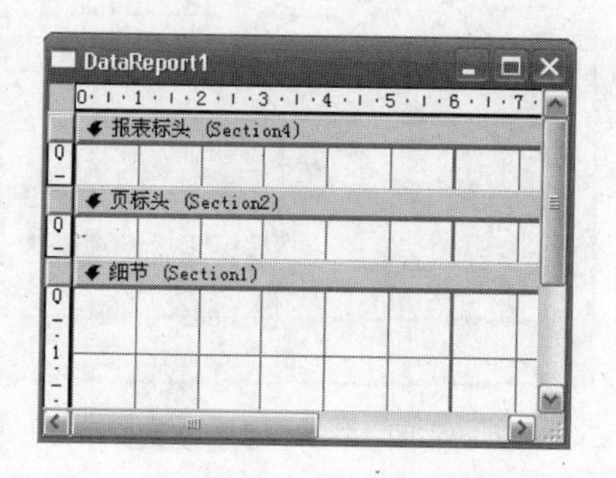

图 13-27 报表设计器

(3) 细节——需要输出的具体数据,一行一条记录。

(4) 页脚注——每页有一个,如页码。

(5) 报表脚注——每份报表只有一个,可以用标签建立对本报表的注释、说明。

使用报表设计器处理的数据需要利用数据环境设计器创建与数据库的连接,从【工程】菜单中选择【添加 Data Enviroment】,在连接中选择指定的数据库文件,完成与数据库的连接,然后产生 Command 对象连接数据库内的表。

制作报表的步骤:

(1) 新建工程,在窗体上放置两个命令按钮。

(2) 从【工程】菜单中选择【添加 Data Enviroment】,右击 Connection1,在属性中选择 Microsoft Jet 4 OLE DB Provider,在【连接】选项卡中指定数据库。

(3) 再次右击 Connection1,选择【添加命令】,创建 Command1 对象,右击 Command1,在属性中设置该对象连接的数据源为需要打印的数据表。

(4) 在从【工程】菜单中选择【添加 Data Report】,在属性窗口中设置 DataSource 为数据环境 DataEnviroment1 对象,DataMember 为 Command1 对象,即指定数据报表设计器 DataReport1 的数据来源。

(5) 将数据环境设计器中 Command1 对象内的字段拖到数据报表设计器的细节区。

(6) 利用标签控件在报表标头区插入报表名,在页标头区设置报表每一页顶部的标题。

(7) 利用线条控件在报表内加入直线,利用图形控件和形状控件加入图案或图形。

(8) 利用 DataReport1 对象的 Show 方法显示报表,在窗体 Click 事件中加代码"DataReport1. Show;"。

(9) 在预览窗口按【打印】按钮可以打印报表。

(10) 利用预览窗口工具栏上的【导出】按钮可以将报表内容输出成文本文件或 Html 文件;也可以利用 DataReport1 对象的 ExportReport 方法将报表内容输出成文本文件或 Html 文件。

制作报表的简单方法是从【外接程序】中选择报表向导来设计报表。

习　题

1. 简述数据库、数据库管理系统、数据库应用程序和数据库系统的概念。
2. 什么是关系数据库?
3. 记录、字段、表与数据库之间的关系是什么?
4. VB 中的记录集有几种类型?有何区别?
5. 怎样把 ADO 数据控件添加到工具箱中?
6. 怎样打开 ADO 数据控件属性页面?
7. 如何采用"使用链接字符串"方式连接数据源(Access 数据库)?
8. 数据窗体向导怎样产生数据访问窗体?

9. 创建一个学生档案管理数据库，数据库名为 mydb. mdb，并建立一个学生数据表 student，该表结构如表 13-9 所示。

表 13-9　学生信息表结构

名称	类型	大小	名称	类型	大小
姓名	Text	20	数学	Single	
年龄	Integer		英语	Single	
性别	Text	2	计算机	Single	

设计一个窗体，编写程序能够对 Mydb. mdb 数据库中的 student 表进行编辑、添加、删除及查找操作。

10. 利用 Data 控件，通过数据绑定控件在窗体上显示 Mydb. mdb 中的 student 表的内容。

11. 浏览数据表 student 中的数据。

12. 对 Mydb. mdb 中的数据表 student 记录集进行增、删、改的操作。

13. 设计用户登录界面及申请新用户界面，并实现相应的功能。登录界面如图 13-28 所示，要求只有用户输入了正确的用户名和密码，才可以进入一个主界面；如果申请新用户，单击【申请新用户】命令按钮，则进入到如图 13-29 所示的【申请新用户】界面上进行申请，申请结束后，回到登录界面，以用户身份进行登录。

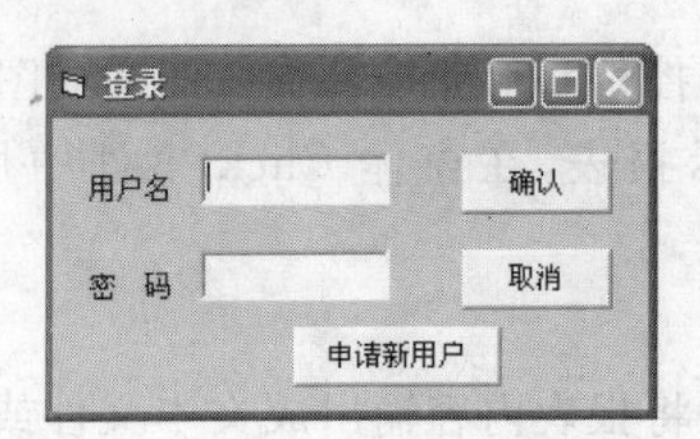

图 13-28　用户登录界面

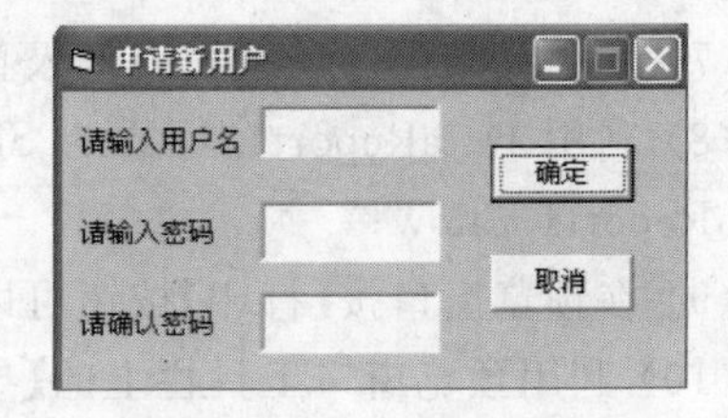

图 13-29　申请新用户界面

第14章 VB多媒体应用

随着计算机技术的发展,多媒体已经成为非常重要的技术,运用多媒体技术可使应用程序更加美观,达到更佳的效果。多媒体技术是计算机处理文本(Text)、图像(Image)、图形(Graphic)、音频(Audio)、视频(Video)等多种信息的综合技术。它的出现使计算机在人类的文化娱乐活动中扮演了重要的角色,使越来越多的人和计算机交上了朋友。本章主要介绍多媒体控件、API函数、外部引用等方法,通过实例来介绍多媒体应用程序的开发。

14.1 多媒体基础

VB 6.0提供了许多多媒体控制接口(Media Control Interface,MCI)命令,让用户可以方便地使用计算机中的多媒体设备;提供了访问Windows应用程序接口(API)的方法,通过调用API函数,可以使用许多Windows的高级功能;还可以通过引用外部程序如MStts(微软发音引擎)等,实现更多的多媒体功能。

多媒体(Multimedia)的音频和视频有多种格式。

音频格式有:CD,WAV和MIDI。CD音频是一种保真度较好的音频格式。WAV音频采用波形数据格式,特点是灵活性强,用户可以对它进行读、写、修改和检索等操作,但占用的存储空间相当大。MIDI是音乐设备数字接口,大多数声卡上都有MIDI合成器,MIDI的优点是占用的存储空间很小,一段几分钟的乐曲只需几十千字节。

视频和电影的原理一样,利用视觉暂留现象将一幅幅独立的图像连续快速播放(一般25帧/s或30帧/s),给人以连续运动的画面感觉。视频文件的种类主要有AVI,MOV,MPG,DAT等。Windows操作系统采用纯软件的压缩/解压缩方法,使用户在现有的多媒体计算机基础上,不需要增加硬件设备就可以处理视频文件。

在计算机中有多种类别的多媒体设备,分别处理不同类型的多媒体文件,编程序时使用它们的设备类别代号调用。表14-1列出了常见多媒体设备及它们的类别代号。

表14-1 常见多媒体设备类别代号

设备类别	设备代号	设备类别	设备代号
数字图像	Avivideo	MIDI序列发生器	Sequencer
动画播放设备	Animation	激光视盘机	Videodisc
CD Audio设备	CdAudio	语音播放设备	Waveaudio
视频重叠设备	Overlay		

14.2 MCI 命令和 MMControl 控件

14.2.1 MCI 命令

MCI 提供了许多与设备无关、由应用程序直接调用的命令。常用的 MCI 命令如表 14-2 所示。

表 14-2 常用的 MCI 命令

命　令	功　能	命　令	功　能
Back	单步回倒	Prev	回到上一曲目或开始位置
Close	关闭媒体设备	Record	录音
Eject	弹出媒体	Seek	查找一个位置
Next	快进到下一曲目	Sound	播放声音
Open	打开媒体设备	Step	步进
Pause	暂停	Stop	停止
Play	播放		

14.2.2 MMControl 控件

MMControl(Microsoft Multimedia Control)控件是一个用户和 Windows 多媒体系统之间的接口，是 VB 6.0 中进行多媒体设计的重要部件，用于管理和控制各种接口(MCI)设备上的做媒体文件的记录与回放，这些设备有声卡、MIDI 发生器、CD-ROM 驱动器、音频播放器、视频播放器等。使用该控件可以把音乐和视频添加到应用程序中。

1. MMControl 控件的添加

在 VB 6.0 的标准工具箱中没有该控件，使用时可以右击工具箱，在快捷菜单中选择【部件】命令或选择【工程】菜单中的【部件】命令打开【部件】对话框，在控件页面中选中 Microsoft Multimedia Control 6.0，单击【确定】按钮，将该控件加载到工具箱中。绘制到窗体上的 MMControl 控件如图 14-1 所示。

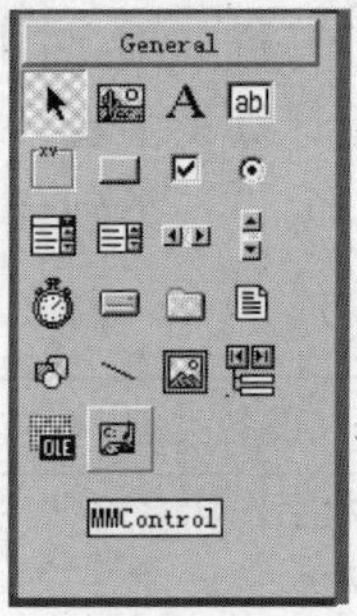

2. MMControl 控件的按钮功能

MMControl 控件上的 9 个多媒体按钮功能与录像机上的功能按钮一样，依次是 Prev(倒带)、Next(快进)、Play(播放)、Pause(暂停)、Back(回倒)、Step(步进)、Stop(停止)、Record(录音)和 Eject(弹碟)。用户可以通过该控件向计算机上的所有多媒体设备发出 MCI 命令。例如：MIDI 序列发生器(Sequencer)、CD 播放器(CDAudio)数字图像(Avivideo)等。

图 14-1 添加 MMControl 控件

3. MMControl 控件的常用属性

MMControl 控件的常用属性如表 14-3 所示。

表 14-3　MMControl 控件的常用属性

属 性 名	属 性 值	说　明
AutoEnable	True 或 False	能否自动检测功能按钮的状态
按钮的 Enabled	True 或 False	某按钮是否有效
按钮的 Visible	True 或 False	某按钮是否可见
Can 按钮名	True 或 False	检测媒体设备的 Play,Eject 等功能
Command	MCI 命令	执行一条多媒体 MCI 命令
DeviceType	设备类别代号	设置要使用的多媒体设备
FileName	文件名	设置媒体设备打开或存储的文件名
From	常整数型	播放的开始
To	常整数型	终止位置
Length	常整数型	返回使用的多媒体文件长度
Mode	524(未打开) 525(停止) 526(播放中) 527(记录中) 528(搜索中) 529(暂停) 530(待命)	返回媒体设备所处的状态
Notify	True 或 False	当 MCI 命令执行完毕时,是否发生 Done 事件
Notify Value	1-命令成功执行 2-其他命令取代当前命令 3-用户中断 4-命令失败	MCI 命令执行情况测试值
Position	长整数型	返回所有设备的当前位置
UpdateInterval	整数型	设定 StatusUpdata 事件之间的微妙数

14.2.3　MMControl 控件的特有事件及编程步骤

1. 事件

MMControl 控件的特有事件列表如下。

事件	说明
Done	完成 MCI 命令动作
ButtonClick	单击按钮
ButtonCompleted	按钮执行命令完成

ButtonGetFocus	按钮获得输入焦点
ButtonLostFocus	按钮失去输入焦点
StatusUpdata	更新媒体控制对象的状态信息

2. 编程步骤

(1) 在工具箱中加载 MMControl 控件,并绘制到窗体中。
(2) 用 MMControl 控件的 DeviceType 属性设定多媒体设备类别。其值如表 14-1 所示。
(3) 用 FileName 属性指定多媒体文件。
(4) 用 MMControl 控件的 Command 属性控制多媒体设备。
(5) 编写相应特殊按钮的响应代码。
(6) 设备使用完毕后,注意用 MMControl 控件的 Command 属性的 Close 关闭设备。

14.2.4 应用举例

【例 14-1】 制作一个简单的 WAV 文件播放器。

在窗体上放置多媒体控制部件 MMControl,运行界面如图 14-2 所示,以播放 c:\windows\media\logoff.wav 为例。

程序代码如下:

```
Private Sub Form_Load()
    Form1.MMControl1.Notify=False
    Form1.MMControl1.Wait=True
    Form1.MMControl1.Shareable=False
    Form1.MMControl1.DeviceType="WaveAudio"
    Form1.MMControl1.FileName="c:\windows\
media\logoff.wav"
    Form1.MMControl1.Command="Open"
End Sub
```

图 14-2 一个简单的 WAV 文件播放器

启动程序,单击播放按钮,就可以听到 logoff.wav 的声音效果了。

从上例可以看出,在 VB 中利用 MMControl 控件编制程序,实现播放多媒体文件的功能非常简单。下面举一个功能完整的实例。

【例 14-2】 用 MMControl 控件制作录音机程序。

程序要求:可以任意选择声音文件播放,可以实现录音功能,可以响应菜单功能,可以响应 MMControl 控件的按钮操作,用滚动条显示播放进度。

首先打开【工程】→【部件】对话框,选中 Microsoft Multimedia Control 6.0 和 Microsoft Commom Dialog,单击【确定】按钮,把 MMControl1 控件和 CommonDialog1 控件添加到窗体中,注意 CommonDialog1 控件添加到窗体中,注意 CommonDialog 控件在程序执行时是不可见。

然后按照图 14-3 所示设置窗体。Label1.caption='播放速度',其他控件属性用默认值。

菜单设置如表 14-4 所示。

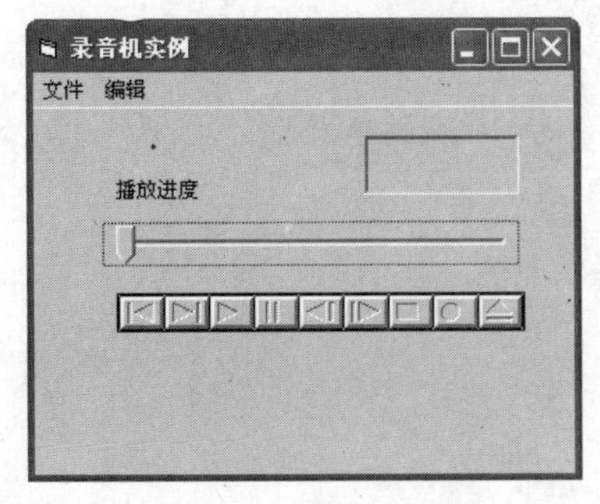

图 14-3 录音机界面

表 14-4 例 14-2 菜单设置

菜单项(名称)	Caption 属性	菜单项(名称)	Caption 属性
Menu1	文件	…MenuFileSave As	退出
…MenuFileNew	新建	…MenuFileQuit	另存为
…MenuFileOpen	打开	Menu2	编辑
…MenuFileClose	关闭	…MenuFileRecord	录音
…MenuFileSave	保存		

程序代码如下：

```
Private Sub Form_Load()
    MMControl1.DeviceType="Waveaudio"
    MMControl1.Command="open"
    MMControl1.UpdateInterval=0
    MMControl1.TimeFormat=0
    MenuFileClose.Enabled=False
    MenuFileSave.Enabled=False
    MenuFileSaveAs.Enabled=False
    MenuFileRecord.Enabled=False
End Sub
'菜单代码
'设置【打开】菜单代码
Private Sub MenuFileOpen_Click()
    Dim ms As Single
    On Error Resume Next
    CommonDialog1.Filter="Wave 文件 * .wav|* .wav|所有文件 * . * |* . * "
    CommonDialog1.ShowOpen
    If Err.Number>0 Then Exit Sub                    '错误时退出
      MMControl1.FileName=CommonDialog1.FileName
      MMControl1.UpdateInterval=50
      MMControl1.Command="open"
      ms=MMControl1.Length/1000
      HScroll1.Max=ms*10
      HScroll1.Value=0
      MenuFileNew.Enabled=False
      MenuFileOpen.Enabled=False
      MenuFileClose.Enabled=True
      MenuFileSave.Enabled=True
      MenuFileSaveAs.Enabled=True
      MenuRecord.Enabled=True
End Sub
'设置【关闭】菜单代码
Private Sub MenuFileClose_Click()
```

```
    MMControl1.Command="close"
    MMControl1.UpdateInterval=0
    MenuFileNew.Enabled=True                                    '恢复菜单设置
    MenuFileOpen.Enabled=True
    MenuFileClose.Enabled=False
    MenuFileSave.Enabled=False
    MenuFileSaveAs.Enabled=False
    MenuRecord.Enabled=False
End Sub

Private Sub MenuFileNew_Click()
    MMControl1.DeviceType="Waveaudio"                           '指定多媒体设备
    MMControl1.FileName="未命名.wav"
    MMControl1.UpdateInterval=50
    MMControl1.Command="open"
    MenuFileNew.Enabled=False
    MenuFileOpen.Enabled=False
    MenuFileClose.Enabled=True
    MenuFileSave.Enabled=True
    MenuFileSaveAs.Enabled=True
    MenuRecord.Enabled=True
End Sub
'设置【退出】菜单代码
Private Sub MenuQuit_Click()
    mf=MMControl1.FileName
    MMControl1.Command="stop"
    MMControl1.Command="close"
End Sub
'设置【保存】菜单代码
Private Sub MenuFileSave_Click()
    MMControl1.Command="save"
End Sub
'设置【另存为】菜单代码
Private Sub MenuFileSaveAs_Click()
    On Error Resume Next
    If CommonDialog1.FileName="" Then
    CommonDialog1.FileName="未命名.wav"
    CommonDialog1.Filter="Wave文件(*.wav)|*.wav|所有文件(*.*)|*.*"
    CommonDialog1.ShowSave
    If Err.Number>0 Then Exit Sub
      MMControl1.FileName=CommonDialog1.FileName
      MMControl1.Command="save"
```

```
End Sub
'设置【录音】菜单代码
Private Sub MenuRecord_Click()
    MMControl1.Command="Record"
End Sub
'设置 HScroll1
Private Sub MenuRecord_Click()
    HScroll1.Max=MMControl1.Length/100
    HScroll1.Value=MMControl1.Position/100
End Sub
```

14.3 API 函数

14.3.1 API 函数简介

所谓 API(Application Programing Interface)就是"应用程序接口",它是一些由操作系统调用的函数。Windows API 函数由许多"动态链接库"或 DLL 组成。在 32 位 Windows 操作系统中,核心的 API DLL 如下。

Gdi32.dll:图形显示界面的 API。

Kernel32.dll:处理低级任务(如内存和任务管理)的 API。

User32.dll:处理窗口和消息(VB 程序员能把其中一些当作事件访问)的 API。

Winmm.dll:处理多媒体任务(如波形音频、MIDI 音乐和数字影像等)的 API。多媒体编程中主要使用的 API 函数就在这个链接库中。

还不断有新的 API 出现,处理新的操作系统扩展,如 E-mail、连网和新的外设。

14.3.2 API 函数的说明

由于 Windows API 函数不是 VB 的内部函数,所以在使用它们之前必须显式地加以声明。说明 API 函数一般有两种方法:一种是使用说明语句;另一种是将 Win32API.txt 中的说明文本复制到代码窗口中。

下面先介绍说明语句,使读者对其中的主要关键字的意义有所了解,然后介绍 VB 中访问 Win32API.txt 的方法。

格式:

```
Declare Function  函数名  Lib"库名"[Alias"别名"](ByVal 参数 1As 类型,…,ByVal 参数 nAs 类型)As 函数类型。
```

说明:

(1) 声明中的 Lib 和 Alias 的意义。

一般情况下 Win32API 函数总是包含在 Windows 操作系统自带的或是其他公司提供的动态链接库 DLL 中，而 Declare 语句中的 Lib 关键字就是用来指定 DLL(动态连接库)文件的路径，这样 VB 才能找到这个 DLL 文件，然后使用其中的 API 函数。如果只是列出 DLL 文件名而不指出其完整的路径，VB 会自动到.exe 文件所在目录、当前工作目录、WINDOWS\SYSTEM 目录、WINDOWS 目录下搜寻这个 DLL 文件。所以如果所要使用的 DLL 文件不在上述几个目录下的话，应该用文件标识符指明其完整路径。

Alias 用于指定 API 函数的别名，如果调用的 API 函数要使用字符串(参数中包含 String 型)，Alias 关键字是必须用的。这是因为在 ANSI 和 Unicode 字符集中同一 API 函数的名称可能是不一样的，为了保证不出现声明错误，可使用 Alias 关键字指出 API 函数别名，例如在 API 函数名后加一个后缀字母作为别名即可。

(2) 常见的 API"参数类型"的说明。

API 函数的"参数"中最常见的是长整型(Long)数据类型，如 API 中的句柄，一些特定的常量和函数的返回值都是此类型的值；另外几种常见的参数类型有：Integer 型、Byte 型、String 型等。

(3) 声明中 ByVal 的作用。

与 VB 的参数传递方式有关，在默认情况下 VB 是通过地址方式传递函数的参数，而有些 API 函数要求必须采用"传值"方式来传递函数参数。用传址就会发生错误，解决的办法是在 API 函数参数声明的前面加上 ByVal 关键字，这样 VB 就采用"传值"方式传递参数了。

(4) 完整声明 API 函数的简便方法。

VB 自带 API 浏览器(VB6 API VIEWER)，可以通过它访问 Win32API.txt，在其中找到 API 函数的完整声明，然后把它粘贴到代码中即可。

访问步骤：首先选择【外接程序】菜单中的【外接程序管理器】命令，在【可用外接程序】列表框中选择 VB6 API VIEWER，在【加载行为】复选框中选定【加载/卸载】，确定后在【外接程序】菜单中添加了【API 浏览器】。API 浏览器如图 14-4 所示。

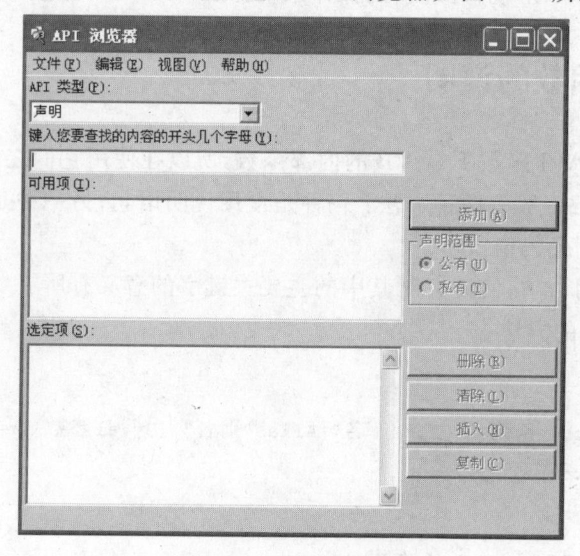

图 14-4 API 浏览器

在【文件】菜单中选择【加载文本文件】命令，出现打开文本对话框，如图 14-5 所示。

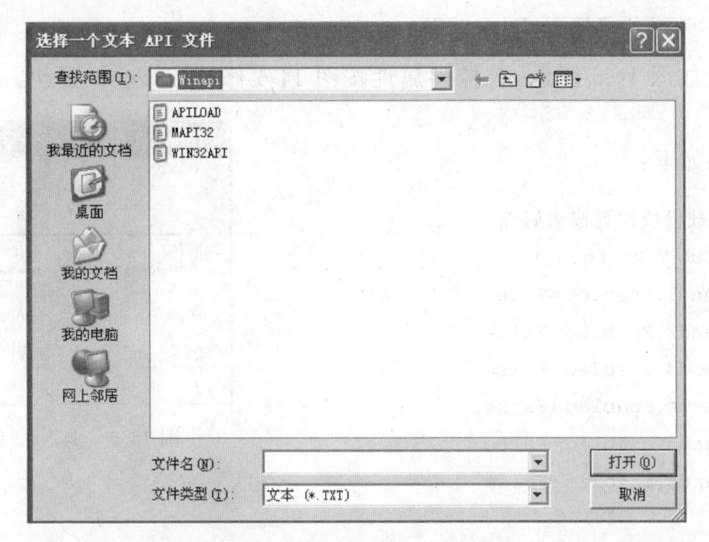

图 14-5 打开文本对话框

选择 Win32API，在 API 浏览器中出现了可用项，选中需要声明的函数，把【选定项】中的文本复制到相应的模块（一般是.bas 标准模块或代码的通用说明部分），API 函数的声明就完成了。

由于 API 函数大多是由 C++ 语言编制，而 C++ 语言和 VB 的变量类型有很大差异，声明中如考虑不周很容易造成错误调用。因此，建议读者尽量使用 API 浏览器声明 API 函数。

14.3.3 API 多媒体函数应用举例

API 多媒体功能主要在 Winmm.dll 中，在这个链接库中提供了上百个具有多媒体处理功能的函数。以 midi 开头的具有音乐合成功能，以 wave 开头的具有语音处理功能，以 mci 开头的函数可以直接向系统发现 MCI 命令。利用它们可以方便地开发多媒体程序。

【例 14-3】 利用 API 函数制作 CD 播放器。

步骤：

(1) 打开 VB，选择【新建】|【新建工程】命令，弹出【新建工程】对话框，选中【标准 EXE】图标，单击【确定】按钮，建立一个“标准 EXE”工程。

(2) 添加 Microsoft Multimedia Contorl 控件。

添加的方法为：选择【工程】|【部件】命令，弹出【部件】对话框，在部件选择列表框中选中 Microsoft Multimedia Contorl 6.0 选项，单击【确定】按钮，控件则已加入到工具箱中了。

(3) 添加命令按钮。

在本例中使用 mciExecute 函数，首先添加标准模块并写入声明使用该函数代码。

```
Public Declare Function micExecute Lib"winmm.dll"
Alias"micExecute"(ByVal lpstrCommand As String) As Long
```

界面设置如图 14-6 所示，各控件属性按图 14-6 修改 Caption 属性。其他属性用默认值。

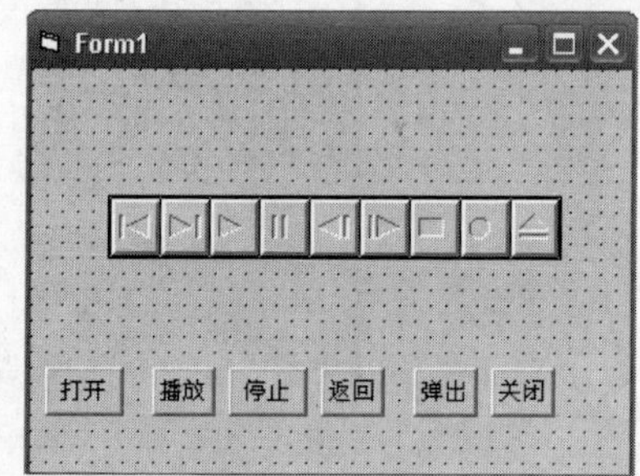

图 14-6　例 14-3 设计界面

程序代码如下：

```
'在窗体加载模块设置按钮属性
Private Sub Form_Load()
    Command1.Enabled=True
    Command2.Enabled=False
    Command3.Enabled=False
    Command4.Enabled=False
    Command5.Enabled=False
    Command6.Enabled=False
End Sub
'打开媒体设备
Private Sub Command1_Click()
    mciExecute"open cdaudio alias cd"
    Command1.Enabled=False
    Command2.Enabled=True
    Command3.Enabled=False
    Command4.Enabled=False
    Command5.Enabled=False
End Sub
'播放音乐
Private Sub Command2_Click()
    mciExecute"play cd"
    Command2.Enabled=False
    Command3.Enabled=True
    Command4.Enabled=False
    Command5.Enabled=False
End Sub
'停止
Private Sub Command3_Click()
    mciExecute"stop cd"
    Command2.Enabled=True
    Command3.Enabled=False
    Command4.Enabled=True
    Command5.Enabled=True
End Sub
'倒回开头位置
Private Sub Command4_Click()
```

```
    mciExecute"seek cd to start"
    Command1.Enabled=False
    Command2.Enabled=True
    Command3.Enabled=False
    Command4.Enabled=False
    Command5.Enabled=True
End Sub
'弹出 CD
Private Sub Command5_Click()
    If Command5.Caption="弹碟" Then
      mciExecute"seek cd to door open"
      Command5.Caption="回位"
    Else
      mciExecute"seek cd to close"
      Command5.Caption="弹碟"
    End If
      Command1.Enabled=False
      Command2.Enabled=True
      Command3.Enabled=False
      Command4.Enabled=False
End Sub
'关闭设备及程序
Private Sub Command6_Click()
    mciExecute"close cd"
    End
End Sub
'声道及声音控制
Private Sub Option1_Click(index As Integer)
    mciExecute"set cd audio all off"
    Select Case index
    Case 0
      mciExecute"set cd audio lift on"
    Case 1
      mciExecute"set cd audio right on"

    Case 2
      mciExecute"set cd audio all on"
      mciExecute"set cd audio right on"
      mciExecute"set cd audio lift on"
    End Select
End Sub
```

14.4 引用外部功能编程

14.4.1 MSTTS 简介

在 VB 中除了 Windows 操作系统的功能外，还可以调用外部的功能链接库。下面通过对英文发音引擎的调用来介绍通过外部引用的方法进行多媒体编程。

MSTTS 是微软公司出品的一套文字朗读引擎（Microsoft Text-To-Speech Engine），由两个文件组成（MSTTS. EXE 和 SPCHAPI. EXE），执行后在 Windows 文件夹下添加了一个 Speech 文件夹。它提供了全篇英文朗读功能。在 Windows 操作系统中安装 MSTTS 后，实质上就是添加了语音朗读功能和英文朗读 API 功能连接库（Microsoft Text-To-Speech Engine 和 Microsoft Speech API 4.0），在 VB 中可以通过引用 Speech 文件夹下的 Vtxtauto. tlb 文件来实现英文朗读的功能。Windows 操作系统支持的其他公司的软件，其功能的核心部分也大多可以用 API 函数的形式加以调用。

Vtxtauto. tlb 文件不仅提供了全篇英文朗读功能，还提供了朗读控制的许多方法，例如，停止朗读（VTxtAuto. VTxtAuto. StopSpeaking）、暂停朗读（VTxtAuto. VTxtAuto. AudioPuse）、恢复朗读（VTxtAuto. VTxtAuto. AudioResume）、语速调整（VTxtAuto. VTxtAuto. Speed）等。

14.4.2 应用举例

下面利用这些方法来编制一个简易的英文发音程序。

【例 14-4】 英文朗读程序，要求可以随意输入英文文本，可以调整朗读速度，可以暂停/恢复朗读。

界面设置如图 14-7 所示。

控件属性设置如表 14-5 所示。

调用微软发音引擎：在【工程】菜单中选择【引用】命令，打开【引用】对话框，单击【浏览】按钮打开 Vtxtauto. tlb 文件，将 VoiceText1.0 Type Library 添加到引用列表中，选中它并单击【确定】按钮。

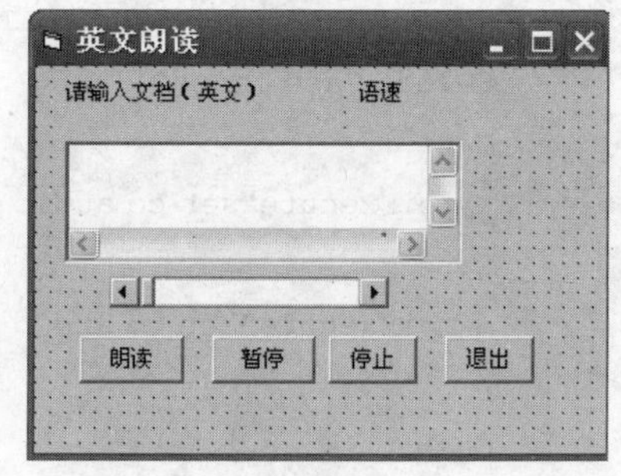

图 14-7 英文朗读程序设计界面

程序代码如下：

```
'窗体装载模块初始化设置
Private Sub Form_Load()
```

表 14-5　例 14-4 控件属性设置

对 象	属 性	设 置	对 象	属 性	设 置
窗体 Form1	Caption	英文朗读	Label2	Caption	语速
Command1	Name	Read()	Label3	Caption	空
	Caption	朗读	HScroll1	Name	Speed()
Command2	Name	Pause()		Autosize	True
	Caption	暂停		Min	80
Command3	Name	Stop()		Max	280
	Caption	停止	Text1	Text	空
Command4	Name	Quit()		MultiLine	True
	Caption	退出		Scrollbars	3
Label1	Caption	请输入文档(英文)			

```
        Call VTxtAuto.VTxtAuto.Register(Space(8),Space(8))
        '设朗读速度初始值为 150,即水平滚动条的初始值为 150
        speed0.Value=150
    End Sub
    '设置"水平滚动条"即朗读速度调节代码
    Private Sub speed0_change()
        '利用滚动条的 Value 属性控制语速
        VTxtAuto.VTxtAuto.speed=speed0.Value
        label3.Caption=speed0.Value
    End Sub
    '设置【朗读】按钮代码
    Private Sub read0_click()
        On Error GoTo ErrorHandler
        '用 speak 方法进行朗读文本
        Call VTxtAuto.VTxtAuto.speak(Trim(text1.Text),vtxtsp_VERYHIGH+vtxtst_READING)
        Exit Sub
    ErrorHandler:
        MsgBox"只能朗读英文,不能朗读汉文!",,"出错信息"
    End Sub
    '设置【暂停】按钮代码
    Private Sub pause0_click()
        If VTxtAuto.VTxtAuto.IsSpeaking Then
        '利用 IsSpeaking 属性判断朗读状态
        Call VTxtAuto.VTxtAuto.AudioPause                    '用 AudioPause 方法暂停朗读
            pause.Caption="恢复"
        Else
        Call VTxtAuto.VTxtAuto.AudioResume                   '用 AudioResume 方法继续朗读
```

```
        pause.Caption="暂停"
    End If
End Sub
'设置【停止】按钮代码
Private Sub stop0_click()
    Call VTxtAuto.VTxtAuto.stopspeaking          '用 stopspeaking 方法停止当前朗读
End Sub
'设置【退出】按钮代码
Private Sub quit0_click()
    Unload Me
End Sub
```

习　　题

1. MCI 控件有几个按钮？其按钮属性是什么？

2. 简单多媒体设备和复合多媒体设备有什么区别？

3. 如何声名多媒体 API 函数？

4. 使用 API 函数设计一个 CD 播放器，其功能和界面自定。

5. 设计一个动画播放器，使用多媒体控件 MMControl 播放以 avi 为扩展名的动画文件。

6. 编写程序，使 MCI 控件显示全部按钮，但只有 Prev(前一个)、Next(下一个)、Play(播放)、Pause(暂停)等 4 个按钮有效，其他按钮为无效状态。

7. 编写程序，用 MCI 控件的 Mode 属性测试并输出打开的 MCI 设备状态。

提示：程序包括两个事件过程，即窗体的 Load 事件过程和 MCI 控件的 StatusUpdate 事件过程。在前一个事件过程中，打开并播放一个多媒体设备或文件，同时把 MCI 控件的 UpdateInterval 属性设置为适当的值(如 100)；在后一个事件过程中，根据不同的状态，输出相应的信息。

8. 编写一个播放 AVI 文件的多媒体应用程序。在窗体上添加两个命令按钮，标题分别为【打开】和【关闭】；再添加一个 MCI 控件、一个通用对话框控件和一个图片框。程序运行后，如果单击【打开】命令按钮，则显示【打开文件】对话框，选择要播放的 AVI 文件，然后通过 MCI 控件播放；如果单击【关闭】按钮，则停止播放，并结束程序。

9. 使用 animation、progressbar 控件编写一个文件复制的模拟程序，完成文件复制模拟及复制进度的百分比显示。

10. 使用 multimedia MCI 控件编写一个可以播放多种多媒体文件的播放程序。

第15章 ActiveX 控件

VB 应用程序的界面主要由控件组成，工具箱中提供了 20 个常用的控件，这些控件可以直接使用，它们称为标准控件。当开发复杂的应用程序时，仅仅使用这些控件是不够的。其实，除了工具箱中的标准控件之外，还有一些控件，它们不在工具箱中，每个这种控件都以单独的.ocx 文件存在，需要时，可以选择【工程】菜单中【部件】命令，从【部件】对话框里把它们选择出来，即把它们添加到工具箱中，使用它们与使用标准控件完全一样。这类控件称为 ActiveX 控件。ActiveX 控件可以是系统提供的，也可以是第三方开发商提供的，还可以是用户自己开发的。在软件开发中，使用 ActiveX 控件一方面能够节约大量的开发时间；另一方面，由于许多 ActiveX 控件是作为产品开发的，已经过测试和许多人的使用，这使得开发的软件正确性和可靠性有很大提高。

本章以一个简单实例介绍自己动手创建 ActiveX 控件的过程。

15.1 创建一个简单的 ActiveX 控件

【例 15-1】 创建一个如图 15-1 所示的“电子表”控件。

操作步骤如下。

1. 新建 ActiveX 控件工程

选择【文件】菜单中的【新建工程】命令，出现【新建工程】对话框，如图 15-2 所示。

图 15-1 电子表控件

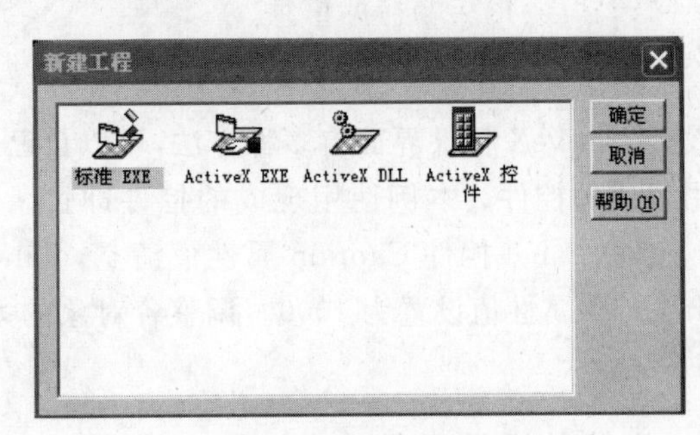

图 15-2 【新建工程】对话框

单击【ActiveX 控件】图标，然后单击【确定】按钮关闭对话框，就打开了一个 ActiveX 控件工程，并添加了一个空窗体，即 UserControl 对象(类似“标准 EXE”工程的 Form 对象)。窗体的缺省名是 UserControl，如图 15-3 所示。

ActiveX 控件就在 UserControl 对象上的制作。实际上，ActiveX 控件就是由 UserControl 对象及放置在它上面的控件组成的。用户可以像在“标准 EXE”工程的窗体上一样，在 UserControl 对象上添加各种现有的控件，编写事件工程。

为了便于记忆，现在把 ActiveX 控件工程名 UserControl 对象名改为有实际意义的名称“ActiveX 控件示例”。本例做如下修改。

(1) 单击【工程】窗口的【工程 1】，如图 15-4 所示，在【属性】窗口中将工程的名称由原来的“工程 1”改为“ActiveX 控件示例”。

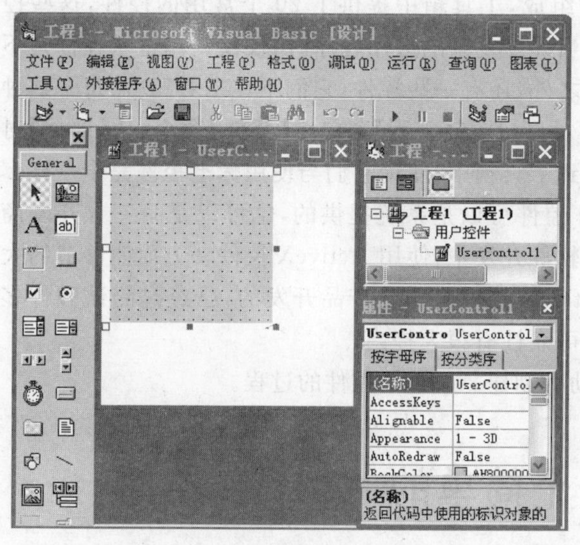

图 15-3　新建 ActiveX 工程初始画面

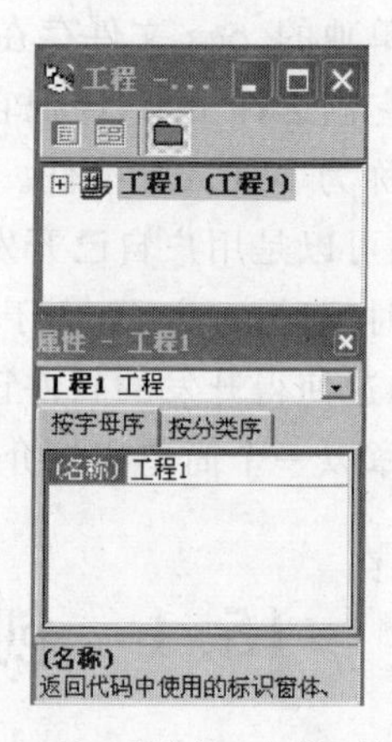

图 15-4　【工程】窗口与【属性】窗口

(2) 单击【工程】窗口的 UserControl，出现其属性时，在属性窗口中将 UserControl 对象的名称由原来的 UserControl 改为“电子表”。

这时，新名字“电子表”出现在窗体的标题和工程窗口中。“电子表”也成为该控件的类名，就像 CommandButton 是命令按钮的类名一样。

2. 设计 ActiveX 控件界面

设计 ActiveX 控件界面有多种方法，可以自己动手用 VB 提供的绘图功能绘制，也可以使用现成的控件。本例使用现成的控件即可。向窗体上添加一个 Label 控件和一个 Timer 控件，Label 控件 Caption 属性值清空，Timer 控件的 Interval 属性值设置为 1000。调整各对象的大小，如图 15-5 所示。

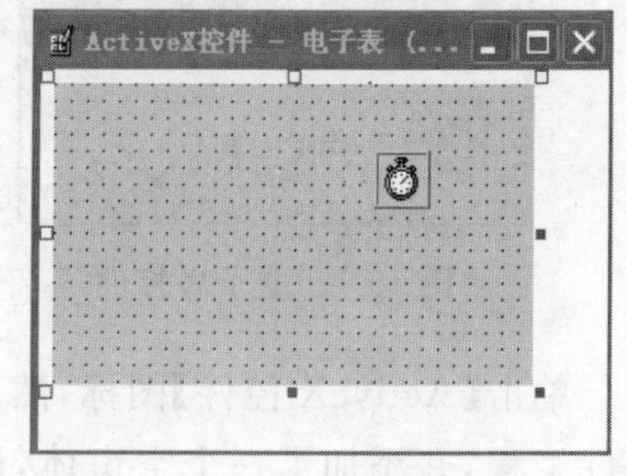

图 15-5　调整各对象的大小

3. 为控件设计事件工程

```
Private Sub Timer1_Timer()
  Label1.Caption = Hour(Time) & "时" & Minute
  (Time) & "分" & Second(Time) & "秒"
End Sub
```

程序中的 Hour 函数、Minute 函数和 Second 函数用分别来显示当前时间的时、分、秒。

4. 保存工程

选择【文件】菜单中的【保持工程】命令，系统先后弹出两个对话框，在对话框中系统给的默认文件名分别是："电子表.ctl"与"ActiveX 控件示例.vbp"。

5. 测试"电子表"控件

现在测试一下刚做出的"电子表"控件。为了测试"电子表"控件，需要再添加一个"标准 EXE"工程。操作步骤如下。

(1) 选择【文件】菜单中的【添加工程】命令，打开【添加过程】对话框。双击【标准 EXE】，在【工程】窗口中可看到新添加的工程，如图 15-6 所示。现在有两个工程，一个是 ActiveX 控件示例工程，另一个是用来作为测试的工程。

(2) 关闭 ActiveX 的设计窗口("电子表"窗口)，此时可在工具箱中看到一个名为"电子表"的控件，如图 15-7 所示。

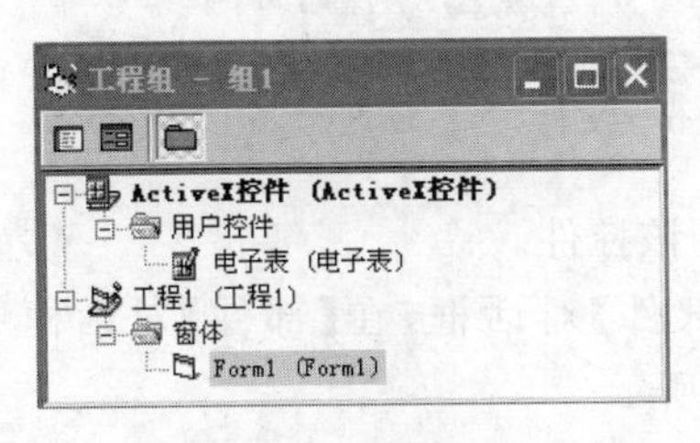

图 15-6 两个工程

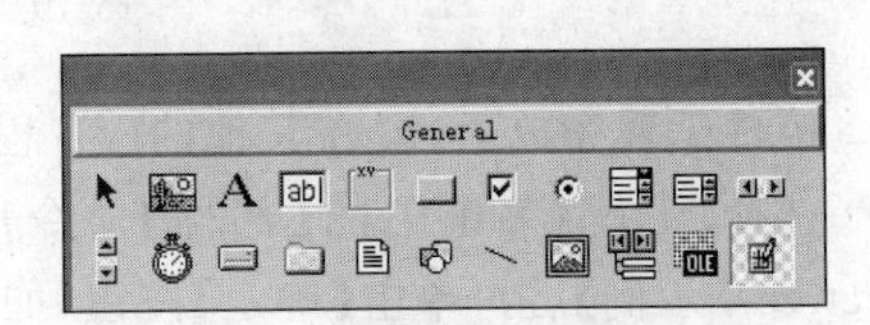

图 15-7 工具箱中的"电子表"控件

(3)现在可以像使用工具箱中的其他控件一样使用"电子表"控件。将"电子表"控件加到窗体上并调整其大小。

(4) 在【工程】窗口中右击【工程 1】，选择快捷菜单中的【设置为启动】命令，如图 15-8 所示。

(5) 按 F5 键运行程序，运行结果如图 15-9 所示。

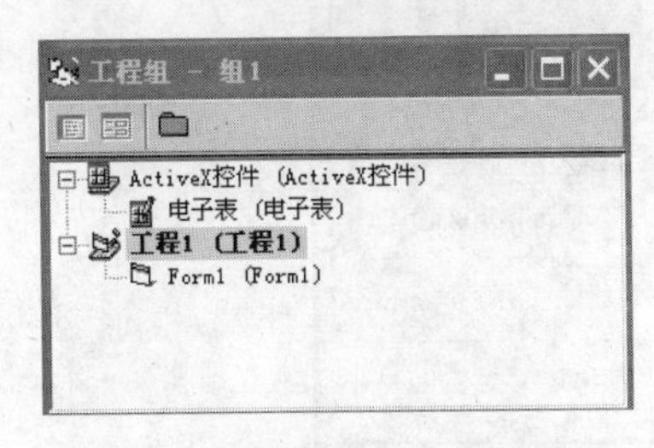

图 15-8 选择【设置为启动】命令

图 15-9 运行结果

若发现控件有不满意的地方，可结束程序运行，然后进行修改。

6. 编译生成.ocx 文件

选择把 ActiveX 控件工程(ActiveX 控件示例)编译成.ocx 文件，控件只有被编译成

.ocx 文件后才能被其他应用程序使用。

编译步骤如下。

(1) 单击【工程】窗口中的【ActiveX 控件示例】。

(2) 选择【文件】菜单中的【生成 ActiveX 控件示例.ocx】命令，如图 15-10 所示。

在弹出的【生成工程】对话框中保存文件到指定的文件夹，然后单击【确定】按钮，关闭该对话框。系统随即编译生成.ocx 文件。

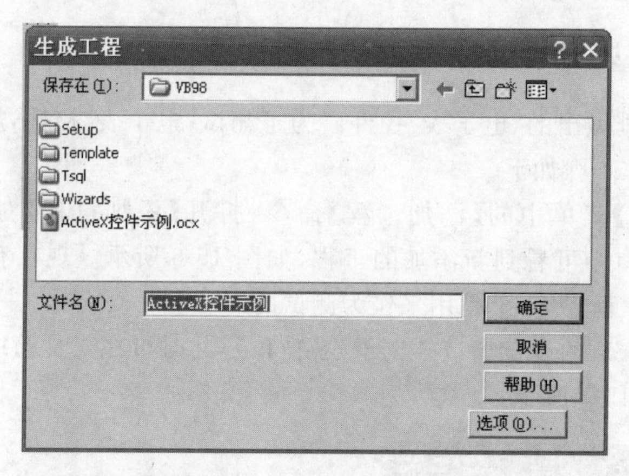

图 15-10 编译生成.ocx 文件

控件编译完成后，可在其他的 VB 程序中使用该控件。

选择【工程】菜单中的【部件】命令以打开【部件】对话框，在【部件】对话框中选中【ActiveX 示例】后再单击【确定】按钮，如图 15-11 所示。

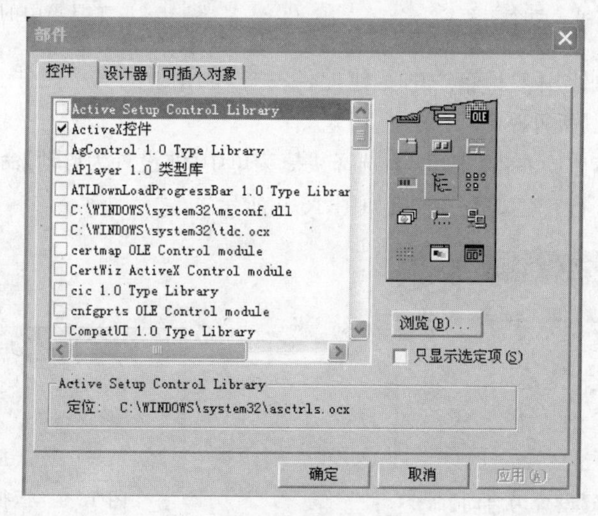

图 15-11 【部件】对话框

“电子表”控件的图标出现在工具箱中，现在可以像使用其他控件一样使用“电子表”控件。

15.2 创建 ActiveX 控件的一般步骤

在这一章里，我们对 ActiveX 控件做了比较浅显的介绍。通过“电子表”控件的制作，对 ActiveX 控件有了大致的了解，但有一些疑问：制作的 ActiveX 控件有哪些属性、事件和方法呢？如何为控件添加属性、事件和方法？限于篇幅，对于这些问题本书不再作详细的阐述，如果希望更进一步了解 ActiveX 控件，可参考其他书籍，或阅读联机帮助。这里简要说明创建 ActiveX 控件的一般步骤。

(1) 建立一个 ActiveX 控件工程。

(2) 在一个类似 Form 的 UserContorl 对象上设计控件界面。在 UserContorl 对象上可以加入现有的各种控件。

(3) 编写程序代码。

(4) 为控件添加属性、事件和方法。

(5) 建立属性页。属性页并不是一个控件必须要有的，但是建立属性页有助于控件的使用。

(6) 测试控件。建立一个“标准 EXE”测试工程来测试控件。

(7) 编译成.ocx 文件发布。

习　题

1. 设计一个进度条，用来显示程序安装的进度。在一定时间内显示进度情况，操作结束后进度条隐藏并显示提示信息。

2. 用 Animation 控件的 Open、Play、Stop 和 Close 方法控制动画的播放。

3. 创建一个时钟的 ActiveX 控件。要求所设计的 ActiveX 控件能够显示一个与系统时间一起走动的时钟。

参考文献

[1] 周猛主编. 中文 Visual Basic 6.0 应用基础教程. 北京：冶金工业出版社，2002.
[2] 罗朝盛主编. Visual Basic 6.0 程序设计教程（第二版）. 北京：人民邮电出版社，2005.
[3] 崔武子，朱立平，乐娜编著. Visual Basic 程序设计. 北京：清华大学出版社，2006.
[4] 王兴晶，尹立宏等编著. Visual Basic 6.0 应用编程 150 例. 北京：电子工业出版社，2004.
[5] 李康满，杨柳，刘朝晖主编. Visual Basic 程序设计. 武汉：武汉大学出版社，2007.
[6] 刘璐，李岭松编著. Visual Basic 程序设计与上机指导. 北京：清华大学出版社，2007.
[7] 王天华，万缨编著. Visual Basic 程序设计实用教程. 北京：清华大学出版社，2006.
[8] 刘炳文编著. Visual Basic 程序设计教程(第四版). 北京：清华大学出版社，2009.
[9] 刘炳文编著. Visual Basic 程序设计简明教程题解与上机指导. 北京：清华大学出版社，2006.
[10] 全国计算机等级考试命题研究组编著. 全国计算机等级考试考点分析、题解与模拟(二级 Visual Basic). 北京：电子工业出版社，2004.
[11] 郭志青，高旺主编. Visual Basic 课程设计. 北京：中国电力出版社，2005.
[12] 郭琦编著. Visual Basic 数据库系统开发技术. 北京：人民邮电出版社，2003.
[13] 龚沛曾，陆慰民，杨志强编. Visual Basic 程序设计简明教程(第二版). 北京：高等教育出版社，2003.
[14] 古梅，肖彬编著. 新编 Visual Basic 程序设计教程. 北京：中国电力出版社，2006.
[15] 麻新旗，梁普选主编. Visual Basic 大学基础教程. 北京：电子工业出版社，2005.
[16] 夏树发主编. Visual Basic 实验与考试指南. 北京：电子工业出版社，2006.
[17] 李兰友，王春娴编著. Visual Basic 程序设计教程实习指导与模拟试题. 天津：天津大学出版社，2005.
[18] 郭晔，王浩鸣，张天宇主编. 数据库技术与 Access 应用. 北京：人民邮电出版社，2009.
[19] 郭秀娟，孔垂柳主编. C 语言程序设计教程. 吉林：吉林人民出版社，2008.
[20] 范策，周世平，胡潇琨等编著. 算法与数据结构(C 语言版). 北京：机械工业出版社，2004.
[21] 柳青，刘渝燕主编. Visual Basic 程序设计教程. 北京：高等教育出版社，2002.
[22] 贺世娟主编. Visual Basic 6.0 程序设计. 北京：机械工业出版社，2000.
[23] 王卫东，陈希球主编. Visual Basic 程序设计实用教程. 北京：中国电力出版社，2004.
[24] 刘韬主编. Visual Basic 6.0 数据库系统开发实例导航. 北京：人民邮电出版社，2002.
[25] 刘瑞新，汪远征等编著. Visual Basic 程序设计教程. 北京：机械工业出版社，2007.
[26] 王行言，汤荷美，黄维通编著. 数据库技术及应用. 北京：高等教育出版社，2004.

高等学校计算机基础教育教材精选

书名	书号
Access 数据库基础教程　赵乃真	ISBN 978-7-302-12950-9
AutoCAD 2002 实用教程　唐嘉平	ISBN 978-7-302-05562-4
AutoCAD 2006 实用教程(第 2 版)　唐嘉平	ISBN 978-7-302-13603-3
AutoCAD 2007 中文版机械制图实例教程　蒋晓	ISBN 978-7-302-14965-1
AutoCAD 计算机绘图教程　李苏红	ISBN 978-7-302-10247-2
C++及 Windows 可视化程序设计　刘振安	ISBN 978-7-302-06786-3
C++及 Windows 可视化程序设计题解与实验指导　刘振安	ISBN 978-7-302-09409-8
C++语言基础教程(第 2 版)　吕凤翥	ISBN 978-7-302-13015-4
C++语言基础教程题解与上机指导(第 2 版)　吕凤翥	ISBN 978-7-302-15200-2
C++语言简明教程　吕凤翥	ISBN 978-7-302-15553-9
CATIA 实用教程　李学志	ISBN 978-7-302-07891-3
C 程序设计教程(第 2 版)　崔武子	ISBN 978-7-302-14955-2
C 程序设计辅导与实训　崔武子	ISBN 978-7-302-07674-2
C 程序设计试题精选　崔武子	ISBN 978-7-302-10760-6
C 语言程序设计　牛志成	ISBN 978-7-302-16562-0
PowerBuilder 数据库应用系统开发教程　崔巍	ISBN 978-7-302-10501-5
Pro/ENGINEER 基础建模与运动仿真教程　孙进平	ISBN 978-7-302-16145-5
SAS 编程技术教程　朱世武	ISBN 978-7-302-15949-0
SQL Server 2000 实用教程　范立南	ISBN 978-7-302-07937-8
Visual Basic 6.0 程序设计实用教程(第 2 版)　罗朝盛	ISBN 978-7-302-16153-0
Visual Basic 程序设计实验指导　张玉生　刘春玉　钱卫国	
Visual Basic 程序设计实验指导与习题　罗朝盛	ISBN 978-7-302-07796-1
Visual Basic 程序设计教程　刘天惠	ISBN 978-7-302-12435-1
Visual Basic 程序设计应用教程　王瑾德	ISBN 978-7-302-15602-4
Visual Basic 试题解析与实验指导　王瑾德	ISBN 978-7-302-15520-1
Visual Basic 数据库应用开发教程　徐安东	ISBN 978-7-302-13479-4
Visual C++ 6.0 实用教程(第 2 版)　杨永国	ISBN 978-7-302-15487-7
Visual FoxPro 程序设计　罗淑英	ISBN 978-7-302-13548-7
Visual FoxPro 数据库及面向对象程序设计基础　宋长龙	ISBN 978-7-302-15763-2
Visual LISP 程序设计(第 2 版)　李学志	ISBN 978-7-302-11924-1
Web 数据库技术　铁军	ISBN 978-7-302-08260-6
Web 技术应用基础 (第 2 版)　樊月华 等	ISBN 978-7-302-18870-4
程序设计教程(Delphi)　姚普选	ISBN 978-7-302-08028-2
程序设计教程(Visual C++)　姚普选	ISBN 978-7-302-11134-4
大学计算机(应用基础・Windows 2000 环境)　卢湘鸿	ISBN 978-7-302-10187-1
大学计算机基础　高敬阳	ISBN 978-7-302-11566-3
大学计算机基础实验指导　高敬阳	ISBN 978-7-302-11545-8
大学计算机基础　秦光洁	ISBN 978-7-302-15730-4
大学计算机基础实验指导与习题集　秦光洁	ISBN 978-7-302-16072-4

大学计算机基础　牛志成	ISBN 978-7-302-15485-3
大学计算机基础　訾秀玲	ISBN 978-7-302-13134-2
大学计算机基础习题与实验指导　訾秀玲	ISBN 978-7-302-14957-6
大学计算机基础教程(第2版)　张莉	ISBN 978-7-302-15953-7
大学计算机基础实验教程(第2版)　张莉	ISBN 978-7-302-16133-2
大学计算机基础实践教程(第2版)　王行恒	ISBN 978-7-302-18320-4
大学计算机技术应用　陈志云	ISBN 978-7-302-15641-3
大学计算机软件应用　王行恒	ISBN 978-7-302-14802-9
大学计算机应用基础　高光来	ISBN 978-7-302-13774-0
大学计算机应用基础上机指导与习题集　郝莉	ISBN 978-7-302-15495-2
大学计算机应用基础　王志强	ISBN 978-7-302-11790-2
大学计算机应用基础题解与实验指导　王志强	ISBN 978-7-302-11833-6
大学计算机应用基础教程(第2版)　詹国华	ISBN 978-7-302-19325-8
大学计算机应用基础实验教程(修订版)　詹国华	ISBN 978-7-302-16070-0
大学计算机应用教程　韩文峰	ISBN 978-7-302-11805-3
大学信息技术(Linux操作系统及其应用)　衷克定	ISBN 978-7-302-10558-9
电子商务网站建设教程(第2版)　赵祖荫	ISBN 978-7-302-16370-1
电子商务网站建设实验指导(第2版)　赵祖荫	ISBN 978-7-302-16530-9
多媒体技术及应用　王志强	ISBN 978-7-302-08183-8
多媒体技术及应用　付先平	ISBN 978-7-302-14831-9
多媒体应用与开发基础　史济民	ISBN 978-7-302-07018-4
基于Linux环境的计算机基础教程　吴华洋	ISBN 978-7-302-13547-0
基于开放平台的网页设计与编程(第2版)　程向前	ISBN 978-7-302-18377-8
计算机辅助工程制图　孙力红	ISBN 978-7-302-11236-5
计算机辅助设计与绘图(AutoCAD 2007中文版)(第2版)　李学志	ISBN 978-7-302-15951-3
计算机软件技术及应用基础　冯萍	ISBN 978-7-302-07905-7
计算机图形图像处理技术与应用　何薇	ISBN 978-7-302-15676-5
计算机网络公共基础　史济民	ISBN 978-7-302-05358-3
计算机网络基础(第2版)　杨云江	ISBN 978-7-302-16107-3
计算机网络技术与设备　满文庆	ISBN 978-7-302-08351-1
计算机文化基础教程(第2版)　冯博琴	ISBN 978-7-302-10024-9
计算机文化基础教程实验指导与习题解答　冯博琴	ISBN 978-7-302-09637-5
计算机信息技术基础教程　杨平	ISBN 978-7-302-07108-2
计算机应用基础　林冬梅	ISBN 978-7-302-12282-1
计算机应用基础实验指导与题集　冉清	ISBN 978-7-302-12930-1
计算机应用基础题解与模拟试卷　徐士良	ISBN 978-7-302-14191-4
计算机应用基础教程　姜继忱　徐敦波	ISBN 978-7-302-18421-8
计算机硬件技术基础　李继灿	ISBN 978-7-302-14491-5
软件技术与程序设计(Visual FoxPro版)　刘玉萍	ISBN 978-7-302-13317-9
数据库应用程序设计基础教程(Visual FoxPro)　周山芙	ISBN 978-7-302-09052-6
数据库应用程序设计基础教程(Visual FoxPro)题解与实验指导　黄京莲	ISBN 978-7-302-11710-0
数据库原理及应用(Access)(第2版)　姚普选	ISBN 978-7-302-13131-1
数据库原理及应用(Access)题解与实验指导(第2版)　姚普选	ISBN 978-7-302-18987-9

数值方法与计算机实现　徐士良	ISBN 978-7-302-11604-2
网络基础及 Internet 实用技术　姚永翘	ISBN 978-7-302-06488-6
网络基础与 Internet 应用　姚永翘	ISBN 978-7-302-13601-9
网络数据库技术与应用　何薇	ISBN 978-7-302-11759-9
网络数据库技术实验与课程设计　舒后 何薇	
网页设计创意与编程　魏善沛	ISBN 978-7-302-12415-3
网页设计创意与编程实验指导　魏善沛	ISBN 978-7-302-14711-4
网页设计与制作技术教程(第 2 版)　王传华	ISBN 978-7-302-15254-8
网页设计与制作教程（第 2 版）　杨选辉	ISBN 978-7-302-10686-9
网页设计与制作实验指导（第 2 版）　杨选辉	ISBN 978-7-302-10687-6
微型计算机原理与接口技术(第 2 版)　冯博琴	ISBN 978-7-302-15213-2
微型计算机原理与接口技术题解及实验指导(第 2 版)　吴宁	ISBN 978-7-302-16016-8
现代微型计算机原理与接口技术教程　杨文显	ISBN 978-7-302-12761-1
新编 16/32 位微型计算机原理及应用教学指导与习题详解　李继灿	ISBN 978-7-302-13396-4
新编 Visual FoxPro 数据库技术及应用　王颖　姜力争　单波　谢萍	
Visual Basic 程序设计　郭秀娟　岳俊华	